U0830394

面向21世纪课程教材
Textbook Series for 21st Century

农作物概论

王 璞 主编

中国农业大学出版社
·北京·

图书在版编目(CIP)数据

农作物概论/王璞主编．—北京:中国农业大学出版社,2004.2(2019.10重印)
ISBN 978-7-81006-689-3

Ⅰ．农…　Ⅱ．王…　Ⅲ．农作物-概论　Ⅳ．S3

中国版本图书馆CIP数据核字(2003)第095248号

书　名	农作物概论		
作　者	王　璞　主编		
策划编辑	孙　勇　潘晓丽	**责任编辑**	赵玉琴
封面设计	郑　川	**责任校对**	王晓凤
出版发行	中国农业大学出版社		
社　址	北京市海淀区圆明园西路2号	**邮政编码**	100193
电　话	发行部 010-62818525,8625	**读者服务部**	010-62732336
	编辑部 010-62732617,2618	**出版部**	010-62733440
网　址	http://www.cau.edu.cn/caup	**E-mail**	caup@public.bta.net.cn
经　销	新华书店		
印　刷	涿州市星河印刷有限公司		
版　次	2004年2月第1版　2019年10月第6次印刷		
规　格	787×980　16开本　23.25印张　426千字		
定　价	50.00元		

编 写 人 员

主　编　王　璞（中国农业大学）

副主编　李雁鸣（河北农业大学）
陈雨海（山东农业大学）

编　者　（按书稿章节顺序）
王　璞（中国农业大学）
周顺利（中国农业大学）
杜天庆（山西农业大学）
陈雨海（山东农业大学）
田晓丽（中国农业大学）
张志鹏（中国农业大学）
李雁鸣（河北农业大学）
李潮海（河南农业大学）
周苏玫（河南农业大学）
张巨松（新疆农业大学）
张建平（河北农业大学）
谢甫绨（沈阳农业大学）
胡立勇（华中农业大学）
崔福柱（山西农业大学）

前　言

本教材是国家教育部面向21世纪教学内容和课程体系改革04-13项目研究成果。

作物生产是农业生产系统的核心和基础。作物产品为人类生存提供最基本、最必需的生活资料，同时还为畜牧业的发展提供饲料、为工业提供加工原料。了解作物及作物生产过程，研究作物高产、优质、高效、低耗、环保的理论与技术体系，对提高作物产品的数量和质量，提高种植效益，保护环境和实现农业持续发展至关重要。高效作物生产对保障我国粮食安全、推动国民经济发展具有重要意义。

作物生产过程是一个系统工程，涉及产前、产中、产后诸多环节及其相关理论与技术。在作物生产过程中，作物的生长发育及其产量和品质形成是核心，生态环境条件和生产经济条件是前提，作物栽培管理措施是保障。作物产量和品质是作物品种遗传潜力和环境条件共同作用的结果。品种遗传潜力的发挥依赖于作物生长发育的环境条件和相应的耕作栽培和管理技术。通过农艺措施，可以协调作物和环境因素之间的关系，补偿或部分替代环境资源的不足，使作物的潜力充分发挥，实现高产、优质、高效、低耗、环保有机的统一，提高作物产品的市场竞争能力。科学的发展和技术的进步则对作物生产水平的提高具有重大促进作用。

本书着重介绍作物及作物生产的基本概念、理论、方法和技术，内容涵盖了作物生产的主要内容。重点介绍栽培作物类型及其分布和生产情况、生长发育与产量品质形成规律、生态环境资源与作物生产、作物优良品种的选育与合理使用、作物种植制度、土壤耕作、农业新技术如作物化学调控技术的应用、主要作物的产量品质形成特点与调控技术，北方主要作物的高产优质栽培模式等。本书是专为农学相近专业（包括农业资源与环境、植物保护、农业气象等）学生设计的专业基础课教材。同时，也可作为农学和其他专业学生以及从事农业科研、教育、管理人员的参考书。

本书由8所农业大学14位教师共同完成。各章的编写人员是：第一、二章，中国农业大学王璞；第三章，中国农业大学周顺利；第四章，山西农业大学杜天庆；第五、六章，山东农业大学陈雨海；第七章，中国农业大学田晓丽；第八、十章，中国农业大学张志鹏；第九章，河北农业大学李雁鸣；第十一章，河南农业大学李潮海、周苏玫；第十二章，新疆农业大学张巨松；第十三章，河北农业大学张建平；第十四章，沈阳农业大学谢甫绨；第十五章，华中农业大学胡立勇及山西农业大学崔福柱（花生栽培部分）。周顺利参与最后统稿工作。

由于编者水平有限，书中缺点在所难免，恳请读者提出宝贵意见和建议。

编　者

2003 年 10 月

目　录

第一章　概述 …………………………………………………… (1)

一、作物和作物生产 …………………………………………… (1)

二、作物的分类与分布 ………………………………………… (7)

三、我国主要优势农产品种植区划 …………………………… (13)

第二章　作物生长发育与产量形成 …………………………… (17)

一、作物生长与发育 …………………………………………… (17)

二、作物的产量及品质形成 …………………………………… (29)

三、作物源库关系与产量 ……………………………………… (32)

四、作物群体的生长发育动态与产量 ………………………… (35)

第三章　生态环境资源与作物生长发育 ……………………… (41)

一、影响作物生长发育的生态环境因素及其调节 …………… (41)

二、作物生长发育与生态环境资源的关系 …………………… (44)

三、处理作物和生态环境关系中应注意的问题 ……………… (64)

第四章　作物品种改良与良种繁育 …………………………… (66)

一、品种改良与良种合理使用 ………………………………… (66)

二、引种规律与注意事项 ……………………………………… (69)

三、新品种的选育方法 ………………………………………… (73)

四、良种的繁育与推广 ………………………………………… (79)

五、种子质量与种子生产标准化 ……………………………… (85)

第五章　作物的种植制度与种植业结构调整 ………………… (89)

一、种植制度 …………………………………………………… (89)

二、作物布局 …………………………………………………… (93)

三、种植方式与作物生产 ……………………………………… (98)

四、我国种植业结构发展趋势 ………………………………… (107)

第六章　土壤耕作与培肥 ……………………………………… (115)

一、土壤耕作的作用和意义 …………………………………… (115)

二、土壤耕作的类型 …………………………………………… (120)

三、土壤培肥 …………………………………………………… (125)

四、土壤健康管理与环境保护 …… (128)
第七章 作物生产的化学控制技术 …… (136)
一、作物化学控制的概念、技术原理及技术模式 …… (136)
二、作物化学控制的增产、增效潜力 …… (138)
三、常用植物生长调节剂及其应用范围 …… (147)
四、合理使用植物生长调节剂 …… (149)
第八章 作物安全生产与标准化 …… (153)
一、作物安全生产的概念与内涵 …… (153)
二、作物生产标准化与农产品市场竞争力 …… (157)
三、我国无公害安全生产技术的应用 …… (159)
第九章 麦类作物生产及小麦栽培技术 …… (166)
一、麦类作物及其栽培利用 …… (166)
二、小麦的起源、分类及生产分区 …… (170)
三、小麦生长发育与器官建成 …… (171)
四、小麦产量构成特点及其调控途径 …… (182)
五、小麦生产主要环节及栽培技术 …… (184)
六、我国北方冬小麦高产高效栽培技术主要模式 …… (189)
第十章 稻类作物栽培技术 …… (195)
一、稻类作物及其栽培利用 …… (195)
二、栽培稻的起源、分类及生产分区 …… (197)
三、水稻的生长发育特点 …… (201)
四、水稻育秧技术(移栽稻) …… (210)
五、水稻大田栽培技术 …… (213)
六、高产稻田主要种植模式 …… (219)
第十一章 玉米栽培技术 …… (224)
一、玉米的起源、分布及生产利用 …… (224)
二、玉米的生长发育特点 …… (227)
三、玉米产量品质形成及其调控途径 …… (232)
四、玉米生产主要环节及栽培措施 …… (235)
五、玉米高产高效主要栽培模式 …… (244)
第十二章 棉花栽培技术 …… (247)
一、棉花的起源、分类及生产分区 …… (247)
二、棉花的生长发育与器官建成 …… (251)

三、环境条件与棉花产量、品质的关系……………………………………(255)
四、棉花不同时期的生长发育特点及其调控技术 ……………………………(257)
五、我国棉田的种植制度及棉花高产高效栽培的主要技术途径 ………(268)
六、新技术在棉花优质高产栽培中的应用 ……………………………………(271)
第十三章　薯类作物及甘薯栽培技术……………………………………………(275)
一、薯类作物及其栽培利用 ……………………………………………………(275)
二、甘薯、马铃薯的起源、分布及生产分区 …………………………………(276)
三、甘薯的生长发育特点及其对环境条件的要求 …………………………(277)
四、甘薯育苗技术 ………………………………………………………………(283)
五、甘薯大田生产主要环节及其栽培措施 ……………………………………(286)
六、甘薯的贮藏 …………………………………………………………………(290)
七、马铃薯的生育特点与栽培要点 ……………………………………………(292)
第十四章　食用豆类及大豆栽培技术……………………………………………(299)
一、食用豆类作物及其栽培利用 ………………………………………………(299)
二、大豆的栽培技术 ……………………………………………………………(303)
第十五章　油料作物及油菜栽培技术……………………………………………(324)
一、油料作物及其栽培利用 ……………………………………………………(324)
二、我国油菜的起源、类型和生产分区…………………………………………(330)
三、油菜的生长发育与产量形成 ………………………………………………(332)
四、环境条件对油菜产量和品质的影响 ………………………………………(338)
五、油菜生产主要环节及栽培措施 ……………………………………………(340)
六、油菜高产优质主要栽培模式 ………………………………………………(350)
七、花生的生育特点与栽培要点 ………………………………………………(351)
参考文献…………………………………………………………………………………(362)

第一章 概 述

农作物产品是最具特殊使用价值的战略性物质，它是人类生存最基本、最必需的生活资料。在诸多农产品中，作物产品又是最重要、最基础的生活资料和生产资料。作物生产为人民生活提供吃、穿等物质，为畜牧业的发展提供饲料，同时还为工业提供加工原料。作物生产对保障我国粮食安全、推动国民经济发展具有重要意义。

一、作物和作物生产

(一)概念

1. 作物

广义讲，凡对人类有应用价值，为人类所栽培的各种植物都叫作物(crops)，也就是栽培植物。有大面积种植的粮食作物、经济作物、牧草，还有小面积种植的蔬菜、花卉、药材，以及人工种植的果树、林木等。作物是劳动人民经过长期选择、驯化、栽培，由野生植物演化形成的有经济价值的植物。

狭义讲，作物是指田间大面积栽培的农艺作物，即农业上所指的粮、棉、油、麻、烟、糖、茶、桑、蔬、果、药和杂等农作物。因其栽培面积大，地域广，又称为大田作物(field crops)，也可称为农艺作物或农作物。

在人类生活的地球上，目前已记载的植物大约 39 万种，高等植物在 20 万种以上。在高等植物中，可供人类栽培利用的植物有 2 000 多种，最主要的栽培植物有 100 多种，其中一半以上是粮食作物。

我国农业历史悠久，作物驯化、栽培、利用的历史也十分久远，栽种的作物种类繁多。传说古时黄帝开创了五谷的种植，黍、稷的栽培种植已有 7 000 多年历史。我国古代称黍、稷、麦、稻、菽为五谷，常说的“五谷丰登”就是指粮食丰收。我国常见的栽培作物有 50 多种。随着科学技术的进步及人类对自然界认识的不断加深，栽培作物的种类也在逐渐增加。

2. 作物生产

就是指通过人类的栽培活动，绿色植物将日光能转化为人类所需有机物质

(能)的过程,也就是田间栽种作物形成人类所需经济产品的过程。狭义的作物生产是指作物从播种出苗、生长发育、产量建成,直到所需产品收获的整个过程;而广义的作物生产则包括作物的产前、产中(从种到收的过程)和产后的初步加工贮藏过程。随着国民经济的发展,作物生产的产前和产后阶段也越来越重要,合理利用能促进作物生产产品的增值。

农业生产中,作物生产为人类生命活动提供能量和其他物质基础,也为其他以植物为食的动物和微生物的生命活动提供能量。因此,农业生产中,作物生产是根本,是基础,是第一性生产;动物生产是第二性生产;农产品加工属第三性生产。

作物生产,进一步讲是粮食生产,对于人类生存至关重要。国以民为本,民以食为天,只有丰衣足食,才能国泰民安,如果人民生活所需食物来源不能保障,就会造成社会的动荡不安。目前由于世界人口的不断增长,对粮食生产的要求越来越高,而一些地区环境资源如水资源等在不断减少,粮食生产面临的挑战也越来越严峻。

世界人口已经超过 60 亿,中国人口也近 13 亿。世界粮食生产总量约 22 亿 t,中国只有 5 亿 t。按人口统计,2030 年我国人口将达到高峰,达 16 亿人,按人均粮食 400 kg 计算,所需粮食总量为 6.4 亿 t;若按 450 kg 计算,需要粮食总量 7.2 亿 t。我国粮食总产量从目前的 5 亿 t 提高到 7 亿 t,还有 2 亿 t 的差距,供需缺口还很大。而且随着人口的增加,耕地资源减少,水资源和其他环境资源危机加重,粮食生产的任务也越来越艰巨。近年来,我国国民经济发展很快,人民生活水平有很大提高,但随着城市规模的扩大,农村城镇化步伐的加快,工厂、道路的建设和扩展,生态环境保护的力度加强,退耕还林、还草,退耕还湖,使得我国的耕地面积逐年减少。同时,我国可开垦荒地资源已经非常有限,耕地复种指数已由建国初期的 131%提高到 161%以上,进一步提高的潜力也不会太大。

美国世界观测研究所莱斯特·布朗曾写过一本书,叫《由谁养活中国》。据他预测,到 2030 年中国的人口高峰期,粮食将会严重不足,需从国际市场大量进口粮食,进口量将超过世界粮食的贸易量,中国乃至世界将会一起挨饿。这一论断引起了全世界极大震动。虽然布朗的说法骇人听闻,但也从另一方面反映了我国作物生产面临的严峻形势。究竟谁来养活中国,我们的回答是自己养活自己。不论到时世界贸易粮能否满足中国及世界需求,我们也不应该将我国的粮食安全建立在世界粮食市场的基础上,要靠我们自己的努力,解决我国的粮食问题。这就要充分利用各种环境资源,在了解农作物生长发育的基础上,最大限度发挥作物和农业措施的作用,挖掘作物产量潜力。

要增加粮食总产量,满足人民生活消费的需求,实现我国粮食安全,提高单位面积粮食产量是最主要途径，主要措施是加大作物生产过程中的科学技术含量，使传统的生产技术与现代生物技术、信息技术、化学技术等紧密结合，实现作物的增产增收。包括新品种的选育，配套技术如合理密植、优化水肥调控措施、精细土壤耕作、实行科学的田间管理及综合防治病虫草害等的合理使用。我国现在一熟地区粮食作物最高产量已超过 666.7 kg/667 m^2，两熟地区超过 1 500 kg/667 m^2，三熟地区已超过 2 000 kg/667 m^2。如果能将各地区的产量稳定在最高产量水平的一半以上，则我国粮食问题就完全可以解决，同时，还可以腾出一部分耕地，种植高效经济作物，发展农村经济，增加农民收入。

（二）作物生产概况

1. 世界作物生产

世界粮食生产总的趋势是总产量不断增加，每年增加约 3%。增产的原因有单产的提高、播种面积的增加及复种指数的提高。有的国家靠增加耕地面积来增加总产量；有的国家是面积、单产一起增加；有的国家靠提高单产来增加总产。单位面积产量的提高是主要因素。

全世界现有耕地 13.7 亿 hm^2，其中谷类作物收获面积在 7 亿 hm^2 左右；单位面积产量 2 000 年平均为 3 070 kg/hm^2，总产量为 20.6 亿 t，根茎类作物总产量 7.0 亿 t，豆类作物总产量 5.4 亿 t。

世界上粮食作物种植面积最大的国家有印度、中国、美国、俄罗斯、加拿大、巴西、澳大利亚。谷类总产最高的国家有中国（4.07 亿 t）、美国（3.43 亿 t）、印度（2.35 亿 t）、法国（0.65 亿 t）、俄罗斯（0.64 亿 t）、印度尼西亚（0.61 亿 t）。单产以法国为最高（7 244 kg/hm^2），其次是乌克兰（7 164 kg/hm^2）、英国（7 044 kg/hm^2）（表 1-1）。

表 1-1 2000 年世界谷物面积和产量

地区或国家	收获面积（万 hm^2）	单产（kg/hm^2）	总产（万 t）
世界	67 211	3 070	206 352
亚洲	31 886	3 122	99 561
北美洲	9 000	4 752	42 775
欧洲	11 869	3 247	38 536
非洲	9 127	1 250	11 407
南美洲	3 516	2 970	10 442
大洋洲	1 811	2 004	3 631

续表 1-1

地区或国家	收获面积(万 hm^2)	单产(kg/hm^2)	总产(万 t)
中国	8 564	4 756	40 733
美国	5 857	5 853	34 278
印度	10 158	2 318	23 549
法国	907.8	7 244	6 576
俄罗斯	3 782	1 701	6 434
印度尼西亚	1 529	4 026	6 157
加拿大	1 832	2 801	5 131

资料来源:FAO Yearbook, 2001。

世界粮食作物生产中,小麦播种面积最大(2.14 亿 hm^2),稻谷面积其次(1.54 亿 hm^2),玉米面积第三(1.39 亿 hm^2),为三大作物。单产玉米最高(4 274 kg/hm^2),稻谷第二(3 897 kg/hm^2),小麦第三(2 737 kg/hm^2),总产量则是稻谷第一(6.00 亿 t),玉米第二(5.93 亿 t),小麦第三(5.85 亿 t),玉米总产有跃升第一的趋势(表 1-2)。亚洲地区水稻总产量第一,小麦第二,玉米第三。根茎类作物以马铃薯为主(种植面积 1 994 万 hm^2),甘薯第二(911 万 hm^2)。豆类作物以大豆为主(7 410 万 hm^2)。油料作物则以油菜籽(2 572 万 hm^2)、花生为主(2 429 万 hm^2)。纤维作物以棉花种植面积最大(1 314 万 hm^2)。

表 1-2 世界主要作物产量(2000 年) 万 t

地区	谷类作物				根茎类作物		豆类作物		油菜籽	皮棉
	总量	小麦	稻谷	玉米	总量	马铃薯	总量	大豆		
世界	206 352	58 499	60 064	59 300	69 817	32 805	5 463	16 123	3 952	1 914
非洲	11 407	1 456	1 728	4 574	16 452	1 159	800	95	12	158
北美洲	47 726	9 107	1 105	27 933	3 341	3 027	783	7 791	805	383
南美洲	10 442	2 021	2 067	5 544	4 506	13 774	400	5 731	9	100
亚洲	99 561	25 317	54 656	14 821	29 472	12 091	2 560	2 305	1 789	1 151
欧洲	38 536	18 347	311	6 369	12 502	14 980	780	191	1 171	54
大洋洲	36 311	2 552	177	60	340	170	109	10	167	70

资料来源:FAO Yearbook, 2001。

2. 中国作物生产

我国作物生产主要以粮食生产为主,1980 年以前粮食作物占播种面积的 80% 以上,20 世纪 80 年代后随着产量水平的提高,人均粮食水平得到保障,经济作物的比重有所增加。现在随着农村经济的发展，粮食产量出现暂时低水平供求平衡或局部地区供大于求的局面，各地加大了种植结构调整力度，高经济价值作物的种植比例不断扩大(表 1-3)。

表 1-3 我国作物播种面积(万 hm^2)及种植结构变化 %

年份	播种面积	粮食	棉花	油料	糖料	蔬菜	其他
1955	15 108	85.9	3.8	4.5	0.2	1.7	3.8
1965	14 329	83.5	3.5	3.6	0.4	1.0	8.0
1984	14 422	78.3	3.6	8.2	1.1	1.2	7.7
1990	14 836	76.5	3.8	7.3	1.1	4.3	7.0
2000	15 642	69.3	2.6	9.8	1.0	11.0	6.2

水稻、小麦、玉米为我国粮食生产的三大作物，占我国粮食总播种面积的 75% 及粮食总产的 87%。其中水稻种植面积和产量均居第一；小麦面积第二，产量第三；玉米面积第三，产量第二。经济作物中，则以棉花、油料为主，分别占经济作物播种面积的 27.8%及 49.1%，其次为糖料、烟叶、麻类、药材等(表 1-4)。

表 1-4 我国主要农作物的面积和产量(2000 年)

作物种类	面积(万 hm^2)	总产量(万 t)	单产(kg/hm^2)
粮食作物	10 846	46 217	4 261
(1)谷物	8 526	40 522	4 753
稻谷	2 996	18 791	6 272
小麦	2 665	9 964	3 738
玉米	2 306	10 600	4 598
(2)豆类	1 266	2 010	1 588
(3)薯类	1 054	3 685	3 497
经济作物			
(1)油料	1 540	2 955	1 919
(2)棉花	404	442	2 022
(3)麻类	26	53	2 010
(4)糖料	151	7 635	50 421
(5)烟叶	144	255	1 776
(6)药材	68	17	246
(7)蔬菜	1 728	51 257	29 661

新中国成立后,我国粮食生产有较大的发展,粮食总产量由1949年的1.131亿t增加到1990年的4.518亿t,平均每年增产7.18%。增产原因前期是粮食播种面积增加,后期则主要是单位面积产量提高。其中从1949—1954年,年均总产量增加9.95%;从1954—1964年,粮食总产量增长不很明显,平均每年增产1.06%;从1969—1984年,粮食总产量稳定增长,每年提高6.2%。1984年我国粮食总产量首次突破4亿t,1984—1989年产量一直在4亿t左右徘徊。直到1990年,我国粮食产量才又上了一个台阶,总产量近4.5亿t。之后保持了连续几年的增产势头,粮食总产量上升到5亿t左右。1998年我国粮食实现大丰收,粮食总产达到5.12亿t,创历史最高水平(表1-5)。

表1-5 我国粮食总产量的变化(1949－2000年) 万t

年份	产量	年份	产量	年份	产量
1949	11 318	1967	21 782	1985	37 911
1950	13 213	1968	20 905	1986	39 151
1951	14 369	1969	21 097	1987	40 473
1952	16 392	1970	23 996	1988	39 930
1953	16 683	1971	25 014	1989	41 442
1954	16 952	1972	24 048	1990	45 184
1955	18 394	1973	26 494	1991	44 193
1956	19 275	1974	27 527	1992	45 130
1957	19 505	1975	28 452	1993	45 649
1958	20 000	1976	28 631	1994	44 510
1959	17 000	1977	28 273	1995	46 662
1960	14 350	1978	30 477	1996	49 000
1961	14 750	1979	33 212	1997	49 418
1962	16 000	1980	32 056	1998	51 229
1963	17 000	1981	32 502	1999	50 839
1964	18 750	1982	35 343	2000	46 217
1965	19 453	1983	38 728		
1966	21 400	1984	40 731		

资料来源:中国统计年鉴,2002。

二、作物的分类与分布

(一)作物的分类

栽培作物种类很多,仅常见农作物就有100多种,分属于20多个科。每种作物由于人类的长期培育和选择,形成了众多的类型和品种。如此众多的作物种类和品种应采用统一的分类方法进行分类,否则会造成混乱。

对作物进行分类的方法很多,常用的有以下4种:

1. 按植物学系统分类

按植物学系统分类可明确作物所属科、属、种、亚种。如籼稻属于禾本科、水稻属、水稻种、籼稻亚种。

2. 按作物生物学状况和生理生态特性分类

按作物对温度的要求,可将作物分为喜温作物、喜凉作物(耐寒作物)。喜温作物生长发育要求温度较高,生物学下限温度一般在10℃左右,在我国北方大部分地区4月下旬到5月初播种,9—10月份收获,如玉米、水稻、大豆、棉花、甘薯、花生、谷子、高粱等作物。喜凉作物生长发育要求的温度较低,苗期能忍耐一定程度低温(在0℃以下),能够利用北方晚秋和早春喜温作物不能利用的温度条件生长,一般秋种翌年夏收或早春播种夏季收获。如小麦、大麦、燕麦、油菜、豌豆、蚕豆、亚麻等作物。

根据作物对光周期的反应,将作物分为长日照作物、短日照作物、中日照作物。长日照作物在生长发育过程中,必须有一段时间处于较长日照或较短的黑暗条件,否则不能开花结实,麦类作物、油菜、甜菜、豌豆、马铃薯、草木樨、三叶草等属于此类。短日照作物正好相反,必须经过一段较短日照或较长的黑暗条件才能开花结实,谷子、糜子、水稻、玉米、高粱、大豆、棉花、麻、烟草、紫苏属于这一类。中间型作物的花芽分化受日照长度影响较小,只要其他条件适宜,一年四季都能开花,这类作物有菜豆、荞麦等。

根据作物对CO_2的同化途径,可将作物分为C_3作物、C_4作物、CAM(景天酸代谢)作物。C_3作物一般光合作用低,光呼吸作用强,物质生产潜力没有C_4作物高。常见的C_3作物有小麦、水稻、棉花、大豆等。C_4作物光合效能高,没有光呼吸现象,物质生产能力强,常见的C_4作物有玉米、谷子、甘蔗、苋菜等。

根据作物对光照强度的反应分为喜光作物、耐阴作物、喜阴作物。耐阴和喜阴作物可在作物复合种植或立体种植中与高秆作物搭配种植。

根据作物对水分的反应及需水等级，将作物分为水生作物、水田作物、耐涝作物、耐旱作物。水生作物有菱角、水葫芦、水花生等，水田作物有水稻、莲藕等，耐涝作物有高粱等，耐旱作物有谷子、黍子等。

根据作物根系的形态特点，将作物分为直根系作物、须根系作物、块根作物、深根作物、浅根作物等。

3. 按农业生产特点分类

我国作物按播种季节可分为春播作物、夏播作物、秋播作物、冬播作物。由于不同播期会使作物处于不同的生态环境条件下，故不同播种季节应选用不同作物或不同品种类型。

生产上根据作物播种密度和管理情况，将作物分为密植作物和中耕作物。密植作物行株距小，种植密度大，群体大，植株个体小，单株产量潜力小，如小麦、水稻等。中耕作物一般对土壤通气性要求高，田间种植需多次中耕松土，以利于生长发育，如玉米、马铃薯、甘薯等。

按种植方式和目的可分为套播作物、填闲作物、覆盖作物。填闲作物和覆盖作物多为生育期短的豆科或其他作物。我国北方作物套播主要有冬小麦套玉米、冬小麦套棉花等。

4. 按用途和植物学系统结合分类

用途和植物学系统结合分类是作物生产中最常用的分类方法。过去一般将我国大田作物分为粮食作物、经济作物和绿肥饲料作物三大部门，八大类别（见杨守仁主编的《作物栽培学概论》），本书根据近年来作物生产发展需要、作物的特点和用途以及国外的一些划分方法，将作物分为以下五大部分。

（1）粮食作物（或食用作物）　包括禾谷类、豆类、薯芋类3类作物。

A. 禾谷类作物：属禾本科，主要作物有稻、小麦、大麦（包括皮大麦与裸大麦）、燕麦、黑麦、小黑麦、玉米、高粱、谷子、黍（稷）、蜡烛稗、薏苡等。蓼科的荞麦习惯上也列入此类。

B. 豆类作物：属豆科，主要有大豆、蚕豆、豌豆、绿豆、小豆、豇豆、菜豆、兵豆、羽扇豆、鹰嘴豆、四棱豆等。主要生产植物性蛋白。

C. 薯芋类作物（或根茎类作物）：植物学上的科属不一，常见的作物有甘薯、马铃薯、薯蓣、豆薯、木薯、魔芋、凉薯、菊芋、莲藕等。薯芋类作物主要生产淀粉。

（2）经济作物（或工业原料作物）

D. 纤维作物：植物学上的科属不一，生产各种纤维。主要有种子纤维作物棉花，韧皮纤维作物大麻、亚麻、黄麻、红麻、苎麻、苘麻等，叶纤维作物龙舌兰麻、蕉麻、剑麻、菠萝麻等。

E. 油料作物:主要生产植物油脂。常见的作物有油菜、花生、大豆、芝麻、向日葵、蓖麻、苏子、红花等。

F. 糖料作物:主要有甘蔗和甜菜,还有甜叶菊、芦粟等。

G. 其他作物(主要是嗜好性作物),主要有烟草、茶叶、薄荷、咖啡、啤酒花等。

(3)绿肥及饲料作物 一般整株或部分器官用做饲料或绿肥。豆科中常见的饲料绿肥作物有苜蓿、三叶草、苕子、紫云英、草木樨、田菁、柽麻、沙打旺等,禾本科中常见的有苏丹草、黑麦草等,其他作物还有红萍、水浮莲、水花生、饲用甜菜、青饲冬黑麦、青饲及青贮玉米等。

(4)药用及调味品作物 药用作物种类繁多,栽培上常见的有人参、党参、枸杞、黄芪、射干、板蓝根、荆芥、甘草等。调料作物有花椒、胡椒、八角、小茴香、辣椒、葱、蒜、生姜等。

(5)再生能源作物 生产化石能源替代型再生植物能源,主要是一些产量高、以碳水化合物为主要成分、蛋白质含量低的作物,如荻、甜高粱、胡柳、油菜等。

上述分类中,有些作物有多种用途,如大豆,既可食用,又可榨油;亚麻,既是纤维作物,又是油料作物;玉米,既是粮食作物,又是重要的饲料作物。可以根据具体用途归入相应类型,如油用大豆、饲用玉米等。

(二)作物的起源与传播

1. 作物的起源

栽培作物起源于野生植物。古代人类生存主要靠狩猎活动和采集野生植物果实和种子,并将所采集的植物带到居住的地方食用。无意识之中,一部分植物种子或果实散落在居住地周围,并在自然环境条件下,又长出新的植株。受此自然现象的启发,人类开始有意识地驯化、栽培植物。经过长期的驯化、选择和栽种,逐渐形成了不同的栽培植物,即作物。虽然栽培作物是由野生植物进化而来的,但栽培作物的特性经过长期自然选择和人类农耕活动的驯化及择优选育,已与其野生祖先之间存在很大差别,其经济性状远远超过野生祖先。栽培作物与其野生祖先相比,主要表现出以下几方面优点:

(1)生长迅速 栽培作物的生长速度远远快于其野生祖先,生物量成倍提高。

(2)产品器官变大 经过长期选择、培养,人类所需要的有经济价值的产品器官不断变大,收获指数不断提高,为产量的提高奠定基础。

(3)产量提高 随着产品器官的变大和收获指数的提高,栽培作物的产量不断提高。

(4)品质改善 栽培作物在人类的长期干预下,产品品质在不断地改善。如棉花纤维的长度，大豆、油菜籽粒中的油含量，甜菜块根中的糖含量等，都远远超过其野生祖先。

(5)成熟一致　自然界中，野生植物为了抵抗不良的外界环境，形成了成熟不一致的特点，以便在不同的气候条件下能够传宗接代，是对环境条件的适应。但这种特性对作物栽培十分不利，作物生产要求成熟期一致，以便于收获，同时也减少早熟落粒的损失。人类长期选择的结果，栽培作物的成熟期已趋于一致。

(6)种子休眠性变弱　休眠也是野生植物适应自然能力的体现。人工栽培条件下，作物的休眠性已逐渐变弱，适宜于作物生产。

(7)传播手段退化　栽培作物的传播手段已经退化，必须在人类的干预下才能传播、扩散。新品种育成后，需大力推广，才能扩大种植面积。

作物的特性与起源地气候生态条件密切相关，具有特定的气候生态适应性。由于各地气候地理条件不同，某些作物只出现在特定地区。不同作物起源于不同地区，然后向其他地区扩散传播。有的作物在传播到另一地方后，其生态适应性变得更强，长势比原产地更好，扩散传播速度也更快，形成该作物的次生起源中心。

关于作物的起源地，前人已做了大量研究，提出了不同的作物起源中心理论。1935 年苏联学者恩·依·瓦维洛夫将栽培作物划分为 8 个起源中心，它们是：

(1)中国起源中心　中国中部和西部山区及其毗邻低地，是世界第一大起源中心，栽培作物数量最大，包括热带、亚热带和温带作物代表，如黍、稷、粟、高粱、大麦、荞麦、稗子、大豆、裸燕麦、蜡质玉米等。

(2)印度起源中心　在印度东部的阿萨姆、缅甸、马来西亚群岛、印度支那、菲律宾，为作物第二大起源中心。主要作物有稻、甘蔗、绿豆、亚洲棉、大麻、芋等和许多热带果树，有丰富的野生植物资源。

(3)中亚起源中心　印度的旁遮普、克什米尔、阿富汗、塔吉克斯坦、乌兹别克及天山西部，主要作物有普通小麦、密穗小麦、圆锥小麦及一些食用豆类。

(4)西亚起源中心　小亚细亚南部、外高加索、伊朗合山地库曼，农作物有栽培小麦、黑麦等。

(5)地中海起源中心　地中海沿岸。除许多蔬菜起源于此地外，主要是许多农作物的次生起源地，很多作物在此地被驯化，如燕麦、甜菜、亚麻、三叶草、羽扇豆等。

(6)埃塞俄比亚起源中心　埃塞俄比亚、厄立特尼亚、索马里一带，许多小麦和大麦的变种、高粱、棉花、稻等起源于此地。

(7)中美洲起源中心　墨西哥南部及中美、安第斯群岛，是甘薯、玉米、陆地棉、甘蔗等作物的起源地。

(8)南美洲起源中心 秘鲁、玻利维亚、厄瓜多尔、智利、巴西等地,主要起源作物有马铃薯、花生、木薯、可可、橡胶、烟草、棉花等。

2. 作物的传播

作物的传播动力有3个方面:自然力、动物活动和人类活动。自然力包括风力、水力、地壳变动等因素。植物种子可借助风力、流水传播到较远的地区。动物活动是作物传播的另一动力,草食动物、鸟类取食后排泄物中未被完全消化的种子,动物活动夹带的果实或种子,随着活动范围的扩大传播到另一地区。人类活动是作物传播速度最快的途径。随着农业的发展,人们通过有意识引种及其他活动,如移民、战争、旅行、贸易等,将作物种子有目的、大规模引向另外地区,加速了作物的扩散和传播。另外,运输工具的发展也对作物的传播和扩散起到推波助澜的作用,随着车、船、飞机的发展和使用,作物种子可以传播到更远的地方。

作物传播途径概括起来有3条:水路、陆路和空中通道。水路主要依靠船只运输或水流运动完成,以前海路是作物传播的主要途径。陆路则是通过各种陆地交通工具或人类的迁移活动完成。作物空中传播则是通过风力、鸟类飞迁及现代飞行器具来实现的。在自然力和人力的作用下,通过水、陆、空中通道将作物由起源中心不断向外扩展,传播到世界各地,促进了作物生产的不断发展。

(三)作物的分布

作物种类繁多,分布遍及世界各地,但不同国家和地区栽培种植的作物种类及面积各不相同。作物在世界各地分布与作物本身的生物学特性、不同地区气候土壤特点、社会经济条件及人类生产活动密切有关。作物分布受多种因素制约,而且随着经济发展,科技进步和新品种的育成,作物分布也会发生变化。如过去玉米食用,现在作饲用,而且随着新品种的育成,玉米的分布也扩大了;小麦现在也有冬麦北移的趋势。

1. 麦类作物

属喜冷凉作物,既可秋播,也可春播。能利用晚秋至早春其他喜温作物所不能利用的光热资源,栽培面积遍布各大洲。但主要分布在北半球欧亚大陆和北美洲。种植面积最大的国家有苏联、美国、中国、印度、加拿大、西欧诸国、土耳其等。澳大利亚和阿根廷也是小麦生产国。黑麦与燕麦比小麦更具耐寒性,主要种植在气候冷凉地区。

我国南北均有小麦种植,但其分布主要集中在秦岭以北、长城以南的北方冬麦区,面积占全国的1/3以上。长城以北,六盘山、岷山、大雪山以西主要为春麦区。淮河以南为南方冬麦区,由于其湿度大,产量不如双季稻高,种植面积较小。

2. 水稻

水稻是喜温作物，生长期间要求较多的热量和水分，因此水稻主要分布在东南亚和南亚水多、温度高的热带和亚热带国家和地区，种植面积占世界水稻面积的90%以上。巴西、美国、意大利、埃及等国也有少量水稻种植。

我国水稻主要分布在淮河秦岭以南的亚热带湿润地区，北方由于水源所限，主要分布在水源充足的河流湖畔两岸或有水源灌溉的地区，面积仅占全国水稻面积的5%～7%。近年来黑龙江水稻面积扩展很快。

3. 玉米

玉米为喜温作物，适应性广，北美种植最多，其次是亚洲、拉丁美洲和欧洲。我国玉米栽培面积仅次于美国，居世界第二。玉米虽耐旱，但生长旺盛期耗水量较大，月平均降水 100 mm 最为有利，生育后期需较多的光照和一定的昼夜温差，因此温带地区玉米种植面积最大。我国玉米主要分布在由东北到西南的一条斜形地带上。近年来，由于饲料需要，南方诸省玉米发展也较快。

4. 甘薯

喜温适应性广，主要分布在热带、亚热带地区，亚洲种植面积占世界的80%，其次是非洲。我国主要分布在长城以南地区。以一年两熟地区种植为多。

5. 马铃薯

喜冷凉气候，主要分布在高寒地区，欧洲总产量第一，南美洲第二，亚洲第三。亚洲马铃薯主要分布在北亚地区。中国马铃薯主要产于北方冷凉地区，如内蒙古、河北北部、山西北部、甘肃、宁夏等地区。

6. 谷子

适应性强，耐干旱，耐瘠薄，抗逆性强。世界谷子主要分布在亚洲，其次是非洲。谷子是我国黄河流域最早种植的栽培作物，主要分布在北方及西北干旱地区。

7. 高粱

抗旱、耐涝、耐盐碱，主要分布在亚洲、非洲及欧洲部分地区。我国高粱多种于北方低洼易涝地区，南方坡地及田埂上也有广泛种植。

8. 大豆

喜温短日照作物。世界大豆产区主要在北美洲，其次是南美洲和亚洲。我国大豆主要分布在北方，东北春大豆区是我国最主要的大豆产区，华北平原以夏大豆为主，南方种植夏大豆或秋大豆。

9. 棉花

喜温、喜光作物，生长期要求充足的热量和雨量，但在纤维发育到成熟期需要晴朗而干燥的气候。世界棉花主要分布在亚洲，北美洲和非洲也有一定种植面积。

我国棉花主要分布在黄河及长江中下游地区。新疆地区光照条件好，在有灌溉的地方，也有相当数量的棉田分布，现已成为我国重要的棉花生产基地。

10. 油菜

喜凉作物，抗逆性强，适应性广，可冬播或春播，主要分布在亚洲、北美洲和欧洲。我国油菜面积主要分布在长江流域及西南地区，华北地区和黄河流域也是油菜的重要产区。

11. 黄麻

喜温作物，要求无霜期 200 d 以上，亚洲种植面积最大。我国黄麻主要分布在长江以南地区。

12. 亚麻

喜冷凉，主要分布在高纬度、高寒地区，在亚洲北部、欧洲种植较多。我国主要种植在山西、内蒙古等地。

13. 烟草

适应性强。由于主要收获叶子，种植范围广。我国主要产区在河南、云南、山东、贵州的一部分地区。

14. 甘蔗

喜温作物，主要分布在北回归线以南的热带、亚热带地区。亚洲和南美洲是世界甘蔗集中产区，其次是非洲和大洋洲。我国主要分布在热带、亚热带地区。

15. 甜菜

喜冷凉，是欧洲制糖的主要原料。种植面积欧洲最大，其次是亚洲和北美洲。我国甜菜主要分布在北方冷凉地区，如内蒙古、黑龙江、新疆等省区。

三、我国主要优势农产品种植区划

(一)我国主要农作物的种植区划

根据各地自然条件、社会经济条件、作物种植结构、作物布局和种植制度，并保持县级行政区界的完整性，将全国划分为 10 个大区。

1. 东北大豆、春麦、甜菜区

本区位于我国黑龙江、辽宁、吉林、内蒙古的东北部。气候湿润温凉，北部地区无霜期短，大部分地区一年一熟，南部地区可二年三熟或一年二熟。为我国大豆、春小麦、高粱、玉米、甜菜和亚麻的主产地。此外，还种植马铃薯、水稻、早熟棉花等。近年来，黑龙江、辽宁水稻发展较快，棉花、高粱面积有所下降。

2. 北部高原小杂粮、甜菜区

本区位于我国北部，包括内蒙古包头以东地区，辽宁西部、河北、山西、陕西北部、甘肃、青海和宁夏中南部。本区主要由内蒙古高原和黄土高原组成，无霜期短，降雨量少，气候干燥、冷凉。大部分地区一年一熟，以旱粮为主，有谷子、黍、高粱、春小麦、燕麦、马铃薯、大豆、豌豆、红小豆等，经济作物有甜菜、油菜、胡麻和向日葵等。

3. 黄淮海棉、麦、油、烟区

本区位于长城以南，太行山以东，渭北高原以南，秦岭淮海以北，包括北京市、天津市、山东、河北、河南大部，江苏、安徽北部，山西南部和关中平原。气候温和，无霜期170～200 d，热量条件较好，大部分地区一年二熟或二年三熟。作物种类繁多，冬小麦、玉米、棉花是主要作物。冬小麦面积和产量占全国60%以上，棉花、花生、芝麻面积和产量均占全国的一半，烤烟占60%，玉米占30%以上，是我国粮、棉、油、烟、果等集中产区和重要生产基地。

4. 长江中下游稻、棉、油、桑、茶区

本区位于秦岭、淮河以南，南方丘陵山地以北，地跨上海市、安徽、江苏、湖北省大部，浙江、江西、湖南省北部的太湖、鄱阳湖、洞庭湖平原。全区气候温和湿润，无霜期210～280 d，一年二熟。水稻、小麦、棉花、油菜是本区的主要作物，是我国粮、棉、油、麻、丝、茶等重要产地。

5. 南方丘陵双季稻、茶、柑橘区

本区位于长江中下游平原区以南，华南区以北，包括湖南、浙江、江西、福建4省大部，安徽、湖北南部，广东、广西北部。无霜期235～240 d，一年二熟或三熟。大部分地区可种双季稻、油菜、茶、柑橘等。

6. 华南双季稻、甘蔗、热带作物区

包括福建南部、广东中南部、广西和云南南部、海南省及台湾省。地处热带，无霜期300～360 d。作物种类繁多。双季稻占粮食作物的90%以上，近年玉米也有大的发展。甘蔗产量占全国2/3。龙舌兰、麻、香蕉、咖啡、橡胶等热带作物都分布在这一地区。

7. 川陕盆地稻、玉米、薯类、桑、柑橘区

包括陕西秦岭以南地区、鄂西山区、四川盆地、甘肃东南部、豫西一部分。雨量充沛，热量丰富，日照条件差。粮食作物以水稻、玉米为主，其次是甘薯、小麦。经济作物以油菜、桑、柑橘为主，其次是甘蔗、烤烟、药材等。

8. 云贵高原稻、玉米、烟草区

包括贵州、云南中北部，湖南西部及广西西北部、四川西南部。本区丘陵起伏，地形复杂，气候差异大，立体农业明显，种植制度复杂多样，烤烟品质较佳。主要作

物有水稻、玉米、小麦、烤烟等。

9. 西北绿洲麦、棉、甜菜、葡萄区

包括新疆全区、甘肃河西走廊、青海柴达木盆地、宁夏西北部及内蒙古西部。典型大陆性气候，阳光充足，昼夜温差大，降水不足，必须灌溉才能种植，又称绿洲农业。粮食作物以小麦为主，南疆有长绒棉基地，北疆有甜菜基地，葡萄总产约占全国的一半。近年来，棉花、玉米、油用向日葵、红花发展较快，是我国优质棉生产基地。

10. 青藏高原青稞、小麦、油菜区

包括西藏、青海南部和东北部、四川西部、甘肃南部、云南西北部。大部分地区海拔 3 000～5 000 m，气候冷凉，主要为牧区。农作物一年一熟，多为喜冷凉耐寒作物，其中青稞、小麦、豌豆、油菜 4 种作物面积最大。

(二)我国几种主要优势农产品区域布局规划

1. 专用小麦

重点建设黄淮海、长江下游和大兴安岭沿麓等 3 个专用小麦优势区域带。

(1)黄淮海专用小麦优势产业带　本区主要包括河北、山东两个省和河南大部、江苏和安徽北部、陕西关中、山西中南部，光热资源丰富，降雨量较少，土壤肥沃，生产条件较好，非常有利于小麦蛋白质和面筋的形成与积累，是我国发展优质强筋小麦的最适宜地区。应以生产优质强筋小麦为主。

(2)长江下游专用小麦优势产业带　主要包括江苏、安徽两个省淮河以南、湖北北部、河南南部等地区。该区气候湿润，热量条件良好。小麦灌浆期间降雨量偏多，湿害较重，不利于小麦蛋白质和面筋的积累，但非常有利于小麦低蛋白和弱面筋的形成，适宜发展弱筋小麦生产。应以生产优质弱筋小麦为主。

(3)大兴安岭沿麓专用小麦优势产业带　该区主要包括黑龙江西北部、内蒙古呼伦贝尔盟等地区，是重要的商品春小麦生产基地，土地肥沃，年降雨量 550～650 mm，生态条件与加拿大、美国等强筋小麦生产地区相似，具有发展我国面包用硬红春小麦的生态资源优势。应以生产优质强筋春小麦为主。

2. 专用玉米

重点建设东北、内蒙古和黄淮海两个专用玉米优势区域带。

(1)东北、内蒙古专用玉米优势区　该区地处著名的“黄金玉米带”及周边地区，土壤肥沃，光、热、水资源丰富且时空分布合理，玉米营养品质好，种植面积、产量均占全国 1/3 以上，单产比全国平均高 10%以上。玉米产量高，商品量大，商品率高，种植比较效益高。本区应以发展专用玉米为主，在增强玉米就地转化能力的基础上，生产高品质商品玉米，打入国际市场。

(2)黄淮海专用玉米优势区　本区气候和农田基本条件较好，有效灌溉面积达50%以上，玉米生产水平较高，玉米播种面积、产量均占全国的33%以上。区内畜牧业和玉米加工业比较发达，专用玉米需求量大。本区玉米发展应以早熟、高产、专用的饲料及加工用品种为主，提高专用商品品质和加工品质；推广节本增效技术，增加种植效益；发展饲料加工和工业加工，延长产业链，增加附加值。

3. 高油大豆

重点建设东北高油大豆优势区域带，本区土壤肥沃，光、热、水资源丰富且时空分布合理，为我国大豆主产区，产量高、品质好。本区大豆为非转基因大豆，生产过程中农药化肥施用量也少，农产品安全性好。应发展油脂含量高的专用大豆，建成世界上最大的非转基因高油大豆生产区。

4. 棉花

重点建设黄河流域、长江流域和西北内陆3个优势棉花生产区域。黄河流域棉区主要在河北、山东、河南、江苏、安徽5个省，长江流域棉区主要在江汉平原、洞庭湖、鄱阳湖、南襄盆地等地，西北内陆棉区主要是新疆和甘肃河西走廊地区。发挥区域优势，增加长绒棉和短绒棉的种植比例，提高棉花产量和产品品质的一致性和整齐度。将长江流域棉区建设成为适纺50支纱以上和20支纱以下为主的原料生产基地，黄河流域棉区建设成为以适纺40支纱为主的原料生产基地，西北内陆棉区建设成为以适纺32支纱为主的原料生产基地，满足我国纺织工业发展的需要。

5. “双低”油菜

重点建设长江上游区、中游区和下游区3个“双低”油菜优势区域。长江上游优势区主要分布在四川、贵州、重庆、云南等4个省市，长江中游优势区主要分布在湖北、湖南、江西、安徽和河南等5个省，长江下游优势区主要分布在江苏、浙江2个省。长江流域油菜基本实现“双低”化，单产水平明显提高，可满足国内植物油需求量的60%。含油率提高2～3个百分点，商品油菜籽芥酸、硫甙含量基本达到部颁标准。

思考题

1. 简述作物及作物生产的概念。
2. 常用的作物分类方法有哪几种？按用途和植物学系统结合分类方法作物可分为哪几类？
3. 简述我国三大作物的地位及其分布区域。
4. 论述我国主要优势农产品的区域布局规划。

第二章　作物生长发育与产量形成

一、作物生长与发育

(一)概念

绿色植物是一个能够直接利用太阳能制造各种有机物质的绿色加工厂。作物生产的过程实际上就是绿色植物利用二氧化碳和水合成有机物的过程：

$$6CO_2 + 6H_2O \xrightarrow{\text{光、叶绿素}} C_6H_{12}O_6 + 6O_2$$

作物在合成有机物质的同时，又建造自身，器官不断分化，体积、重量不断增加，这就是作物的生长和发育。作物一生的生命活动都是在不断的生长和发育的过程中完成的。

1. 生长

生长是指作物体积增大、重量增加的过程，是数量变化过程，同时伴随着植株形态有规律的演化，如根的伸长、叶片的长大、茎秆的增高等。作物生长包括营养器官如根、茎、叶和生殖器官如花、果实、种子的生长。生长是通过细胞的分裂和增大来完成的，即细胞数目增多，细胞、组织和器官增大。作物的生长可以通过长度、粗度、体积、鲜重、干重、总蛋白质含量、总 DNA 含量或细胞的数量的增长来加以测量。

作物生长是一个不可逆的过程，但其生长速率可以通过农艺措施或植物生长物质在一定程度上调节控制。作物生长速率的快慢受遗传因素和外界环境的共同作用。作物生长并不完全取决于生长时间长短，而主要取决于环境因素，尤其是光照、温度、营养、水分和空气条件。温度低、养分不足、水分亏缺时作物生长缓慢，甚至停止；光、温、气、热、养分、水分协调，则作物生长健壮，生长速度较快。可以调节作物生长的植物生长物质有赤霉素、细胞分裂素、生长素、脱落酸等。

2. 发育

发育是指作物在一生中，其形态结构及机能的质变过程，包括作物单一器官及整个植株从简单到复杂的变化。发育的表现是细胞、组织和器官的分化，如花芽分化、穗分化、叶原基分化、根原基分化等。发育的最终结果导致植株根、茎、叶、花、果实、种子等器官的形成。

一定的外界条件(主要是温度的高低和昼夜的长短)对作物实现由营养体向生殖体转变有着特殊的作用,必须满足作物的基本要求,才能完成由营养生长向生殖生长的转化过程。如大豆必须完成光照反应(一定时间的短光照)后才能形成花芽及开花结荚;小麦必须完成春化作用(一定时间的低温过程)才能开始幼穗分化。另外,在发育过程中,生殖器官的分化形成及后期的产量建成过程中,有一段时期必须保证足够的养分和水肥供应,满足作物生长发育的需要,才能保证作物产品的产量。此期如果出现水肥亏缺,产量会显著降低,此段时间称为作物的水肥临界期。

在作物的生活周期中,生长和发育是交织在一起进行的。生长是发育的基础,没有生长便没有发育,没有发育也不会有进一步的生长,生长为作物发育提供了物质基础,而发育则为作物的进一步生长创造了条件。如种子的萌发、叶片的长大、茎秆的伸长和增粗、根的伸展等,为分化更多的营养器官和生殖器官提供了物质基础,而新器官和组织的分化又成为植株进一步生长的前提,还为下一步的生长奠定了基础。

(二)作物的营养生长和生殖生长

作物的根、茎、叶、花、果实、种子等各个部分称为器官。器官是由多种组织构成的能行使一定功能的结构单位。以营养体本身为主要功能的器官叫营养器官,如根、茎、叶等,营养器官的生长称为营养生长。而与作物生殖功能有关的器官叫生殖器官,如花、果实、种子等,生殖器官的生长称为生殖生长。

作物营养生长和生殖生长的划分通常以花芽分化(禾谷类作物称为幼穗分化)为界限,之前称为营养生长,之后属于生殖生长。实际上作物营养生长和生殖生长之间并无严格界限,有相当一段时间作物营养生长和生殖生长是同时进行的。例如,水稻在拔节前后开始幼穗分化,拔节前属纯营养生长,但是穗分化后还陆续出叶、长根、长茎,同时幼穗也在不断生长,直到开花后才转入以籽粒建成为中心的生殖生长阶段。棉花、大豆等作物营养生长和生殖生长相互交错的时间更长,一方面生根、长叶、长分枝;另一方面不断开花结实。

营养生长是作物转向生殖生长的必要准备。一般地说,在营养生长期间,若植株生长健壮,地下有强大的根系吸收水分和无机养分,地上有大量绿色叶片利用阳光制造并积累有机物质,就能够促进生殖器官的发育;反之,当温度低,水分养分不足,或受荫蔽时,营养生长弱,就会影响生殖器官的生长,降低产量。因此,只有根深叶茂,才能穗大粒满。

由于营养生长和生殖生长在相当长的时间内交错在一起,在同一时间里,根、茎、叶、花、果实、种子各自处于生育进程的不同时期,彼此之间必然会发生相互影响,而且各方对营养物质有明显的竞争。营养生长过旺,不利于生殖器官的形成和养分的积累,产量不高;相反,如果营养生长过弱,不能满足生殖生长对养分的需求,就会出现早衰,产量上不去。因此,协调营养生长和生殖生长的关系,努力提高作物收获物的产量和质量,是作物生产中的一项重要任务。由于不同农作物收获产品器官不同,如甘蔗、青贮饲料、绿肥等主要以收获营养器官为主,应采取措施促进营养生长;而小麦、玉米等以收获籽粒为主,营养器官则应适当加以控制,促进生殖器官生长,协调好两者的关系,如果营养器官生长过旺,则使籽粒灌浆不饱满,最后产量不高。

(三)作物的生长曲线

所有作物,其植株或某一器官的生长过程包括群体建成和产量的积累都有一个共同特点,就是一般前期生长缓慢,中期生长加快,有一段时间呈直线增长,并达到生长速率高峰,然后又缓慢生长,以致完全停止。如果以时间为横坐标,以生长量为纵坐标划出一条曲线,则呈英文字母“S”形状。这就是典型的S形生长曲线(图2-1)。S形生长曲线是植株与器官生长的普遍现象。比如小麦出苗后生长缓慢,拔节后进入快速增长期,抽穗后增长速度又变缓慢,并渐趋于稳定。还有叶片生长、籽粒灌浆速度等,例子很多。

作物生长的曲线以群体干物质生产为例,可分为3个时期:

初始期:也叫指数增长期。在作物生长初期,群体叶面积小,干物质生产少,而且新长出器官还需消耗大量养分,所以生长缓慢,呈指数增长。

快速增长期:也叫直线增长期。这一时期由于植株变大,叶面积增加,干物质积累加快,呈直线增长趋势。

缓慢停滞期:随着叶片变黄衰老,机能缓退,以及同化产物向生殖器官转移调运,群体生长速度减慢。到成熟期,生长进入停滞状态,干物质积累停止。

作物生长的3个阶段是连续不断的过程。植株生长的S形曲线是各个器官顺序出现与新老交替的结果。栽培中采取各种促进或抑制作物生长的措施,都应该在最快生长速度到来之前进行,才能取得最佳效果,否则措施的作用就不理想。比如小麦使用矮壮素壮秆防倒,一定要在基部节间伸长之前采取措施,才能够使基部节间变短,茎秆变粗,根系增多;如果基部节间已经伸长,再施用矮壮素,对基部节间就不起控制作用了。

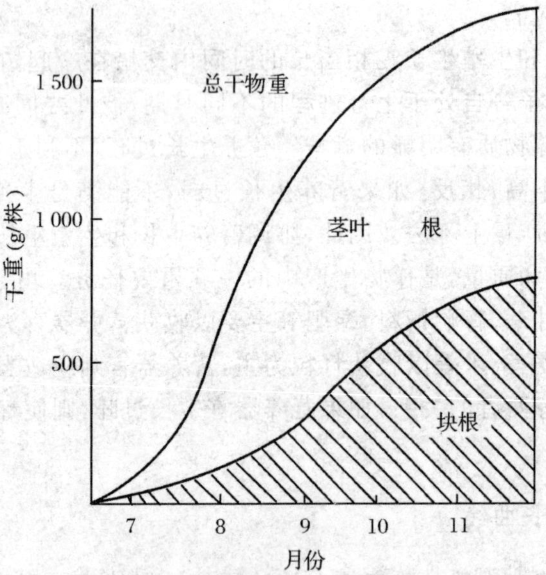

图 2-1 甘薯重量变化曲线

作物每个器官生长都呈 S 形曲线，但各个器官生长的步伐不同，生长速度各异，因此我们采取措施控制某一器官时，应该注意对其他器官的连带影响，必须将其作用效果综合考虑。比如对稻、麦等作物在拔节前施用速效氮，虽对穗分化及形成大穗有促进作用，但同时也能促进基部节间伸长，易引起后期倒伏；用达尔丰控制玉米株高的同时也会使玉米果穗变小。

(四)作物的生育期和生育时期

作物生育期和生育时期是两个不同的概念，不能混淆。

1. 生育期

作物栽培实践中，把作物种子出苗到新的种子成熟之间的总天数，即作物的一生，称为作物的生育期。对于以营养体为收获对象的作物如麻类、薯类、牧草、甘蔗、甜菜等，生育期则是指播种材料出苗到主产品收获适期的天数。需要育苗移栽的作物如水稻、甘薯、烟草等，通常还将生育期分为苗床(秧田)生育期和田间(本田)生育期。苗床(秧田)生育期是从出苗到移栽的天数，田间(本田)生育期是指移栽到成熟的天数。从作物播种到新的种子成熟之间的总天数叫做作物的全生育期。

作物生育期的长短，主要是由作物的遗传特性和所处的环境条件决定的。同一作物的生育期长短因品种而异，有早、中、晚熟之分。早熟品种生长发育快，主茎节数少，叶片少，植株矮小，成熟早，生长期较短；晚熟品种生长发育慢，主茎节数多，叶片多，植株一般高大，成熟迟，生育期较长。中熟品种在各种性状上均介于两者之间。在相同环境条件下，各个品种的生育期是相对稳定的。

作物生育期的长短受环境条件的影响显著。在作物生长环境因素中以光照的长短和温度的高低所起的作用最大。作物在不同地区栽培，由于温度和光照条件的差异，生育期也发生变化。如东北的玉米品种在华北地区种植，生育期会明显缩短。栽培措施对生育期也有很大的影响。作物生长在肥沃的土地上，或施氮肥较多，由于土壤碳氮比低，土壤水分充足，茎叶常常生长过旺，生育期拖长；反之则生育期会缩短。适度水分胁迫能够促进小麦早熟。

一般来讲，熟期早、生育期短的品种单株生产力低，晚熟、生育期长的品种单株生产力高。但在田间群体情况下，只能说晚熟品种生产潜力大，因为生育期长的品种利用光、温、水和二氧化碳资源合成有机物质的时间长。然而这只是一个方面。在相同群体密度下，与晚熟品种相比，早熟品种由于主茎叶片少，叶面积小，表现不出产量潜力，显然处于不利的地位，产量低于晚熟品种。若田间种植时增加早熟品种种植密度，使其群体达到最适叶面积指数，早熟品种的产量可能不亚于晚熟品种。因此，早熟品种种植时应适当增加密度。

2. 生育时期

作物生长发育过程中，其外部形态特征及内部结构总是呈现阶段性的显著变化，这些变化是我们观测作物生育进程的基础，称为作物的生育时期。如出苗期、拔节期、开花期、灌浆期、成熟期等。作物生育时期也是我们是否采取农艺措施的重要时间指标。

目前各种作物的生育时期划分尚无完全统一标准，常见主要作物的生育时期划分如下：

禾谷类：出苗期、分蘖期、拔节期、孕穗期、抽穗期、开花期、成熟期。

豆类：出苗期、开花期、结荚期、成熟期。

棉花：出苗期、真叶期、现蕾期、开花期、吐絮期。

油菜：出苗期、现蕾期、抽薹期、开花期、成熟期。

黄麻、红麻：出苗期、真叶期、现蕾期、开花期、结果期、工艺成熟期、种子成熟期。

甘薯：出苗期、采苗期、栽插期、还苗期、分枝期、封垄期、落黄期、收获期。

马铃薯：出苗期、现蕾期、开花期、结薯期、薯块发育最速期、成熟期、收获期。

甘蔗：发芽期、分蘖期、蔗茎伸长期、工艺成熟期。

对于不分蘖的禾谷类作物如玉米、高粱等，就没有分蘖期。另外，为了更详细地进行记载、观测，还可将个别生育时期划分得更详细一些，如禾谷类作物的三叶期，豆类作物开花阶段的始花期、盛花期、终花期，禾谷类作物成熟过程的乳熟期、蜡熟期、完熟期等。关于各个时期记载标准，可参照有关作物栽培学教材。

(五)作物各个器官的生长发育

1. 种子和种子的萌发出苗

作物生产上的种子泛指用于播种繁殖下一代的播种材料，它是农学意义上的种子，与植物学上种子的概念不同。农学种子包括植物学上的3类器官：①由胚珠发育而来的种子，如豆类作物、麻类作物、棉花、油菜、花生的种子(图2-2右)；②由子房发育而成的果实，如禾谷类作物的稻、麦、玉米等的颖果，向日葵的瘦果(图2-2左)；③进行无性繁殖的根、茎等，如甘薯的块根、马铃薯的块茎、甘蔗的茎节。

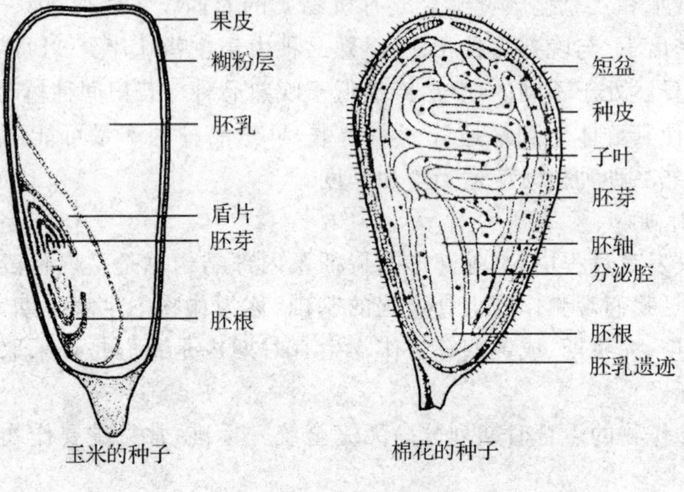

图 2-2 单子叶植物和双子叶植物的种子构造

大部分作物是依靠种子(包括果实)进行繁殖的。种子由种皮、胚和胚乳等部分组成，禾谷类作物种子为单子叶有胚乳种子，胚乳是贮藏养分的器官。双子叶植物如棉花、豆类、油菜等则为无胚乳种子，两片子叶肥大，养料就贮藏在肥大的子叶内。种子胚乳或子叶中贮藏的养料，在种子播种后发芽出苗时提供能量和养分，因此粒大、饱满的种子胚大，养料充足，利于培养壮苗；粒小、瘪瘦的种子长出的幼苗也瘦弱，不易成为壮苗。因此，生产上往往在播种前要精选种子。

作物播种后，种子在适宜的温度、水分和氧气条件下，经过吸收水分膨胀(物理学过程)、萌动——内部物质由复杂到简单的生物化学变化(生物化学过程),及萌发(生物学过程)3个过程,由种子长出幼苗,然后经过顶土,露出地面,叫出苗。作物播种后田间出苗率的多少与种子质量、整地质量、土壤水分状况、土壤盐碱状况、播种深度、播种质量、病虫害危害程度等密切相关。种子本身的质量好坏是内因,田间状况、播种质量和病虫害影响是外因。符合标准的优质种子发芽率高,生活力旺盛,播种后田间出苗率高,幼苗生长健壮。种子质量不高,发芽率较低,顶土出苗能力差,幼苗长势瘦弱。成熟度不好的种子、感染病虫害的种子、贮藏不当、长霉变质的种子或贮藏时间较长的种子发芽率较低。种子发芽率太低时,就不能再作为播种材料来加以利用。用不合格的种子做播种材料,往往会给作物生产造成巨大的损失,有时这种损失是不可挽回的。因此,作物生产中使用的种子必须是符合标准的优良品种的种子,才能为作物高产、优质打下基础。另外,有些作物的种子收获后不能马上作为播种材料进行播种,因为作物成熟后种子还有一个休眠过程。对于有休眠过程的作物种子,为了尽快作为种子使用,可在播种前通过低温或水分处理,或通过机械磨伤种皮,或用化学物质处理,打破休眠,促进发芽。

禾谷类作物萌发后以胚芽鞘在土中伸长出苗,顶土能力强,播种时可以适当深一些,以3～5 cm为宜。豆类、棉花等双子叶作物种子播种萌发后,以两片肥大的子叶或真叶向上生长,顶土出苗能力差,播种时要种得浅一些,播种深度2～3 cm合适。如果播种时土壤表层干旱,可采用深播种浅覆土方式,播种后在播种沟适当进行镇压,以使种子处于适宜的播种深度,确保种子萌发出苗,争取一播全苗。

当禾谷类作物幼芽露出地面2 cm时,即为出苗。田间出苗率达50%时,称为出苗期。

2. 根的生长

作物播种以后,种子萌发首先长出的是胚根,然后才是胚芽或子叶的生长。作物的根有两种类型,一种是单子叶作物的根,主根不明显,属须根系;另一种是双子叶作物的根,有明显发达的主根,属直根系(图2-3及表2-1)。

禾谷类作物的初生根系在生长发育初期及以后相当一段时间可发挥重要作用,初生根系下扎深度较深,可吸收利用深层土壤水分和养分,促进根系下扎,为作物抗旱和后期抗逆稳产建立良好的根系条件。

作物90%的根系分布在0～50 cm土壤中,越往下根系越少。强大的根系对作物健壮生长及实现高产、优质是必不可少的。作物强大的根系建立可通过合理的栽培措施来完成,通过控上促下或化学调控手段,可以促使根系向深层发展。

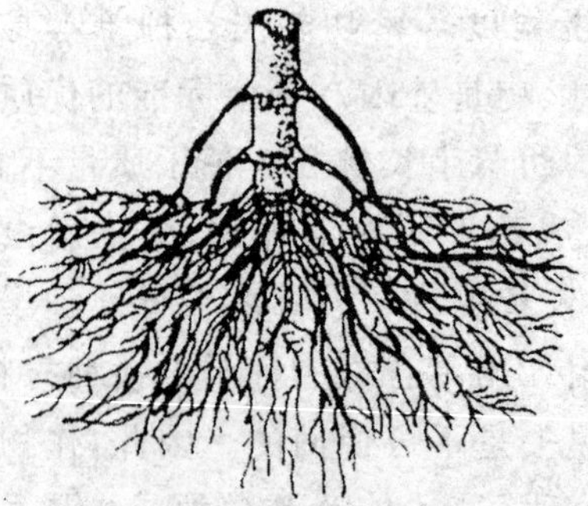

玉米的根系

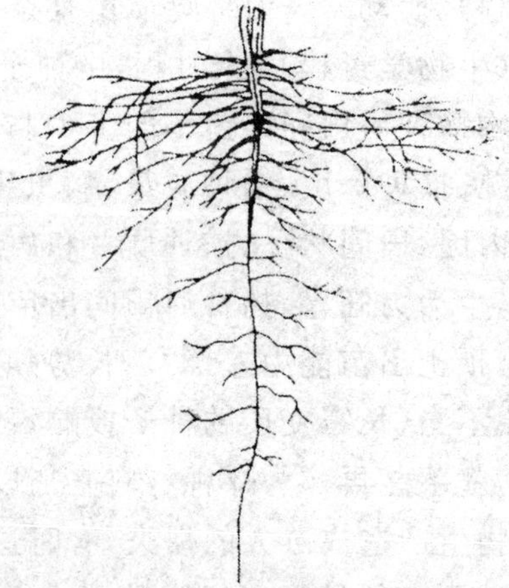

棉花的根系

图 2-3 须根系与直根系比较

表 2-1 须根系与直根系的比较

- 须根系
  - 种子根（初生根系）
    - 主胚根（初生胚根）：1 条
    - 次生胚根：3～7 条
  - 节根（次生根系）：茎节基部长出的不定根（包括气生根）
- 直根系
  - 主根 1 条
  - 侧根
    - 一级
    - 二级
    - 三级

作物根系在土壤中的扩展范围是相当大的，苗期作物的根系比地上部长几倍。禾谷类作物在拔节前大量根系横向生长，拔节后转而向纵深发展。作物根系达到的最深范围，水稻一般在 50～60 cm，玉米深达 1.5 m 以上，小麦达 1.8 m 以上。

作物根群主要分布在耕层土壤，所吸收的养分、水分也主要来自这一层。研究结果表明，30 cm 以下土壤根系分布对作物产量与抗旱性非常重要。尤其是作物（如小麦）在节水栽培情况下，后期上层土壤已干枯无水，主要靠深层土壤水分供应来维持正常的生命活动。

作物根系的分布，除受作物本身特性和农艺措施调控之外，还受土壤水分、养分、通气状况和土壤紧实度的影响。一般根系都有趋水性、趋肥性和向氧性的特点，耕层中水分、养分充足，根系向土壤深层发展的就少，苗期适当控制水肥供应，实行蹲苗，利于根系向纵深发展，增加后期抗旱抗倒性。

3. 茎的生长

单子叶植物与双子叶植物茎的生长有较大差别。

单子叶植物茎：多数禾谷类作物茎为圆形，中空，如稻、麦等，有些作物的茎秆为髓所充满而成实心，如玉米、高粱、甘蔗等。茎秆由许多节和节间组成。茎上着生叶片的部位叫茎节，相邻两个茎节间的部分叫做节间。节的附近偏上部位有细胞分裂旺盛的分生组织，叫居间分生组织。依靠居间分生组织的分化、生长，节间得以伸长，茎秆得以长高。

禾谷类作物一般前几个节不伸长，密集在一起，地表以上节间逐渐伸长。麦类作物近地表的节与节间密集在一起形成分蘖节。分蘖节是一个节群，小麦所有分蘖都是从分蘖节上长出的。

由于禾谷类作物地上伸长节间靠居间分生组织分裂生长来完成，所以各节间伸长有一定顺序，如第一节间、第二节间、第三节间……当基部伸长节间总长达0.5～1.0 cm时，称为拔节。节间伸长是依次由下而上顺序进行的，在第一节间快速伸长时，第二节间开始伸长，第一节间接近固定长度时，第二节间伸长加快，第三节间开始伸长，依此类推，其他节间也渐次伸长，直到抽穗为止。

双子叶植物的茎：双子叶植物茎的生长有两种方式，一种是单轴生长，主轴从下向上无限伸长，主轴侧芽发展为侧枝。单轴生长的茎秆外形直立，如向日葵的茎，无限结荚的大豆茎，棉花的营养枝等。另一种是合轴生长，主轴生长了一段时间后，就停止生长，由靠近顶芽下方的一个侧芽代替顶芽形成一段主轴，以后新的主轴顶芽又停止生长，再由下方侧芽产生新的一段主轴。合轴型的茎秆在外形上稍有弯曲，棉花的果枝生长就属于合轴型。

主茎每一叶腋中有一个侧芽，基部叶腋中的腋芽一般发育为分枝，上部侧芽可能发育成花芽。

双子叶植物分枝习性因作物种类而异，一类作物分枝较强，如棉花、油菜、花生和豆类等，其分枝对产量的构成作用很大，栽培上应促进分枝早发、多发。另一类作物分枝性弱，如烟草、麻类、向日葵等，分枝出现对产量和品质不利，栽培上要抑制其发生。

作物节间的长短和茎的高度因作物种类、品种、栽培条件的不同而差异很大。对作物茎高的控制措施要在拔节之前进行。

作物不同品种的分蘖、分枝能力有强有弱，在栽培上应根据实际情况，人为地加以控制调节，以便确保合理的总分蘖和总茎数，达到高产。

作物茎有许多不同的变态类型，如马铃薯薯块是茎的变态，有些豆类和甘薯的茎则为蔓生型。

4. 叶的生长

作物的叶片是光合作用的主要器官。作物生产归根到底依赖于叶片的光合作用。因此，建成具有高光合能力的叶片，并最大限度地发挥其性能，是作物栽培的重要任务之一。

禾谷类作物的每个叶由叶片、叶鞘、叶环、叶舌、叶耳构成。叶的下部为叶鞘，包围着茎秆，起保护、输导和支持作用，叶片呈条形或狭带形，纵列平行叶脉。在叶片和叶鞘相连之处可见一个与叶片不同的叶环，小麦和水稻的叶环呈淡青色，玉米和甘蔗的叶环肥厚。叶环有弹性和延伸性，可以借以调节叶片在空间的位置。叶片与叶鞘相连处内侧的膜状物，称为叶舌，可以防止水分、尘土或昆虫等落入叶鞘内。有的禾谷类作物在叶片基部两侧边缘，各有一个薄薄的耳状物，叫做叶耳。叶舌和叶耳的大小、形状、色泽可以作为鉴别作物和品种的依据。比如，大麦叶耳、叶舌都很发达但是无茸毛，燕麦只有叶舌而无叶耳，小麦则叶舌、叶耳都不很发达。

禾谷类作物的胚芽鞘、分蘖的鞘叶、颖片及玉米的苞叶等，从起源上都是叶的变态。

双子叶植物的叶分为叶片、叶柄和托叶 3 部分，如棉花、苎麻、大豆、向日葵的叶，3 部分俱全，称完全叶，缺少任何一部分或两部分的叶，称为不完全叶。如甘薯、油菜的叶缺少托叶，烟草的叶没有叶柄。双子叶作物的叶片多为网状脉，叶片依靠叶柄与分枝或茎相连接，叶柄基部可以扭曲生长，从而改变叶的位置和方向，使各叶不致相互重叠、遮蔽。托叶是叶柄基部的附属物，常成对而生，其形状和作用因作物而不同。双子叶植物的叶片还有单叶和复叶之分。

叶片的分化形成与生长是两个过程，叶片形成是从茎生长锥顶端分化而来的。禾谷类作物一部分叶片在上一代种子形成时就分化发育完备，称为胚叶。双子叶作物的两个肥大的子叶也是在上一代种子形成过程中分化发育完成的。当茎的顶端分化形成叶原基后，叶子的各个部分已分化完备，之后则依赖于细胞分裂和细胞的增大来完成叶的生长过程。

大多数作物的幼叶是平均生长的。一片叶子生长时最先形成叶尖，而后由下向上形成整个叶子。这种由基部生长的次序，在禾谷类作物中尤其明显。例如，水稻、麦类、玉米等叶片被切断以后，很快还能长出来，这是由于叶片基部进行居间生长所致。叶鞘生长是随节间的生长而伸长的，当叶片全身伸出后(叶环出现)，其长度与宽度已固定，以后变化不大，这时叶鞘正迅速生长，直至后一叶的叶片全部伸出时，叶鞘的伸长才全部停止。

叶片生长同样呈S形生长曲线。从单叶看，禾谷类叶片的生长过程可分为叶原基分化形成期、叶片伸长期、功能期、衰老期。前两期已介绍，简单说一下后两期。

功能期：一般是指叶片完全展开后到衰亡之前相当长的一段时间，此期光合作用最旺盛，其光合产品除本身消耗外，还可向外输出，供其他器官生长发育。禾谷类作物上部几片叶功能期持续时间长短对产量影响很大，功能期越长，同化光合产物就越多。栽培措施应注意延长上部叶片的功能期。

衰老期：功能后期，叶片变黄，光合作用减弱甚至停止，内部物质转移至其他器官或籽粒中。生产中发现，小麦成熟时如正常落黄，叶片、叶鞘中物质转移彻底，则千粒重较高；如果氮肥太多，造成小麦贪青晚熟，或后期遇干热风高温逼熟，或受青枯病危害，使得叶片中贮藏养分不能正常转移，千粒重就不高。

作物叶片大小决定于作物种类和品种，也受肥、水、温度、光照等外界条件的影响，如棉花，海岛棉叶片较大，陆地棉较小。同属陆地棉，早熟品种叶片小，中晚熟品种叶片大。另外，同一株上叶片大小也不同，如玉米多数为中部叶片大，上下较小。不同肥水处理对叶片的影响，以小麦为例，在返青期、起身期浇水、施肥，小麦叶片就会变得很大，整个叶片下披，造成大株型，大群体，田间郁闭，容易倒伏和病害流行。而在拔节期或更晚时期施肥、灌水，就会使叶片短小、直立，个体变小，株型好，通风透光，群体光合作用强，不倒伏，病害轻。

从提高群体光合效能观点来看，禾谷类作物的叶片以短厚、挺直上冲为宜，这样可使得田间群体冠层内上下光照均匀一致。但也有人认为，叶片接近垂直虽使下层透光增加，但叶片本身接受的光又相对较少，不利于其功能的发挥。叶片直立上冲，主要取决于品种，如玉米品种掖单4号、13号为上冲型叶片；农大60基部为平展型叶，上部较直立。栽培措施也会对叶片的角度产生影响，仍以冬小麦为例，春后水肥管理早，叶片大而平展或下垂，水肥管理晚，叶片小而直立。

作物叶片有分工现象，如禾谷类作物的叶片，根据其出生的先后顺序、着生部位及光合产物供应中心，可分为3组。下部一组主要供根系生长，可称为根叶组。中部一组光合产物主要供穗茎生长，称为穗茎叶组。上面一组光合产物主要流向穗和籽粒，称为粒叶组。双子叶作物的大豆、油菜、棉花等叶片也有分工现象。

5. 花芽和幼穗分化

对于以生殖器官为收获对象的作物来说，花器官的分化和发育与产量关系极大。各种作物花器官的形成都有各自特点。

禾谷类作物，其花序通常称为穗。细分起来，小麦、大麦、黑麦为穗状花序，水稻、高粱、黍和稷等以及玉米的雄穗为圆锥状花序，谷子的穗也属于圆锥状花序，但由于小穗轴较短，其外形像穗状花序。

禾谷类作物的花一般包括穗轴、枝梗和小穗 3 部分。而小穗则由小穗轴、花(外稃、内稃、雄蕊 3～6 个，雌蕊 1 个和浆片 2 片)和颖片组成。

双子叶作物的花差别较大。棉花的花是单生的，豆类、花生、油菜属总状花序，烟草为圆锥或总状花序，甜菜则是复总状花序，这些作物的花均由花梗、花托、花萼(棉花和花生还有苞片)、花冠、雄蕊和雌蕊所组成。豆类作物的花为典型的蝶形花，花冠分为旗瓣、翼瓣和龙骨瓣，雄蕊则是 9＋1 合体。

禾谷类作物穗分化发生较早。麦类作物在主茎拔节以前就开始穗分化，玉米穗分化发生在节间开始伸长前后，水稻早熟品种先穗分化后拔节，晚熟品种则是先拔节后穗分化。穗分化完成期大约在挑旗、孕穗以后。玉米雄穗在茎顶端，雌穗在中部，穗分化过程为雄穗在先，雌穗在后。

禾谷类作物穗分化过程可以分为下面几个主要时期：生长锥伸长期，穗轴节片(麦类)或枝梗分化期(黍类，水稻)，颖花或小穗分化期，小花分化及雌雄蕊形成期，花粉母细胞减数分裂期，也叫四分体期，花粉粒充实期(成熟期)。

双子叶作物花芽分化过程因作物不同而差别较大，分为以下几个主要时期：花萼原基分化期——完成由营养生长向生殖生长的转变，花冠和雌雄蕊原基分化期，胚囊母细胞和花粉母细胞形成期，花粉母细胞和胚囊母细胞减数分裂期(四分体)，胚囊和花粉粒成熟期。

可见，无论是禾谷类作物，还是双子叶作物，生殖器官的分化都是由外向内进行层层分化，直到性细胞成熟。

作物穗分化及花芽分化早晚或能否开始分化，外界条件对其影响很大，尤其是光照时间的长短和温度的高低。麦类作物需经过低温春化反应才能进行穗分化、开花结实，大豆也必须在完成一定光周期反应后才能开花。

禾谷类作物一般都为两性花，个别情况雄性不育是育种的好材料。玉米雄花在顶部，雌花在中部，但事实上玉米开始分化时也都是两性花，到后来才退化成单性花。双子叶植物有的为两性花，如油菜、蚕豆、棉花等，有的为单性花，如南瓜等。

作物在花芽或穗分化后，经过一定时期的发育过程，花粉粒和胚囊成熟后，花就开放，称为开花。

具有分枝(分蘖)习性的作物，通常是主茎先开花，然后第一、第二分枝(蘖)渐次开花。同一分枝或分蘖上的花，靠近主茎的花先开，然后向上向外开放。同一花序上开花顺序，则有 3 种情况：下部先开花，然后向上，如油菜、花生和豆类；中部花先开，然后向上、向下，如大麦、小麦、玉米等；上部花先开，然后向下，如稻、高粱、有限结荚的大豆等。

在开花时间上，多数作物从早晨到下午5时左右开花，也有作物全天或夜间开花。小麦开花昼夜有两次高峰，第一次在上午9～11时，第二次在下午3～5时。玉米开花高峰在上午9～11时。掌握作物开花时间的最大好处就是在做杂交育种时采花粉方便，如玉米采花粉最好在开花高峰期进行。另外，杂交中去雄工作一定要在开花前完成，否则雄蕊只要散粉，就可能自交。

作物开花时雄蕊花药开裂，花粉散出，花粉落到雌蕊的柱头上，叫做授粉。授粉方式有两种：一种是自花授粉，即成熟的花粉传到同一朵花的雌蕊柱头上的过程。如大麦、小麦、水稻、大豆、豌豆、花生等属自花授粉作物。另一种是异花授粉，即一朵花上的花粉传到另一朵花雌蕊柱头上的过程。异花授粉有同株异花授粉或异株异花授粉两种类型。作物异花授粉通常通过风、昆虫等媒介完成。还有一种叫常异花授粉，即虽然以自花授粉为主，但异交率比较高，如棉花、高粱、蚕豆等作物属于此类。在育种杂交过程中，作物去雄授粉后，为防其他花粉的污染，一般需要套袋保护。

作物开花授粉期间对温度和湿度反应敏感。高温干燥时，散出花粉很快就失去活力。同样，开花时遇到连雨天，也会影响授粉。雨水过多，一是影响花粉传播，更重要的是花粉吸水太多，容易胀破而失去活力，影响受精。

花粉落在柱头上，经过一段时间吸水萌发，产生花粉管，通过柱头，进入子房，与胚囊母细胞结合，完成受精过程。然后经过短暂时间的休眠，进一步分裂发育形成种子。

在生产中，为了克服外界不良环境对作物异花授粉的影响，常用人工辅助授粉的办法弥补传粉量的不足，增加柱头上的花粉密度，以提高受精结实率，如玉米、向日葵等作物的生产中常采用此项措施。

二、作物的产量及品质形成

（一）作物产品器官与产品品质

作物产品器官是指栽培作物以收获为目的的主要器官。作物和用途不同，其产品器官也各不相同。禾谷类作物及大多数食用豆类作物以收获子实为目的，产品器官就是籽粒，而薯类作物收获的是块根与块茎，棉花的产品器官为种子纤维，黄麻、大麻、红麻、苎麻等为韧皮纤维，甘蔗为茎秆，烟草、茶叶为叶片，绿肥则是整个植株。另外，玉米做青贮饲料时，收获的是整个植株，包括茎、叶和果穗；作为粮食时，产品器官为籽粒。再如亚麻，以生产油料为目的时，收获的是子实，而以生产纤维为目标时，收获的是韧皮纤维。

作物产品的品质是指作物生产目标产品的质量或其优劣，即产品的好坏，由外观品质、营养品质和加工品质诸方面综合评价。能够最大限度地满足人类对各种农产品质量要求的农产品称为优质农产品。

“优质”是一个相对的、动态的概念，概括来讲是对目标、用途综合指标的适合和满足。因此，在不同时期品质有着不同的内涵，不同用途的作物产品有着不同的优质标准。作物产品的品质一方面指产品中所含的营养成分，如蛋白质、脂肪、淀粉、各种维生素等含量的高低、比例和食用价值；另一方面指产品的加工品质，包括一次加工品质和二次加工品质，如水稻的加工品质包括大米的外观、垩白度、精米率、贮藏性、食味等，小麦的加工品质则包括容重、出粉率、白度、烘烤品质及其他加工适应性等。另外，作为商品，则需考虑作物产品的商品品质，如形状、大小、色泽、容重。

(二)作物的产量及收获指数

作物产量：是指单位面积作物产品器官的数量，简单地说，就是栽培作物的收获量。它包括两个概念，即经济产量和生物产量。作物栽培目的是获得较多的有经济价值的农产品，所以一般说产量的高低指的是经济产量的高低。

生物学产量：是指作物在一定的生育阶段内或生长周期中，单位面积所积累的干物质的总量。在一般生产中，生物学产量是指单位面积作物地上部分干物质的总和，不包括根，因为根难以测定。但是，块根、块茎类作物如马铃薯、甘薯则不同，必须包括地下部分的干物质重量。作物的生物学产量中，有机物质占90%～95%，其余为矿物质。

经济产量：是指栽培目的所需要的有经济价值的主产品的数量，也就是前面讲到的不同作物和用途的产品器官数量，如禾谷类的籽粒、马铃薯的块茎、甘薯的块根等。作物生产中，除收获经济产量部分外，其余的部分称为副产品。作物副产品的开发利用有巨大的价值和潜力，正日益受到人们的重视。但目前生产的有许多作物副产品被白白浪费掉，如小麦、棉花、玉米等作物的秸秆等。进一步开发利用作物的副产品，对解决粮食和饲料短缺问题、发展农村经济很有意义，如利用作物秸秆培养食用菌，通过氨化处理玉米秸秆做饲料，用玉米穗轴做糠醛原料，玉米苞叶做编织品，等等。

收获指数：也称经济指数，是指作物经济产量与生物产量的比值，反映了作物生物产量转化为经济产量的效率。

收获指数＝经济产量/生物产量

经济指数高，表明光合作用制造的有机物质转移输运到有经济价值的产品器官中的能力大，作物生产效率高。但收获指数高并不表明作物的经济产量一定高。因为正常情况下，经济产量与生物产量的高低成正比，要提高经济产量，必须在提高生物学产量的基础上提高作物的收获指数，才能达到提高经济产量的目的。

作物的收获指数，因作物及作物主要产品器官的不同差别较大。水稻和小麦的收获指数为0.35～0.50，玉米为0.4～0.6，薯类为0.7～0.85，甜菜为0.6。由于根茎类作物产品器官为营养器官，产品形成过程简单，又富含淀粉，光合产物转化效率高，所以经济系数较高。产品器官以贮藏蛋白质、脂肪为主的作物收获指数一般较低，如大豆的收获指数仅为0.25～0.35，油菜为0.28；而绿肥或青贮饲料，整株器官都被利用，可以说100%的都为经济产量，收获指数等于1.0。

各作物的收获指数是相对稳定的。一般生物产量高，经济产量也高。即生物产量是高产的基础。但是随着品种的改良或改换，栽培管理措施的改革，可以促进光合产物的转化效率，提高收获指数，增加经济产量。在栽培实践中，应该采取措施扩大作物光合源，增加产品贮藏库，促进光合产物从源向库的转运，即流动。

（三）产量构成因素及产量的形成

作物产量是以单位面积上作物产品器官数量来计算的，因此，可以把单位面积上的产量分解为不同的组分，叫做产量构成因素。

即　　产量＝单位面积产品器官的数量（重量）＝
　　　株数×单株产量＝
　　　穗数×穗粒数×粒重

我们说的产量，一般是指单位面积上的群体产量。作物不同，构成作物产量的因素也不同。主要作物的产量构成为：

禾谷类＝穗数×每穗实粒数×粒重
豆类＝株数×每株有效荚数×每荚实粒数×粒重
薯类＝株数×每株薯块数×单薯重
棉花＝株数×每株有效铃数×每铃籽棉重×衣分
甘蔗＝有效茎数×单茎重
烟草＝株数×每株叶数×单叶重

研究不同作物产量组成成分的形成过程及其相互关系，以及影响产量成分的因素，有利于采取相应措施，协调产量因素之间的关系，获得高产，是作物生产过程中必须考虑的问题。

理论上讲,各个产量因素中,每个因素的值越大,产量就越高。但生产上不可能每个因素都同时增大,它们之间有一制约关系。例如,禾谷类作物如果穗数增多,则单穗粒数或单粒重就有减少的趋势。在田间可以看到,哪儿种得稀哪里的穗就大。所以要想获得高产,必须使产量构成的各个因素有一个最佳的组合,使各因素的乘积达到最大,而不是单个因素值最大。不同作物及同一作物在不同地区、不同栽培措施下,获得高产的最佳组合是不同的。例如每667 m^2产600 kg小麦,山东以精播大穗途径获高产,穗数、穗粒数、千粒重3个产量因素分别是每667 m^2 30万穗,每穗40粒,千粒重50 g。河北吴桥则是在晚播条件下,通过增大播种量,以主茎成穗为主来获得高产,产量构成为每667 m^2 50万穗,每穗30粒,千粒重40 g。只要了解各产量因素的形成过程,就可以采取措施加以调控,获得高产。

禾谷类作物产量形成大致可分为3个时期:幼穗分化前的营养生长期,主要形成穗数。成熟期的穗数,是由生育前期分蘖的发生和消亡来决定的,不分蘖的玉米、高粱等作物,则在播种时就决定了单位面积穗数的多少。穗粒数的形成则是从穗分化开始一直延续到作物开花后灌浆初期。而粒重的形成决定于开花后到成熟阶段。3个阶段互相重叠,前期生长为后期奠定了基础。

另外,禾谷类作物的3个产量因素之间有相互补偿作用,后形成的产量因子可以补偿前期形成的产量因素的不足。如幼苗不足或播种密度低,可以通过大量发生分蘖和形成较多的穗数来补偿。穗数不足,每穗粒数和粒重的增加,也可加以补偿。但是生长前期的补偿作用往往大于生长后期,而补偿的程度,则因种或品种、环境和年季间的差异而不同。

三、作物源库关系与产量

从物质生产角度来看,作物产量的形成必须具备两个条件:一方面是要有经过受精并能进一步发育的种子,也就是库,或者叫产量容积;另一方面要使这些经过受精的种子,在整个发育过程中不断得到光合产物的供应,进行充实,这就是源。事实上,作物体内的输导运转系统还必须将光合产物运给籽粒,也就是“流”。其中任何一项过程受阻,都会限制籽粒产量潜力。

(一)源的概念

源(source)就是指植物光合作用制造的同化产物的供应,它是作物发育及产量形成的物质基础。从生产和输出同化产物的部位来讲,源应该包括两个方面内容:①光合源,包括叶片、叶鞘等器官。小麦的茎、穗、芒,玉米的苞叶等也是光合器官，但叶片是光合产物的主要供源。②暂存源，即先前的光合产物贮存在暂存库中，在籽粒灌浆过程中，再调运到籽粒中，如在作物茎秆、叶鞘中贮藏的糖类物质。

从同化产物供应角度来讲，源的强度包括了两个方面的内容，即源的大小和源的活性：

源强度＝源的大小×源的活性

其中源的大小表示所提供光合产物来源的大小，它的大小由叶片数、叶面积指数、营养器官内贮存的物质含量三方面组成。叶片是作物最主要的供源器官，所以叶面积大小能直接影响供源特性。叶片数多少、叶面积大小及贮藏物质的多少则受到遗传因素和环境条件共同作用。

源的活性是指源的干物质生产效率，可以用叶片的光合速率及绿叶面积持续期的长短来表示。影响作物叶片光合速率的因素很多，如叶片在植株上的分布，叶片角度、位置，叶片中的氮含量，叶绿素含量，合理的群体结构等。环境因子也显著影响叶片的光合速率。另外，绿色叶片持续时间长短明显影响着同化物质的供应。农艺措施要尽量延长作物生长后期绿叶的功能期。

源在产量形成中的意义，一方面，在于促进库的建成，源是产品器官发育的物质基础；另一方面，进行库的充实，即充足的物质供应为籽粒的进一步生长与充实提供保障。当籽粒库容潜力建成以后，能否使籽粒达到最大潜力，获得最高物质产量，主要取决于源的供应强度，即同化产物能否满足籽粒生长发育的需要。

（二）库的概念

库是指贮藏光合产物的器官，同时也指贮存能量的器官。根、茎、叶等营养器官都能贮存光合产物，但人类作物栽培的目的在于收获所需的产品器官，所以这里所说的库指的就是产品器官。

禾谷类作物"库"的大小可以每株的籽粒数和每个籽粒的潜在质量来估算，即可表示为：

库＝单位面积穗数×每穗粒数×单粒体积

籽粒库的大小在产量形成中作用是非常重要的。首先，库决定着有机物质的分配。库强度是决定干物质分配的最基本因素，有机物质在籽粒中的贮存量以及与其他器官的分配比例，主要决定于它们吸收、容纳有机物质的能力，即决定于籽粒库强度与其他器官库强度之比。作物形成库的能力和库的强度大，即籽粒产量性能强，则把同化物质转化为籽粒产量的能力就强，产量潜力就高。其次，库影响干物质生产。叶片光合强度受光合产物需求的影响，籽粒库强度对光合作用有很大的反馈作用。库强度大能促使光合能力增强;反之则使之削弱。如果将玉米果穗切除或阻止授粉,由于库强度降低,茎叶中糖分浓度增高,叶片光合强度降低,最终干物质产量降低27%左右。第三,库控制着灌浆速度。灌浆速度不仅决定于有机物质的供应和运输效能,而且还决定于库的强度。在灌浆期内如果光合作用受到抑制甚至停止,籽粒能从其他器官中调运物质,维持一定的灌浆强度。如果库强度大,征调光合产物的能力强,则灌浆速度就高。

(三)源库平衡对作物产量的作用

源和库是产量形成中的两个重要方面。源和库是互相限制、互相促进的。源充足可以促使库发展大一些,库大又能提高源的能力。当源和库都得到相当发展,而且互相协调时,便可获得最佳产量。

作物灌浆期源、库之间存在着微妙平衡关系,这种关系一旦失调,就会引起物质生产的限制,并加速叶片的衰老过程。如果库太大,源不足,会造成大量瘪粒,最后粒重降低,同时由于大量未经灌浆的或灌浆不足的瘪粒存在,影响产品的商品品质,也大大浪费了能源,因为在形成库容量时,也要消耗许多能量。另一方面,如果源大而库不足,大量同化的有机碳水化合物不能向籽粒中运输,供大于求,没有足够的库进行物质贮存和调运,造成物质的浪费,最终产量也不高。只有当源、库之间达到平衡时,有足够的库容来接纳光合源提供的碳水化合物,同时也有足够的光合产物来满足籽粒库灌浆的需要,才能获得最高产量。

为什么源、库关系研究越来越为人们所重视呢?主要是因为在作物单产提高到一定水平之后,再进一步提高产量,就必须明确限制产量的因素,从源库的概念出发进行讨论,明确主攻目标,才能少走弯路,产量也容易提高。

当源是籽粒产量进一步提高的限制因子时,籽粒产量增加可以靠增加叶面积指数(LAI)来改进。增加抽穗后的叶面积、维持较长的绿色叶面积功能期、增加净同化量等措施均可提高产量,比如更换品种,增加密度,施肥,地膜覆盖或者是使用植物生长调节剂等。

假如籽粒产量为穗的库容量所限制,提高籽粒产量就得集中注意力于决定果穗库容的发育问题。比如穗期分化更多的小穗小花,提高结果实率,减少败育。也可以依靠增加每一籽粒库的容积来完成,增加单粒库容应在作物籽粒建成期采取措施。

(四)增加源库的途径

1. 扩大源

(1)扩大光合面积 ①群体 LAI;②个体叶面积=叶大小×叶片数。

(2)提高光合活性　①育种上,解决高光效品种(注意:株型,叶分布、叶夹角等);②栽培上,合理密植,创造理想株型(如节水小麦的小株型、大群体结构),增加二氧化碳等。

(3)延长绿叶功能期　①育种上,培育保持绿型品种;②栽培措施上,实行早播、地膜覆盖、套种,增施肥料,后期施植物生长调节剂。

2. 扩大暂存源

以便在供应不足时应急,以补充当时光合作用的不足。这是相当重要的一个方面,往往被忽略。

3. 扩大库

(1)增加穗数　①增加密度;②应用穗型品种;③减少空秆率。

(2)增加粒数　①应用大穗型品种;②栽培措施促进穗分化;③增加授粉受精程度,减少败育。

(3)增加粒的库容潜力　①使用大粒型品种;②开花授粉后,使作物籽粒建成的初期阶段处于有利条件下,以便形成更多的胚乳细胞数目及淀粉粒数目,增加籽粒库容。

四、作物群体的生长发育动态与产量

(一)作物群体的概念

作物生产的目的,在于大面积丰收。因此,从生产实践的角度讲,最有实际意义的不是作物个体或单株的优劣,而是单位土地面积上群体质量的好坏。单位面积上所有单株的总和就是作物群体。

作物群体是指同一块地上的作物个体群。个体是作物群体的组成单位,群体是个体组合的整体。群体虽然是由个体组成的,但其有着独有的特征与特性,已与组成群体的个体不同。一种作物组成的群体是单作群体,如水稻田、玉米田、小麦田;两种或两种以上作物组成的群体为复合群体,如玉米大豆间作、小麦套种玉米、马铃薯套种玉米。

作物生产是作物群体的生产,作物的产量就是单位面积上作物的群体产量。群体产量虽然取决于每个个体的产量,但并不是个体产量的简单累加,也不是个体产量越高越好。作物生产既要追求个体的健壮发育,又要求群体稳健、合理的发展。作物栽培的任务就是协调群体和个体的矛盾,创造合理的群体结构,使个体潜力得到充分发挥,群体产量能够显著提高。

作物的群体结构是指组成这一群体的各个单株及总叶面积、总茎数、总根重在空间的分布和排列的动态情况。

作物合理的群体结构是指群体的大小、分布、叶色、长势、长相及其动态发展等均适合于作物的特性和当地的具体条件,保证群体中的个体发育健壮和群体得到足够的发展,群体与个体、地上与地下、营养器官与生殖器官都能够协调健全地发展。合理群体结构叶面积适中,通风透光良好,光能利用充分,光合产物转化到经济产量的比例大,最终产量高。

(二)作物群体的层次结构

作物群体是一个有结构的整体,其地上部在空中可达到一定的高度,地下部在土壤中可达到一定深度,在不同层次上发挥不同的作用。根据作物群体结构的功能及其与环境条件的关系,把整个群体分为 3 个层次(图 2-4)。

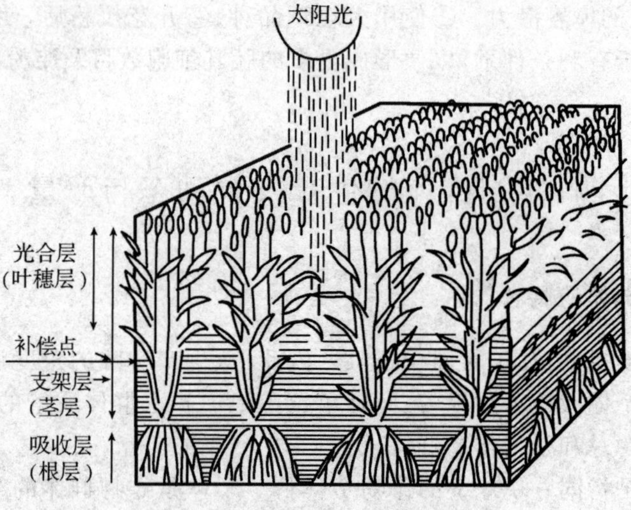

图 2-4 冬小麦群体的层次结构

光合层(叶穗层):包括所有绿色叶片、穗和茎的一部分。它的主要功能是吸收日光能和二氧化碳进行光合作用,并进行水分的蒸腾,是同化产物形成的场所。

支架层:位于光合层之下,包括茎秆和分枝,主要功能是支持光合层,并行使地上部和地下部之间水分和养分的运输传导功能。

吸收层(根层):在地面以下,主要功能是吸收水分和养分,并进行一些代谢与合成作用。

群体各层之间相互联系,相互制约,任何一层的加强或削弱,都会促进或抑制其他层次的发展。另外，各层与环境因素之间也相互作用，相互影响。这些环境因素主要包括光照、温度、空气、水分、养分、土壤微生物等。作物群体与气候因素相互作用，形成了田间小气候。

(三)与作物群体有关的几个概念

1. 基本苗

基本苗是指作物播种后在田间单位土地面积上长出的幼苗数量。基本苗的多少是由播种量、种子的发芽率、整地质量、播种质量、田间出苗率及病虫害危害程度决定的。播种量的多少则与作物及品种类型、播种时间早晚、争取高产的途径有关。基本苗是构成作物群体的基础，对于不分蘖的玉米、高粱等作物来讲，基本苗的多少基本上决定群体密度。而小麦、水稻等分蘖性强的作物，作物群体则由基本苗和分蘖共同构成。基本苗量足、整齐、分布均匀是作物高产的前提。冬小麦基本苗在正常播种期为每 667 m^2 20 万苗(10 月 1 日，北京)，每晚播一天，增加 1 万苗。

2. 群体密度

指单位土地面积上的作物群体的密集程度。一般用总茎数(不分蘖作物总株数)表示。可以说作物群体密度是衡量作物群体大小的一个重要指标。玉米、棉花、高粱的群体密度在播种时就已决定，而小麦则由基本苗(即播种量)和分蘖发生情况来决定。一般群体密度低，单株或单茎生产力就高，但单位面积产量不一定会高。群体密度太大，单株或单茎产量小，最终产量也不见得高。所以，作物生产中应该寻求一个合理的密度。所谓的合理密度，就是能够充分发挥个体的生产潜力，又使群体得到充分发展，以获得最高产量。创造合理密度的最佳、最经济的途径是合理密植。

作物的种植密度，实质上是指作物群体中每一个体平均占有的营养面积大小。换句话说，是指单位面积上的总株数的多少。一般说来，作物群体的单位面积产量在一定范围内是随着密度的增加而成线性提高的。达到一定密度时产量达最高值，之后密度再增加，产量反而会下降，密度与产量之间呈二次抛物线关系。另一方面，种植密度的不同，也影响到群体内透光性和通风性，也会使土壤温度和二氧化碳浓度等发生变化，影响到田间小气候。在不同种植密度下，病虫害和倒伏等多种生理障碍的发生程度也不同。所以，合理密植对高产和抗逆都很重要。

3. 叶面积指数

一般正常生长的玉米，单株叶面积为 0.6～0.8 m^2，春玉米生长良好时可达 1 m^2。一株大豆的叶面积在 0.3 m^2 左右。在作物生产上常用叶面积指数(leaf area index, LAI)这个概念来表示绿叶面积的大小。叶面积指数是指作物群体的总绿色叶面积与该群体所占据的土地面积的比值，即

叶面积指数＝总叶面积/土地面积

在田间直接测量叶面积指数是比较困难的。通常采用取样的间接方法测定，有称重法、长宽系数法、仪器法等。具体做法是，在作物群体中间，取一定面积为样方，首先计算出样方内所有植株的总叶重(W)，然后用总重乘以单位叶面积与叶重的比，求得总叶面积(称重法)或是直接用叶面积仪测定总叶面积。对于高秆作物，也可取代表性的植株数株，求其叶面积，然后按种植密度换算出叶面积指数。

作物叶面积指数因生长时期而变化。作物出苗后，随着植株的生长发育，叶面积指数逐渐增大，在群体最繁茂的时候，禾谷类作物约在抽穗期，双子叶作物常在盛花期，群体的叶面积指数达最大，之后随着部分叶片衰老变黄或脱落，叶面积指数又减少。

作物适宜的叶面积指数因生产水平、作物种类和品种而异。凡叶片上冲，株型紧凑的作物或品种，最适的叶面积指数较大；而叶片平展、株型松散的品种，最适叶面积指数较小。目前，我国高产作物群体的最适叶面积指数一般为4～6。如小麦高产田LAI达4～4.5，北方春玉米高产田可达5～6。

增加叶面积指数可以提高光合产物的数量，但并不是越大越好。叶面积指数过大，会导致相互遮蔽，降低透光程度，甚至导致倒伏。对双子叶植物来讲，则可能引起大量花、荚、蕾、铃脱落。

4. 净同化率

净同化率(net assimilation rate, NAR)是指单位叶面积在单位时间内积累的干物质的数量，以 $g/(m^2 \cdot d)$ 来表示。净同化率是在群体条件下，测定作物叶片光合生产效率的指标。净同化率因作物种类和栽培条件而不同。通常变化在3～12 $g/(m^2 \cdot d)$ 范围内。

净同化率是一定时期内植株总干物质的积累量被该时期内叶面积的平均值除所得的商。这个值在低密度或叶面积指数小时最大，因而净同化率高低并不能代表产量的高低，也就是说，作物产量与密度和叶面积关系密切，而与净同化率无显著相关。

5. 光合势

对于作物物质生产来说，除了叶面积本身大小之外，绿色叶面积持续时间的长短也起很大的作用。作物群体的叶面积大，延续的时间又长，所生产的干物质就多。所以栽培措施要延长叶片的功能期。这就涉及到一个概念——光合势(即叶日积 leaf area duration LAD)。光合势是指在某一生育期间或整个生育期内作物

群体绿叶面积的和数，即每日叶面积的累加。光合势的单位是 $m^2 \cdot d$。

光合势标志着作物生育期间，在单位土地面积上总共有多少平方米的叶面积进行了多少天的光合作用。在群体生长正常的条件下，光合势与干物质积累数呈正相关。高产玉米、大豆群体全生育期的总光合势在 15 万～25 万 $m^2 \cdot d$。

6. 作物的光能利用率

光能利用率是指作物光合作用产物中贮存的能量占其吸收太阳光能的百分数。作物光能利用率在高产田可达 1.5%以上，低产田不超过 1%。玉米最高，大豆最低。

据估算，地球上最大光能利用率可达太阳光辐射的 5.2%或有效辐射的 12%。而目前我国大田作物光能利用率只有 0.4%。由此可见，提高大田作物产量，从光能利用率讲，潜力还是很大的。可以通过选育高光效作物品种及改善环境条件来逐步加以提高。

提高光能利用率可以提高产量，但是要提高光能利用率就必须满足有利于光能利用提高的条件。光能利用与光合潜力的提高，光本身是主要的条件，但不是唯一的条件。从理论上讲，要达到光合潜力理论高限，须同时具备下列条件：具有充分利用光能的高光合效能的作物品种；空气中二氧化碳浓度正常；环境因素均处于最适状态；具备最适于接受和分配阳光的群体结构；光合产物分配与利用协调。

从作物栽培技术方面提高光能利用率，首先不能使肥料不足或水分缺乏而成为妨碍物质生产的限制因素，而两者太多也会成为障碍因素；其次就是创造一个高光效的群体结构，使光合作用效能最强的叶片维持最适叶面积指数状态。因此，在作物生育前期，采用合理的栽培技术，迅速扩大叶面积，并尽量长时间保持这样的叶面积；在生长中期至后期，使之尽可能达到最适叶面积状态；生育后期不使叶片光合强度降低，而积极提高光合强度。另外，还可以通过茬口、采用间、套复种提高全年光能利用率。

（四）作物群体结构的调节

1. 作物群体的自动调节

基本苗（播种后单位面积长出幼苗的数量）不同的作物群体，通过不同的发展途径，最后可达到较为接近的密度和产量，说明作物有自动调节作用。作物群体这种能自动调节的性能，使作物群体形成一个能够自动调节的系统，是作物本身的一种生物学适应性。这从水稻、小麦分蘖消长及成穗情况能够看出，田间稀播的田块分蘖发生多，成穗率高；播种密度大的地块，分蘖少，分蘖成穗率低。但是，作物的自动调节是有一定限度的，超过一定范围作用就不大，因此密度过高或过低都得不到高的产量。

2. 作物群体的人工调节

(1)合理密植　合理密植是指合理安排单位面积上的个体数量及其配置方式，并在其他栽培措施配合下，协调群体与个体、营养生长与生殖生长、植株生长与环境条件的关系，同时建立一个合理的群体动态结构和适宜的光合面积，以便有效地利用光能、季节、地力，获得高产。合理密植是建立合理群体的基础。种植密度合理，群体经过自我调节，就可形成合理的群体。如果种植密度不合理，超出了作物自我调节的范围，人工调节也费工、费力，不容易获得高产、优质和高效。

(2)水肥调节　在基本苗一定条件下，通过水肥措施运筹，可以创造合理群体，如冬小麦春季早管理(返青、起身期施肥灌水)会促进春季分蘖发生，茎节伸长、叶片变大，造成大株型的群体结构，在密度大、肥力高时易造成郁蔽、后期易倒伏，病虫发生严重。推迟水肥管理(拔节后)则会减少春季无效分蘖，降低基部节间长度，使叶片变小、变窄，在合理密植基础上，形成小株型大群体结构，通风透光好，光合效能高，经济系数变大，产量提高。

(3)化学调节　通过合理使用植物生长调节剂，可以调控作物的生长发育，建立合理群体结构，达到高产稳产。控制作物株高的植物生长调节剂必须在拔节之前使用。棉花整枝用缩节安，应该在生育前期使用。控制棉花徒长可在生长中期采取措施。棉花化学控制已成为调节群体结构的有效手段，作用效果十分显著，省工、省力、增产、增效。

(4)人工调节　通过作物的人工调节如棉花的整枝、去叶、疏株、推株并垄等措施，可以调整和改善作物的群体结构，改进群体的通风透光状态，提高群体光合效率和生产能力。

思考题

1. 简述营养生长与生殖生长的关系。
2. 作物生长与发育的概念是什么？关系如何？
3. 作物生长的“S”形曲线分几个时期？生产上采取促控措施时如何运用？
4. 作物生育期与生育时期的概念是什么？
5. 简述种子萌发的 3 个过程及其要求条件。
6. 简述作物产量构成因素及其形成过程。
7. 作物群体结构的概念以及合理群体结构在作物生产中的作用如何？
8. 简述作物源及库在作物产量形成中的意义。

第三章　生态环境资源与作物生长发育

作物生长在环境之中，通过不断同化环境资源完成生长发育过程，最终形成产品。环境中的温度、光照、水分等因素，直接影响着作物的生长发育和产量的形成及产品品质的优劣。了解和处理好作物生长发育与环境的关系，是实现作物高产、优质的基础。

一、影响作物生长发育的生态环境因素及其调节

(一)影响作物生长发育的环境因素

作物生长在田间，生长环境中的各种因素都与作物发生直接或间接的关系，有些限制或促进作物的生长发育，有些也可能没有什么明显作用，但它们都是影响作物生长发育的生态因子或环境因素。

影响作物生长发育的环境因素包括以下 4 个方面：

A. 气候因子：包括光照强弱、日照长短、光谱成分、温度的高低与变化、降雨的多少与分布、蒸发量、空气、风速等诸多因子，它们对作物的生长、发育、形态、结构、生理、生化以及地理分布等均有很大作用。气候因子随地理位置和海拔高度的变化而变化。

B. 土壤因子：包括土壤结构、土壤有机质、土壤温度、土壤水分、土壤养分、土壤空气、土壤酸碱度等。

C. 生物因子：包括植物因子、动物因子、微生物因子等。植物因子即间、套作的搭配作物，各种杂草等；动物因子即各种有害、有益昆虫、哺乳动物等；微生物因子即有害的病原菌、有益的微生物如固氮菌等。此外，由植物(作物)向周围环境释放产生的一类分泌物质，即植物生化互作物质(化感物质)，也对作物生长发育有刺激或抑制作用。

D. 地形因子：地形因子是间接因子，其本身对作物没有直接影响，但它通过影响气候因子和土壤，从而影响作物生长。地形因子包括地势、海拔高度、坡度、坡向等。

各种环境因素对作物生长发育的作用程度并不是相同的，有些作用大，有些影响小。其中日光、热量、水分、养分和空气是作物生命活动不可缺少的，是作物的生

活因子，又称基本生长条件。生活因子以外的其他因子也对作物的生长发育产生不同程度的影响，但并不是作物生长所必需的。

环境因素影响作物生长发育的作用方式也有差别，有的生态因子直接影响作物本身，如杂草、病菌、有益或有害昆虫和其他动物等，有的则是通过影响生活因子而间接作用于作物，如土壤有机质、土壤质地、地形等。

(二)生态环境因素的控制与调节

1. 作物生产与生态环境因素的关系

作物生活在环境之中，作物的生长发育与环境密切相关。对某一特定作物而言，产量的遗传潜力是相对稳定的，但环境影响着发育并和遗传成分发生相互作用，其最终结果及其确定地是两者作用的产物，并非只是某一因素受另一因素的削弱或加强。

作物与环境的相互作用，通过生理过程，最终反映在作物产品的品质和质量上，而所有环境因素的最佳组合，也就是作物品种的产量及品质潜力。农业生产的发展过程就是人们不断认识、协调作物与环境的关系，协调作物生长发育的要求与环境限制因子之间矛盾关系的过程。克服了一个生产限制因子后，在一段时间内，作物生产的产量与品质反应是激增的，但此后的变化就相对平稳。

2. 生态环境因素的控制与调节

在自然条件下，无论作物的生态适应性多强，总有某些生态因子不能满足作物优质、高产的需要，如在众多环境因素中，许多因素(如杂草、昆虫、病害等)是限制作物生长的。改善作物生长发育的环境条件，是实现作物优质、高产、高效生产的关键。对作物与环境的关系进行调控是必要的。

农业技术措施(即栽培耕作措施——在以前的一些著作中将其归为影响作物生长发育的第五大类环境因子)是调控和利用作物及其与环境关系的必要手段。人类通过栽培耕作措施干预作物和环境，也就是通过作物栽培耕作措施来协调作物与环境之间的关系，充分利用环境的有利条件，克服环境的不利因素，优化作物生育进程，使作物生产向着人类需要的方向发展。目前，在漫长的农业生产实践的基础上，通过采取不同措施，人类已经可以部分但有效地实现对特定环境因素的调控(图 3-1)。

根据作用对象，可以把调控作物生长发育的栽培耕作措施概括为 3 类：直接作用于生物体的，如整枝、打杈、喷洒激素等；直接改善作物的生活因子或者通过改变某一生态因子而促进作物生长发育的，前者包括合理密度、施肥、灌水等，后者包括中耕、除草、防病、灭虫等；同时作用于生物体和改善作物生活因子的，如深耘断根等。目前生产中应用的栽培措施，多属于第二类，即以改善作物生长发育的环境条件为主。

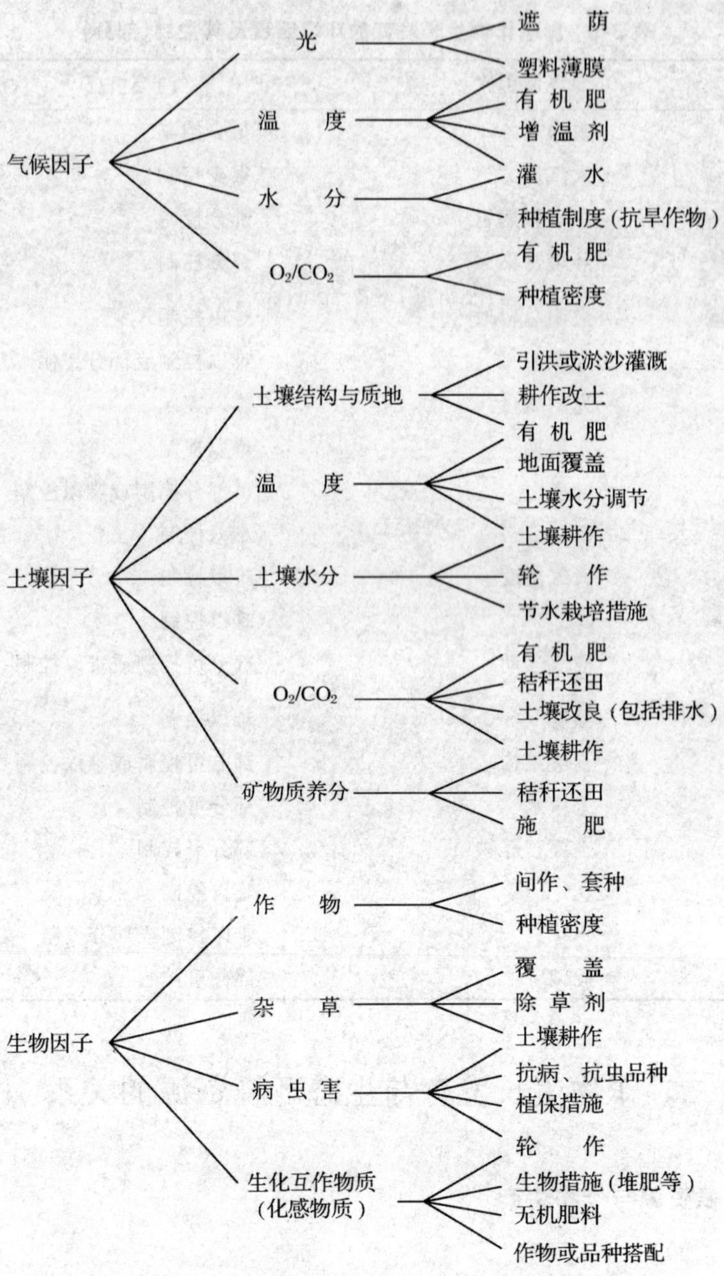

图 3-1　影响作物生长环境因素的农艺措施（部分）

但是,在目前的科学技术水平下,人类还只能在一定程度上实现对环境因素的调控。在众多的环境因素中,很多是不能人为控制或难以人为控制的(表 3-1)。

表 3-1 影响作物生长发育的环境因素及其控制(部分)

部 位	环境因素	调控情况
周围环境	重力	很少控制
	大气压力	很少控制
	虫害和病害	部分控制
	环境污染	部分控制
地上部环境	太阳总辐射	难以控制
	光照量	难以控制或部分控制
	光的质量	难以控制
	光周期	难以控制
	温度	可部分控制或难以控制
	CO_2	难以控制
	大气湿度	难以控制
	O_2	难以控制
	空气运动	部分可控制或难以控制
根环境	温度	难以控制
	土壤结构	部分可控制或难以控制
	土壤水	部分可控制
	土壤营养物质	部分可控制
	O_2	难以控制
	CO_2	难以控制或部分控制
	酸碱度	部分可控制

二、作物生长发育与生态环境资源的关系

(一)气候资源与作物生产

1. 光

光是作物进行光合作用的能量来源,光合作用合成的有机物质是作物进行生

长的物质基础。光照强度、日照长度和光谱成分等都与作物的生长发育有密切的关系，并对作物的产量和品质产生影响。

(1)农业上常用的与光有关的概念　光合有效辐射：投射到地球表面的太阳辐射能的波长为 300～3 000 nm，但其中只有波长在 400～700 nm 的辐射能(约相当于可见光部分)可以为作物的光合作用所利用，这一波长范围的辐射能就称为光合有效辐射(photosynthetically active radiation，PAR)，占太阳总辐射的 40%～50%。

光周期现象：作物生长达到一定生理年龄时，需要一定的日照长度或黑暗长度，促使营养生长向生殖生长转化，这种生殖发育对昼夜交替的日照长度的感应，叫做光周期现象。

(2)光照强度与作物的关系　光照强度与光合作用：光照强度与作物光合作用有直接关系(图 3-2)。在夜晚没有光照时，作物只有呼吸消耗，释放 CO_2，没有光合积累。照光后，作物开始进行光合作用，并随光强增加光合速率相应提高，当达到一定光照强度时，叶片光合速率与呼吸速率相等，表观光合速率等于零，这时的光照强度称为光补偿点。在一定范围内(低光强区)，光合速率随光强的增加而呈直线增加(直线 *A*)；超过一定光强后，光合速率的增加变慢(曲线 *B*)；当达到某一光强后，光合速率就不再随光强而增加，呈现光饱和现象。开始达到光合速率最大值时的光强称为光饱和点。此点以后的阶段称为光饱和阶段(直线 *C*)。需要指出的是，该光合曲线是根据作物单叶的测定结果绘制的，群体条件下光强和光合曲线的关系就大不相同了。

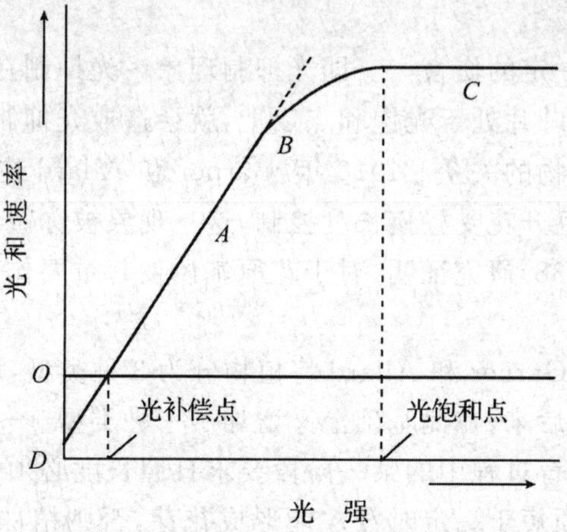

图 3-2　光照强度与光合速率的关系模式图

A. 直线增加阶段　B. 过渡阶段　C. 光饱和阶段

光补偿点和光饱和点分别代表作物光合作用对光照强度要求的低限与高限，也分别代表作物光合作用对弱光和强光的利用能力，是作物需光特性的两个重要指标。不同种类植物叶片的光补偿点与光饱和点有很大差异。阴生植物两者均低，喜光的阳生植物两者均较高。而对于大多数喜光类型，不同作物或品种需光量也有高低，C_4 作物（如玉米、甘蔗等）的光饱和点高于 C_3 作物（如水稻、小麦、大豆等）。此外，作物群体需光特性与个体不同，群体光饱和点很高，例如玉米夏季在光照强度达 10 万 lx 时光合强度仍有增加。

光照强度与作物生长发育：田间作物都是喜光的，虽然它们之间的耐阴性存在差别，但充足的光照对于作物的生长发育是不可缺少的。作物细胞的增大和分化，体积的增长、重量的增加都与光照强度有密切的关系。光能抑制作物细胞的过度伸长，充足的光照能促进作物健壮生长。在低光照条件下，葡萄果实中的钾、pH 值、苹果酸含量增加，着色度降低，风味差，品质低。光也是叶绿素形成的必要条件，在黑暗中生长的植物不能形成叶绿素，只能形成胡萝卜素和叶黄素，植株呈现黄色或黄白色。

光还能促进组织和器官的分化，制约器官的生长发育速度。植物体各器官和组织保持发育上的正常比例与一定的光照强度有关，作物花芽的分化和形成就受光照强度的制约。如果作物群体过大，有机营养的同化量少，花芽的形成就减少，已经形成的花芽也由于体内养分供应不足而发育不良或早期死亡。在开花期，光照减弱会引起结实不良或果实停止发育，甚至落果。例如，棉花在开花、结铃期如遇长期阴雨天气，光照不足，影响碳水化合物的制造与积累，就会造成较多的落花、落铃。

强光对作物也有一定的伤害——即光抑制现象。光抑制在自然条件下是经常发生的，晴天作物冠层叶片处于光饱和点以上，就会造成光抑制。

(3)日照长度与作物的关系　1920 年，Garner 和 Allard 在非常简陋的试验条件下发现了烟草和大豆开花受昼夜长度控制，这一现象被称做光周期反应。后来，Hamner 和 Bonner(1938)研究证明，对于花原基诱发起重要作用的不是日照长度，而是黑暗长度。

根据光周期反应，Garner 和 Allard 将植物分为 3 种类型，即长日照植物、短日照植物、中日照植物。后来，在此基础上又增加了一种类型——定日照植物。

长日照作物：在发育过程中的某一阶段要求日照长度必须大于某一时数（临界日长），或者说暗期必须短于一定时数才能形成花芽，否则植株停留在营养生长阶段。属于这种类型的作物有小麦、大麦、黑麦、燕麦、油菜、甜菜、豌豆、马铃薯、草木樨、三叶草等。

短日照作物：日照长度短于其所要求的临界日长，或者说暗期必须超过一定时数才能开花。延长光照时间则不能开花。属于这种类型的作物有谷子、糜子、水稻、玉米、高粱、大豆、棉花、麻、烟草、紫苏等。

中日性作物：这类作物的花芽分化对日照长度不敏感，只要其他条件适宜，一年四季都能开花。属于这类的作物有菜豆、荞麦、黄瓜、茄子、辣椒等。

定日照作物：只有在某一特定长度日照条件下才能开花，而在较长或较短日照下均保持营养生长状态，如甘蔗的某些品种即属于这种类型，要求 11.5～12.45 h 的日照。

在理解作物对日照长度的反应时，要注意以下两点：第一，作物在达到一定的生理年龄时才能接受光诱变。日照长度是作物从营养生长向生殖生长转化的必要条件，但并非作物一生都要求这样的日照长度。例如，小麦开花前需要 17 d 的长日照，这一要求一经满足，一般在任何光周期下均能开花。第二，长日照植物完成光周期的日长并不是越长越好，短日照植物也并不是越短越好。

光周期现象在作物引种工作中具有十分重要的实际意义。一般来说，短日照作物由南方向北方引种时，由于北方生长季节内日照时数比南方长，气温比南方低，往往出现营养生长期延长，开花结实推迟的现象，要选择生育期短的品种。反之，短日照作物由北方向南方引种时，要选择生育期长的品种。长日照作物正好相反，由南向北生育期缩短，由北向南生育期延长，应选择适合的品种。一般在同纬度地区，在肥、水等生长环境相似的条件下，引种容易成功；如果纬度相差不太大，引进生育期长的品种，一般也容易成功。

(4)光质与作物的关系　光质即不同光谱成分，它们对作物的生长发育和生理功能作用不同。在太阳的七色光中，红、橙光被叶绿体的集光色素吸收得最多，光合活性也最大，其次是蓝、紫光，绿色光被反射、透射得最多。

有报道指出，红光有利于碳水化合物的形成，蓝光则对蛋白质的合成有利，紫外线照射对果实着色起良好作用。根据这一道理，目前国外已经开始利用不同颜色薄膜大棚进行育秧或蔬菜栽培，以提高作物的产量和品质。从大范围实地生态效应看，我国苹果着色最佳的优质生态区，西北黄土高原多在海拔 1 000 m 以上，西南高地多在 1 500～2 900 m，特别是 2 000～2 600 m，在海拔更高地带，由于紫外线过多，经常出现着色过度、过浓现象，如元帅系列品种皆呈暗紫红色，而金冠系列金黄光亮，阳面着红晕，多者占果面 1/3～1/2。

2. 温度与作物生长

作物生长发育要有一定的热量，而温度与热量关系密切。温度的规律性或季节性的变化及极端温度的出现，都对作物有极大影响。

(1)农业上常用的温度概念

平均温度:日,旬,月,年,多年平均。

极端温度:在作物生育期间,出现反常的低温或高温,即使时间不长,也会对作物的生长发育产生强烈影响。这种对作物生长发育不利的温度(低温或高温)常称做温度逆境,即作物生长发育的极端温度。为了保证作物的产量与品质,需要采取一些抵抗或躲避极端温度(热害和冷害)的措施。

界限温度:用于反映农事活动及农作物生育与温度条件之间的关系。例如0℃表示土壤冻结、解冻,冬小麦停止生长与春季开始生长;5℃表示多数树木开始生长;10℃表示高粱、玉米、大豆等喜温作物开始播种。

三基点温度:作物在生长发育过程中,每一生命活动过程都具有3个基点温度,即最低温度、最适温度和最高温度,称为三基点温度。在最低和最高温度时作物停止生长,但仍可维持生命活动。如果温度再下降或上升,就发生危害,直至死亡。低温危害又分为冷害和冻害。0℃以上低温危害称冷害,0℃以下低温危害称为冻害。不同作物的三基点温度差异很大(表3-2)。

表3-2 一些主要作物生理活动的基本温度范围 ℃

作物名称	基本温度		
	最低	最适	最高
小麦	3~4.5	25	30~32
黑麦	1~2	25	30
大麦	3~4.5	20	28~30
燕麦	4~5	25	30
玉米	8~10	32~35	40~44
水稻	10~12	30~32	36~38
牧草	3~4	26	30
烟草	13~14	28	35
甜菜	4~5	28	28~30
紫花苜蓿	1	30	37
豌豆	1~2	30	35
扁豆	4~5	30	36

资料来源:Haberlandt,1890。

积温:农作物生长发育不仅要求一定的温度,而且完成某个生育时期或全部生育时期,还需一定热量的积累,通常把作物某个生育时期或整个生育期内高于一定温度度数以上的昼夜温度总和称为积温。积温有两种表达方式——活动积温和有效积温。活动积温指高于生物学最低温度的日平均温度的总和;有效积温指高于生物学最低温度的日平均温度减去生物学最低温度之差值总和。通常用大于或等于0℃及大于或等于10℃期间的温度总数来表示。积温既是作物对热量要求的一个指标，也可以作为衡量一个地区热量资源的指标，如大于或等于10℃的积温哈尔滨为3 000℃，北京为4 000℃，济南为5 000℃。根据一个地区的积温，可以合理安排作物布局，确定种植制度。

无霜期：是衡量一个地区热量资源的另一个重要指标，指一个地区连续大于0℃天数的总和，也就是晚霜之后到早霜之前的一段时间，如黄淮海平原为170～200 d，长江中下游地区为210～280 d。无霜期长短也是安排作物布局和确定种植制度的一个指标。

(2)温度与作物栽培　作物在某一期间需要一定温度才能进入下一阶段的发育现象称为温期阶段或春化现象，温度对于作物发育阶段的作用称为春化作用。

温度在一年之内、一天之内节奏性变化明显。我国大部分地区有明显的一年四季之分。根据季节(也就是温度)安排农事，不违农时，是作物生产的根本原则之一。

根据一个地区的积温，可以合理安排作物布局，确定种植制度。哈尔滨地处北纬45°45′，年平均温度是3.5℃，比北纬51°11′的伦敦低6°以上。但是哈尔滨≥10℃的积温比伦敦多500℃，因此，哈尔滨可以种植水稻，而且产量很高，而伦敦附近却只能种植麦类、马铃薯、甜菜等作物。

由于白天温度高，利于光合作用，夜间温度低，可减少呼吸消耗，昼夜变温对作物生长有利。如白天24～26℃、夜间14～16℃是水稻灌浆的最适温度。白天20℃、夜间17℃对小麦小穗形成最为理想。

根据各种作物对温度的要求，一般可将作物分为耐寒作物和喜温作物。麦类、豌豆、蚕豆、油菜、亚麻等作物生育的适温较低，在2～3℃时也能生育，幼苗能忍耐－6～－5℃的低温，它们属于耐寒作物。大豆、玉米、水稻、甘薯、棉花等作物生育期适温较高，一般要在10℃以上才能生育，幼苗期温度下降到－1℃(个别作物为－4～－3℃)即造成危害，属于喜温作物。

作物生产过程中要避免极端温度的危害。极端温度，不论是高温还是低温，对作物生产的影响都是很大的。高温伤害是当温度超过最适温度后，继续上升对作物造成的伤害，如小麦干热风。低温伤害包括冻害、冷害和霜害。冻害是指温度下降到冰点以下，作物组织内部发生冰冻而引起的伤害。冷害是指生长季节内0℃以上的低温对作物的伤害。霜害则是指秋、春季节由于气温急剧下降到0℃或0℃以下，在作物叶面结霜(或者未结霜)使其受害。

(3)防御温度逆境的农业措施　温度逆境会对作物生产造成重大损失，通过采取一些农业措施，可有效减轻低温或高温的危害，保证作物的产量与品质。

A. 培育和选用抗寒或耐热的品种。利用品种在抵抗逆境温度能力方面的差异，选育抗寒、耐热品种可有效减少损失。

B. 栽培管理措施。通过采取提前或推迟播种、低温锻炼、修建农业设施、地面覆盖、灌溉、耕作等措施，可有效提高作物对逆境温度的抵抗能力，改变作物小气候，缓解不利的极限温度对作物的危害。如采用温室、阳畦、塑料薄膜等可有效提高地温和气温，避免低温侵害；夏季采用秸秆覆盖或砂石覆盖，具有降低土壤温度的作用；由于水的热容量大，在冷季灌水可提高土壤温度，在夏季灌水则可降低土壤温度；松土不仅具有保墒和通气的作用，春季松土也是提高地温的有效措施；垄作后，由于增大了接收和散失太阳辐射面积，土壤具有白天温度高、晚上低的特征。此外，采用土壤增温剂、设置风障、种植农田防护林等措施也可有效实现对农田气候（主要是温度）的控制。

3. 水分与作物生长

水是维持作物生命活动的重要因素，是连接土壤—作物—大气这一系统的介质。水的收支平衡是作物高产的前提条件之一。

(1)农田的水分来源　农田的水分主要来自以下几个方面：

自然降水：包括雨、雪、冰雹、雾、露等不同形态。降雨是一个地区农田水（西北灌溉农业除外）的主要来源。我国南、北方降雨特点和分布的差别很大。

土壤水：土壤中保持的水分，对作物生长发育产生直接的影响。

灌溉水：主要是河流或地下水。

以上3个方面是农田水分的主要来源，但在潮土地区还应包括毛管上升水，在坡地也应包括地表的径流等。

(2)作物对水的反应　水是作物生命活动必不可少的物质，绿色植物含水量可达80％～90％。水分在作物的生长发育、对养分的吸收与运转、光合作用、体温的维持等诸多方面都非常重要，影响着作物的生长发育和品质的形成。

土壤供水状况影响着作物的生长发育和产量形成。作物种子的萌发需要一定的土壤水分：种子吸水膨胀，使氧气透入，呼吸加强；同时水分能使种子原生质由凝胶态向溶胶态转变，使生理活性增强，促使种子萌发。土壤中水分含量的多少，直接影响到根系的生长：在潮湿土壤中，作物根系生长缓慢，不发达，且根系主要分布于土壤浅层。土壤干燥，可促进作物根系深扎，伸展至土壤深层，故生产上常通过蹲苗控制苗期水分，以促使根系深扎。土壤中水分低于作物需要量，作物就会萎蔫，生长停滞，甚至枯萎；高于作物需要量，往往会使土壤水气比例失调，致使根系缺氧、窒息，直至死亡。只有土壤水分适宜，根系吸水和叶片蒸腾才能达到平衡。

水分对作物的品质有较大影响。夏季高温、少雨，粮食作物籽粒中蛋白质的含量高;低温、多雨有利于籽粒中淀粉的形成。土壤水分充足,有利于油料作物子实中油分的积累。而适时适量地保证水分供应,则能促进甜菜糖分的积累以及纤维作物优质韧皮和纤维的形成。

一般豆类、马铃薯等作物最适土壤含水量相当于田间持水量的 70%～80%,禾谷类为 60%～70%。土壤含水量低于最适值时,光合作用降低。

(3)作物的需水量 不同作物对水分的需要量是不同的,同一作物不同品种之间也有差异。作物需水量是指全生育期叶面积蒸腾量和株间(土壤)蒸发量之和,对水稻还要包括渗漏量,可用蒸腾系数表示,即每生产 1 单位干物质所消耗的水分的倍数。蒸腾作用是水分通过作物表面向大气中散失的过程,蒸腾作用为有效耗水,而通过地表散失的蒸发耗水为无效耗水。表 3-3 列举了一些作物蒸腾系数变化的幅度。

表 3-3 不同作物的蒸腾系数

蒸腾系数	作 物
200～400	粟、黍、稷、高粱
300～600	玉米、大麦、棉花
400～600	小麦、马铃薯、甜菜
400～800	黑麦、蚕豆、豌豆
500～600	荞麦、向日葵、豇豆
500～800	燕麦、稻
600～900	大豆、苜蓿、苕子
800～900	油菜、亚麻

作物一生中对水分的需要量大体上是生育前期和后期较少,中期生长旺盛,需水较多。作物需水量大小受气候、土壤、营养状况和栽培条件的影响。如在河北吴桥,节水栽培的小麦耗水可比普通大田低 100 mm 左右。

(4)作物的需水临界期 作物生长发育不同阶段对水分的敏感程度不同,作物一生中对水分最敏感的时期,称为需水临界期(表 3-4)。在需水临界期,若水分供应不足,对作物生长发育和最终产量影响最大。生产上要考虑作物需水临界期的水分管理。冬小麦不同生育阶段对水分敏感程度排列是:孕穗期大于开花期大于拔节期大于起身期大于灌浆期大于蜡熟期。在水资源有限的地区,可根据小麦缺水的敏感程度和土壤及天气状况合理安排用水。

表 3-4 几种作物的需水临界期

作物	临界期	作物	临界期
冬小麦	孕穗、开花期	大豆	开花期
水稻	孕穗、开花期	棉花	开花结铃期
玉米	大喇叭口、吐丝期	马铃薯	开花、块茎形成
高粱	孕穗、开花期	甜菜	抽薹到形成
谷子	孕穗、开花期	番茄	开花、结实
花生	花针期	瓜类	开花、结实

大多数作物需水临界期与花芽分化旺盛期相联系。冬小麦、春小麦的需水临界期是孕穗、开花期，水稻是从孕穗到开花，玉米是“大喇叭口”和吐丝期，高粱、谷子是孕穗和开花期，棉花是开花至成铃期，大豆、花生为开花期。

不同作物与品种，水分临界期持续时间长短不同。一般讲，水分临界期持续时间较短的作物和品种，适应不良水分条件的能力较强，而临界期持续时间较长的作物和品种易遇到不良水分条件的危害。但水分临界期只说明此时段缺水对产量影响较大，水分供应十分重要，绝不应忽视其他生育期的水分供应。

(5)旱、涝的危害与作物的抗性　旱灾是指长期无雨而又无灌溉补充，使作物需水与土壤供水失去了平衡。作物生长期间遇到的干旱有大气干旱和土壤干旱两类。大气干旱会引起叶片萎蔫，导致光合作用降低；土壤干旱则造成根毛死亡甚至根系干枯，也造成叶片萎蔫。相反，当地势低洼或长期阴雨，积水淹没农田，称为涝灾。积水会使土壤空气减少，氧气缺乏，根系呼吸减弱，以至窒息而死。

不同作物对水分逆境的抗性不同。大田作物中比较抗旱的有糜子、谷子、高粱、甘薯、绿豆等，它们能够忍受一定程度的干旱而形成一定的产量。根据作物对涝害的忍耐能力可以分为耐涝作物、一般作物和怕涝作物。耐涝作物如高粱，淹水只要时间不长，且未淹没过顶，就能形成一定的收成。黑豆是洼地的保收作物。水稻则最为喜水，不论生育前期或后期，只要水层未淹没及顶，总有一定的产量；一般作物如小麦、玉米等，在特定生育期对涝害具有较强的忍耐力，而在其他生育期耐涝性则相对较差。小麦幼苗不怕水，但拔节后却很怕水淹。玉米苗期及抽穗前怕水淹，抽穗后较耐涝；怕涝作物如棉花，在现蕾至开花结铃盛期，受涝会使蕾铃大量脱落，有“涝到多深，落到多高”的说法。甘薯淹水，蔓、块茎会腐烂。谷子是最怕涝的作物之一，抽穗前受涝不结实，抽穗后淹水，造成植株干枯。花生在开花下针以前最怕涝。芝麻最不耐涝，地面过湿极易死亡。

4. 空气与作物生长

空气的成分很复杂，包括 N_2、O_2、CO_2、CH_4、O_3 等多种气体，在这些气体成分中，以 CO_2 与作物的关系最密切，它是光合作用的物质源。在水肥等环境条件基本满足的农田，光照和 CO_2 质量分数决定着作物群体的干物质生产速度，CO_2 质量分数越高，光合强度越强，作物群体干物质生产速度越高。如果 CO_2 质量分数过低(低于 0.005%)，光合作用吸收的 CO_2 与呼吸作用放出的 CO_2 相等，这时的净光合强度便等于零，此时 CO_2 的质量分数即为补偿点。当 CO_2 质量分数长期处于补偿点时，任何作物都会因有机物的亏缺而饥饿死亡。

空气中 CO_2 与 O_2 比例大小影响光合强度。一般情况下，空气中 CO_2 质量分数为 0.03%，能够满足光合作用的需要。但在夏季高温群体密闭情况下，影响光合作用。由于一是夏季中午光合作用强，CO_2 消耗大；二是由于植物群体密闭，通风性差，作物群体下部可能出现 CO_2 不足。故而美国在作物高产竞赛中在作物底层施二氧化碳气肥。在温室栽培下，施二氧化碳肥也能明显提高产量。

据测算，随着燃料的消耗，大气中的 CO_2 一直在不断上升。到21世纪下半叶，大气中的 CO_2 质量分数还将增加1倍。有些专家估计，既然提高 CO_2 质量分数可以促使某些作物增加产量，那么空气中 CO_2 含量的富集将促进作物增产，从而缓和世界粮食短缺的状况。但是，也有人认为事情可能并不那么乐观。目前有试验证明，C_3 作物对高质量分数 CO_2 的反应比 C_4 作物好一些，但关于这类问题还有待进一步研究。

需要指出，作物进行光合作用所需要的 CO_2 不但来自作物群体上部空间，同时也来自群体下部，其中包括土壤表面枯枝落叶分解、土壤中活着的根和微生物的呼吸、已死的根和有机质腐烂等所释放出来的 CO_2。据外国学者估计，群体下部供应的 CO_2 约占总量的20%。通过增施优质有机肥，增加土壤中好气性微生物的数量，增强其活力，可释放出更多的 CO_2，是一项提高空气 CO_2 质量分数的有效措施。

(二)土壤资源与作物生产

1. 土壤是作物的立地环境

土壤是地球陆地表面能够生长植物的疏松的表层。万物土中生，到目前为止，大田作物都是种植在土壤上的。土壤是作物扎根生长的主要环境，对作物生长起多方面作用。各种农业措施如耕、耙、锄、施肥、灌水等都作用于土壤，通过土壤对作物产生作用。可以说土壤既是作物所需营养物质的贮存所(如无机养分、水分等)，还是作物营养物质的转换器(如无机肥、水、二氧化碳等)。

土壤最本质的特征是具有肥力。土壤肥力是指土壤具有同时和持续不断地供给和调节植物生长发育所需要的水、肥、气、热等生活因素的能力。其中，水分、养分和空气是物质基础，热量是能量条件，它们是同等重要和不可代替的。土壤肥力可分为两类：一类是在土壤形成过程中各种自然因素共同作用下形成的肥力，叫自然肥力；另一类是在自然肥力基础上，加上农业措施影响形成的肥力，叫人工肥力。人工肥力和自然肥力的结合表现为有效肥力，标志着土壤的肥沃程度。肥沃的土壤对保障作物生长需要的营养物质的充足供应非常重要，肥沃土壤各要素之间比较协调，能够稳、匀、足、适的满足作物生长发育对水分、养分、空气和热量的要求。农业生产就是要注重培肥地力，提高生产能力。

2. 土壤的组成与质地

(1)土壤的组成与三相比　土壤是由固体、液体和气体3部分组成,也称为三相。固相土粒,包括矿物质和有机质,其体积约占土壤总体积的一半。矿物质占固相体积的90%～98%,有机质只占固相体积的2%～10%。液相就是土壤水分,体积占土壤总体积的2%～45%,溶解有多种物质,存在于土壤孔隙内,是三相物质中最活跃、变动最大的物质。气相就是土壤空气,体积占土壤总体积的5%～48%。土壤水分与空气相互消长,水多气少、水少气多。土壤内三相物质的比例,是土壤各种性质的产生和变化的物质基础,也是土壤肥力的基础。所谓改造土壤就是调节土壤三相物质的比例,使之适合于作物的要求。

(2)土壤矿物质　土壤固相矿物质是由各种大小的土粒混在一起组成的。土壤矿物质颗粒是由构成地壳的成土母岩经过长期的风吹、日晒、雨淋、生物生长等物理、化学和生物学的风化过程逐渐形成的。由于这些矿物质颗粒在化学成分和物理性质上都有明显的差异,土壤中所含大小土粒的比例也是千差万别各不相同,这就造成土壤生产性状的差异,如通透性、保蓄性、热性状、养分含量高低、扎根条件和耕作性能的好坏,等等。

根据土粒的大小、成分及其农学特征,可将土壤颗粒划分为以下几组。

石渣(砾石):粒径大于3 mm,按我国粒级分级标准包括石块(粒径小于10 mm)和粗砾(粒径10～3 mm)。石渣之间空隙过大,既不保水,也不保肥。石渣比例大时不宜作耕地,可作为果、林或牧业用地。

沙粒:粒径3～0.25 mm,按我国粒级分级标准包括粗沙(粒径3～1 mm)和细沙粒(粒径1～0.25 mm)。沙粒比例大时土壤通透性强,保蓄性差,养分含量低。

细沙:粒径0.25～0.05 mm。细沙透水性和通气性较强。保蓄性较沙粒为好,养分含量不高,易耕作。

粉粒:粒径0.05～0.001 mm,肉眼已难分辨,按我国粒级分级标准包括粗粉粒(粒径0.05～0.01 mm)、细粉粒(粒径0.01～0.005 mm)和粗黏粒(粒径0.005～0.001 mm)。粉粒多的土壤,通气性差,耕作时易起坷垃,适耕时间短。

黏粒:粒径小于0.001 mm。含黏粒多的土壤,通透性最差,黏性强,宜耕期短,干燥时地面常开裂,易漏风跑墒。

颗粒越细,比表面积越大,粒间孔隙越小,这种颗粒吸水力强,透水力差,持水力大,湿涨干缩强烈,可塑性强,磷、钾、钙、镁、铁含量高。

(3)土壤质地的分类　一般讲土壤是由不同大小的土壤颗粒混合在一起组成的。土壤中各级土粒的配合比例,称为土壤质地。按土壤质地我国将土壤划分为沙土、壤土、黏土3类11级。

沙土类:华北平原分布较广,约占总面积的 1/3。山前平原、冲积平原近水流处较多。由于粒间孔隙大,毛管作用弱,故通气性好,透水性强,但保水保肥力差,施入化肥后很容易流失到下层。表层水分蒸发快,地下水上升的可能性小,容易受旱。沙性土壤通气性好,好气微生物活动强,有机物质分解释放迅速,土壤有机质积累困难,土壤潜在养分含量低,施入肥料转化快,肥效猛而不稳,有效期短。沙性土壤土温升降容易,昼夜温差大,有利于种植西瓜、薯类等作物。由于早春升温快,称为热性土。但晚秋温度下降也快,对冬作不利。沙性土适耕性好,有利于耕作出苗,但后期容易脱肥早衰,属于发小苗不发老苗。生产上通过增施有机肥、种植绿肥、引洪放淤、客土等措施进行沙土改良。

黏土类:黏性土壤细土粒含量多,比表面积大,土粒间的孔隙主要是小孔隙,故而通透性差,土壤内部排水不畅,作物易受涝。土壤紧实,氧气不足,作物不易扎根。黏性土保蓄性强,养分含量高,分解缓慢,易于有机质积累。由于通透性差,水多气少,土温平稳,早春回温缓慢,不利于作物早期发苗,称为凉性土,苗的生长慢于一般土壤。黏土比较紧实易板结,湿时泥泞,干时坚硬,耕作费力,宜耕期短,种子不易出苗,小苗生长也差,但在生长后期,根系开始扩展,由于水多养分足,生长旺盛,属于发老苗不发小苗。黏性土改良可通过增施有机肥或大量种植绿肥、客土掺沙、引洪漫沙等措施来进行。

壤土类:由于沙粒、粉粒和黏粒含量比例适宜,因此壤土兼有沙土和黏土的优点,克服了两者的缺点,是农业生产最理想的土壤。壤土既有一定数量的大孔隙,还有相当数量毛管孔隙,通透性良好,保水保肥性较强,土温比较稳定,耕性良好,宜耕期长,适宜各种作物生长,既发小苗也发老苗。

3. 作物生产与土壤条件

(1)土壤有机质　土壤有机质主要是由 C、H、O、N、S、P、Ca、Mg、K、Fe 等化学元素组成的蛋白质、糖类、脂肪、纤维素、木质素等。从形态上看可分为 3 类:即新鲜有机质;半分解状态有机质,失去了解剖特征,变成暗褐色,松脆易碎,对疏松土壤起良好作用;被微生物彻底改造过的有机质,即腐殖质,它已变成胶体状态,而与矿质土粒紧密结合。

土壤有机质主要存在于表层,是评价土壤肥力的重要标志之一。一般旱田土壤有机质含量在 0.5%~1.0%,自然土壤中有机质含量多者(如草甸黑土、沼泽土)可达 10%。土壤中有机质虽然含量低,但对土壤肥力影响极大,对土壤一系列性质起决定性作用。瘦地有机质含量小于 0.5%,一般肥力土壤含 0.5%~1.0%,中等肥力含 1.0%~1.2%,较好肥力含 1.2%~1.5%,肥力很高的土壤在 1.5%以上。

土壤有机质在微生物作用下进行分解,叫矿化过程,释放养分。另外,在有机物矿化中微生物又合成更复杂的有机化合物——腐殖质，这一过程称为腐殖化过程，它又是一个养分积累过程。

土壤有机质对于培肥地力具有重要作用。土壤有机质可促进土壤团粒结构的形成，改善土壤的物理性状，既可减少黏土的黏性，改善耕性和通透性，又能改善沙土过分松散的性质；土壤有机质也可增加土壤保水性。一方面表土含有机质多时有利于水分入渗，另一方面腐殖质的吸水率高达 400%～600%，而黏粒只有 50%～60%；增加土壤有机质也有利于提高保肥性和缓冲力。土壤腐殖质是一种胶体，可吸附一些养分离子，如 NH_4^+、K^+ 等避免流失。另外，由于胶体分子上有许多正负离子基团，可以缓冲土壤酸碱性变化，对作物生长有利。此外，土壤有机质的分解和转化可以为作物生长提供大量的碳、氮、磷等营养元素。腐殖质中的胡敏酸对植物生长发育也有一定的刺激作用。

(2)土壤水分　土壤水分在土壤肥力中起重要作用。水是土壤的重要组成部分，土壤水分直接影响着土壤固相（土粒）、液相（土壤水）、气相（土壤空气）之间的比例，从而导致了土壤氧气含量、土壤温度、土壤物理机械性（可塑性、黏结性、宜耕性）的差异，直接影响着土壤微生物的活动、土壤养分的分解与转化，以及作物的吸收和利用，进而对作物的生长发育产生深刻的影响。

根据土壤水受的力的性质与大小的不同和对作物的有效性差异，土壤水分可分为以下几种类型。

吸湿水（紧结合水）：是吸附在干燥土壤颗粒表面的水膜，通过颗粒表面分子剩余的分子引力与静电力等相互作用，属固态水，对作物生长无意义。

膜状水（松结合水）：吸湿水层外面遇小雨时可吸附的液态水分子。膜状水性质与液态水相似，只是黏滞性较高而无溶解性。部分膜状水虽可被吸收利用，但由于移动缓慢，所以常常补充不及，在可利用膜状水未消耗完之前，作物就会因缺水而萎蔫。

毛管水：毛管水是土壤毛管孔隙（孔径为 0.001～8 mm）中保持的水分，毛管水可以上下左右移动，同时还有溶解养分的能力，在向根的吸收点供应水分的同时也供应了养分。在地下水位浅的情况下，毛管水可上升至根系活动层，为作物利用。毛管水是最有效的土壤水分。毛管水包括毛管悬着水和毛管上升水两种。土壤含水量增加到毛管悬着水最大量时的土壤含水量称为田间持水量。田间持水量随土壤质地不同而有所不同，如沙土为 10%～14%，中壤土为 22%～26%，黏土为 28%～32%。土壤耕作与土壤紧密程度对田间持水量也有影响。

重力水：土壤含水量达到田间持水量之后，超过的水分由于不能为毛管力所保持而受重力支配，沿大孔隙往下渗透，这种水叫重力水。重力水虽然能被作物利用，但很快就会渗透到根层以下，不能持续被植物利用，所以直接对作物的用处不大。另外，养分的流失就是由于重力水的作用。

土壤水分的有效性受土壤性状、作物根系伸展状况和吸水力等的影响，主要决定于土壤吸水力和作物根系吸水力之间的对比关系。土壤水分减少到一定程度，作物根系难以吸收利用，茎叶蒸腾消耗量大于吸收量，作物表现萎蔫。作物表现永久萎蔫时的土壤含水量称为凋萎系数，它因土壤和作物不同而异。凋萎系数是作物可利用水的下限，田间持水量则是可利用水的上限，两者之差即为土壤最大有效水含量。

(3)土壤空气 土壤空气与大气不同，N_2 数量相近，O_2 数量较大气中为少，CO_2 含量为 0.15%～0.65%，比大气中高数十倍以至数百倍。高质量分数 CO_2 增加了土壤溶液对矿质养分的溶解能力，土壤空气湿度经常为水汽所饱和。

土壤通气性与土壤水分一样，也是土壤肥力的重要指标之一。土壤空气的存在有利于土壤中的化学变化和土壤微生物的生长繁殖，大多数作物在通气良好的土壤中生长发育良好。若土壤通气不良，土壤空气中氧气质量分数低于 9%～10%，根系发育就受到影响。通气不良时，根系吸收养料和水分的功能降低；通气良好时，土壤微生物活跃，生物肥力高。通气性差的土壤，如硫化氢、沼气等不能及时排放，会影响根系正常生长。

土壤通透性一般取决于非毛管孔隙(大孔隙)多少及大小，一般作物要求空气孔隙度在 10%以上。低于 10%则土壤中氧气不足，作物生长受抑，应通过中耕松土以增强气体交换速度。

(4)土壤酸碱度 土壤酸碱度也是土壤肥力的一个组成部分。不同作物对土壤酸碱度(pH 值)都有一定的要求(表 3-5)。多数作物适于在中性土壤上生长，典型的“嗜酸性”或“嗜碱性”作物是没有的。不过，一些作物及品种比较耐酸，另一些则比较耐碱。可以在酸性土壤上生长的作物有荞麦、甘薯、烟草、花生等；能够忍耐轻度盐碱的作物有甜菜、高粱、棉花、向日葵、紫花苜蓿等。紫花苜蓿被称做改良盐碱土的“先锋作物”，种植水稻也是改良盐碱地的一项措施。

一般情况，土壤 pH 值在 6～7 微酸条件下，养分的有效性最高，对作物的生长最有利。过酸的土壤往往引起磷、钾、钙、镁的植物有效性下降；相反在碱性土壤中铁、硼、铜、锰、锌的有效性降低。为了使作物正常生长，酸性土壤可通过施入石灰、碱性土壤施入石膏或硫磺等对酸碱度加以调节。

(5)土壤养分 土壤是提供作物养分的主要场所。土壤养分与作物的关系是作物与环境关系中的关键，在下面有专门论述，在此就不再赘述。

表 3-5 各种作物适宜生长的土壤 pH 值范围

作物	最适 pH 值	作物	最适 pH 值
水稻	6.0～7.5	苕子	6.0～7.0
小麦	6.0～7.5	紫花苜蓿	6.0～8.0
大麦	6.0～7.5	紫云英	5.5～7.0
玉米	6.0～7.0	棉花	6.0～8.0
高粱	6.0～8.0	黄麻	6.0～7.0
荞麦	5.0～6.0	花生	5.0～6.0
甘薯	5.0～6.0	向日葵	6.0～8.0
马铃薯	5.0～6.0	油菜	6.0～7.0
大豆	6.0～7.0	甜菜	6.0～8.0
豌豆	6.0～8.0	甘蔗	6.0～8.0
蚕豆	6.0～8.0	烟草	5.0～6.0

(三)养分资源与作物生产

1. 作物生长发育所必需的营养元素

(1)作物的物质组成　通常新鲜作物含有75%～95%的水分，5%～25%的干物质。干物质中绝大部分是有机化合物，一般约占95%，其余5%左右是无机化合物。有机化合物经加热(分解)燃烧，几乎全部可以氧化分解成各种气体，如氮气、二氧化碳等，留下的无机化合物，也称为灰分，包含几十种化学元素，其中有作物生长发育所必需的元素，也有非必需的元素。

(2)作物必需营养元素的种类和数量　据研究，高等植物所必需的营养元素有16种，它们是碳、氢、氧、氮、磷、钾、钙、镁、硫、铁、锰、硼、铜、锌、钼、氯等。根据它们在作物体内的含量不同又可分为大量营养元素和微量营养元素。大量元素一般占干物质含量的0.1%以上，有碳、氢、氧、氮、磷、钾、钙、镁、硫等9种；微量元素一般含量在0.1%以下，有铁、锰、硼、铜、锌、钼、氯7种。

(3)必需营养元素的主要作用　各种必需营养元素在作物体内部有其各自独特的作用，但共同的主要作用可归纳为以下3个方面：

A. 构成作物活体的结构物质和生活物质。结构物质包括纤维素、半纤维素、木质素和果胶等；生活物质包括氨基酸、蛋白质、核酸、脂类、叶绿素、酶等。

B. 在作物体内代谢过程中起催化作用。大多数微量元素都具有加速作物体内代谢过程的作用，是酶的组成部分或酶的活化剂。

C. 对作物具有特殊的功能，如钾、钙、镁等元素活性较强，可以调节细胞透性，增强作物抗逆性等。

(4)必需营养元素同等重要，不可代替　作物必需的各种营养元素虽然在量上有多有少，但研究表明，它们对作物都是不可缺少、同等重要的，而且是不可代替的。缺氮时作物生长不良，产量很低，如果此时增加其他养分，缺氮症状不会消失。相反，如果土壤缺磷，大量增施氮肥，作物也不能正常生长。

2. 作物对养分的吸收

作物根系与土壤接触，可截获养分，但所截获的营养物质只占总吸收量的10%。土壤中大量养分是靠扩散作用和质流作用流向根系的。所谓扩散作用是由于根系吸收的结果在土壤中出现养分质量分数差，养分由高质量分数部位向低质量分数部位扩散。施肥以后或土壤矿化过程中也会出现养分在土壤中的质量分数差，形成养分的扩散。质流是因作物蒸腾作用而引起的。由于蒸腾作用消耗了近根土壤中的水分，远根处的土壤水分不断地补充到根表土壤，而土壤中溶解有各种水溶性养分物质，这就是质流作用。养分随水流向根表为作物吸收创造了条件。

(1)选择性吸收　作物吸收养分的过程是一个主动选择的吸收过程。作物根据自身需要，对养分进行高度选择吸收。例如，普通土壤中含有多量的铁、锰等物质，但作物对它们的吸收并不多。相反，作物对土壤中并不多的氮、磷、钾却吸收较多、需要较多，往往需要通过施肥来满足作物的需要。因此，人们把这 3 种元素称为“肥料三要素”。施肥后，由于作物选择吸收的特性，就出现吸收肥料中阴阳离子不平衡的现象。例如，施用硫酸铵，作物吸收 NH_4^+ 比 SO_4^{2-} 多，致使 SO_4^{2-} 在土壤中残留，SO_4^{2-} 会使土壤 pH 值下降，土壤变酸。又如施用 $NaNO_3$ 后，作物吸收 NO_3^- 比 Na^+ 多，Na^+ 在土壤中残留，使土壤溶液的 pH 值有所上升，使土壤呈碱性。鉴于选择吸收后所产生的变化和影响，人们称硫酸铵为生理酸性肥料，硝酸钠为生理碱性肥料。

(2)作物营养临界期和最大效率期　作物生育的不同阶段对营养的要求也不同。在作物生长过程中对养分要求有两个极重要的时期，即作物营养临界期和作物营养的最大效率期，这两个时期如能充分供给养分，作物产量常有明显的提高。

作物营养临界期：作物在生长发育过程中，常有一个时期对某种养分的要求在绝对量上虽然不多，但在需求程度上却很迫切。此时缺乏这种养分，对作物生长发育有明显的影响，而且因此造成的损失即使在以后补施肥料也很难弥补。这一时期叫做作物营养临界期。一般来说，作物在生育初期，对外界环境条件较为敏感，此时如遇养分不足，往往会有很强烈的反应，这些反应表现在生长势上，严重时还会表现在产量上。不同作物的营养临界期不同，同一种作物对不同养分来说，其临界期也不完全相同。大多数作物磷的临界期都在幼苗期，例如棉花在出苗后 10～20 d，玉米在出苗后 10 d 左右(三叶期)。氮的临界期较磷要晚，往往是在营养生长转向生殖生长的时候，例如小麦、水稻在分蘖期和幼穗分化期，玉米在穗分化期，棉花在现蕾初期。关于钾的研究较少，据日本的资料，水稻钾的临界期在分蘖初期和幼穗分化期。

作物营养最大效率期：在作物生长过程中还有一个时期，在这个时期作物需要养分绝对数量最多，肥料的作用最大，增产效率最高，这个时期就是作物营养最大效率期。多数作物的这一时期是生长中期，此时作物生长旺盛，从外部形态看生长迅速，作物对施肥的反应最为明显。例如，玉米氮素最大效率期在大喇叭口到抽雄初期，小麦在拔节到抽穗，棉花在开花结铃期。另外，不同营养元素的最大效率期可能不一致，如甘薯在生长初期氮素营养效果较好，而在块根膨大期磷、钾营养的效果较好。

3. 作物对养分的反应与施肥

(1)最小养分律　在作物生长过程中，如果出现了一种或几种必需营养元素不足时，作物的产量往往受最缺的一种养分(即最小养分)限制，要提高作物产量就必须增加这一养分的数量，这一规律叫最小养分律。当最小养分增加到能满足作物需要时，该养分便不是最小养分了，其他的另一种养分元素便又成为新的最小养分。

(2)报酬递减律　当某种养分不足成为进一步提高产量的限制因子时，合理施用化肥，可显著提高作物产量。但是，大量试验资料表明，随着施肥量增加，产量逐步提高，而施肥所增加的产量，开始是递增，后来却有递减的现象，即随着施肥量的增加，单位用量肥料的经济效益有逐渐减少的趋势，这就是报酬递减律。

报酬递减律是说投入与产出的关系，产出的多少并不总是和投入呈直线正相关。因此，应该根据作物对肥料的效应曲线来确定获得高产的最佳施肥量。

(3)作物的养分需要量　作物的养分需要量(即需肥量)，是合理施肥的重要依据。研究资料表明，不但不同作物的养分需要量不同，而且同一作物不同品种的养分需要量也不同(表 3-6)。

同时，作物不同，对不同营养元素的吸收也有差别。薯类作物需钾比禾谷类作物多，豆科作物需钙较多，叶菜类作物需氮较多。所以，施肥时考虑各种作物的营养特性很有必要。

表 3-6 各种作物的养分需要量

作物	收获物(100 kg)	需要养分量(kg)		
		氮(N)	磷(P_2O_5)	钾(K_2O)
早稻(籼)	稻谷	1.7～2.1	0.7～0.9	2.4～3.0
双季晚稻	稻谷	1.8～2.3	0.8～1.0	2.6～2.9
中稻(籼)	稻谷	2.1	0.9	2.6
中稻(粳)	稻谷	2.5	1.1	2.1
一季晚稻	稻谷	1.8～2.0	0.8～1.0	2.9～3.1
小麦	麦粒	2.5～3.0	1.0～1.4	2.0～2.8
大麦	麦粒	3.0	1.0	2.0
春玉米	籽粒	2.6～4.0	0.9～1.6	2.2～3.4
秋玉米	籽粒	3.8	1.3	3.7
高粱	籽粒	2.5	1.3	3.0
马铃薯	薯块	0.5～0.6	0.2～0.3	1.2～1.3
甘薯	薯块	0.3～0.4	0.1～0.2	0.5～0.6
棉花	皮棉	17.7	6.4	15.5
油菜	菜籽	6.0～8.0	2.5～4.7	5.0～9.1
大豆	籽粒	5.3～8.7	1.6～3.6	2.3～6.3
花生	荚果	7.1	1.3	3.8
芝麻	籽粒	8.5～9.0	1.8～2.5	8.5～9.0
烟草	干烟叶	4.1	1.6	7.0
茶叶	干茶	9.1	2.0	5.0
黄麻	麻皮	2.0	0.8	1.6
甘蔗	茎叶	0.24	0.15	0.27

引自古汉虎等编. 低产土壤改良,1982。

(四)植物生物化学因素与作物生产

在作物生长过程中,作物并不是孤立存在的,它的生长受到农田多种生物因素的影响,有减损作物产量的,如杂草、病原菌、有害昆虫等;也有增添作物产量的,如间作作物、有益昆虫等。农田生物通过各种方式作用于作物,对作物的生长发育产生影响。在此重点介绍植物生物化学因素对作物生产的作用。

1. 植物间的相互作用

植物或作物间的作用是多方面的，但基本可分为两种——竞争和生化互作。而有时两种影响是很难区分开的，故有人将两者合称为干扰。

(1)竞争　植物生长发育过程中利用环境资源，如光、水分、营养等，引起环境中这些资源的减少，甚至缺乏，从而导致生境共享其他植物生长发育不良甚至受到伤害。竞争包括空间竞争、养分竞争等多个方面，涉及环境中生活因素的降低。

(2)植物生化互作　植物生化互作是指植物向环境中释放生化物质，从而影响生境共享其他植物的生长发育。植物生化互作是植物间的一种化学交流，即植物之间通过生物化学物质的相互作用，它的英文是 allelopathy，是 1937 年由奥地利学者 H. Molisch 创造的，它来自两个希腊词即 allelon——相互、相对的意思，pathus——遭受、影响的意思。

allelopathy 最早被译为"异株克生"。克生，就是影响生长发育的意思。也是把植物生化互作定义为一种作物对另一种作物的不利影响。事实上，作物之间生化互作既有有害的一面，又有刺激的一面。所以现在 Allelopathy 所指的是一种植物(包括微生物)通过向环境释放化学物质对其他植物产生的直接或间接的、有害和有益的影响，有人称之为化感作用或它感作用，而且现在已经扩大到植物与昆虫、植物与动物之间了。

植物生化互作与竞争的根本区别在于，前者向环境释放物质，而后者使环境生活因素降低。

2. 植物生化互作物质及其进入环境的途径

植物生化互作物质(allelochemicals)是植物代谢中直接产生的初级产物或次级代谢产物，或者是由微生物在分解中间接产生的物质。它们主要是芳香族物质如酚类及其衍生物，包括脂肪族化合物、不饱和内酯、脂肪酸和类脂，如萜类、有机酸、生物碱等。

这些物质存在于植物体内所有器官和组织，如果实、种子、根、叶、茎、花和根茎。如果这些物质进入环境达到一定量，就会对邻近植物产生作用。

植物生化互作物质进入环境的主要途径有：

——根系分泌；

——气态物质，主要是挥发性物质的分泌释放(地上部)；

——通过雨水、结露和雾等从植物地上部茎、叶、花和果实的淋洗；

——植物体，如还田秸秆、根茬、脱落的叶片等分解释放；

——微生物分解植物残体过程中产生的代谢产品。

3. 植物生化互作机理

植物生化互作机理的主要表现见表 3-7。

表 3-7 植物生化互作机理的表现

作用机理	作用方式
调节作物生长	影响细胞分裂和伸长
	影响有机物的合成,尤其是蛋白质
	与植物激素,尤其是生长素和赤霉素相互作用
	影响酶的合成与功能
影响作物的光合作用	调节气孔功能
	影响叶绿素含量
	影响呼吸作用
影响营养吸收	改变膜透性
	活化土壤中难溶性磷和钾,提高养分有效性
	矿物养分的积累
	植物的水分平衡
影响氮固定和氮循环	影响根瘤建成,血红素含量
	影响土壤中的硝化作用

4. 植物生化互作与植物种、品种、植物组织及环境的关系

植物体内生化互作物质的产生受环境因素如水分供应、温度、光照强度与质量、养分供应和微生物活动的影响。植物种、品种之间产生的生化互作物质,在数量和毒性上是不同的。由于这些物质在植物体内并非均匀存在与分布,故植物的年龄和组织对其影响也很大。如植株感染病害后经常引起体内酚类及其他化合物的增加;土壤中分解条件不同导致作物残体毒性物质含量的差异等。

植物生化互作物质对于受体植物的作用强度和作用种类取决于许多因素。在水分、温度、营养、除草剂等胁迫下,其有害性提高。如高温显著加强阿魏酸对高粱和大豆生长的影响;土壤越贫瘠,酚类的有害作用越大。另外,不同物质加在一起有一个结合效应,其作用大于单一物质作用。

植物生化互作是一种浓度决定的现象。一般情况下,低浓度促进作物生长发育,高浓度抑制作物生长发育。

不同作物种类和品种对植物生化互作物质的反应不同,有的敏感,有的不敏感,这在间、混、套作或轮作时安排作物很重要。

5. 植物生化互作在农业中的应用

(1)连作与轮作　我们知道，一些作物在同一块地上连续种植后，往往出现生长发育不良和产量下降。究其原因可能是连作后病原生物(如线虫、细菌或真菌)增加、营养贫乏或者酸碱度变化，另一个重要原因就是植物生化互作物质的影响。连作后这些物质富集，影响下作生长，这种现象称为土壤衰竭。事实上，有些作物种类对这些物质反应不大，称为耐连作作物，如玉米、小麦等。有些则反应强烈，连续种植后产量下降很大，为不耐连作作物，如大豆等。不耐连作作物种植时一定要轮作倒茬。

作物通过根系分泌、根系残茬分解释放或微生物分解代谢产生的植物生化互作物质，对某些作物也许有利，对另一些则可能有害。这样在轮作中应注意合理的轮作倒茬，除考虑养分、病虫害等问题之外，一定要考虑这种影响，否则，后作产量会严重降低。

(2)间、混、套作　间、混、套作中复合群体作物的选择除考虑空间、养分互补之外，必须考虑植物生化互作，如大麻对大豆生长发育不利；荞麦虽然植株矮小，却对植株高大的玉米起抑制作用；鹰嘴豆对玉米、马铃薯等多种作物起强烈的抑制作用等，它们绝对不能种植在一起。但相反，羽扇豆、大豆对玉米有促进作用；大豆与小麦混种时，小麦产量不受影响。因此，我们在考虑复合群体的作物组合时，一定要注意避免其不利影响，选择有利的组合，力争单位面积上获得更多产量。

复合作物群体中生化互作的强度取决于作物种类、每一作物组分所占比例和栽培措施。混播和行间作时，作物种间的相互作用大于带状间作。

(3)病虫害防治　有些作物中所含的生化物质对病虫害有抑制作用，如将大蒜种于棉田，大蒜中挥发性分泌物大蒜素可抑制棉蚜；蓖麻间种马铃薯，蓖麻分泌的某种化学成分产生的气味能抑制马铃薯主要害虫——蛴螬；大麻中也有一些物质具有杀菌能力，并能抑制害虫的传播；小麦中的氧亏酸，大麦中的芦竹碱，据研究为抗蚜虫物质。所谓选育抗虫性品种，就是利用品种中含有的一些特殊物质来减少害虫的取食，如棉花中的酚类。

(4)除草　植物和微生物产生许多具有生物活性的次生代谢产物，可作为除草剂来应用。如小麦浸提液可抑制白茅的生长，靠近小麦的藜的根系有逃避小麦根系的倾向。

三、处理作物和生态环境关系中应注意的问题

农田环境中的各个生态因子，是不断变化和彼此关联的，作物生长的优劣是它

们综合作用的结果。处理作物与生态环境因子关系时必须注意以下几个问题：

A. 克服限制因子，抓住主导因子，提高作物产量。正如前面所提到的，农业生产的发展过程就是人们不断认识、克服农业生产过程中的限制因子的过程。作物生产是众多生态环境因素共同作用的结果，只有找到并克服生态环境因素中的限制因素，才能真正促进作物产量的提高。另外，各个环境因子对作物的作用并非同等的。在一定时间、地点，以及在作物的某一生长发育阶段，在众多的影响因子中，总有一两个因子起着主导性的、决定性的作用，其他因子则处于比较次要的地位。因此，在具体的生产实践中，既要注意环境对作物的综合作用和影响，又要极力找出影响作物生长发育的主导因子，从而为制定合理的调控措施提供依据。

B. 环境因子在自然界中并非孤立存在，而是互相影响相互制约的。例如，当光照增强时，温度也会相应提高，同时土壤湿度将会减小。在干旱条件下，灌水能满足作物对水分的要求，促进作物生育，同时也提高了作物对养分的要求。而随着水分条件的改善，杂草也会滋生。又如土壤施钾过多，会造成缺镁；锌和磷之间也有类似的关系。

C. 作物生产所面对的是千差万别的作物和品种，它们都有各自的环境要求和适应性，而遇到的又是千变万化、错综复杂的环境条件，各个环境因子都有其本身的变化规律，它们在数量、质量以及对作物的效应及持续时间等方面都是随地区和时间而有所差异，因此只有采取各种“应变”措施，处理好作物与环境的相互关系，既要让作物适应当时当地的环境条件，又要使环境满足作物的要求，才能取得大面积持续丰收。

思考题

1. 简述影响作物生长发育的环境因素及与作物生产的关系。
2. 如何认识环境—措施—作物之间的关系？
3. 农业生产中常用的温度概念有哪些？
4. 生产上常见的3种土壤类型各有什么特点？
5. 什么是植物生化互作？举例说明其在农业生产中的意义。
6. 处理作物和生态环境关系中应注意哪几个问题？

第四章　作物品种改良与良种繁育

一、品种改良与良种合理使用

(一)品种改良及优良品种的作用

优良品种是劳动人民长期劳动的产物。人类在长期与自然斗争的实践中,不断认识植物,并通过选择和栽培过程,对植物加以驯化和改良,形成了许多栽培作物及栽培作物品种。从达尔文时代开始,人类有目的、有计划地对植物进行选择,即通过作物的变异—遗传—选择,创造了各种作物无数的优良品种,使产量逐步上升,对农业发展起到了重要的作用。品种改良是农业现代化的基础,是育种工作者通过科学的育种方法和途径,对现有的品种和材料进行选育,以使作物品种获得高产、稳产、优质、多抗和适应性强等优良性状。

1. 产量性状的改良

由于产量构成因素之间常存在相互制约的关系,因此育种工作者在培育不同作物高产品种的过程中,围绕产量构成因素之间的协调性对品种进行了改良。例如,40 年来品种遗传改良对小麦产量结构的突出贡献是穗粒重,比新中国成立前的农家品种几乎得到成倍的提高。

2. 株型的改良

半矮生性的作物具有耐肥、抗倒的特点,矮化育种已成为育种工作的主要目标之一。目前小麦、水稻等作物矮秆品种的成功育成,使全世界的粮食产量出现了大幅度的增长。玉米紧凑型品种的育成,提高了单位面积的株数,使得玉米的最大叶面积指数达到 7 左右,为玉米的高产打下了基础。

3. 杂种优势利用

杂种优势是指两个遗传性不同的亲本杂交产生的杂种一代(F_1),在生长势、生活力、抗逆性、产量和品质等性状方面优于双亲的现象。目前,我国杂种优势利用主要在玉米、高粱、水稻、油菜以及瓜菜等作物上。特别是玉米,杂种优势强,制种方法简便,优良单交种在生产上的应用较为广泛。

4. 品质性状的改良

随着人们对农产品品质的要求不断提高，品质改良越来越受到育种工作者的重视。在国际上，粮食作物的高产育种有了新的进展之后，出现了以提高蛋白质和赖氨酸含量为主的品质育种新趋势。

目前，我国品质育种取得重大进展，一批高产优质新品种已应用于生产中。以玉米为例，全世界在发展普通玉米育种的同时，正在逐步发展特用玉米，如高赖氨酸玉米、高油玉米、甜玉米、爆裂玉米、优质蛋白玉米、高直链淀粉玉米以及青贮玉米等。不同类型品种玉米具有各自独特的内在遗传组成，表现出各具特色的籽粒构造、营养成分、加工品质以及食用风味，因而有着各自特殊的用途、加工要求和相应的销售市场。

5. 抗逆性改良

抗逆性强是作物高产、稳产的保证，不良的气候、土壤条件及病虫危害是高产、稳产的严重威胁。抗逆性的内容包括抗病虫、抗旱、抗寒、耐瘠薄、抗盐碱等。由于自然条件的特殊性，在某一地区，某一抗性可能成为品种改良的目标。如在干旱严重的地区，要求品种具有良好的抗旱性；在小麦锈病易发区，抗锈病是小麦育种的主要目标；在棉铃虫危害严重的地区，抗虫棉的选育是棉花育种的主要目标。增强品种的抗逆性，在生产中可减轻或避免产量的损失和品质的变劣。

6. 生育期改良

随着人口增加、土地减少，耕作制度正在不断改革，复种指数将不断提高，农业生产对品种早熟性的要求十分迫切，早熟育种已成为国内外品种改良的目标。目前早稻品种、早熟丰产油菜及小麦品种的育成和推广，使南方各地双季稻、三熟制的面积大幅度提高，促进了粮食和油料作物生产的发展；玉米早熟品种的育成，使得玉米的种植区域向高海拔、高纬度地区延伸，扩大了玉米的种植范围，同时也为北方种植制度的改革提供了品种保障。

7. 适应性改良

作物品种改良还包括生态类型适应性和对农业机械化作业适应性方面的改良。作为良种应该适应栽培地区广，适应肥力范围宽，适应多种栽培水平。随着农业机械化的发展，要求品种还要适应农业机械操作。

（二）品种的合理使用

品种是人类在一定的生态条件和经济条件下，根据需要而创造的一种植物群体，它具有相对稳定的遗传性，在生物学上、经济性状上和形态学上具有相对稳定的一致性，在一定地区和一定栽培条件下，在产量、品质、生育期、抗性和适应性方面符合人类生产需要,并能用普通的繁殖方法保持其原有性状和经济价值。

品种是重要的农业生产资料,不符合生产要求、没有直接利用价值、不能作为农业生产资料的,则失去作为品种存在的意义。

优良品种在作物生产中作用重大,充分发挥良种的产量潜力应注意以下方面:

1. 良种的特性

良种都是在一定的地区和一定的生态条件下选育出来的,育种单位育成的新品种,不是任何一个地方都能种植的,都有其在生产上的局限性和区域性。在选用和推广新品种前,必须了解以下几方面的特性:

(1)要看这个品种生长发育所需的积温,是否与当地的积温接近　某一品种生长发育需要的积温是相对稳定的,通过了解新品种对积温的要求及推广地区的积温,可大致判断当地的热量资源能否满足新品种的生长发育。

(2)要看品种的生育期是否与当地主栽品种相近　生育期太长,往往不能正常成熟,造成减产;生育期太短,不能充分利用生长季节,产量也不高。

(3)要看品种的生产性状是否优良　对新品种的丰产性、稳产性进行了解。

(4)要看品种的适应性是否广泛　新品种的适应性越广泛,其适宜种植的区域越大。

(5)要看品种的抗逆性是否强　新品种除了具有高产性状以外,还应具备抵抗不良环境的能力。

在不同生态条件下,只有选用、推广与之相适应的良种,对农作物品种进行合理的布局,才能使生态条件得到最好的利用,将品种的生产潜力充分地发挥出来,达到丰产、稳产。

2. 良种良法配套

不同品种具有各自特定的基因型,有其各自的生长发育规律,从而表现出各自的特征特性。只有以品种特性为依据,根据当地气候条件、土壤肥力条件和栽培管理水平制定出相应的科学栽培技术措施,做到良种良法配套,才能充分发挥品种的潜力。特别是近年来,各种作物的特用型品种对配套栽培措施要求极为严格。如特用玉米的栽培技术与普通玉米有很大的不同,表现为:第一,必须注意适当隔离。甜玉米、爆裂玉米、糯玉米和淀粉玉米等专用玉米的性状一般都是由隐性基因控制,有花粉直感现象,与普通玉米串粉后会失去原品种固有特性,降低品质。因此,在种植时要严格按技术要求操作,以免影响商品性。第二,加强管理,提高栽培水平。特用玉米的种子较小,干物质含量相对较少,出苗慢、芽势弱。要提高播种质量和栽培管理水平,特别要注意土壤的温、湿度,覆土要浅。另外甜玉米、爆裂玉米、优质蛋白玉米在地块的选择上以地势平坦、肥力中上的为宜。第三,加强病虫害的防治。特用玉米由于营养价值高,易遭受病虫害侵袭,受害程度较重。加强病虫害的防治是特用玉米保产保质的一个重要措施,以地下害虫、玉米螟、黏虫、蚜虫等害虫为防治重点。防治方法最好是选用生物药剂或物理方法。

3. 良种的合理搭配

品种搭配是指一个生产单位(自然村、乡)在生产一种作物时,应同时种植几个具有不同特点的品种,其中一个为当家品种,其余为搭配品种。品种搭配可以合理利用一切时间、空间和适宜的自然环境及生物遗传性,使不同品种都能在最适宜的条件下生长发育和繁殖,达到地尽其利,种尽其能。不同品种搭配主要应考虑到以下几个方面:第一,不同生育期品种搭配。不同生育期品种搭配可以使作物的成熟期错开,避免了收获时劳动力、畜力和机械动力冲突的矛盾,同时,可以满足不同季节播种的需要。第二,抗病与高产品种搭配。不同的品种对不同的病害有不同的反应,在品种推广时,要提供更多的品种,以便使用者能根据实际需要灵活选用。第三,高产品种与优质品种搭配。随着国民经济的发展和人民生活水平的提高,对农产品的品质提出了新的要求。小麦、玉米、水稻在种植普通品种的同时,种植一部分特用品种可以满足人民生活需要,促进种植业结构的调整,提高经济效益。近年来,人们对鲜食玉米的需求量增加,鲜食玉米(包括糯玉米、甜玉米)以其独特的营养成分和食用风味,深受人们的喜爱。

各地种子部门要根据当地的自然特点和生态环境,指导农民合理搭配品种,因地制宜地选择适合本地栽培的当家组合。

4. 品种的保纯和更换

品种的利用有一定的时间性,即使是优良品种,在生产栽培过程中,也常会发生混杂退化,从而引起品种的纯度下降。所以,对于生产上大面积推广的优良品种要及时进行选择提纯,加速生产原种。提纯复壮后的原种,也需要迅速而大量地繁育种子,以便尽快替换已经退化的种子。如果旧的品种种性下降,又有新的同类高产、优质品种育成,应尽快实行品种的更换。

二、引种规律与注意事项

(一)引种的概念和意义

生产上的引种,是指从不同农业区域或者其他国家引进作物新品种,经过在本地进行适应性鉴定和试种比较,把表现优良的品种直接繁殖推广的方法。引种是育种工作的重要组成部分,是解决农业生产上迫切需要新品种的一条最经济、最简单、最有效的途径。广义的引种，还包括对自己所没有的各种植物原始材料的收集、研究和利用，它是丰富种质资源、提高育种成效的重要手段。

作物在地球上的分布原本是不均衡的，在作物生产上最先使用的各种作物，都是在少数几个农业发达国家和地区由野生植物栽培驯化之后，再经相互引种才得以在世界范围内广泛种植。比较典型的例子是1492年哥伦布发现新大陆以后，探险家们把美洲的玉米、烟草、甘薯、马铃薯等作物引入了欧洲，随后欧洲移民又把小麦、燕麦、高粱、大豆、水稻等作物带到了美洲，成了当地重要的粮食作物。

现在世界上很多重要的粮食和经济作物起源于我国，同时我国也从国外引入了许多优良的作物品种。品种的引进丰富了我国的作物资源，也极大地推动了农业生产。引种对农作物产量方面的作用是非常明显的。这些作物或品种的引进为加速我国品种改良发挥了极其重要的作用。

(二)引种的一般规律

任何作物品种都是在一定的生态条件下形成的，引种能否成功，关键在于是否掌握了作物品种的温光反应特性、引种地区生态条件以及引种的基本原理。盲目引种往往不会成功。

1. 温光反应特性与引种

(1)低温长日照作物的引种规律　小麦是长日照作物，可分为春性、半冬性、冬性3种类型。据研究，我国冬小麦南北引种，纬度每相差1°，生育期提早或延迟6 d。因此，从北向南引种，应引进春性早熟的小麦品种；从南向北引种，则应引进冬性、半冬性生育期长的品种。北方的强冬性、冬性品种只能短距离南北引种，长距离引种很难获得成功。春小麦的春化阶段短，通过春化阶段所要求的温度范围较宽，所以，引种范围较广。

油菜也是长日照作物，生育期间需要一定的低温和长日照。北方冬油菜冬性强，引到南方种植，发育推迟，表现迟熟。南方的冬油菜品种春性强、发育快，向北引种冬播易早抽薹、早开花。

(2)高温短日照作物的引种规律　水稻是短日照喜温作物，可分为早稻、中稻、晚稻3种类型。水稻南种北引，遇长日低温，会出现生育期延长，抽穗推迟，甚至不能成熟的现象。因此从南方引种，宜引进早稻品种。早稻品种南种北引的结果是生育期延长，植株变高，穗增大，粒增多，病虫害减少，配之以适宜的栽培措施，常可获得高产。晚稻品种北移到长日照条件下，则往往不能正常抽穗结实。水稻北种南引，由于遇短日高温，生长发育加快，生育期明显缩短，表现早熟，产量不高。因此，宜引进北方的晚熟品种，适当早播，增大密度，增施肥料，才有可能获得高产。

棉花是短日照喜温作物,有 4 个栽培种:陆地棉、海岛棉、中棉、草棉。除海岛棉光照反应比较敏感外,其他 3 种均不敏感。对于陆地棉,一般是晚熟品种比早熟品种对光照更敏感。在我国范围内,由北向南引种,由于日照时数减少,开花结铃提早,生育期较原产地缩短;由南向北引种,则开花结铃延迟、生育期延长。由于棉花天然异交率高,变异性大,因此适应范围比小麦、水稻等作物广得多。

玉米也是短日照喜温作物,但适应性很广,异地引种成功的可能性较大。一般由北向南引种,或由地势高向地势低的地方引种,因温度升高,生育期均可缩短,反之则延长。玉米引种的经验显示,生育期是决定玉米产量的一个重要因素。在田间生育期许可并保证前后茬作物适时收获播种的前提下,以引进生育期较长的品种为宜。但是反向引种表现就差,远距离的南种北引一般不能适应,表现为幼苗矮小,后期植株高大,气生根着生部位高,空秆多,果穗小,成熟晚,产量低。

大豆是短日照作物。根据其成熟期不同,可分为早熟型品种和迟熟型品种。南方大豆向北引,由于光照时间延长,开花结实推迟,甚至秋霜前不能成熟。北方大豆向南引,则由于光照缩短,开花成熟提早,但营养生长较差,产量较低。根据引种的经验,大豆只有在生育期大体相同,即光照、生态类型相似的地区之间相互引种,或在海拔高度相差不大、温度相近的东西地区间引种,才有可能获得成功。南豆北引,应引用春播早熟大豆和饲料大豆;北豆南引则只能作为春大豆播种,否则栽培价值不大。从平原向山区引种,早熟品种比较适宜。干旱少雨地区宜引种耐旱的中小粒品种,雨水充足地区则宜选用大粒型品种。因小粒种耐迟播,生育期短,开花虽迟,但成熟不晚,能在秋霜来临前成熟,故迟播时宜选用小粒种。

2. 作物生态型与引种

生态型是指适合于某一环境条件范围内的植物群体。同一生态型的个体在温光特性、生育期长短、各种抗性方面都具有相似的特性,因为它们都是在相似的自然条件下形成的。

(1)气候条件相似论 “气候条件相似论”是由苏联学者瓦维洛夫提出的,即引种地和原产地的生态条件相似时引种容易成功。

由于品种都是在一定的生态环境下选育出来的,因此每个品种都有其最适应的地区。也就是说,品种在其原产地能比较好的利用光热资源,正常生长发育,并最后形成可观的产量。如果把品种引种到新地区后,由于生态条件的改变,往往会发生变异。这就要看该品种所需的光热条件能否得到满足。如能满足,就能正常生长发育,否则就会生长不良,甚至出现不能正常抽穗、结实或成熟特晚等现象。

引种时需要考虑的生态条件包括气温、日照、纬度、海拔高度、土壤、植被、雨量分布和栽培管理等。其中,气温和日照长度是最关键的因素。为了工作方便,科学家将各种作物的种植区域进行了进一步的生态区域划分，同一生态区内引种容易成功。

(2)同纬度地区引种比较容易成功　在长期自然条件的影响下，在高纬度地区形成的作物，一般为长日照作物，而在低纬度地区形成的作物，一般为短日照作物。原产于北方的冬小麦品种引至南方，由于不能满足阶段发育中对长日照和低温的要求，生育期延长甚至不能抽穗；而南方的春性品种引至北方，不仅易遭受冻害，而且会过快地通过春化阶段，生育期缩短，产量降低。在低纬度地区形成的短日照作物，由北向南引种，由于日照由长变短，会提早成熟，株、穗、粒变小；由南向北引种，成熟延迟，植株增高，穗粒增大。因此，同纬度地区引种较易成功。

引种工作还必须考虑到海拔的高低。据研究，海拔每升高 100 m，相当于纬度增加 1°。同一纬度的高海拔地区和平原地区相互引种不易成功，而纬度偏低的高海拔地区与纬度偏高的平原地区，相互引种成功的可能性较大。因此，引种时可根据不同纬度、海拔做出初步预测。例如，北京地区的冬小麦品种引种到陕西省北部能有较好的适应性；国内玉米沿东北到西南这条斜线引种，也比较容易成功。

(三)引种注意事项

1. 引种要有明确的目的性

引种必须根据当地的自然生态环境、生产情况以及当前生产上种植的品种存在的问题，确定引进什么样的品种和到什么地方去引种。在引种前，应着重了解希望引入品种的选育史、生态类型、原产地的自然条件和栽培条件、品种的温光反应特性，并研究该品种生长发育期间两地区气候条件的差异，使引进品种生育期符合当地的耕作制度，高产稳产，抗病性强。

2. 注意加强植物检疫与检验

引种过程要严格遵守国家的植物检疫制度，对于新引进的品种，必须先隔离种植于特设检疫田圃，如在鉴定中发现有新的危险性病虫和杂草，就要马上采取焚烧等措施，否则会发生新的危险性病虫和杂草流行。大量引种除进行检疫外，还必须对其种子质量进行检验，即对发芽率、纯度、净度等进行检测，以免种植后造成不可弥补的损失。

3. 坚持先少量引种实验、后繁殖推广的原则

无论是从国外还是从国内不同生态区的引种都必须十分慎重，对于引进的品种，首先要在小面积上进行 1～2 年的引种观察和鉴定，从中选出优良的品种材料，参加品种比较试验、区域试验和生产示范，在此基础上才能进行较大面积的试种或应用。

三、新品种的选育方法

选育新品种是种子工程中最重要的一环，是选育、繁殖、推广一体化的种子工作运行机制中的“龙头”。没有优良新品种源源不断地育成，种子工作就成了无源之水，无本之木，品种的更新换代、良种的繁育推广也就无从谈起。新品种选育根据遗传—变异—选择的基本原理，通过各种途径创造变异，选择优良的、符合要求的性状和个体，并利用遗传特性将其保存下来，培育出新的优良品种。

(一)选择的基本方法

选择是对育种材料进行选优去劣，是从自然的或人工创造的群体中，根据个体的表现挑选符合人们需要的类型或材料。选择是创造新品种和改良现有品种的重要手段，是育种工作的主要技术环节。选择的基本方法有单株选择法和混合选择法。

1. 单株选择法

单株选择法是指从原始样品或杂交群体中，按照育种目标选择一定数量的符合要求的优良变异个体（单株、单穗或单铃），分别脱粒（轧花）、编号、保存，于下年或下季按单株种成一个小区，并以当地当家品种作为对照，相互间进行比较，按株系选优去劣，以后经一系列的选择、比较、鉴定，从而培育出新品种的方法。单株选择法因作物的授粉方式不同，选育材料的来源不同，又可分为一次单株选择法和多次单株选择法。

(1)一次单株选择法　即从原始群体中进行一次单株（穗）选择，如当选单株后代性状优良且稳定，即可进行产量比较，不再进行单株选择。这种方法适用于小麦、水稻、大豆、花生等自花授粉作物。因为这些作物的遗传组成基本上属于纯合状态，性状比较稳定，进行一次选择即能达到整齐一致。但是自花授粉作物的人工杂交或天然杂交的后代，进行一次单株选择是不能奏效的。

(2)多次单株选择法　进行一次单株选择后，如果单株后代优良，但性状仍有分离，需在后代继续进行几次单株选择，直到性状优良且不再分离为止，然后再经鉴定、比较育成新品种。这种方法多用于异花授粉作物、常异花授粉作物和自花授粉作物的人工杂交或天然杂交的后代。因为它们的遗传性比较复杂。

单株选择法是以单株的当代及其后代性状表现作为选择的依据。通过后代性状的表现来鉴定当选植株的遗传性是否稳定，性状是否优良，选择比较准确可靠，效果较好。因此，单株选择法是目前选育新品种最基本最主要的方法。但此法也有它的缺点，需要时间较长、人力较多、技术要求比较严格。

2. 混合选择法

在作物的原始群体或杂交群体中，根据育种目标选育多个优良个体，混合脱粒、保存。下一季将选得的种子种一个小区，以原有品种和当地当家品种为对照进行比较鉴定，以衡量选择效果和品系的利用价值。混合选择法根据被选材料的遗传稳定性可以分为一次混合选择法和多次混合选择法。

(1)一次混合选择法　按上述方法对原始群体进行一次单株选择即可使群体整齐一致。这种方法常用于自花授粉作物，更主要用于良种繁育，提高品种纯度和种性。

(2)多次混合选择法　在原始群体中进行一次混合选择后，如性状仍不能达到整齐一致，还需在以后几代比较鉴定的同时，在表现较好的小区中连续几次选择单株混合繁殖，直到符合要求，再与原品种及对照品种进行比较。这种连续多次进行选择、比较的方法，叫多次混合选择法。这种方法常用于异花授粉作物的群体改良和常异花授粉、自花授粉作物较为混杂的品种的提纯。

(二)系统育种

系统育种是所有作物育种中最基本的且简易、快速而有效的途径，是最早采用的，而将来和现在仍不失其应用价值。它的选育要点为：根据育种目标，在现有推广种植的品种群体中，选择一定数量的优良变异个体，分别脱粒和播种，每一个个体的后代形成一个系统(株系或穗系)，通过试验鉴定，选优去劣，育成新品种。这样的品种是由自然变异的一个个体发展成为一个系统而来的，故称为系统育种，群众俗称为一株传、一穗传、一粒传。

系统育种的程序见图 4-1。

系统育种具有以下特点：

1. 优中选优，简便有效

这是因为：①系统育种是利用自然变异材料，省去了人工创造变异的环节；②所选的优良体一般都是同质结合体，是纯合的，通常不需要进行几代的分离和选株过程，只要经过鉴定证明，确实优良的就可参加区域试验，有可能很快应用于生产；③由于是在原品种的基础上优中选优，对个别优良变异加以选择，就能改进某些不良性状，使良种的优良性状更加完善。

2. 连续选优，品种不断改进提高

一个比较纯的品种在长期栽培过程中，易发生天然杂交和突变，从而产生变异，通过选择可育成新品种。新品种又不断发生变异，为进一步系统育种提供了材料。

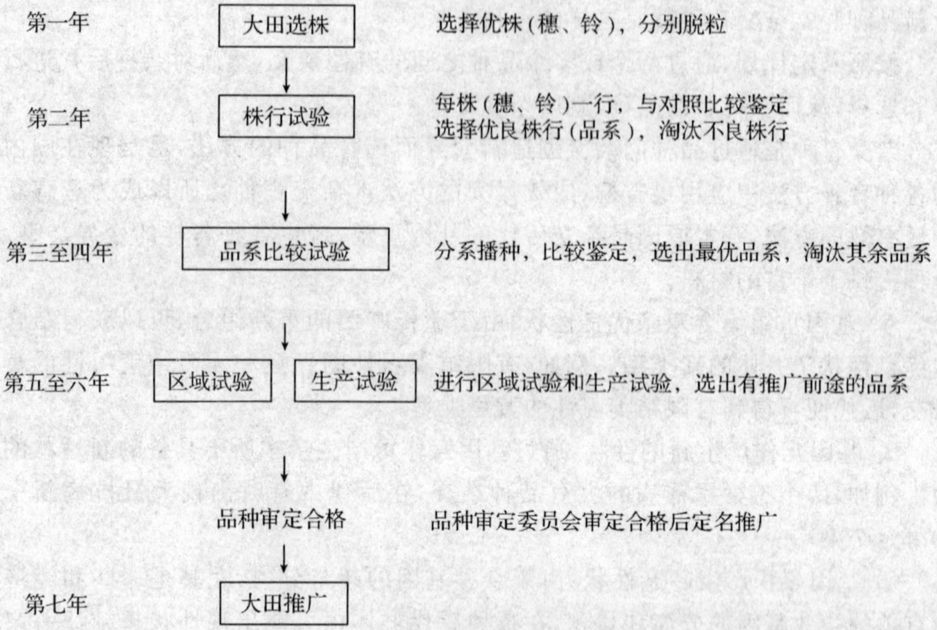

图 4-1　系统育种程序示意图

（引自：西北农学院．作物育种学．农业出版社，1979）

与其他育种方法比较，系统育种工作环节少，过程简单，试验年限短，也不需要复杂设备，适于开展群众性育种。系统育种是自花授粉作物、常异花授粉作物和无性繁殖作物常用的育种方法。据 1979 年的不完全统计，中国 20 世纪 50 年代、60 年代和 70 年代育成的稻、麦、棉等作物新品种中，采用系统育种方法培育的新品种比例：水稻分别为 61.2%、43.4%和 27.6%；小麦分别为 19.6%，20.5%和 9.8%；棉花分别为 74.4%、62.9%和 56.6%。其中系统育种在棉花育种中曾经占重要地位。但系统育种也有一定的局限性，它只是从自然变异中选出优良个体，只能从现有群体中分离出最好的基因型，使现有品种得到改良，而不能有目的地创新，产生新的基因型。所以，随着其他育种途径的发展，系统育种的比重相应下降。但只要有利的自然变异出现，还是应该不失时机地采用这种简易有效的方法，快速地育成新品种。

（三）杂交育种

系统育种是对自然发生的性状变异进行选择，但当自然变异不符合育种目标时，这种育种方法就难以奏效。那么，能不能人为创造所需变异类型，以供选择培育新品种呢？杂交育种就是这样的一种方法。

按照预定计划，通过两个或多个品种之间的有性杂交，然后对杂种后代进行培育和选择，从而获得新的品种，就叫杂交育种。

杂交育种是通过品种间杂交创造新变异而选育品种的方法，也是现在国内外的各种育种方法中应用最普遍、成效最大的方法。杂交育种之所以成为选育新品种最有效的方法，基本原因是杂交后代的基因重组，产生各种各样的变异类型，为育种提供了丰富的材料。

A. 基因重组综合双亲优良性状：由于遗传基因的重新组合，可以获得结合亲本优良性状于一体的新类型。例如，有限结荚习性的青豆和无限结荚习性的黄豆杂交，后代便可得到有限结荚习性的黄豆类型。

B. 基因互作产生新的性状：通过基因互作可产生亲本所不具备的新性状的类型。例如，两个感染霜霉病的大豆品种杂交，在后代中有时出现大量抗病新个体(9 抗：7 染)。

C. 基因累积产生超亲性状：由于杂种基因的超亲分离，尤其是那些和经济性状有关的微效基因的分离和累积，在杂种后代群体中可能出现性状超越任一亲本的类型。例如，在生育期方面，可选出比早熟亲本更早熟的新品种。

杂交育种之所以重要，还在于其他一些育种方法如倍性育种和诱变育种，往往要与杂交育种结合进行，才会收到好的效果。

杂交组合方式，是杂交亲本组合配制的形式。目前应用的有单交、复交和回交3 种。单交就是选择两个具有不同遗传性状的亲本进行一次杂交，是配制杂交组合较简单的一种杂交方式，有正交(甲×乙)和反交(乙×甲)的问题。复交是利用3 个以上的亲本品种配制杂交组合，一般进行杂交 2 次或 3 次，主要针对单交组合中亲本的缺点或是想综合某些其他方面的优点来选择另一品种为亲本，使优缺点相互弥补，并综合更多的优点。复交因采用亲本的数目及杂交方式不同可分为3 交(甲×乙)×丙，双交(甲×乙)×(丙×丁)和 4 交[(甲×乙)×丙]×丁等方式。回交是指两个品种杂交后，子一代再和双亲之一重复杂交。从回交后代中选择单株再与该亲本之一杂交，如此连续进行若干次，一直到达到预期目的为止。回交多用于改进某一推广品种的个别缺点，或转育某个性状。

杂交育种方法可分为品种间杂交和远缘杂交两大类，是系统育种的进一步发展，是育种中用得最广泛、最主要的方法。特点是容易产生所需的性状和个体亲本优点多，缺点少，性状互补，生态类型差异大，配合力好，易选出新的优良品种，但杂交育种方法比较复杂，后代分离，选育新品种的时间也较长。如何提高它的育种效率，加快育种进程，已是一个比较突出的问题。

(四)诱变育种

诱变育种是继系统育种和杂交育种之后发展起来的一项现代育种技术,是使用物理或化学因素,诱发植物产生遗传性变异,并从中进行新品种的选育。物理诱变是使用各种射线(γ射线、X射线、β射线和中子流等)辐射诱变,化学诱变使用一些化学诱变剂处理诱变,常用的为某些烷化剂、核酸碱基类似物和抗生素等化学药物。

诱变育种具有以下3个特点:

A. 可以提高突变率,扩大突变谱:据报道,人工诱变产生变异的频率,比自然界出现的突变要高100～1 000倍。人工诱变的变异范围较大,往往超出一般的变异范围,甚至是自然界尚未出现或很难出现的新基因源。诱变育种主要是通过诱变因素,使植物细胞的精细的信息贮存和补偿系统发生复制转录错误,而这些错误就导致突变。这些突变就成为诱变育种的基础。

B. 有利于改良品种的某一不良性状:如水稻辐育1号、辐早2号较原品种二九矮7号早熟15 d左右;辐包矮1号较原品种包选2号株高降低25 cm等。

C. 诱发的变异较易稳定,可缩短育种年限:例如,山西省农业科学院利用辐射处理小麦品种农大183、北京8号,育成的太辐15号、太辐19号新品种,都在第三代就稳定了;矮秆水稻品种辐莲矮,是经过辐射二代一次选择之后就繁殖推广的。

诱变育种也存在着一些缺点,主要是:①诱发突变的方向和性质尚难掌握;②除了某些性状受一对主基因支配外,一般情况下难以在同一次处理、同一突变体中出现多种性状的理想变异。所以,对诱变育种的理论还有待深入研究。

此外,目前我国运用较新的一种育种方法叫航天育种,又称空间诱变育种,是用卫星或飞船搭载种子上天,在距地球200～400 km的空间环境里,利用太空微重力、高真空、弱磁场和宇宙射线多的特殊环境,对作物种子诱变,使其产生变异,返回地面后经过选育,得到作物新品种。要利用这些太空种子培育出稳定的新品种来,至少要3～4年的时间。航天育种具有地面常规育种难以实现的优势,这种方法突破了地面育种的束缚,探索了一条利用新技术培育作物新品种、提高作物产量的方法,是其他育种方法的有效补充和发展。航天育种方法和其取得的成就已得到专家的充分肯定。与地面的常规育种方法比较,航天育种明显优势与特点是:多因素综合诱变和有益诱变增多、变异幅度大、稳定快、周期短等,因而可以培育出高产、优质、早熟、抗病力强的良种。比如,水稻出现了大穗、大粒、优质、高产的惊人效果,这是用其他方法难以获得的遗传变异。

(五)细胞育种

细胞育种是利用原生质体培养和体细胞杂交技术培育新品种的方法的总称。体细胞杂交又称原生质体融合,是指将不同来源的原生质体(除去细胞壁的细胞)相融合并使之分化再生、形成新物种或新品种的技术。一般先将两种不同植物的体细胞(来自其叶或根)经过纤维素酶、果胶酶消化,除去其细胞壁,得到原生质体;而后通过物理或化学方法诱导其细胞融合形成杂种细胞;继而再以适当的技术进行杂种细胞的分检和培养,促使杂种细胞分裂形成细胞团、愈伤组织,直至形成杂种植株,从而实现基因在远缘物种间的转移。

要引入远缘物种的基因,无论是远缘杂交还是利用多倍体技术都要先实现有性杂交。而亲缘关系较远的物种间杂交往往表现为杂交不亲和或不能受精或是胚胎早期败育。进行体细胞融合就可以避开生殖细胞的受精过程,避免了上述种种麻烦,从而在亲缘更远的物种间实现基因转移,创造出自然界中所没有的新物种。例如,马铃薯和番茄通过细胞融合得到了至今有性杂交未能获得的属间杂种薯番茄和番茄薯,用甘蓝与白菜的细胞融合,使得两个物种的染色体组相加,人工合成了甘蓝型欧洲油菜,重现了自然界的进化过程。

不过,通过融合将双亲的染色体组相加,往往会造成遗传上的不稳定、杂种细胞不易分化成株,或是从野生种带进过多的不良基因。所以,后来工作的重点放在转移少数外源基因上,用这一方法已成功地把二倍体马铃薯野生种对卷叶病毒的抗性基因转给了马铃薯。

体细胞融合还有一个重要的价值,就是创造细胞质杂种。农作物的许多性状由细胞质控制,如细胞质雄性不育、除草剂抗性等,但有性杂交中雄配子所携带的细胞质极少,难以产生细胞质杂种。而在体细胞杂交中双亲的细胞质都有一定的贡献。据试验,融合后的杂种细胞质最终会选择某一亲本的叶绿体,但线粒体可以实现双亲重组。因此,有可能通过细胞融合获得细胞核、叶绿体、线粒体基因组的不同组合,这在育种上无疑有着重大价值。例如,通过融合已获得了具油菜叶绿体和萝卜胞质不育特性的春油菜,这在有性杂交中难以做到,因为叶绿体和胞质不育特性均为母性遗传。

不难看出,体细胞杂交在作物育种和种质创新上有其独到的意义和作用。随着原生质体融合技术的进展,可望有些研究结果能在植物育种中应用。随着新的融合技术(如电融合技术)进一步完善和发展,体细胞杂交对作物改良必将发挥出更大的作用。

(六)分子育种

分子育种是指利用基因工程技术培育新品种的方法。通过对遗传物质直接进行操作,在分子水平上改变植物的遗传性状,它包括把自然的"目的"基因以及化学方法合成的新基因从一个植物体转移到另一个植物体。

将某种植物细胞中的基因提取出来并转移到另一种植物的细胞里去,使其具有新的特性,这种通过基因转移产生新作物品种的方法就是基因工程育种。与传统的育种方法相比,采用转基因技术,不仅加快了作物特殊性状的改良过程,而且能够实现对作物在产量、品质和抗性(包括抗病毒、抗病虫和抗除草剂等)等方面的精确改造。

通过基因分离、扩增、重组以及克隆技术,可以克服远缘杂交的障碍,突破物种之间的界限,促进基因的广泛交流,使利用整个植物界的品质优势,培育新品种的设想成为现实。

传统的育种方法,需要七八年时间才能获得一个新的植物品种,而利用基因方法改性,可缩短到两三年,甚至更短。美国孟山都化学公司在实验室中仅花了30个月时间,就培育出基因改性的彩色新型棉花。迄今,各国科学家已培育出近100种基因改性农作物。全世界的转基因作物种植面积已达到5 000万 hm^2。

然而,由于转基因作物的产生跨越了物种间生殖隔离的天然屏障,从而使遗传信息的转移不再受物种类别的局限。因此,人们担心有控制地把基因从生命树型结构的一支转移到完全不同的另一支上,可能会对人类健康和生态环境带来潜在的风险。转基因作物对生态环境的风险评估主要从以下几方面考虑:转基因作物本身可能变为杂草;转基因作物通过基因流可能使野生近缘种变为杂草;可能产生新的超级病毒或新病毒;作为人工创造的转基因作物,可能成为自然界原来不存在的外来品种,若干年后可能对环境造成破坏;对目标生物有伤害,对生物多样性构成威胁。

由转基因作物引发的种种担忧,从某种意义上说对从事基因工程研究的科研机构和科学家提出了新的挑战。

四、良种的繁育与推广

(一)良种繁育的意义和任务

良种繁育工作是指有计划地、迅速地、大量地繁殖优良品种的优质种子的工作。具体来说，良种繁育的“繁”是指提高良种繁殖系数，是对数量而言；“育”是指种子的培育，就是采用优良的栽培条件和科学的农艺措施，培育优良品种的种性，使之不致混杂退化并有所提高，是对质量而言。

良种繁育是育种工作的继续，是新品种推广工作中不可缺少的重要环节，是连接育种和农业生产的桥梁和纽带，是使科学技术成果转化为生产力的重要措施。没有良种繁育，育成的品种就不可能在生产上大面积推广，其增产作用也就得不到发挥；没有良种繁育，已在生产上推广的优良品种会很快发生混杂退化，造成品种短命，良种不良，失去增产作用。因此，搞好良种繁育是保证作物持续高产的重要手段。

良种繁育的主要任务有两个方面：一是迅速繁殖出正在推广的优良品种和经过审定通过的适合当地推广利用的新品种，有计划地组织品种更新换代；二是采取先进的农业技术措施，保持和提高优良品种的种性，确保种子质量，用经过选优提纯的优质原、良种更新生产用种，实现种子的定期更新。要完成上述任务，就必须建立、健全良种繁育体系，建立一整套良种繁育制度，采用先进的繁育技术和栽培措施。同时，要开展良种繁育学的研究，从理论和实践的结合上探索良种繁育的新技术、新途径，把我国良种繁育工作推向一个新阶段。

(二)良种繁育的基本原则

1.做好防杂保纯工作

防杂保纯是良种繁育的两大任务之一，是对良种繁育工作的最基本要求。在良种繁育全过程中，必须认真把好3道关：

(1)选好种子繁殖田　种子田不能重茬连作，不能施入同种作物未腐熟的秸秆肥，以防上季残留种子出土，造成混杂，并有效地避免或减轻一些土壤病虫害的传播。同一品种要实行连片种植，避免品种间混杂。

(2)把好播种关　种子田播种时，在种子接收和发放过程中，要严防差错。播前种子处理，如晒种、选种、浸种、催芽、药剂拌种等，必须做到专人负责，不同品种分别进行，更换品种要把用具清理干净。若用播种机播种，装种子前和换播品种时，要对播种机的种子箱和排种装置进行彻底清扫。另外，育秧苗和拔秧苗要固定专人负责，以防弄错。繁殖田中隔一定距离留一个人行道，以便进行去杂去劣。移栽补苗时，要选取本品种的壮苗，严禁用其他品种的幼苗补栽。

(3)严把种子收获脱粒关　在种子收获和脱粒过程中，最容易发生机械混杂，要特别注意防杂保纯。种子田要单收、单运、单打、单晒，一个品种一个世代要专场收打。若用脱粒机脱粒，脱完一个品种一个世代，要彻底清理后再脱粒另一个品种。整个收打过程要有专人负责，严防混杂。

2.合理轮作倒茬

对于良种繁育基地，其前茬就应注意是否有利于繁育作物的生长、发育和有没有造成品种混杂的因素。轮作倒茬时应注意是否有利于调节作物对养分的利用，避免或减轻一些土壤病害的传播等。有些作物特别忌讳重茬，如红薯、花生等，更应注意轮作倒茬。

3.采用科学的栽培技术

在良种生长发育过程中，从整地、播种到收获前的一系列田间栽培管理工作都要精细，既要科学种，又要科学管。尤其要注意去杂、中耕、除草、排灌、配方施肥和及时防治病虫害等，以保证作物安全生长和正常发育。

4.提高繁育系数

提高繁育系数是繁育良种的重要内容，一般有3种方法：

(1)稀播繁殖　对一些禾谷类作物可采用宽行稀条播和单粒点播的方法。

(2)分蘖移栽　先采用单粒适期早播，育苗，促使分蘖早、多、齐、壮。起苗后随即用快刀将小苗按分蘖切开，凡带有一个永久根的分蘖都可以栽植。活棵后应及早追肥、浇水，加强管理。马铃薯、甘薯等无性繁殖作物可用芽栽、切块、分丛、插播或多次分枝倒栽。

(3)增代繁殖　是用一年繁殖2次或3次的方法来增加世代，以提高种子繁殖系数。如玉米、高粱等在冬季可到海南岛、广东、广西一些地区繁殖，北方小麦收获后可在高山繁殖或做春化处理、温室栽培等。

5.注意种子贮藏

种子公司及中心种子站等种子繁育、生产、经营单位都要建立专用的种子仓库。种子仓库要专人负责、专库专用，切忌放置粮食、饲料、农机具、化肥等物品。种子入库前，要对种子库进行一次彻底清扫。

(三)良种繁育的一般程序

1.种子基地的选择和管理

(1)种子基地的选择　选择好种子繁育基地，是良种繁育工作的基础。因此，在选择基地时必须注意以下几个方面：要选择领导班子强、群众热心繁育种子的村子作为特约种子基地；有一定的种子生产技术；地势平坦，土质较好，土壤肥沃，排灌方便，旱涝保收；耕作管理方便，不宜受家畜、家禽和雀鸟危害；有一定的隔离条件；集中连片，交通便利。

(2)种子基地的规模　种子基地的规模，可根据良种推广计划和种子公司对种子的收购量和基地自留量来确定。确定种子基地面积的公式是：

播种面积=(收购量+自留量)/平均单产

为了保证大田用种，在计划种子基地面积时，要注意留有余地，宁多勿少。也可建一部分计划外基地，与基地订好合同，销者为种，存者为粮，与基地互惠互利，共担风险，联合经营。

(3)种子基地的形式　种子基地的形式一般可分为一级基地和二级基地。一级基地承担新品种比较试验和选优提纯、生产原种的任务，通常由国营原、良种场和种子公司在农村建立的一级基地构成，所生产的原种供二级基地繁殖或直接用于大田生产。二级基地主要是指种子公司在农村安排的良种生产特约基地或备用基地，其任务是生产良种供应大田，或生产备荒救灾种子，一般实行"卖为种、存为粮"的联合经营形式。

(4)种子基地的管理　种子基地确定之后，一定要加强领导，健全组织；实行合同管理，明确双方职责。种子部门对基地要做到"五统四分"，即统一规划、统一种源、统一技术操作规程、统一质量标准、统一价格；分户管理、分户检验、分户交种、分户结算。

如河南省滑县种子公司为了确保种子质量，总结历年经验教训，提出"用经济杠杆控制种子质量"。方法是：对农户交售的种子，公司和农户双方共同扦封样品，公司将每户的样品在田间或温室(玉米)进行种植鉴定。收购时先付给农户粮价款，质量鉴定合格后再付清种子加价款(包括利息)，使每个农户都能自觉地按良繁操作规程办事，种子质量得到根本的保证。

2. 种子类别及其繁育的一般程序

在良种繁育过程中生产的种子，由于种子质量、繁育的方法和繁育的单位不同，可分为育种家种子、原原种、原种和良种 4 种类型。

(1)育种家种子　是指育种家育成的遗传性稳定的品种和亲本的最初一批种子，由育种者提供用来繁殖原原种。其性状代表该品种(亲本)的标准性状，其品种纯度也应该是最高的。

(2)原原种　包含两方面的含义：一是育种单位生产出来的具有原品种典型性、纯度达 100%的种子；二是用来生产原种的株(穗)系或株(穗)行的混合种子，俗称"株系种子"和"株行种子"。

原原种的生产方法，应由育种单位根据所选育品种的特点自行决定，其质量标准只能由育种单位提出，因为他们对自己选育的品种特征特性最为了解。目前，育种单位生产原原种采用的方法一般是：第一年，育种单位从自己保存的具有原品种典型性、高纯度的繁殖田中选择一定数量的单株(穗),分别脱粒,晒干保存;第二年,选择地力均匀、肥沃、不重茬的地块作为原原种生产田,根据不同作物适当采取隔离措施。每个单株(穗)种一行或几行,适当稀播或点播,使个体充分发育,遗传性状充分表现。在生育期间,逐行逐株进行观察,发现异株立即拔除,把品种性状表现不典型的株行全部淘汰,剩余的典型优良株行混收即为原原种。也可用育种家的种子直接稀播繁殖,只要品种的遗传性稳定,只需剔除个别杂株,即可保证种子质量。

如果是从外地引进的新品种,最好由育种者提供种源,并进行技术指导,或让熟悉该品种的人亲自参加,以保证原原种的质量。

为了保证原原种的质量和减少工作量,可采用隔年生产和贮备的办法,一次生产够 3～4 年用的原原种,一部分用来当年繁殖,其余采用低温低湿库密封保存等方法进行贮备,以后每年取出一部分做扩大繁殖原种用,隔 3～4 年再生产一次原原种。或在新品种推广之初,贮备起一批种子,以后逐年取出一定量用以扩大繁殖。这样可以减少品种世代,延缓品种老化,大大减少品种混杂机会。

(3)原种　指由原原种繁殖的、质量达到国家规定的原种标准的种子,其途径一是由育种家提供的原原种直接繁殖;二是按原种生产技术操作规程生产原种。

利用原原种生产原种:由于育种单位提供原原种数量有限,为了迅速扩大繁殖,原种生产单位可选择地力均匀、肥沃、旱涝保收、不重茬的地块进行原种生产。实行精量点播或单本栽植,适当加大行株距。一般小麦的行株距可按 30 cm×10 cm,水稻 30 cm×30 cm,大豆 60 cm×(10～15) cm,棉花 70 cm×30 cm 等。生育期间必须切实加强田间管理,及时防治病虫害,并在苗期、花期和成熟期认真做好去杂工作。同时还应严防收、打、运、藏过程中的机械混杂,确保原种质量。

"三圃制"或"两圃制"生产原种:由于育种者提供的原原种数量较少,用来繁育原种的数量远不能满足生产的需要。目前,各级原种场及原种特约生产基地主要是采用三圃制或两圃制生产原种。"三圃制"是我国 20 世纪 50 年代以来自花授粉作物和常异花授粉作物"提纯复壮"生产原种的主要方法。基本程序是:"单株(穗)选择、分系鉴定,混系繁殖"。

(4)良种　是指利用原种繁殖出来的,或用其他方法生产出来的符合国家规定质量标准的供生产上使用的种子。良种有不同等级之分,用原种繁殖出来的种子称为原种一代,用原种一代繁殖出来的种子为原种二代,依此类推。在生产上利用的一般为原种一至二代种子,这些种子统称为良种。良种繁殖田应选择土地肥沃均匀、旱涝保收、不受遮荫和畜禽危害的地块,在整个生育期间要加强田间管理,合理施肥,及时中耕除草和防治病虫害,并在苗期、花期、成熟期根据本品种的典型性拔除杂株、劣株，保证种子质量达到国家规定的良种标准。

(四)良种繁育推广体系

所谓良种繁育推广体系，就是根据农作物特点和社会化服务的要求，对良种繁育推广的各个环节(包括试验审定、繁殖生产、加工精选、经营推广和质量监督等)，按层次合理分工，组成协调的种子生产供应社会化服务体系。健全良种繁育推广体系应该从以下几个方面着手：

1. 完善良种生产经营管理体系

长期以来，不少地方在良种选用、生产和经营上缺少统一的规划和管理，种子市场混乱，农作物品种的多乱杂现象相当严重，必须迅速改变这种状况。推广应用品质优良的农作物品种，在政策上要给予鼓励和支持，逐步做到优良农作物品种的种子及农产品在收购和销售上优质优价。

2. 增加良种繁育推广体系建设的投入

良种繁育推广体系建设的重点，是加强良种生产性建设，建立稳定的良种繁育基地。要多渠道筹集资金，增加对这项建设的投入。

3. 建立和完善良种繁育推广的若干制度

(1)种子质量检验制度　按《农作物种子检验管理办法》规定，各级种子管理部门要设立种子检验机构，加强种子质量检验；各级种子生产、经营单位要建立检验室，负责本单位的种子质量检验。

(2)良种贮备制度　由于自然灾害频繁，良种生产丰歉不一，特别是“三杂”种子生产受自然条件和市场影响较大，所以必须建立良种贮备制度。各省、地(市)、县要根据实际情况适当贮备，其设备、资金及利息按照分级负担的原则统筹解决。

(3)老品种淘汰制度　对于产量、品质及抗性等经济性状已不适应农业生产发展需要的农作物品种，经农作物品种审定委员会审定，由种子主管部门下文强行终止使用。

(4)新品种接班制度　对种植面积较大的几种主要农作物，科研、生产、教学部门要通力合作，不断地选育出适合生产需要的品种。种子部门要及时安排生产试验，组织审定、推荐和提供更新换代品种。

(5)种子市场管理制度　各级种子主管部门要严格执行《中华人民共和国种子管理条例》，对种子生产和经营要根据“三证一照”(种子生产许可证、种子经营许可证、种子质量合格证、营业执照)制度实行管理；要配合工商、物价等部门定期检查种子市场，坚决取缔无证、无照和非法经营活动，严肃查处坑农害农案件，切实保护农民利益。

种子部门要严格内部管理，在坚持社会效益和经济效益并重的前提下，把社会效益放在首位，强化种子质量管理，努力提高服务水平。

4. 加强良种化建设的领导和协调工作

为了进一步搞好良种繁育推广工作及体系建设，各级政府要把良种化建设和良种繁育推广工作当做基础产业来抓，认真落实有关优惠政策，并尽可能增加一些资金和物资的投入。计划、财政、金融、物资、农业、水利、工商、科研等有关部门要通力配合，尽力支持。

总之，各级相关部门要以市场为导向，带动良种推广；以效益为中心，引导良种推广；以基地为重点，促进良种推广；以科技为依托，加快良种推广；以技术为后盾，支持良种推广；以法规为准绳，保障良种推广。

五、种子质量与种子生产标准化

（一）种子质量的概念

种子质量通常包括品种质量和播种质量两个方面。品种质量是指与遗传特性有关的品质，可用真、纯表示。播种质量是指种子播种后与田间出苗有关的质量，可用净、壮、饱、健、干、强表示。种子质量的好坏一般用纯度、净度、发芽率、发芽势、生活力、含水率等指标衡量。

1. 真

是指种子真实可靠的程度，可用真实性表示。如果种子失去真实性，不是原来所需要的优良品种，其危害小则不能获得丰收，大则会延误农时，甚至颗粒无收。

2. 纯

是指品种典型、一致的程度，可用品种纯度表示。品种纯度高的种子因具有该品种的优良特性而可获得丰收；相反品种纯度低的种子由于其混杂退化而明显减产。

3. 净

是指种子清洁、干净的程度，可用净度表示。种子净度高，表明种子中杂质含量少，可利用的种子数量多。净度是计算种子用价的指标之一。

4. 壮

是指种子发芽、出苗齐壮的程度，可用发芽力、生活力表示。发芽力、生活力高的种子发芽、出苗整齐，幼苗健壮，同时可以适当减少单位面积的播种量。发芽率也是种子用价的指标之一。

5. 饱

是指种子充实、饱满的程度，可用千粒重表示。种子充实、饱满表明种子中贮藏物质丰富，有利于种子发芽和幼苗的生长。种子千粒重也是种子活力指标之一。

6. 健

是指种子健全、完善的程度，通常用病虫感染率表示。种子病虫害直接影响种子发芽率和田间出苗率，并影响作物的生长发育和产量。

7. 干

是指种子干燥、耐藏的程度，可用种子水分百分率表示。种子水分低，有利于种子安全贮藏和保持种子的发芽力和活力。因此，种子水分与种子播种质量密切相关。

8. 强

是指种子强健、抗逆性强、增产潜力大，通常用种子活力表示。活力强的种子，出苗迅速、整齐、成苗率高、增产潜力大，产品质量优，经济效益高。

(二)种子质量分级标准

1996年修订和颁布的GB 4404农作物种子质量标准，以纯度、净度、发芽率和水分4项指标进行分级、定级，其中以品种纯度指标作为划分种子质量级别的依据。种子级别原则上常规种不分级，杂交种分一、二级。纯度达不到原种指标的降为一级良种；达不到一级良种指标的，降为二级良种；达不到二级良种指标的，则为不合格种子。种子的净度、发芽率和水分，其中有一项达不到指标的，则为不合格种子。表4-1为粮食作物种子质量标准。

表4-1 主要粮食作物种子质量分级标准 %

作物	级别	纯度 不低于	净度 不低于	发芽率 不低于	水分 不高于
水稻					
常规种	原种	99.9	98	85	13.0(籼)
	良种	98.0			14.5(粳)
不育系	原种	99.9			
保持系 恢复系	良种	99.0	98	80	13.0
杂交种	一级	98.0	98	80	13.0
	二级	96.0			
小麦	原种	99.9	98	85	13.0
	良种	99.0			

续表 4-1

作物	级别	纯度 不低于	净度 不低于	发芽率 不低于	水分 不高于
玉米					
常规种	原种	99.9	98	85	13.0
	良种	97.0			
自交系	原种	99.9	98.0	85	13.0
	良种	99.0			
单交种	一级	98.0	98.0	85	13.0
	二级	96.0			
双交种、三交种	一级	97.0	98.0	85	13.0
	二级	95.0			
高粱					
常规种	原种	99.9	98.0	75	13.0
	良种	98.0			
不育系 保持系 恢复系	原种	99.9	98.0	75	13.0
	良种	99.0			
杂交种	一级	98.0	98.0	80	13.0
	二级	95.0			
黍子、粟、糜子					
	原种	99.8	98.0	85	13.0
	良种	98.0			

引自颜启传主编．种子检验原理和技术．浙江大学出版社，2001。

(三)种子生产标准化

种子生产标准化包括种子质量与检验标准化，种子生产技术操作规程标准化，种子包装、运输、贮存标准化等内容和环节。

世界上高度发达和具有跨国竞争能力的种子产业主要集中在美国、荷兰、德国、法国、日本、英国、丹麦、瑞士和瑞典等国家。发达国家的种子生产基本上是由大型种子公司和经过审定的种子生产专业性农场主共同承担。例如，美国在种子生产过程中，种子公司与农场主之间必须建立规范的合同，并遵循以下程序：一是种子公司与农场主之间必须签订种子生产合同，将合作过程中双方的责任、权利、义务等以合同形式加以规范和约束；二是种子生产过程中的关键技术环节由种子公司负责，如种子公司负责提供亲本材料或基础种子、技术人员等，并负责田间管理安排和技术操作指导；三是农场主负责提供种子生产用地、劳动力和其他生产条件，并根据种子公司技术人员的安排和指导，进行操作和管理；四是种子收获后，农场主将种子直接交给种子公司，由种子公司完成精选、加工、包装等后续生产环节。

为确保种子质量，种子公司在生产中应注意以下环节：一是在种子生长的关键季节认真清除杂草；二是由质量认证官员到田间进行检查；三是在收获季节，农场主必须一律使用专用的种子收获、运输和贮藏机械；四是及时完成风干、精选、拌种、包装和标注标签等工作；五是留好样品，以便供官方或由官方授权的种子检验部门抽检。

此外，为控制种子质量，维持公司的竞争力，绝大多数种子公司都围绕种子纯度、种子净度和种子发芽率等质量指标，建立了严格的商品种子生产标准和商品种子上市标准。例如，先锋国际良种公司就规定其商品种子的标准纯度不能低于90%；泽蒙玉米研究所也规定其一级种子标准纯度为99%，发芽率必须大于93%。

《中华人民共和国种子法》已经颁布，并于2000年12月1日起生效，与此同时，中国正在按照《种子法》确定的原则和框架，改革现行的种子管理体制。在种子管理体制改革、种子产业重组、种子市场培育过程中，中国需要借鉴经济发达国家在该领域的研究成果和做法。

思考题

1. 优良品种在农业生产上的作用有哪些，如何使用品种？
2. 引种的意义，引种的一般规律与注意事项各是什么？
3. 常见新品种选育方法及其特点有哪些？
4. 良种繁育的任务和作用是什么？
5. 什么是种子质量，衡量的标准有哪些？

第五章　作物的种植制度与种植业结构调整

一个国家或地区所有栽培植物的生产即种植业，是一个有机整体，由单个作物的生产或几大类型作物的生产组成。种植业生产具有独特的区域特征、时间特征、技术特征和功能效益特征。全面组织作物生产或种植业生产的技术体系就是种植制度。

一、种植制度

(一)种植制度及其意义

土地是作物生产最基本的资源。人们进行作物生产，对土地采取的措施可归纳为两个方面：一是合理利用土地安排作物的种植技术体系，即种植制度；二是对土地进行科学地维护和培养，即养地制度。两者的有机结合即耕作制度(farming system)。耕作制度也称农作制度，是指一个地区或生产单位的农作物种植制度以及与之相适应的养地制度的综合技术体系。

种植制度(cropping system)：是一个地区或生产单位的作物组成、配置、熟制和种植方式的总称。它包括确定种什么作物，各种多少，种在哪里，即作物布局问题；一年内在耕地上种一茬还是种几茬，还是哪一个生长季节或全年不种，即复种休闲问题；种植作物时，采用什么样的种植方式，即单作、间作、混作、套作或移栽、轮作和连作问题。

养地制度：也称土壤管理制度(system of soil management)，是与种植制度相适应的、以提高土地生产力为中心的一系列技术措施，包括农田基本建设、土壤培肥与施肥、水分供求平衡、土壤耕作以及农田保护等。

种植制度是耕作制度的核心，它决定了养地制度的类型，对耕作制度的功能和作用具有决定性影响。

种植制度是全面组织种植业生产的制度，是以提高土地利用率、增加农民收入、促进农业全面持续发展为目标的农作物生产整体布局及其相适应的技术体系，合理的种植制度能实现种植业生产的全面高产高效、持续高产高效、整体与局部的协调发展。它对农业的综合发展战略、区域开发、资源利用与保护等方面均具有重要意义。种植制度的功能具体表现在两个方面：

(1)技术功能　与研究某一作物的具体栽培技术不同，种植制度是侧重于全面持续增产、稳产高效的技术体系与环节。它涉及作物与气候、作物与土壤、作物与作物、作物生产与资源投入等方面的组合技术，包括作物的因地制宜合理布局技术、复种技术、间套作立体种植技术、轮作连作技术等等。种植制度的确定往往带有较强的综合性、地区性、多目标性，因而它在生产上所起的作用更大。

(2)宏观布局功能　即对一个地区或单位土地资源利用与种植业生产进行全面安排，具有战略性功能。根据当地自然和社会经济条件，做出土地利用布局、种植结构与配置规划、种植方式布局、农田管理对策以及种植制度分区布局的优化方案。宏观布局有重要的意义：①有利于妥善处理各种矛盾，避免盲目性。农业上存在种种矛盾如粮棉油的关系，灌溉与旱作关系，农林关系，农牧关系，供求关系，高中低产田的关系，一熟与两熟、三熟间的关系，资源利用与保护的关系等，处理不当，就会相互影响，轻则减产减收，重则影响农业与国民经济发展全局。②有利于协调利用各种资源和投入，包括自然资源以及劳力、资金、固定资产和物资、资金、科技等方面的投入，处理得当则协调发展，处理不当有的造成浪费，有的则成为增产增收的限制因素。③有利于统筹安排国家与地方、政府与农民、城镇与乡村、农村经济结构之间的关系，促进农业与国民经济协调发展。

种植制度的内容和功能如图 5-1 所示。

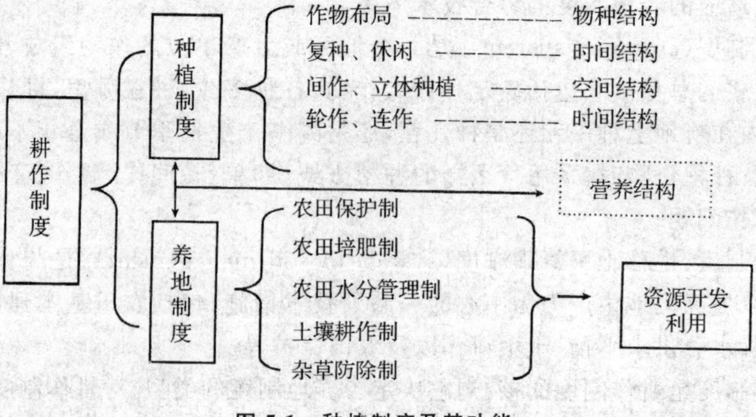

图 5-1　种植制度及其功能

(二)种植制度类型

种植制度是在一定的自然资源、社会经济条件和作物科学技术条件下形成的。

不同的资源条件、不同的社会发展阶段和不同的科技水平，具有不同的种植制度。

1. 按集约度划分

游耕制或撂荒制：人少地多，刀耕火种，几乎无投入的自然农业。土地利用率低于50%，生产效益低，1 hm^2 耕地只养活0.2个人。目前仍盛行于非洲、东南亚等地，我国边远山区有少部分地区存在。

休闲耕作制：土地种植1～3年，休闲1～2年。土地利用率20%～50%，人工投入少。西欧中世纪盛行。目前美国中西部、俄罗斯干旱地区、加拿大、澳大利亚仍广泛应用。我国的西北部部分地区应用。

常年种植制：土地连年种植，利用率100%。作物实行轮作或连作，有较多的人工投入。目前广泛应用于世界各地。

集约种植制：广泛运用多熟制，土地利用率100%～300%。人工投入多，科技水平高，单产高，作物生产的商品特色明显。主要应用于西欧、美国、中国东部、日本等。

2. 按种植业方向划分

主粮型：种植业生产以粮食为主。主要分布在粮食生产压力大，自给自足的地区，或土壤适合粮食作物、具有粮食生产比较优势的地区。

粮经型：除粮食外，经济作物较多，种植业结构为典型的粮经结构。

农牧型：以作物主产品及其副产品为饲料来源的畜牧业比重较大，生产畜牧业所需的饲料是作物生产的重要目的之一。主要分布在社会经济比较发达，人均占有粮食较多的地区(年人均占有粮食400 kg以上)。

菜农型：作物生产中蔬菜占有较大比重。适合城市郊区或具有蔬菜生产优势的特殊地区。粮食靠市场供应。人工投入高，作物生产商品率高，经济效益好。

果农型：以种植果树为主。适合丘陵山区。需要一定的运输贮藏加工条件，商品率高。

混合型：兼有上述类型的特点。

3. 按水旱划分

水田型：以种植水稻为主，主要分布在年降雨量1 000 mm以上或有灌溉条件的地区。

水地型：适合干旱到湿润地区。投入高，产出多，效益好，农业现代化程度高。

雨养型：无人工灌溉，靠降雨种植作物。投入少，生产不稳定，农业现代化程度低。

4. 按熟制划分

一年一熟制：在一块耕地上一年内只种植或收获一种作物，便于管理，或粗放耕作,或集约种植。是当前世界的主要种植制度。

一年多熟制:一年内在同一块耕地上种植或收获两种或两种以上作物,种植集约化。主要分布在人少地多、资源适合发展多熟的地区。

5. 按对环境的调控程度划分

露天种植:完全在自然环境即露天条件下安排作物生产,作物生产的季节性鲜明,是目前主要的种植制度类型。

设施种植:在人为创造的环境,或与自然条件下相比环境有较大改变的条件下进行的作物生产。种植的作物种类、种植方式主要根据人类需要和作物特点进行选择。主要用在经济价值较高的作物生产上。

简易设施种植或半设施种植:介于露天种植和设施种植之间的种植制度类型。

(三)中国种植制度的特点

1. 作物组成是以粮食作物为主的粮经结构,饲料和其他作物比重小

在农作物(不包括果树、花卉)总播种面积中,粮食作物占73%~87.9%,经济作物占6.3%~22.1%,其他作物占比重较小(表5-1)。

表5-1 1952—1998年种植业结构变化情况表 %

作物种类	年份					
	1952年	1965年	1978年	1980年	1990年	1998年
粮食作物	87.8	83.5	80.4	80.1	76.5	73.0
经济作物	8.8	8.5	9.6	10.9	14.4	13.7
其他作物	3.4	8.0	10.0	9.0	9.1	13.3

2. 土地利用率高

土地垦殖率高,宜农荒地少,耕地复种指数高。全国耕地复种指数由新中国成立初的130.9%,提高到目前的160%,仅次于埃及、韩国,是世界上复种面积最大的国家。我国约有50%以上的耕地实行复种,实行复种的耕地面积470万hm^2,其播种面积(930万hm^2)占全国播种面积的2/3,一年多熟土地上生产的粮食约占全国的3/4。我国以占世界7%的耕地养活了占世界22%的人口,多熟制起到了关键作用。

3. 多样化

各地自然资源和社会资源极其复杂,差异大,种植制度千差万别,多种多样。

4. 重视对土地的保养

我国农业历史悠久,历来珍惜土地,重视对土地的保护、管理和投入,尤其是重视有机肥的投入,这是我国耕地“地力常新壮”的主要原因。

二、作物布局

(一)作物布局的含义和重要性

1. 含义

作物布局(crop composition and distribution),指一个地区或生产单位栽培作物的种类、面积和配置的总称,即种植结构和配置问题。种植结构包括作物种类、品种、面积、比例等。配置是指作物在农田上的分布。布局所要解决的问题是种什么作物、种多少和种在哪里的问题。

国家、省、地(市)的作物布局是大范围的区域性布局,即地区布局或地理布局,这种布局的范围大、时间长、战略性突出。作物布局应尽可能使作物与环境相统一,以充分发挥区域经济优势。

生产单位较小的作物布局,范围小、时间短、作物具体,属单位型作物布局或微观作物布局,这种布局直接影响生产单位的切身利益,应尽可能把需求与作物种植面积统一起来,以便更好地完成生产任务。

2. 作物布局在农业生产中的意义

作物布局是一个地区或生产单位的种植计划或规划,是一项综合性强、涉及面广、对农业生产全局影响大的生产技术设计,因而在农业生产上占据十分重要的地位。

作物布局是农业生产布局的中心环节。农业生产布局是指农、林、牧、副、渔各部门生产的结构和地域上的分布,作物布局是农业生产布局的中心环节。我国种植业在农业生产中占有较大比例,因此作物布局关系到增产增收、资源合理利用、农村建设、农林牧结合、多种经营、环境保护等农业发展的战略部署。但是,作物布局必须在整体的农业生产布局的指导下进行。

作物布局是农业区划的主要依据和组成。综合农业区划必须以各种单项区划和专业区划为基础,农作物种植区划则是各种单项区划与专业区划的主体,而它又是以作物布局为前提。作物布局还是制定农业发展规划、土地利用规划、农业基本建设规划等各种农业规划的依据。

作物布局是种植业较佳方案的体现。一个合理的作物布局方案应该综合气候、土壤等自然环境因素,以及各种社会因素,统筹兼顾,以满足个人和社会的需要,充分合理利用土地与其他自然与社会资源,以最少的投入,获得最大的经济、社会与生态效益。

(二)制定作物布局的原则

在确定一个生产单位的作物布局时,首先,要考虑当地适宜种什么作物?需求量多大?能否引导市场?其次,考虑种多大面积?最后确定种在什么地方?具体来说,就是要遵循以下3个原则。

1. 作物生态适应性是基础

作物生育所需要的光、热、水、土、气等因素,简称生态条件。作物生态适应性是指作物生物学特性及其对生态条件的要求与某地实际环境条件适应的程度,简单地说就是作物与外界环境相适应的程度。适应性好,说明能种植某作物或可能获得比较理想的产量和效益;相反,适应性较差的作物,种植的可能性小或勉强种植而产量低、效果差。生态适应性是植物系统发育的结果,是一种遗传特性。作物的生态适应性应当是该作物对诸多生态因素适应状况的综合体现。不同作物的生态适应性存在差异,这是自然规律。这条自然法则对作物布局的影响表现在以下两个方面:一是生态适应性较广的作物分布较广,种植的面积可能较大;生态适应性较差的作物分布范围较窄。如小麦生态适应性较广,在世界上的分布较广,种植面积较大,茶的生态适应性窄,只能在湿度大、温度较好的地区种植。二是生态条件好的地区适宜种植的作物种类多,作物布局的调整余地大;生态条件差的地区种植的作物种类少,作物布局的调整余地小。如气候温暖、水资源充足、土壤肥沃的地区,粮、棉、油、果、菜都可种植,作物布局的选择途径较多;而盐碱地区、干旱无水浇条件的地区、土壤瘠薄的丘陵地区的作物种类少,作物布局的调整程度则受较大限制。

2. 社会需求是导向

农业生产的目的是为了生产社会需要的产品,作物布局也要服从和服务于这一根本目的,盲目安排作物种类、面积和配置,只能事倍功半。社会需要包括两个方面的内容:一是自给性生产需要,即直接用于生产者吃、穿、用、烧等各种作物产品的生产需求;二是商品生产需要,即服务于国家和市场对作物产品需求。社会需求状况及其发展变化,制约作物布局的类型和发展方向。我国农业正在由传统农业向现代化农业转变,商品性需求越来越大,这种变化对布局的影响越来越明显,市场对布局的制约和导向作用也越突出。在一些沿海经济特区和开放地区,正按照“贸、工、农”的模式进行经济开发,作物布局也应服从于这个全局,要把工业原料作物、水果、名特优产品、花卉等放到重要的位置。被国家列为粮、棉、麻、烟等生产基地的地区,这些作物在布局中应占有一定的比重,以满足国家大局的需要。

调整作物布局,必须跟着市场需求走,坚持以潜在市场为导向的原则。只考虑自己“有什么”，远未把握住市场经济的脉搏。唯有响应并适应市场的呼唤，破解“需什么”的问题，才能理解和认识市场的供求关系。调整作物布局，必须以市场为导向，适应市场需求，选择有市场前景、有销路、有效益的农作物产品去发展，才能获得成功。要以市场为导向，必须全面了解市场。全面了解市场，不只是了解本地目前市场上什么产品畅销价高，什么产品滞销价低，而是对未来市场发展的全面了解，即对本地、省内、国内、国际市场和目前市场、未来市场的了解。同时，还要特别注意对潜在市场即还未开发出来的市场进行了解研究，根据预测未来市场的发展需求空间而选择作物布局调整方向。所以，以市场为导向不只是顺应市场，而且要通过人的主观努力去把握市场，拓展市场，挖掘潜在市场，预见未来市场，把握近期市场和瞄准长远市场。

3.社会经济和科学技术是重要条件

社会经济和科学技术可以改善作物生产条件，为作物生长发育创造良好的环境。生产条件包括水利、肥料、土地状况、劳力、机械化、农田基本设施等。人们通过合理投入可以改善生产条件如修筑梯田、发展灌溉、增施肥料、建造温室、塑料大棚、地膜覆盖等，这些改善作物生产条件的措施，都可以直接影响作物布局。如黄淮海地区盐碱地上种小麦、棉花，死苗严重，但改造盐碱后，却是麦、棉丰收的沃土；新中国成立初期，高粱、谷子面积较大，目前两作物面积较小，玉米面积较大，也主要是水肥条件改善的结果；人们能在寒冷的严冬吃到鲜嫩的蔬菜、瓜果，也应当归功于科学技术的发展和生产条件的改善；麦、棉两熟配套技术的完善和配套品种的育成，使得黄淮海地区麦、棉双发展。凡此种种，均表明社会经济和科学技术可进一步解决能不能种的问题。另外，社会经济和科学技术为作物的全面高产和持续增产提供了保证，解决能否种好的问题。在作物能生长的地方，某一作物的面积规模在很大程度上受产量、品质和效益的影响。紧凑型高产玉米品种的培育成功和配套高产栽培技术的推广应用，大幅度提高了单位面积的产量和经济效益，使山东省玉米播种面积稳定在 2.4×10^6 hm^2 左右，而大豆则由于产量低，种植面积减少。地膜覆盖、日光温室等保护性栽培技术的成功应用，使反季节蔬菜、果品的面积增加。

作物生态适应性、社会需求、社会经济和科技因素对作物布局的影响各具特色，同时彼此之间又相互联系、相互影响（图 5-2）。如在自然状态下不能种植某作物的地区和季节，通过社会经济和科学技术的投入，可进一步解决能不能种的问题。随着社会发展、经济条件改善、农业投资增加、科学技术进步，社会经济和科学技术对作物自然生态适应性的影响越加深刻。社会对某种产品需求迫切性的增加，也会促进社会经济向该方面增加人力、物力、财力和科技的投入，从而促进该种农作物面积扩大、产品数量增多和质量改善。

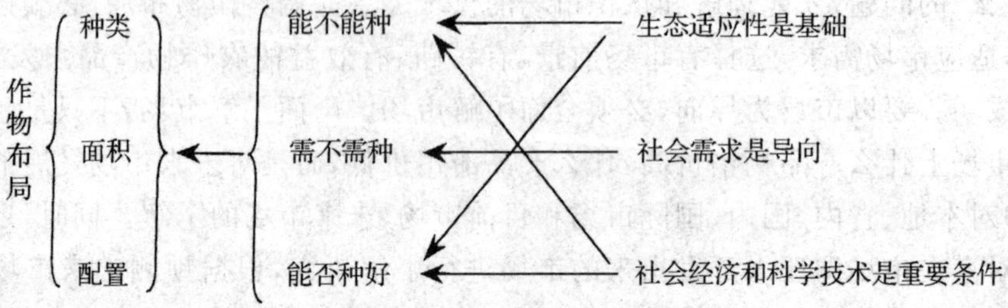

图 5-2 作物布局及其影响因素

(三)制定作物布局的方法与步骤

1. 明确对产品的需要

包括自给性需要与商品性需要两大部分。要了解市场价格、对外贸易、交通、加工、贮藏以及农村政策等方面的内容。

2. 调查环境条件

包括自然条件和社会经济及科学技术条件,主要有:

热量条件:包括大于或等于 0℃积温、大于或等于 10℃积温、年平均温度、最冷月平均温度、最热月平均温度、冬季最低温度、无霜期;

水分条件:包括年降水量与变率、各月降水量、干燥度、空气相对湿度、地表径流量、地下水贮量、地下水位深度、水源、水质;

光照条件:包括全年与各月辐射量,年日照时数;

地貌:包括海拔高度、大地形(山、丘陵、河谷、盆地、平面、高原)、小地形(平地、洼地、岗坡地)、坡度、坡向;

土地条件:包括总面积、土地利用状况(农田、林地、草地、荒地等)、耕地面积、水田、水浇地与旱地面积、人地比;

土壤条件:包括土壤类型、土层厚度、平坦度、质地、土壤 pH 值、盐分含量、土壤有机质含量、氮磷钾养分含量、土壤水分状况、土地整理与水土流失状况;

肥料条件:包括肥料种类、数量、施肥水平、养分平衡;

能源条件:包括燃油、电、煤、生物能源;

机械:包括拖拉机、排灌机具等;

植被:包括乔木、灌木、草;

作物种类:包括面积、产量、生产力、品种、栽培技术;

还要了解现有种植制度，人口劳力；畜牧业种类、数量；灾害：如旱、涝、霜冻、高温、病、虫等；

产值收入：每人每年纯收入，农林牧副渔各业产值与收入，粮食与多种经营收入；

市场：国家收购，自由市场，外贸市场，地理位置，交通；

价格：各种农产品收购价格与市场价格，各种生产资料价格；

政策：包括收购政策，奖励政策，商品流通政策，外贸政策等；

还应了解作物分布区域的科学水平、劳动者素质、文化水平等。

3. 作物生态适应性的确定

研究作物生态适应性的方法有作物生物学特性与环境因素的平行分析法，地理播种法，地区间产量与产量变异系数比较法，产量、生长发育与生态因子的相关分析，生产力分析法，以产品质量为主的主因素分析等。通过研究，区分出各种作物生态适应性的程度。

4. 作物种植适宜区的划分

在确定作物生态适应性的基础上，可以划分作物的生态区，从光、热、水、土等自然生态角度区分作物的生态最适宜区、适宜区、次适宜区与不适宜区。作物的生态区划是作物布局的内容之一，它提供了自然规律方面的可能范围。另一方面，为了生产应用的目的，单纯从自然角度划分或选择适生地是不够的，必须在社会经济和科学技术条件相结合的基础上，进一步确定作物的生态经济区划或适宜种植地区的选择。这就要在光热水土的基础上考虑水利、肥料、劳力、交通、工业等条件。

种植适宜区一般可划分为4级：①最适宜区。光热水土以及水利、劳力等条件都很适宜，作物稳产高产、品质好、投资省而经济效益高。②适宜区。作物生态条件存在少量缺陷，但人为地采取某些技术措施（如灌溉、排水、改土、施肥）后容易弥补，作物生长与质量和产量较好，产量变异系数小。投资有所增大，经济效益仍较好，但略低于最适宜区。③次适宜区。作物生态条件有较大缺陷，产量不够稳定，但通过人为措施可以弥补（如盐碱地植棉）或者投资较大，质量较差，产量较低，但综合经济效益仍是有利的。④不适宜区。自然条件中有很多缺陷，技术措施难于改造，投资消费巨大，技术复杂。虽勉强可种，但产量很低，经济或生态上得不偿失。

5. 生产基地和商品基地的确定

确定了适宜区划以后，再结合历史生产状况和远景生产任务，大体上可以选出某种作物的集中产地，进一步选择商品生产基地。商品生产基地的条件是：有较大的生产规模，土地集中连片；生产技术条件较好，种植分区上属最适宜区或适宜区；生产水平较高；资源条件好，有较大发展潜力，包括目前经济落后，但发展有潜力的地区;作物产品的商品率较高。

6. 作物组成的确定

在单一的各个作物适宜区区划的基础上,确定各种作物间的比例数量关系。包括:①种植业在农业中的比重;②粮食作物与经济作物、饲料作物的比例;③春、夏、秋收(播)作物的比例;④主导作物和辅助作物的比例;⑤用地与养地作物的比例。

7. 综合划分作物种植区划或配置

在确定作物结构(同时考虑到复种、轮作和种植方式)后,进一步要把它配置到各种类型土地上去,即拟定种植区划,在较小规模上(如农户)则直接进行作物在各块土地上的配置。为此,按照相似性和差异性的原则,尽可能把适应性类似的作物划在一个种植区,划出作物现状分布图与计划(或远景)分布图。

8. 可行性鉴定

将作物结构与配置的初步方案进行下列各项可行性鉴定:①是否能满足各方面需要;②自然资源是否得到了合理利用与保护;③经济收入是否合理;④肥料、土壤肥力、水、资金、劳力是否平衡;⑤加工贮藏、市场、贸易、交通等可行性;⑥科学技术、文化、教育、农民素质方面的可行性;⑦是否促进农林牧、农工商综合发展;⑧产业化的前景和可操作性等。

三、种植方式与作物生产

种植方式(cropping pattern)是指在一定的自然和社会经济条件下,形成的规范化的耕地利用方式或作物种植形式,也有人称为种植模式。是作物与作物之间在时间、空间和平面上的组合方式。

(一)复种技术

1. 复种及有关的概念

复种(sequential cropping)是指在同一田地上一年内接连种植两季或两季以上作物的种植方式。是作物在时间上的集约种植方式。耕地在时间上的集约利用程度用种植指数(cropping index)来衡量,即播种面积除以耕地面积的百分数。当种植指数超过 100 时,也称为复种指数(sequential cropping index),即有复种时的种植指数。

多熟种植(multiple cropping)是国际通用的概念,指时间和空间上的种植集约化。它包括复种、套种,也包括间作和混作。即凡在一年内,于同一田地上前后或同时种植两种或两种以上作物都称为多熟种植。

与复种相对应的是休闲(fellow),指的是在可种作物的季节只耕不种或不耕不种的方式。更长时间的休闲,称为撂荒,指的是荒地开垦种植几年后,较长时期弃而不种,待地力恢复时再行垦殖的一种土地利用方式。

2. 复种的意义

复种的中心目的是集约利用时间和土地,提高年光能利用效率。复种的意义体现在以下3个方面:

复种是农业增产的重要途径。利用土地扩大作物总产量的途径有3条:扩大耕地面积,多种多收;提高多种作物单产,高产多收;合理安排全年作物种植,实现一年在一块耕地上播种多种或多茬作物,提高单位面积的年产量,实现多种、高产相结合。

复种是我国耕作制度的重要特点。复种在我国历史悠久,是我国精耕细作、集约种植传统的重要组成部分。在我国农业生产中发挥了重要作用。目前,我国粮食和经济作物总产的3/4是在复种耕地上生产的。复种面积生产的粮食占粮食总产的40%以上,南方棉区的棉花90%是复种,油料作物50%以上是复种,全国600多万 hm^2 绿肥几乎全是复种。复种在扩大农作物播种面积,协调种植结构,缓解作物争地矛盾;提高粮食产量,解决温饱问题;和促进经济作物的发展方面发挥了重要作用(表5-2)。

表5-2　山东省粮田复种指数对粮食生产的贡献　%

年份	播667 m^2 单产指数	耕667 m^2 单产指数	复种贡献率	复种指数
1949	100	100		148.8
1957	141.5	150.4	17.66	158.0
1965	167.9	180.5	17.76	159.8
1978	294.9	354.3	19.43	168.6
1984	488.7	599.1	21.12	182.3
1990	550.9	690.7	23.67	186.4

复种是世界农业发展的方向。世界对复种的重要性日益重视。FAO认为将来农作物增产的来源是扩大耕地面积占28%,而提高复种指数和提高单产占72%。国际水稻研究所认为通过集约多熟种植,饥饿和营养不良问题是可以解决的。

3. 复种的优点

扩大播种面积和提高单位面积年产量。我国人均耕地少,但自然条件较好,特别是南方各省一年四季均可生长作物,发展复种,提高土地利用率,是发展作物生产的一条重要途径,也可充分发挥现有耕地的增产潜力。如重庆丘陵地区的冬水田,一年种植一季水稻,全年近200 d左右被浪费掉,土地利用率和光能利用率极低。若增加复种,改一季稻为麦稻两熟,乃至油—稻—再生稻或麦—稻—秋作(如秋菜、秋洋芋、秋甘薯等)三熟,土地利用率提高,光能利用率提高,土地年产量增加。实践证明,只要因地制宜,扬长避短,合理提高复种指数,推广多熟种植,就能促进农业生产全面发展。今后我国人口还将增加,而耕地面积正逐年减少,实行合理复种与提高单产是解决人多地少矛盾行之有效的方法。

调节土壤肥力。在复种方式中安排一定比例的绿肥或豆科作物,采用用养结合的复种方式,增施肥料,可以补充和增加土壤有机质与氮素养分,加速物质循环,维持农田的物质动态平衡。

保持水土。复种可以增加地面覆盖,减少地面径流、土壤冲刷和养分的流失。

缓解作物争地、争时、争肥矛盾。合理扩大复种面积,有利于粮、经、饲作物全面发展。如在棉区,实行麦(棉)套种,有利于解决粮棉争地矛盾。在水稻产区,冬季种植一定比例的小麦、油菜、绿肥,形成"肥—稻—稻"、"油—稻—稻"、"麦—稻—稻"等三熟种植,粮、油、肥均得到合理安排与发展,既解决对油料作物需要,又解决了对肥料的需要。

有利于稳产。在旱涝灾害频繁的地区,复种有利于稳定全年产量。

4. 复种应用的条件和技术

(1)应用条件　一定的复种方式要和一定的自然条件、生产条件与技术水平相适应。影响复种的自然条件主要是热量和降水量,生产条件主要是劳力、畜力、机械、水利设施、肥料等。

一个地区能否复种或复种程度的高低,当地的热量条件是决定因素。年平均温度可以粗略地表示一个地区的热量状况。在我国一般以年均温8℃以下为一年一熟区,8～12℃为两年三熟区或套作两熟区,12～16℃为一年两熟区,16～18℃或以上为一年三熟区。在我国,复种与积温的对应关系大体是,大于或等于10℃积温不足3 000℃为一年一熟,3 000～5 000℃可以一年两熟,5 000℃以上可以一年三熟。中国农业科学院气象研究所以大于或等于0℃积温作指标,一熟区低于4 000℃,两熟区为4 000～5 500℃,三熟区为5 500℃以上。

一个地区具备了增加复种的热量条件,能否复种就要看水分条件。水分包括灌溉水、地下水和降水。干旱地区,没有灌溉就没有农业,当然无法复种;半干旱、半湿润地区,本来可以一年一熟,但降水不足,只好全年休闲蓄水,为下季需水多的作物提供条件。所以搞好农田基本建设,发展水利灌溉,是保证扩大复种,提高产量的根本措施之一。我国降水量与复种的关系是：小于 600 mm 为一熟区，600～800 mm 为一熟、两熟区，800～1 000 mm 为两熟区，大于 1 000 mm 可以实现多种作物的一年两熟或三熟。

复种指数提高后，多种了作物，就要多施肥料，才能保证土壤养分平衡和高产多收。因此，提高复种指数，除安排养地作物外，必须增施肥料，否则多种不能多收。

扩大复种，必然增大劳、畜力和机具投入。南方多熟地区，一年有两三次“双抢”，即收麦（油菜等）抢插水稻和播种玉米等，收水稻和红苕等抢栽油菜或抢种小麦，季节十分紧张，特别是四川丘陵区，在两季有余、三季不足的情况下，必须抢种抢收，才能发展三熟制。

（2）复种技术　复种是一种时间集约、空间集约、技术集约的高度集约经营型作物种植方式，如果在肥、水、劳力、机械化、品种等方面存在矛盾，需要采用合理的技术加以解决。一般应考虑以下技术：

A. 选择适宜的作物组合。与热量相适应的技术措施有：利用短生长期作物替代长生长期作物；利用间隙生长期进行填闲种植；发展再生稻。与肥、水、避灾相适应的作物组合技术是指不能超越当前现实的肥、水条件和抗灾能力，安排相应的作物种植。

B. 选择适宜的作物品种。在生长季节富裕地区应选用生育期长的品种。以浙江双季稻三熟制为例，以“一早两迟”为主，即冬作物选早熟作物，双季稻以晚熟品种的产量最高。生长季节紧张的地方应选用早熟高产品种。苏南地处北亚热带，双季稻三熟制季节特别紧张，应特别注意早晚稻品种的安排，以绿肥、大麦、元麦为双季稻的前作，并配以早熟配中熟或中熟配中熟的双季稻品种搭配方式较为适宜。

C. 采用套种和育苗移栽技术。套种是解决复种与生长季节矛盾的又一有效方法，即在前作收获前于其行间、株间或预留行间直接套播或套栽后作物，如中稻、晚稻田套种绿肥，早稻田套种大豆或套种黄麻，麦田套种棉花、玉米、花生、烤烟等。育苗移栽是克服复种后生长季节矛盾最简便的方法，在水稻、甘薯、油菜、烟草、棉花的复种栽培上应用广泛。如中稻的秧田期一般为 30～40 d，双季稻秧田期可长达 75～90 d。长江下游大于或等于 10℃积温为 5 600℃，大麦、元麦双季稻三熟制现行品种需积温 5 500℃，加上农耗期温度，总积温不能满足。但早稻育秧争取了 650℃，晚稻育秧争取了 1 200℃，弥补了本田期积温的不足。

D. 抢时播种，采用早发早熟的措施。促早发就是让作物幼苗生长时期有较好的水分、养分、光照等条件。早发是早熟的基础。具体做法有：第一，后作物及时播种，减少农耗期。免耕播玉米、棉花，板田或板田耙茬播种小麦，板茬栽油菜等，都是行之有效的方法。第二，前作及时收获。小麦、油菜成熟后要及时收获，玉米蜡熟期可先去掉叶片，让其继续灌浆。第三，采用促早熟技术。在玉米生育中后期喷乙烯利，可提早成熟 7 d 左右。棉花、烤烟施用乙烯利也有促进成熟作用。采用地膜覆盖可提高地温，保持土壤湿度，可适当提前播种，有利于作物早发早熟。

E. 掌握晚播作物的管理技术。播种季节较紧的地区，如黄淮海平原北部，为确保玉米丰产，需用中晚熟品种，小麦只能晚播。长江中下游麦收后种棉，也是晚播棉。晚作物可以适当加大播种量，增加作物的密度。因晚播后营养生长期比较短，植株比较矮小，分蘖或分枝少，密植有利于主茎发育和提早成熟。湖南对麦棉连作的晚播棉花采用高密度低打顶的做法，使晚播棉产量增加。

（二）间作与套种技术

1. 间作、套种的意义

在同一田地上种植一种作物的种植方式，叫单作(single crop farming)，又称纯种、清种、净种。在同一田地上于同一生长期内，分行或分带相间种植两种或两种以上作物的种植方式，叫间作(intercropping)。在同一田地上同期混合种植两种或两种以上作物的种植方式，称为混作(mixed cropping)。在前季作物生长后期的株行间播种或移栽后季作物的种植方式，称为套种(relay cropping)，也叫套作、串种。在同一农田上，两种或两种以上的作物（包括木本）从平面、时间上多层次地利用空间的种植方式，称为立体种植(multistorey cropping)。如果在同一田地上，作物与食用微生物、农业动物或鱼类分层利用空间种植和养殖的结构就称为立体种养(multistorey cropping and raising)。

间作套种是作物生产中重要的种植方式，在我国和世界作物生产中具有重要意义。

(1)增产　合理的间混套作比单作具有促进增产的优越性。单作情况下，时间和土地都没有充分利用，太阳能、水分和养分都有一定的浪费。实行间混套作，可以利用多余的劳力，扩大物质投入，与现代科学技术相结合，实行劳动密集、技术密集的集约生产。间作套作的增产数量用土地当量比来表示。

土地当量比(land equivalent ratio, LER)，即为了获得与间混套作中各个作物同等的产量，所需各种作物单作面积之比的总和。其公式为：

$$\mathrm{LER}=\sum_{i=1}^{n} Y_i/Y_{ii}$$

式中：Y_i 代表单位面积内，间、混、套作中的 i 个作物的实际产量；Y_{ii} 代表该作物在同样单位面积上单作的产量，n 代表间、混、套作的作物数。LER>1，表示间、混、套作有利，LER>1 的幅度越高，增产效益越大。

(2)增效　合理的间、混、套作能够利用和发挥作物之间的有利关系，以较少的经济投入换取较多的产品输出。

(3)稳产保收　合理的间、混、套作能够利用复合群体内作物的不同特性，增强对灾害天气的抗逆能力。

(4)协调多种矛盾和关系　合理的间、混、套作能缓解人多地少和作物争地的矛盾。提高土地生产率、劳动生产率、光能利用率和农产品商品率，协调种植业产业结构和食物营养结构，增加社会效益、经济效益和生态效益。

(5)在一定条件下可以改善生态环境

2. 间作、套种增产原理

单一作物群体难以充分利用环境资源。作物生长初期，植株个体小，叶面积小，漏光损失多。作物旺盛生长阶段，植株基本定型，枝叶茂盛，叶面积指数达到最大，田间封垄，作物用光呈平面用光状态。作物生长后期，随着个体衰老，部分叶片脱落或变黄，叶面积指数减小，会再次出现漏光损失，光合效率下降。

间套复合群体合理利用了作物间的竞争与互补的关系。作物间的正相互作用(互补关系)包括互补、偏利作用和互利共生。互补指的是不同作物互为补充的利用环境条件中的光、热、水、氧气等生存因子，包括不同抗逆性的作物互为补充的抗御旱、涝、风等自然灾害。偏利作用是指某种作物的存在，使另一作物得到了有利的生存条件，如减少病虫害，得以攀缘生长，吸收、同化它种作物的分泌物等，但对它种作物不造成伤害。互利共生即作物间彼此依赖，并能直接进行物质交流。作物间的负相互作用(竞争关系)往往是两个或多个作物争夺同一环境资源。发生在同种作物个体之间的竞争成为种内竞争，在单一群体中普遍存在。发生在不同作物种个体间的竞争称为种间竞争。在复合群体中存在着种内竞争和种间竞争。竞争对于充分利用资源具有重要作用。

要发挥作物种间客观存在的互补关系和竞争关系，人们就要采用合理技术，对间套复合群体进行有效的调节和控制。

3. 间作、套种增产技术

(1)选择适宜的作物种类和品种　根据作物的生态特性、生物学特性和生产管理特性，合理搭配种植方式中的作物种类。确定作物种类的原则是“生态上大同小异、生物学上互补有利、生产管理上方便容易”。

生态上大同小异指的是间套作物尤其是间作作物对热量、水分的生态适应性基本相似，而在需光特性、需肥特性上存在一定差异。喜光与耐阴作物的搭配是较有利的间套组合。

生物学特性的互补有利指的是间套作中的作物应存在对应互补关系。一般来说，株高一高一矮，株型一胖一瘦，叶形一窄一圆，根系一深一浅，生育期一长一短，收获播种期一早一晚的组合，是理想的作物组合。

生产管理上的方便、简单是田间管理上的可行性。一般来说，在两作物共同生长期间，两作物的管理措施不要有太大的差异，或对某一作物进行农艺操作时，不应对另一作物有不利影响。

同一作物不同品种的生物学特性存在较大差别，根据不同品种的特性进行品种搭配，有利于发挥种植方式改革的优越性。高产、抗病、抗倒、早熟是适于间套的理想品种。

间套种植方式中，作物、品种特性较单作发生了很大变化，包括形态、生理特性如叶形、叶片伸展方位、株高、干物质分配等，在间套条件下选择适于间套的品种是必要的，仅靠组装常规单作品种很难适应间套作的要求，加强间套作配套育种工作，是促进间套作良性发展的重要环节。

(2)建立合理的田间配置　田间配置是间套种植方式中重要的技术环节，建立合理田间配置，能实现 3 个“有利于”，即有利于保证生产目标的完成，有利于解决作物争肥、争水、争季节的矛盾，有利于田间管理措施的实施。田间配置包括带宽、幅宽、间距、行比、行向、密度等内容。

密度。提高种植密度，增加叶面积指数和照光叶面积指数，是间、套作增产的中心环节。生产运用中，各种作物密度要结合生产目的和水肥条件来考虑。间(混)作时，一般以一种主作物为主，其密度应与单作时相同或略有减少，以不影响或少影响主作物的产量为原则；副作物的密度大小根据水肥而定，水肥条件好，密度可大一些；反之，密度要小。套作时，各种作物的密度一般应与单作时相同或适当减少。

行数、行株距和幅宽。一般间、套作作物的行数可用行比来表示，即各作物实际行数的比值，如 2 行玉米间作 2 行大豆，其行比为 2∶2。行距和株距实际上也是密度问题，配合的好坏，对于各作物的产量和品质影响很大。间作作物的行数，要根据计划作物产量和边际效应来确定，一般高位作物不可多于、矮位作物不可少于边际效应所影响行数的两倍。套作时，上、下茬作物的行数取决于作物主次。如小麦套种棉花，以棉花为主时，应按棉花丰产要求，确定平均行距，插入小麦；以小麦为主兼顾棉花时，小麦应按丰产需要正常播种，麦收前晚套棉花。幅度是指间、套作中每种作物的两个边行相距的宽度。在混作和隔行间、套作的情况下，无所谓幅宽,只有带状间套作,作物成带种植才有幅宽可言。幅宽一般与作物行数成正相关。

间距。间距是相邻作物的距离。这里是间、套作中作物边行争夺生活条件最激烈的地方,间距过大,减少作物行数,浪费土地;过小,则加剧作物间矛盾。应根据不同作物合理安排间距。

带宽。带宽是间、套作的各种作物顺序种植一遍所占地面的宽度,它包括各个作物的幅宽和间距。带宽是间、套作的基本单元,一方面各种作物和行数、行距、幅宽和间距决定带宽;另一方面作物数目、行数、行距和间距又都是在带宽以内进行调整,彼此互相制约。

作物高度差。间、混、套种的两个作物若有适当的高度差,可以在太阳高度角高的时候增加受光面积,变强光为中等光,或者使两作物生长盛期能交错地处于高位上,这样光能利用较经济合理。

行向。在单作时,南北行向比东西行向增产,但在间套作时,为了取得两种作物丰产,缓和作物争光矛盾,东西行向在一定情况下对矮作物有利。

不同种植方式的田间配置差别很大,确定合理田间配置的原则是瞻前顾后、兼顾左右、便于管理、增加密度、保证产量。共同的技术特征为:

A. 高低畦种植和分畦种植。将间套作物分别种在高低畦上或分畦种植,有利于解决作物在肥、水、光、管理上的矛盾。

B. 窄行密株,增加密度。间套条件下,将作物大小行种植,挤中间,空两边,成带种植,即采用"挤空"对策,有利于减少作物竞争,便于田间管理。株距比单作小,有利于保证种植总密度。

C. 保持适宜间距。保持一定间距,是减少竞争和便于管理的有效措施。

D. 调整作物种植时间。调整作物种植时间是解决作物竞争,发挥间套优势的有效技术。在套作条件下,套种过早,延长了两作物共同生长期,对套种作物苗期生长不利;套种过晚,套种作物增产效果不显著。在间作条件下,要考虑间作作物的适宜播种期,同时尽量使每一作物产量形成的主要时期处在比较适宜的季节。

E. 增加投入,合理运筹肥水。间作套种的施肥原则是以配置定密度,以密度定产量,以产量定施肥量,施肥以株定量,不能简单地按种植面积施肥。间套作条件下,集中施肥,可以人为创造不同的地力条件,能保证主作物产量增产、不减或少减,作物肥料利用率也会发生变化。

F. 采用新技术,调节作物生长。保护地栽培技术、育大苗壮苗移栽技术和化控技术,是生产中调节作物生长、解决作物间争光、争肥、争水、争季节矛盾的有效方法。

G. 综合防治病虫害。

(三)轮作与连作技术

轮作与连作是反应作物在不同年份间的作物种植顺序。

在同一块耕地上，一种作物收获后换种另一种作物叫换茬或倒茬。轮作(rotation)指的是在同一块耕地上，按既定顺序轮换种植不同作物的种植方式。在同一块耕地上，前后茬为同一作物叫连茬，也称重茬。连作(monoculture)指的是在同一块耕地上，连年种植相同的作物。

1. 轮作的意义

减轻土传病虫害。轮作通过换种非寄主作物，使土壤中的病原菌得不到寄主而逐渐削减或死去；利用不同作物形成不同区系的土壤微生物和不同的土壤理化环境，遏制病原菌的生存和发展；改善作物营养，使植株生长健壮，抗病性提高。

防除、减轻某些杂草危害。轮换种植不同作物，使寄生杂草找不到寄主而死亡，如向日葵的列当，大豆菟丝子等，使许多生态适应性和形态与作物相近的伴生性杂草得到抑制和防除。

协调利用土壤养分和水分。利用作物对水分、养分的利用特性差异，避免土壤养分和水分的片面消耗。

调节、改善土壤的理化性状。主要通过调节土壤有机质含量，作物特性对土壤理化性状的直接作用以及作物所需的农艺管理措施对土壤的影响等方面来改善和调节土壤的理化性状。

轮作合理利用了作物—土壤—作物之间的有利关系，可以经济有效地防治病虫草害，减少农药和除草剂的用量。能充分发挥作物之间的营养异质互补效应，减少化肥的用量。不仅能够减少生产成本，而且对于提高农产品品质，减少农业生产的环境污染具有重要意义。

2. 连作及其应用

由于社会对某些作物的依赖；为了发挥资源优势；某些地段只适合某些作物；不同作物对连作反应不同；生产条件改善和科学技术进步，可以缓解或消除连作时的障碍等原因，连作在生产上仍然广泛应用。

根据作物对连作的反应，将作物大致分为三大类：

(1)忌连作的作物　如果树类作物、亚麻、红麻、甜菜和西瓜等。这类作物需要间隔五六年方可再种。

(2)耐短期连作的作物　如烟草、马铃薯、茄子、辣椒，豆科的大豆、豌豆、蚕豆、菜豆等。这类作物连作两三年受害较轻。

(3)耐连作的作物　这类作物主要有麦类作物、玉米、水稻、棉花、高粱、甘蔗、圆葱等。

四、我国种植业结构发展趋势

(一)种植业结构的含义及其内容

1. 种植业结构的含义

农业是人们利用生物的机能,经过人工培育,生产人们所需产品的社会物质生产部门。农业是人类社会的古老产业、基础产业。不同的历史时期、不同的国家、不同的学术领域,对农业的定义不同。目前,对农业生产中的结构有 3 种不同的理解:

(1)农村产业结构　即农村经济中,第一、二、三产业的数量比例及其分布。第一产业指国民经济中以农为主的产业,包括农作物业、狩猎、渔业、畜牧和林业,主要指农、林、牧渔业。第二产业一般指制造业和建筑业,包括加工业、各种工业、建筑业和运输业。第三产业包括商业、金融业、信托业、提供各种劳务的服务行业等为生产和消费服务的部门。

(2)大农业的结构　又称为农业生产结构或农业基本结构,是指农、林、牧、副、渔 5 业产值的数量比例关系及其相互联系。

(3)小农业的结构　又称为种植业结构或种植结构,是指各种作物的面积比例关系及其联系如粮食作物、经济作物和其他作物的面积比例,各种作物在时间和空间上的关系等。

2. 种植业结构的内容

种植业是在一定的自然和社会经济条件下、由多种作物组成的产业,结构比较复杂,其结构一般包括以下几个方面:

(1)层状结构　种植业是一个多层次的复合的大系统,它由许多亚系统、亚亚系统组成。种植业的范围大小是人为确定的,可以是一个国家,一个区域,也可以是一个具体的经营单位——农场或农户。在种植业系统内部可再分为若干个亚系统,亚系统内部还可再分为若干亚亚系统。应处理好整体与局部的关系。

(2)水平结构　是指在一定生态区域内,各种作物种群或类型在水平空间上的组合与分布(所占面积比例和分布规律),即通常所说的作物区划或布局。种植业生产最佳的水平空间结构,应当是与当地的自然资源组合的特点相适应,并能满足经济的和社会的需求。

(3)垂直空间结构　又称立体结构,系指作物与作物或作物与其他农业生物类群在同一土地单元内，垂直空间上的组合与分布，如生产中的立体种植、立体养殖、立体种养等。利用形态上、生理上和生态上不同的作物群体，组成合理的“复合群体”，作物对环境资源利用充分，对不良环境条件抗逆性强。

(4)时间结构　各种作物在时间上的变化动态称为时间结构。作物所需要的自然资源大多是随着时间(季节)的推移而变化的。从时间上合理搭配各种类型的作物，使自然资源得到最充分的利用。如春播、夏播、秋播作物的面积就是种植业的时间结构。

种植业结构也是一复杂的系统，各种结构之间相互联系、相互作用、相互影响，共同形成一个地域的种植业结构特征。

(二)种植业结构调整的原则

尽管不同地区的种植业结构可能差别很大，发展方向也可能不同，但调整种植结构或评价种植结构是否合理的总原则均是相同或相似的，必须兼顾种植业的3大效益，即社会效益、经济效益和生态效益。

社会效益指种植业在满足人类基本需求方面的效果，如食物的纤维、工业原料、就业机会、社会生活环境等。经济效益指种植业在促进社会经济方面的效果，如种植业的投入、产出、利润等等。生态效益指种植业在保护和增殖资源和改善生态环境质量方面的效果。3种效益是统一的整体，社会效益是种植业生产的根本目标，经济效益、生态效益是实现社会效益的保障和条件。

(三)调整种植业结构应注意的问题

1. 处理好面积、种植方式、单产、品质和总产量的关系

同工业生产一样，种植业生产的目的也是为了生产一定数量、质量且产销(需)对路的产品。各类农作物产品数量之间的比例关系和质量组成状况即为种植业产品结构。所确定的各类农作物播种面积的比例关系即为种植业结构或作物结构，是作物布局所涉及的问题。就农产品生产数量而言，受播种面积和单产两个因子制约。布局仅考虑面积的影响，过分强调调整种植业结构或布局的作用，只重视扩大面积，打面积战，忽视提高单产和改善品质，往往会出现以经挤粮或以粮挤经的现象，很难做到产量、品质和效益的统一。种植结构不等于产品结构，提倡用种植业产品结构替代种植业结构的概念，增强商品意识，生产适销对路的产品，有利于发展社会主义市场经济，避免农业生产的宏观失调。

2. 处理好结构的多样性和专化性的关系

关于种植结构中作物种类的多少和规模大小，一直存在两种观点，即结构的多

样性和专化性。

(1)结构多样性 即种植结构中作物种类较多或种植方式较多，各种作物或种植方式都有一定的面积，也称为小而全的结构。这种结构的优点表现在以下几个方面：一是有利于合理利用多样化的自然条件；二是可以增加生产和收入的稳定性，减少风险；三是有利于满足各方面的需要，尤其是自给性需要；四是有利于均衡使用全年的劳力和其他资源。种植结构多样性的不足点表现为农作物生产商品率低，扩大再生产慢，难以提高现代化技术水平，不利于生产迅速发展等。

(2)结构专化性 即种植结构中涉及的作物种类少、种植方式少，每一作物或种植方式的面积大，也称为专业化结构。专业化结构的好处表现在两个方面。一是地域分工明显，有利于发挥当地资源优势，作物产量高、商品率大，有助于商品经济和加工业的发展；二是有利于提高技术水平和机械化效率。

一般认为，商品经济越发展，生产地域分工越明显，作物生产专业化程度越高。由于我国人均耕地少，农作物生产压力大，因此以自给性为主要特征的“小而全”的结构一直在种植业生产中占有优势。但是，新中国成立以来作物生产已表现出向单一结构变化的趋向，这种变化对于充分利用不断改善了的生产条件具有积极意义，但也带来了生产不稳定、名特优产品受排挤、丰富的农产品需求难以满足等不足问题。如建国初期，山东省夏粮面积中小麦占92.8%，其他夏粮占7.2%，1999年其他夏粮仅占0.2%。秋粮生产中，建国初期大豆、高粱、谷子、玉米、甘薯均占较大比重，分别为27.6%、18.8%、21.3%、13.1%和13.0%，1999年玉米所占比重超过60%，大豆、谷子、高粱三者面积之和仅占15%，即粮食生产出现了单一化。随着人们生活水平的提高，人们对畜产品的需求量将会增加，但畜牧业发展规模受第一性生产的制约，广大农区发展畜牧业的原料数量、质量主要依赖于种植业生产，因此，改粮、经二元结构为粮、经、饲三元结构，把高产、优质饲料作物的生产放在重要位置，增加饲料作物的比重，是今后我国作物生产布局的调整方向。

在种植业生产商品经济特色越来越重要的形势下，种植业多样性的结构相当于商店中的超市，专业性的结构相当于专卖店，两者各有优缺点。处理好两者的关系，把两者的优点有机结合起来，是我国目前种植结构调整中应注意的重要问题。

3. 处理好结构稳定性和相对性的关系

结构调整是种植业生产中的战略措施，如果战略性措施经常变化，很容易引起生产的剧烈变动，生产不稳定，难以组织和管理，对种植业生产是不利的。因此，一个区域的种植结构一旦确立，往往会稳定一段时期。

另外，在影响种植业结构的诸多因素中，根据变化难易，可分为3种类型：第一类是相对恒定性因素，大部分自然因素如光、热、降水、土地等都属此类。这些因素虽然年际间有差别，但变动较小，人们对这些因素的调控能力小。在确定种植业结构时，人们往往是通过作物种类和面积的安排，适应这些因素。第二类是短时期内难以改变或变动少的因素，如人们对农产品的需求种类、人地比、土壤肥力状况、能源、交通等，这些因素短期内变化不大。第三类是易变因素，如市场需求、价格、品种、肥料数量等。这些因素变化较快，一年内不同季节之间就有很大变化。种植业结构的基础是作物的生态适应性，而光、热、水、土又是不变因素，某些社会因素也是短期内变动较小的因素，因此，种植结构应该是稳定和延续的，尤其是易变因素变化不大时，结构应保持稳定。

当然，结构的稳定性是相对的，当易变因素发生变化时，应当及时调整种植结构。正是由于种植结构的稳定性是相对的，因此种植结构呈现出阶段性变化。在实际生产中往往表现为新的结构一经确立，需要经过一段稳定发展时期，这是种植业生产发展的客观规律，频繁地、盲目地调整种植结构往往会引起农业生产大起大落，导致生产不稳定。当然，过分强调稳定性，忽视结构发展变化的阶段性，也会丧失种植业发展的良机。目前，我国农业正处在由传统温饱型向优质高效农业发展的时期，农业生产也由计划型向市场型转变，作物布局调整正处在关键时期。根据市场需求，在大范围内确定作物布局的整体构架，加强宏观指导，是当前生产中迫切需要解决的问题。由于种植业结构具有稳定性，并且这种稳定性是相对的，因此，在调整种植业结构时强调“稳一块、活一块”是较为科学的。即稳定与人们生活、经济发展有关的大宗作物的面积，放开市场需求易变性大的作物种植规模，有利于种植业生产健康持续发展。

(四)我国种植业结构发展趋势

1.战略性调整种植业结构和农业结构的时机已经成熟

结构调整是农业生产的永恒主题。目前，中国战略性调整农业和农村经济结构的时机已经成熟，这是针对我国农村发展的新阶段提出来的。这次调整的背景和所要解决的问题，与以前相比有很大的不同。1978 年改革开放以来，我国经历了 3 次重大农业结构调整。1985 年，出现“卖难”现象，种植业生产提出了压粮、棉，扩大经济作物面积的结构调整方向；1992 年，又提出发展“两高一优”农业作为种植业调整方向；1998 年至现在，种植业产品数量结束了长期短缺的历史，实现了供需基本平衡、丰年有余的历史性跨越，种植业进入了新阶段，这也是我国农业长期发展和多年结构调整的结果。

20 世纪 90 年代以来，中国的谷物、棉花、水果、肉类、禽蛋、水产品 6 类产品总产量已跃居世界第一。1978—1998 年，在世界谷物增产总量中，中国占 38%；在棉花增产总量中，中国占45.3%；在肉类增产总量中，中国占42%；禽蛋和水产品增产总量中，中国分别占67%和52%。中国农业为世界农业的发展做出了重要的贡献。近年来，我国粮食、油料、肉类、禽蛋和水产品人均占有量，均达到或超过世界平均水平。这次结构调整的目的是解决效益低、农民收入增长缓慢的问题，以适应全面建设小康社会对种植业生产的要求。种植结构调整不是简单地多种点什么、少种点什么的问题，而是要全面提高农产品质量，优化农业区域布局，实现农业的可持续发展，实现城乡经济的协调发展。这种调整不是一般的适应性调整，而是具有全局性的战略性调整。它不仅要解决当前种植业产品卖难和农民增收困难的问题，而且要立足于农业和农村经济的长远发展；不仅要着眼于农业和农村自身发展，而且要考虑国民经济发展的全局；既要考虑国内需求，还要考虑经济全球化对国内种植业生产的冲击。这次结构调整就是要提高种植业综合生产能力，促进种植业的产业化升级。

2.结构调整的指导思想和重点

这次种植业结构调整的指导思想是面向市场，以提高种植业产品质量和效益，增加农民收入为基本目标，以优质化、专用化、品牌化农产品为主攻方向，种植业、畜牧业和水产业等方面同时推进，从提高我国农业整体素质和效益、增强竞争力的大局出发，着眼长远发展，合理确定各区域农业结构调整的方向和重点，逐步形成比较合理的农业区域分工格局。

就全国而言，种植业结构调整应重点抓好3个环节：

(1)区域布局的战略调整　我国地域辽阔，区域之间农业发展的自然资源基础、种植业生产技术水平和外部环境都有很大差异。随着市场对资源配置调节作用的不断增强，农业在区域之间进行合理分工与协作是大势所趋。根据各区域的资源特点和市场条件，合理配置农业资源和生产要素，因地制宜地确定农业发展方向和重点，减少结构调整的盲目性和趋同性，逐步形成合理的种植业生产布局，是这次结构战略性调整的重要内容。在我国加入世界贸易组织的新形势下，充分发挥区域比较优势，形成合理的种植业区域分工，从发展优势产品入手，大力培育优势产业区和产业带，提高种植业产品竞争力，是应对入世挑战的重要措施，对于我国农业长远发展和地区经济协调发展具有重要意义。具体的区域布局调整是，东部沿海地区和大中城市郊区要大力发展外向、城郊型现代化农业，形成优质农产品出口基地。中部地区要发挥粮食生产优势，建立优质、稳产、高效的大型商品粮、加工专用粮和饲料粮生产基地。西部地区和生态环境脆弱地区要加快发展有利于保护生态环境的特色高效农业和旱作节水农业。

沿海和经济发达区。这类区域自然条件较优越，农业生产力水平较高，农村非农产业比较发达,城市化水平较高,沿海地区毗邻港澳台及日、韩和东南亚市场,区位、资金和技术等比较优势明显,有利于发展外向型农业。农业结构调整的基本方向是,主要面向国际市场,大力发展高科技农业、出口创汇农业和高附加值农产品,加快推进产业化经营,把农业建设成为具有较强国际竞争力的基础产业,率先基本实现农业现代化。农业结构调整的重点:一是以标准化、优质化、规模化为重点,大力发展名特优新蔬菜、水果、花卉、苗木等园艺产业;二是以设施化养殖为重点,大力发展优质、多样化畜产品和名特优水产品为主的养殖业;三是以加快农业高新技术成果转化为重点,大力发展现代生物技术产业;四是以提高附加值为重点,大力发展农产品加工业,实行农业产业化经营。长江三角洲地区要重点发展具有明显比较优势的蔬菜、花卉、名特优水产品等产品,建成规模化、高标准的农产品出口创汇基地。东南沿海地区要以高标准设施化栽培和工厂化规模养殖为主,大力发展资本和技术密集型农产品生产,重点发展面向港澳台、东南亚和欧美市场的优质高档"菜篮子"产品,促进热带、南亚热带花卉、水果、中药材、名特优水产品等规模化生产。环渤海地区要大力发展劳动密集型农产品生产,有条件的地方发展资本和技术密集型农产品,主要面向日、韩等东亚市场,着力开拓俄罗斯和欧共体市场,重点发展蔬菜、水果、海水养殖等产品,加快农产品生产的标准化和产业化进程,进一步提高农产品加工深度。

粮棉主产区。这类区域是我国大宗农产品的集中产区,农业生产基础较好,具有发展粮、棉、油等大宗农产品生产的明显优势。农业结构调整的基本方向是,压缩普通品种,发展适应加工需要的优质、专用品种,提高产品质量和竞争力;大力发展养殖业,建成全国最大的畜产品生产基地;加快发展农产品加工业,促进粮食转化,延长产业链条,增加后续效益。农业结构调整重点:一是稳定提高粮、棉、油等产品综合生产能力。加强商品粮基地、加工专用粮和饲料粮基地建设,提高优质专用粮食的标准化、规模化生产水平。大力调整粮食品种和品质结构,发展优质、专用和无公害产品生产。二是积极发展畜牧业。充分利用农区丰富的粮食和作物秸秆资源,加快发展适度规模的家庭养殖和专业小区养殖。调整畜禽品种结构,积极发展草食型畜牧业。加强畜禽良种繁育体系和疫病防治体系建设。发展粮食作物、经济作物和饲料作物"三元"结构种植,提高饲料饲草作物产量,实行农牧结合。三是推进粮、棉、油等大宗农产品产业化经营。大力培育重点龙头企业,推广"公司+农户"等产业化经营模式,发展壮大中介流通等组织,拓宽农产品收购、加工、转化、销售渠道,促进产业化经营。东北平原地区要调减普通玉米品种种植面积,大力发展饲用、加工专用型玉米品种。扩大大豆种植面积,突出发展高油大豆生产。适当控制水稻发展规模,压缩干旱缺水地区的水稻种植面积。建设肉牛产业带和奶源基地。黄淮海平原地区要稳定小麦生产总量,适度调减严重缺水地区的小麦种植面积,大力发展优质专用小麦。扩大高蛋白、高油、高淀粉含量等加工专用玉米种植面积。加快饲料业、酿造业等的发展,促进玉米加工转化。积极发展高蛋白大豆。搞好国家优质棉花基地县建设,形成稳定的棉花集中产区。大力建设中原肉牛肉羊产业带。四川盆地及长江中下游平原地区要适当调减早稻面积,扩大优质稻、加工专用稻比重,适当发展优质杂粮、杂豆。改良品种,培育名牌,建设油菜、柑橘、蔬菜、花卉、中药材、茶叶、蚕桑等经济作物优势产业带(区)。巩固生猪、家禽、水产品等传统优势产品,发展草食型畜牧业,提高规模化水平,大力培育肉类加工龙头企业,发展农业产业化经营。

(2)在作物结构上,要适当调减棉花、糖料和烤烟面积,稳定粮棉糖基地及优质高产田面积,逐步形成专业化、规模化、集约化的经济作物产业带、产业区 目前,随着我国人民生活由"温饱型"向"小康型"的过渡,人们不仅要求有稳定的口粮供应,而且还要有动物性食品的稳定供应,使膳食结构逐步符合营养科学。按照小康生活的食物需求,调整种植结构,构筑起相对稳定的与社会需求相适应的"粮食作物、经济作物、饲料作物"三元种植结构,是时代发展的必然选择。长期以来,由于经济发展等方面的原因,我国一直沿袭着"粮食作物、经济作物"的二元结构种植模式。虽然经过几次的调整,但总是拘泥于粮食作物与经济作物面积增减的交叉,饲料作物种植始终没有从中分离出来,口粮与饲料粮不分的现象一直滞留于今。这种人畜共粮的种植结构,既限制了粮食品质的提高,又加剧了粮食的供需缺口,增加了粮食压力;既制约了饲料产业的发展,又造成了大量饲料损失浪费和成本的提高;既限制了粮食生产效益的提高,又制约了非粮食作物和动物性食物的发展。因此,以现代食物观点作为指导,调整种植结构,将人畜共粮的种植模式转变为人畜分粮的种植模式,把饲料作为一个现代产业来发展,同人们的口粮品种调整、饮食结构改善紧密结合起来,这就需要尽快推进由"二元结构"向"三元结构"调整的根本性转变。

纵观我国粮食生产的发展情况,不难看出,20 世纪 80 年代中期以前,我国的粮食问题是口粮问题。到了 80 年代后期,由于人们收入的增加和消费结构的变化,口粮消费的比重日益缩减,动物性食品的消费比重增长很快,我国的粮食问题在很大程度上逐步演变为增加饲料粮的问题。有关专家预测,21 世纪前 10 年,我国粮食需求量的 35%将用作饲料粮,到 2030 年这一比例将接近 50%。也就是说,新世纪前 30 年增加消费的粮食基本上是饲料粮。由此看来,把饲料粮从人们的口粮中分离出来,把以前人畜共粮的粮食品种,调整改种高产优质的饲料作物,增加专用饲料粮的生产,既是人们饮食结构进一步改善的需要,也是整个种植业宏观结构调整的必然方向。用发展的眼光看，饲料作物作为“三元结构”的重要一元，其发展空间相当广阔。目前，我国农业发展已进入一个新阶段，粮食生产越来越受到资源和市场的双重约束，而畜牧业的发展却具有很大的需求潜力。从国际经验来看，发达国家畜牧业产值占农业产值的比重一般为40%～50%，而我国还不到30%。有关专家测算，这10～20个百分点的发展空间，相当于3 000亿～6 000亿元的产值。从我国城镇居民消费水平和食品消费变化趋势看，国内市场对畜产品的需求潜力还是相当大的。1999年我国农民人均纯收入2 210元，与20世纪90年代初城市居民的人均可支配收入接近，但当年农民肉类消费只达到改革开放初期城市居民肉类消费水平。如果农民肉类消费与收入能保持同步增长，达到市民90年代初的消费水平，那么肉类需求可增加约1 000万t，仅此一项就可产生500亿元的产值。由此可见，畜牧业的飞速发展，为饲料作物的种植提供了非常广阔的发展空间，饲料作物作为种植结构调整的重要一元，其分量绝不可低估。

(3)在品种结构和品质上，要大力发展优质、专用品种，尽快淘汰劣质品种　我国专用品种少，结构不合理问题比较突出。例如，目前我国大面积种植的苹果品种以红富士为主，产量占总产量的50%以上；柑橘则以宽皮橘为主，产量占总产量的60%～70%；葡萄以巨峰葡萄为主，产量约占总产量的50%，而这些品种只宜鲜食不宜加工。又例如，我国种植的马铃薯因还原糖含量过高，加工中易成褐色而不能加工优质马铃薯全粉；油菜因芥酸含量过高而影响了油脂及蛋白饲料的使用。

另外，要把畜牧业作为一个产业来抓。东部地区和大城市郊区要积极发展规模生产和畜产品深加工，加快实现畜牧业现代化。要下大力气健全良种繁育、疫病控制、饲料生产3大体系，大力推进畜牧业产业化经营。继续优化渔业结构。严格控制捕捞强度，继续实施捕捞产量“零增长”计划。充分发挥农业机械化在农业结构调整中的作用。此外，要加强行业管理和政策引导。加快农产品市场信息体系和农业质量标准体系建设等工作。

思考题

1. 种植制度的概念、功能与意义是什么？
2. 作物布局的内容、意义与原则是什么？
3. 间、混作及套作增产的机理是什么？
4. 为什么要进行轮作？连作减产的原因是什么？
5. 为什么要进行种植业结构调整？应注意哪些问题？

第六章　土壤耕作与培肥

一、土壤耕作的作用和意义

土壤耕作是作物生产的重要组成部分，也是作物生产的基础环节。它是通过农机具的机械力作用于土壤，调整耕作层和地面状况，调节土壤水分、空气、温度和养分，为作物播种、出苗和生长发育提供适宜的土壤环境的农业技术措施。

(一)土壤耕作的含义

1. 土壤耕作的概念

土壤耕作泛指运用农具的作用，对土壤进行加工的过程或方法，包括土壤耕作措施和土壤耕作方法。

2. 土壤耕作措施

是指特定农具对土壤进行的单项耕作作业。根据对土壤影响深度和强度可分为基本耕作和表土耕作。前者的耕作深度是整个土壤耕层，能改变整个耕层的性质；后者是在基本耕作的基础上，对土壤表面进行较浅作业的措施。

(1)基本耕作措施　也叫初级耕作措施。一般指对土壤作用强，影响部位深，能显著改变耕层物理性状且后效强的耕作措施。包括以下 3 种：

翻耕：主要是翻转耕层，也称为犁耕、耕翻。用犁铧将土层抬起，通过犁壁，将土垡扭曲并上下翻转。作业深度一般为 15～30 cm。

深松耕：用无壁犁、凿形犁、深松铲对土地进行全面或局部的深位松土，但不翻转土层。主要是疏松土层，作业深度一般 30～50 cm。

旋耕：兼有基本耕作和表土耕作的双重作用，旋耕机犁刀在旋转过程中，将土壤切碎、掺和并向后掷。作用是碎土、松土、混拌、平整土壤，可将犁、耙、平 3 种作用一次完成。作业深度 12～15 cm。

(2)表土耕作措施　也叫辅助耕作措施或次级耕作措施。作业深度一般不超过 10 cm，往往配合基本耕作措施施用。多数表土耕作是在耕地后进行，目的是配合翻耕等基本耕作，为作物创造良好的播种、出苗和生长条件，其整地措施包括耙地、耢地和镇压等。

耙地：常用的耙地工具有钉齿耙(3～5 cm)、圆盘耙(8～15 cm)，其作用是疏松表土、耙碎土块、破除板结、透气保墒、平整地面、混合肥料、耙碎根茬、清除杂草以及覆盖种子等。钉齿耙耙地使土块碎散，松紧程度趋向均匀一致，又由于耙的压力及土壤自然下沉作用，下层变得比较紧密，耕层成为上虚下实状态，有利于促进种子发芽和幼苗生长；钉齿耙还可清除刚发芽的杂草，以及为作物播种后覆土。圆盘耙是由曲面圆盘的滚动，切开和破碎土块，也有轻微的翻土作用。圆盘耙碎土能力强，耙深 8～10 cm，适合在黏重的土壤应用。但圆盘耙的平土作用差，保水作用也差。圆盘耙一般用于作物收获后浅耕灭茬，清除和翻埋杂草、绿肥等。圆盘耙耙过后，还需配合钉齿耙耙地。

耢地或耱地、盖地、擦地：工具十分简单，整块木板、树枝编织成的工具均可。作业深度 3 cm，旱、水田均可应用。其作用是通过树条与土块的摩擦使土块碎得较细，达到地面平整细碎和减少水分蒸发的目的，平整的地面也有利于播种。在干旱地区还能减少地面蒸发，起到保墒作用。在旱地，耢地与耙地联合作业效果较好。播种后耢地能促进种子与土壤紧密接触，利于吸水发芽。

镇压：镇压的工具是镇压器，镇压器有很多种，主要有 V 形镇压器、网型镇压器和圆筒型镇压器。镇压的作业深度一般在 3～4 cm，如用重型镇压器可达 9～10 cm。镇压的主要作用是破碎土块，压紧耕层，平整地面和提墒。土地经过耕耙之后，常常变得过分疏松，大孔隙过多。这时如能压紧土层，则有保墒作用。镇压的另一作用是提墒，压紧土壤能促进下层土壤水分上升，浸润播种层的土壤，满足种子发芽对水分的要求。播种后镇压，可使种子与土壤紧密接触，以便吸水发芽和扎根，特别是小粒种子更为重要。但镇压如果运用不当，会引起一些不良后果，如在黏土地或土壤过湿情况下镇压，会使土壤板结；盐碱地镇压会加重土壤返盐。镇压时间可选在冬季或初春刚解冻时。

中耕：中耕的作用主要是疏松表层土壤。

平地：为作物创造平整的土壤条件，以便于灌溉和管理。

起垄培土或开沟培土：用开沟犁或人工完成。主要作用是增厚土层，为块根、块茎作物生长创造良好的环境，或为了增温、排水、抗旱播种。我国东北及山区实行垄作，优点是防风、保蓄水分、提高地温、改善土壤通气。起垄的工具一般用犁，在开沟的同时培土起垄，垄宽由耕作习惯、种植作物及起垄农机具而定。垄作有先起垄后播种、边起垄边播种、先播种后起垄等做法。

做畦：在水浇地上为便于灌溉一般需要做畦。北方水浇小麦田一般畦长 10～50 m，畦面宽 2～4 m，畦高 15 cm，畦埂 40 cm。南方做高畦是排水防涝的重要措施，畦宽和沟深因气候、地势、土质不同而异。雨水多、地下水位高、土质黏重的地块宜采用深沟窄畦；反之，采用浅沟宽畦。

3. 土壤耕作法

也叫土壤耕作类型。单项土壤耕作措施，往往难以为作物创造良好的土壤条件，几种土壤耕作措施相互配合，有序地作用于土壤，为作物创造出苗、生长发育所适宜的土壤条件，这一整套的土壤耕作措施称为土壤耕作法，如平翻耕法、垄作耕法、免耕法、深松耕作法等。

(二)土壤耕作的作用和实质

土壤耕作与土壤水分管理、施肥不同，它不直接向农田增加营养物质，其作用实质是通过农具的作用，改变土壤的物理状况和地表状况，改善土壤肥力条件和土壤环境，调节土壤肥力因素间的矛盾，满足作物生长发育的需要。

不同的土壤耕作措施，其具体作用不同，就整个土壤耕作而言，其作用具有如下几个方面。

1. 改善耕层构造，调节肥力因素

耕层构造是指耕作层土壤在毛管水达到饱和时，土壤中的固体体积、液体体积和气体体积三者的比例即固相、液相、气相的比例。耕层构造是影响肥力重要条件，对水、肥、气、热等肥力因素具有重要的调节作用。影响耕层构造的因素主要有两个：

(1)土壤有机质含量　有机质含量高，土壤稳定性团粒多，土壤耕层构造好。因此增加耕层有机质含量对改善耕层构造具有重要作用。

(2)土壤耕作　在生产中，改善耕层构造最常用的办法就是运用耕作措施。因为耕层构造随着作物生长、外界环境条件如气候、施肥等的变化而改变。为了使作物良好出苗、生长、发育，在生长期间，应经常不断地调节固、液、气的比例，例如作物收获后，土壤紧实，固相比例大，通过耕作，可以加以改善。中耕可以改善作物生长期间的耕层构造。在改善耕层构造方面，土壤基本耕作措施的作用大，持续时间长；表土耕作的作用小，时间短。

一般来说，土壤有机质含量多的土壤，耕层构造好，且变化稳定，需要耕作措施调节的次数少；相反，在有机质含量少的土壤上，耕作措施的作用就显得非常重要。在生产上，为了创造适于作物生长的耕层构造，往往把增施有机肥和利用土壤耕作措施有机结合起来。

2. 可以减少作物根系生长阻力，增强根系活力

土壤耕作可以减少根系生长阻力。作物根系直径多为 0.1～0.5 mm(幼根)，谷类作物幼根在 0.2 mm 以上，作物根毛的直径为 0.008～0.012 mm，而土壤毛管

孔直径为0.001～0.1 mm，因此凡紧实、毛管孔隙多、容重大的土壤，非毛孔空隙少，根系生长的阻力大。据测定，容重在1.24 g/cm^{3}的土壤，大于0.1 mm的非毛管孔隙占总体积的17.4%，容重增至1.52 g/cm^{3}时，只占1.6%。同时容重大的土壤还限制根系生长空间，使根系短粗，不利于土壤中水分、养分(尤其是难移动养分磷)的利用。当然，土壤含水量不同，也影响容重和根系阻力的关系。例如，同一容重下，水分充足时，根系生长阻力小；水分缺少时，阻力大。如豌豆，当容重小于1 g/cm^{3}时，根系基本不受机械阻力的影响；为1.1～1.3 g/cm^{3}时，机械阻力和水分同等重要；大于1.4 g/cm^{3}时，机械阻力是主要的。

土壤耕作可以改善土壤通气性，增加根系活力。作物根系和土壤微生物的呼吸作用，使土壤中二氧化碳质量分数增加，当土壤湿度高，投入较多残茬、秸秆、有机肥时，土壤中二氧化碳质量分数高出大气100倍，土壤空气中氧气质量分数下降，不利于根系的生长。采用耕地、耙地、中耕，疏松土壤，可以促进土壤空气与大气进行气体交换，有利于增加根系活力。

3. 蓄水保墒

为了满足作物对水分的需要，从农田水分管理看，应做到“蓄住天上水，保住土中墒”，即多接纳雨水和尽量减少蒸发、径流、渗漏量，尤其在旱地农业中，就显得更为重要。蓄水保墒措施可把降水蓄在土壤中，供作物吸收利用。主要措施是通过土壤耕作，减少径流量，发挥土壤水库的作用。中国科学院西北水土保持所，1979年在关中南部测定，夏季麦田6—10月份降水量为383～428 mm，雨季过后，土壤蓄水增加105～170 mm，而同期蒸发、径流等损失水分为258～283 mm，占总降水量的60%～73%，补给率仅为27%～40%，主要是土壤蒸发损失。

4. 利用干湿和冻融交替，改善土壤的物理状况

干湿交替作用是晒垡，冻融交替作用是冻垡。主要耕作措施是耕翻，把耕作层下部构造不良的土壤翻到地表，借助干湿和冻融的自然力，熟化耕层厚度。

5. 防除田间杂草

根据杂草生长发育特点，应用土壤耕作措施，防除农田杂草，是目前我国生产中运用最普遍的方法。

6. 建造适宜苗床

通过耙、耢、镇压可以平整地面，压紧土壤，为种子发芽出苗创造一个良好的环境条件，便于种子吸水发芽和出苗。

此外，耕地可以掩埋残茬、有机肥料，使土肥相融，同时将地表的虫、卵、孢子等病原菌翻到地下而窒息，将埋藏在地下的害虫翻到地上冻死。

耕地、耙地等也可以减轻或防止土壤中障碍因素的危害，如盐碱、结核、有毒物质等。

另外,起垄培土有利于排水,提高地温;也有利于加深土层,保证根茎作物生长;也可以增加粗糙度,减少水蚀和风蚀。镇压还可减少风蚀(表 6-1)。

表 6-1　不同土壤耕作措施的机械作用

耕作措施	松土	碎土	翻土	混拌	平整	压实
翻耕	显著	显著	显著	上下混合	—	—
松耕	显著	显著	—	—	—	—
旋耕	显著、浅	上层显著	微小	浅层混合	—	—
耙耱	—	表层微弱	—	表层微小	表层显著	微小
镇压	—	表层微弱	—	—	微小	显著

(三)土壤耕作的依据和技术原则

1. 根据作物对土壤条件的要求

不同作物对耕层深度、紧实度、水分、温度等的要求有所不同,因而在土壤耕作上要有所区别。作物要求土壤有利于扎根、出苗,同时根系可扩展面大,以便于供应作物所需的水、肥、气、热,从土壤耕作角度就是要创造深厚土壤耕层和适宜的松紧度。不同作物对土壤松紧度要求不同,同一作物不同生长发育阶段对土壤松紧度要求也不同。如小麦、玉米、甜菜一般要求土壤容重为 1.1～1.2 g/cm^3,大豆则以 1.2～1.4 g/cm^3 较好。土壤耕作还要考虑土层的层次与作物本身的特性。如禾本科作物顶土力强,可镇压,大豆、花生、棉花则要求苗床疏松,不宜镇压。

2. 根据土壤特征和特性

各类农业土壤都有自己的物理、化学、生物和剖面结构,土壤耕作措施必须随着地貌、土质等不同而有所变化。如西北地区的黄绵土,属于干旱气候带的土壤,土质松散,易受水蚀、风蚀,土壤耕作要以蓄水保墒,防止水蚀、风蚀为主要目标。质地黏重的土壤,结构差,通透性不良,宜采用耕翻措施。盐碱地的耕作措施要有利于排水、脱盐。水田因长期淹水,土壤物理性差,耕作的任务要使土壤松软,防止水分渗漏,促进土壤氧化,改进长期淹水的潜育化过程,减少还原性有害物质。因此,水旱轮作、水耙水耖是主要措施。

3. 与气候条件相适应

不同气候条件下,要求的耕作类型或措施不同,同一耕作类型或措施在不同气候条件下的作用、应用时间也不相同。

4. 与其他农业措施相适应

一种耕作措施或一种耕作方法的长期使用往往带来一些问题。所以,应根据当地的气候、土壤、作物、经济效益等制定出一套或几套相互配合的土壤耕作措施的组合。

5. 经济效益

耕作的次数、深度等，要讲究成本与效益，要看土壤耕作措施带来的增产效应是否能抵消或超过成本的投入。

二、土壤耕作的类型

不同的土壤耕作措施的组合，被称为土壤耕作类型或土壤耕作法。生产上有多种耕作法，各种耕法的目的都是在当地的气候、土壤条件下，创造一定的耕层结构和地表情况，调节作物、土壤、气候之间的关系，以满足特定作物生产的需要。但不同耕法又各具特点。

（一）翻耕法

也称为平翻耕法，是世界上运用历史悠久、目前仍广泛应用的耕作方法，也称为传统耕作法。其耕作措施主要有基本耕作即耕翻和由耙地、耢地、镇压、中耕环节组成的表土耕作。

1. 翻耕

翻耕作业能够松土和翻转土层，因此生产上需要土壤疏松，翻埋肥料、残茬和消灭杂草的，翻耕能一次完成，这是翻耕法被广泛应用的主要原因。翻耕是采用有壁犁进行耕地，有翻土、松土和碎土作用，其翻土和碎土作用的不同由犁壁的曲面形状决定。

对土地进行全面耕翻，能较彻底翻埋肥料、杂草、残茬、绿肥、牧草、病虫孢子等，为后作物创造清洁的地表。翻耕结合冻垡、晒垡，有利于熟化土壤，使有效养分增加。翻耕作业耗能多，并且必须有表土辅助作业，所以成本高。连年翻耕，土壤有机质消耗快，会降低潜在土壤肥力，且由于频繁的田间作业，在改善土壤结构的同时又破坏了土壤结构。翻耕后，留下疏松而裸露的耕作面，易引起风蚀、水蚀，在干燥多风气候下，容易跑墒。因此，应根据作物种类、气候特点和土壤特性合理运用。一般直根系作物和植株高大的作物宜深耕；黏土、土层深厚和多雨地区深耕，有利于改善耕层土壤的通气性。当前我国耕翻的深度，畜力犁一般为 15～18 cm，机耕为 20～25 cm，特殊用途的犁（如开荒犁）作业深度可达 30～50 cm，有的甚至可达 70～80 cm。

翻耕一般是在前茬作物收获后至下茬作物播种前的接茬或休闲阶段内进行。

一年一熟或一年两熟地区，主要在夏、秋季，也有少数地区采用春耕。北方旱地秋耕、伏耕增产作用往往比春耕大。

2. 耙地、耢地、镇压和中耕

翻耕后必须进行辅助性耕作，才能创造良好的耕层结构和地表状况，以满足作物生产需要。常用的辅助性耕作有耙地、耢地、镇压和中耕等。

要根据当地的气候、土壤和耕作任务，来确定应用时间和方法。如翻地以后的耙地时期，主要根据当时的耕层土壤含水量来确定。如果含水量适宜，可随翻随耙。若翻耙脱节，土垡块干透后再进行耙地，不但耙地质量差，而且还会破坏土壤结构。在北方，冬季时间长，秋耕后不耙或粗耙，有利于冻垡；低洼易涝地，或翻耕后土壤含水量高的地块，翻耕后短期内不耙地，有利于散墒。为了完成耙地的任务，还要选择适宜的耙地方式。耙地方式有顺耙、横耙、斜耙和对角耙等。顺耙是与翻地同方向的耙地，碎土效果差，犁沟不易填平，但省力、节时、作业快。横耙是耙地方向与翻地方向垂直，碎土平地效果好，但机械阻力大，消耗动力多，作业速度慢。斜耙是耙地与翻地方向沿一定角度进行，耙地效果、阻力、作业速度介于顺耙与横耙之间。对角线耙是沿着地块的对角线进行耙地，平地效果好。

(二)旋耕法

由旋耕或以旋耕为主与其他耕作措施结合形成的耕作方法叫施耕法。旋耕兼有基本耕作和表土耕作的双重作用，既可用来进行基本耕作，也可用来表土耕作。

旋耕的工具是旋耕犁。旋耕后土壤碎散，地面平整，但在降雨和灌水后容易变紧。对于杂草多的地块，由于无耕翻作用，效果较差。对水分较多的地块并不产生土壤结构的破坏作用，水田整地用旋耕机，旋耕一次即可插秧，并使水田有良好的防渗效果，所以南方水田适合采用旋耕犁。旋耕碎土能力很强，用于旱地和水浇地，能使土壤高度松软，地面也相当平整，深度可达 10～15 cm。播种前旋耕，旋耕深度不要超过播种深度，否则因土壤过于疏松，不能保证播种质量，影响作物出苗。

旋耕用作表土作业，对消灭杂草，创造疏松表土层，破除板结效果良好。

(三)深松耕法

深松耕法是由深松和表土耕作构成的耕作法。在较深的部位对土壤进行全面或局部的疏松，但不翻动耕层，让各层土壤保持在原来的位置上。深松土壤后于作物播种前仍需进行表土耕作作业，才能满足播种要求。深松土的农具有心土犁、凿形犁和松土铲。心土犁为凿形，长 30～50 cm，宽 10～15 cm。犁体与地面呈 200°～300°角，主要作用于心土，疏松坚实层(如犁底层)，增加心土层中大空隙，增加土壤透水性。凿形犁是在犁架上安装若干窄而坚固的齿,齿与齿之间相隔 20～30 cm,耕深可达 40 cm,其作用是只松土不翻土,适于在干旱条件下应用。在有壁犁犁体后面加装一个松土铲,耕作深度比犁地深 10～12 cm,主要目的是疏松犁底层。

深松耕法的运用原则是分层深松,不乱土层;间隔深松,虚实并存;耕种结合,耕管结合。

深松耕法的具体方法多样,机动灵活。既适合平作,也适合垄作;既适合单作,也适合间、套作。至于每年是否深松,可根据作物、气候、土壤、水分、施肥等条件灵活运用。

(四)垄作(播)和沟播耕作法

垄作是将作物种在垄上的种植方法,可以是将作物直接播种或移栽在垄上,也可以通过中耕培土起垄。沟播是将作物种在沟内的种植方法。两者都是在进行基本耕作的基础上,通过专门机械或人工改变地表形状,形成规矩的垄和沟,然后将作物种植在垄上或沟内。在高纬度和高海拔地区,开沟起垄可以增加土壤与大气的接触面,增加太阳的照射面,多接受热量,将作物种植在垄上,有利于作物的生长发育和成熟。在作物苗期易受冻害的地区和时期,将作物种在沟内,有利于防止作物的冻害。沟垄种植的温度效应如图 6-1 所示,即在高温区或温度由低向高变化时,垄处温度大于平作畦播温度大于沟内温度,在低温区或温度由高向低变化时,沟内温度大于平作畦播温度大于垄处温度。冬小麦沟播的 5 cm 地温、沟温比平畦播种小麦增加 0.5～1.5℃,平均增加 0.8℃,对促进小麦冬前生长具有积极作用。春季和夏季,沟温比平畦播种小麦降低 0.4～2.6℃,对减少春季无效分蘖具有积极意义。

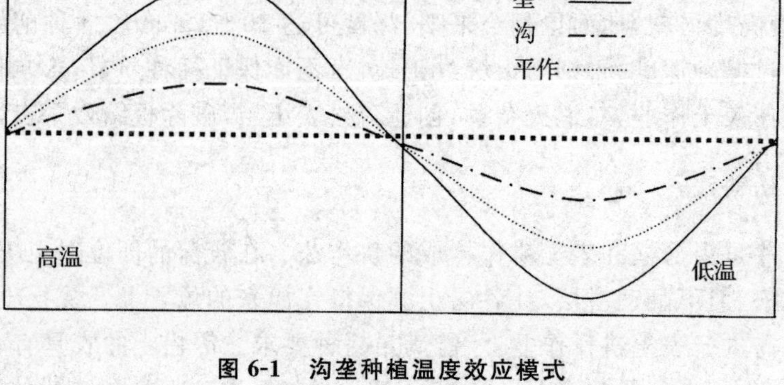

图 6-1 沟垄种植温度效应模式

(陈雨海,1994—1996 年)

另外，在多雨地区开沟起垄主要是排水，增强土壤的通透性，促进土壤微生物的活动。在降水少、需要灌溉的地区，将作物种在沟内，有利于接纳雨水、便于灌溉；沟播可以将表层干土汇集到垄上，将作物种在适宜的土壤中，有利于借墒播种，提高水分利用率。在土层较浅的土地上，起垄种植，可以加厚土层，有利于块根块茎膨大，提高这类作物的产量。风沙危害严重的地区，沟垄种植有利于减少径流，防止水土流失。

(五)沙田耕作法

沙田耕作，是以沙石作为覆盖的耕作方法，用沙石覆盖土壤，多年不再进行耕作而栽培作物。主要分布在我国西北地区，是我国西北地区农民创造的一种蓄水、抗旱、保墒的耕作法。

沙田是用大到鸡蛋大小的卵石，小到粗沙这个范围的沙石混合后，覆盖地面，厚度 10 cm 左右，作物播在沙层下面的土壤里，茎叶穿过沙层长出地面。沙田对改善土壤热状况有独特的作用。首先沙田凸凹不平，吸收太阳辐射多；其次是沙层热容量小，接受太阳辐射后升温快并迅速传递到土壤；第三蒸发散热少。因此，沙田土温昼夜温差大，适宜种植多种作物，作物出苗快，成熟早，品质好。由于成本较高，多种植经济价值较高的作物。

沙田在铺沙前进行犁耕，施足底肥，压实后铺沙，以后不再进行耕作。为更好接纳雨水，清除杂草，在前作物收获后，往往进行浅耕沙层。沙田使用年限主要取决于灌溉条件，旱沙田可达 40 年，灌溉的沙田一般 5～6 年。

(六)少耕和免耕法

过分的土壤耕作易破坏土壤结构，风蚀加重，水土流失，土壤理化性状恶化。因此，20 世纪 70 年代，许多国家开始进行少耕和免耕的研究与推广。少免耕的特点是不翻耕或减少翻耕，加之残茬的覆盖，可以减少水蚀、风蚀和水分蒸发，保蓄土壤水分，增加土壤有机质。同时节省能耗，适时播种。

1. 少耕

少耕是指在一定的生产周期内合理减少耕作次数或间隔，减少耕作面积的耕作法。在季节间、年间轮耕，减少中耕次数或免中耕等都属少耕的范畴。从 20 世纪 50 年代起，各国提出了多种类型的少耕法。如保留翻耕环节的少耕方法有，去掉耙耢环节、翻后直接播种，保留耙耢环节、去掉中耕等；免去翻地环节的少耕法有，深松代翻耕，以旋耕代翻耕，间隔带状耕种，连年耙地，旋耕，垄作等。我国的松土播种法就是采用凿形犁或其他松土器进行平切松土，然后播种。带状耕作法是把耕翻局限在行内，行间不耕地，作物残茬留在行间。国外的少耕法包括耕播法、耕后播种法、轮迹播种法、带状播种法、耙茬播种、局部深松代替耕翻、旋耕代替耕翻等。

2. 免耕

免耕又称零耕、直接播种，指作物播前不用犁、耙等整理土地，直接在茬地上播种，作物生育期间不使用农具进行土壤管理的耕作方法。国外的免耕法一般由3个环节组成：利用前作残茬或播种牧草作为覆盖物；采用联合作业的免耕播种机开沟、喷药、施肥、播种、覆土、镇压一次完成作业；采用农药防治病、虫、杂草。

免耕法有以下几个特点：利用残茬覆盖作为地面障碍物，避免雨水直接打击土壤，破坏土壤结构，拦截径流，防止风蚀和水蚀；依靠作物根系和蚯蚓等使土壤疏松，即利用生物代替土壤耕作，来维持一定的土壤耕层结构，并促进有机质和水稳性团粒的增加；用除草剂、杀虫剂、杀菌剂代替土壤耕作在除草和防止病虫害方面的作用；用先进的机具代替传统耕作的机具和耕作方法，如用免耕播种代替传统的犁、耙等多种农具和作业，实行一机或一次进地完成多项作业，减少机具进地次数，减轻对土壤的破坏程度，同时也节约了能耗。

免耕法（或少耕法）的优点表现在：节约劳力、动力、机具与燃油的消耗，降低了生产成本、提高了劳动生产率；节约了耕作时间，减少了因耕作损失的土壤养分；地面覆盖加上土壤紧实，减少了土壤侵蚀量，降低了土壤有机质的消耗。

少免耕也存在一些问题。作物秸秆覆盖物在分解时，产生一些带苯环的有毒物质（化感物质），影响种子发芽和幼苗生长；由于地面覆盖，土温往往降低，使播种出苗延迟；由于不能翻埋残茬，使病虫、地下害虫危害增加。

（七）水田土壤耕作法

1. 水田的特点

水田土壤与旱田不同。水田在淹水后，耕层内水分饱和，空气和氧气极少，呈还原状态。到水稻成熟后，通过排水与土壤耕作，耕层内充满空气，呈氧化状态。经过多年如此干干湿湿、氧化还原状态交替，形成与旱田不同的物理、化学、生物学过程。其物质转化与移动、养分保持与释放，都有其独特的规律。典型的水田土壤剖面，分为淹育层、犁底层、潜育层和母质层。

2. 水稻对土壤耕作的要求

水田主要是用来栽培水稻。水稻对土壤耕作的要求主要有4个方面：

（1）一定深度松软的耕层　水稻根系能否在土壤中自由伸展，则与土壤的理化性状、耕层深度、土壤松紧度等有关，因而一定深度的耕层是获得水稻丰产的基础。

（2）保持一定水层　一定的水层环境既可保证水稻本身的需水要求，又可保持土层松软状态和稳定土壤氧化还原电位。

(3)地面平整 地面平整可以准确地控制水层深度,创造相同的土壤环境,使水稻生长整齐一致。

(4)防除田间杂草 水稻田杂草种类很多,杂草是水稻生产的一大危害。

3. 水田土壤耕作类型

水田土壤耕作的类型也有多种。

(1)翻—耙—耢(耖)耕作法 这是目前世界上水田应用较广泛的耕作法。即作物收获后耕地,耕后耙地或不耙地,水稻移栽前浅耕或不耕,用水泡田,水耙地,耙后耢平,以备移栽。

(2)旋耕 在作物收后,用旋耕机旋松 6～10 cm 土层,旋耕后,水耙耖平插秧。

(3)旋耕间隔深松 在水稻收获后旋耕 6～10 cm,并间隔 30～40 cm 深松到 25～27 cm。

(4)免耕 水稻收获后用稻草覆盖土壤,以后不进行任何耕作,直接播种下茬水稻。

三、土 壤 培 肥

土壤是作物生产的基础。农田土壤培肥是重要的养地环节,它是以维持和提高地力为中心,依据地力再生原理、农田养分动态平衡原理、施肥经济效益分析原理等为基础,在特定作物生产体系下建立起来的一整套农田培肥措施。

(一)土壤肥力的概念

土壤肥力是指土壤能够同时而且不断地供应和协调作物生长发育所必需的水分、养分、空气、热量和其他生活必需条件的能力。土壤肥力可分为两种:一种是土壤形成过程中各种自然因素作用下产生的肥力,称为自然肥力;一种是在自然肥力基础上,在农业措施影响下产生的肥力,称为人工肥力。这些肥力在作物生产上反映出来的部分,称为有效肥力。有效肥力的高低体现了社会经济制度和科学技术发展的水平。

(二)土壤肥力的构成

土壤肥力包括物理肥力、化学肥力和生物肥力 3 部分,3 种肥力相互联系、相互作用,共同构成土壤的肥力特征。

1. 土壤的物理肥力

土壤的物理肥力即土壤的物理性质，是指土壤固、液、气三相体系中所产生的各种物理现象和过程。它是土壤肥力的基础。

土壤的基本物理性质包括土壤质地、孔隙、结构、水分、热量和空气状况等方面。各种性质和过程是相互联系和制约的，其中以土壤质地、土壤结构和土壤水分居主导地位，它们的变化常引起土壤其他物理性质和过程的变化。

土壤物理性质和土壤化学性质与土壤生物活动密切相关，互有影响。土壤物理性质除受自然成土因素影响外，人类的耕作活动(包括耕作、轮作、灌排和施肥等)也能使之发生深刻的变化。因此可在一定条件下，通过农业措施、水利建设以及化学方法等对不良土壤的物理性质进行改良、调节和控制。

2. 土壤的化学肥力

土壤的化学肥力即土壤的化学性质，是指土壤中的物质组成、组分之间和固液相之间的化学反应和化学过程，以及离子(或分子)在固液相界面上所发生的化学现象。包括土壤矿物和有机质的化学组成、土壤胶体、土壤溶液、土壤电荷特性、土壤吸附性能、土壤酸度、土壤缓冲性、土壤氧化还原特性等。

土壤化学性质和化学过程是影响土壤肥力水平的重要因素之一。除土壤酸度和氧化还原特性对植物生长产生直接影响外，土壤化学性质主要是通过对土壤结构状况和养分状况的干预间接影响植物生长。土壤矿物的组成、有机质的数量和组成、土壤交换性阳离子的数量和组成等都对土壤质地、土壤结构直至土壤水分状况和生物活性产生影响。进入土壤中污染物的转化及其归宿也受土壤化学性质的制约。土壤物理性质，如土壤质地、土壤结构和土壤水分状况对土壤胶体数量和性质、电荷特性、氧化还原程度和土壤溶液的组成有明显影响；土壤生物，尤其是土壤微生物则影响到土壤有机质的积累、分解和更新以及腐殖质的形成。

土壤化学性质可以借助各种方法加以调节和改善。常用的农业措施包括施用有机肥料、客土、耕作、灌水或排水等；化学措施包括对酸性土壤施用石灰，对碱土施用石膏等。

3. 土壤的生物肥力

土壤的生物肥力即土壤的生物特性，是土壤动、植物和微生物活动所造成的一种生物化学和生物物理学特征。

栖居在土壤中的活的有机体可分为土壤微生物和土壤动物两大类。前者包括细菌、放线菌、真菌和藻类等类群；后者主要为无脊椎动物，包括环节动物、节肢动物、软体动物、线性动物和原生动物。原生动物因个体很小，故也可视为土壤微生物的一个类群。

土壤生物除参与岩石的风化和原始土壤的生成外，对土壤的生长和发育、土壤肥力的形成和演变以及作物的营养供应状况均有重要作用。

(1)土壤微生物　土壤微生物包括细菌、放线菌、真菌、藻类和原生动物 5 大类群。土壤微生物在土壤中的作用是多方面的，主要表现在：①是土壤的活跃组成成分；②参与土壤有机物质的矿化和腐殖质化过程，同时通过同化作用合成多糖类和其他复杂有机物质，影响土壤的结构和耕性；③参与土壤中营养元素的循环，包括碳素循环、氮素循环和矿物元素循环，调节植物营养元素的有效性；④某些微生物有固氮作用，可借助其体内的固氮酶将空气中的游离氮分子转化为固定态氮化物；⑤与植物根部营养关系密切。植物根际微生物以及与植物共生的微生物如根瘤菌、菌根和真菌等能为作物直接提供氮素、磷素和其他矿质元素的营养以及各种有机营养，如有机酸、氨基酸、维生素、生长刺激素，等等。

(2)土壤酶　土壤中的生物催化剂，具有加速土壤生化反应速率功能的一类蛋白物质。土壤中的一切生化过程，包括各类植物物质的水解与转化、腐殖质的合成与分解以及某些无机物质的氧化与还原，都是在土壤酶的参与下进行和完成的。土壤酶在参与生化反应的过程中有很强的专一性，在反应前后自身不发生任何变化。不同的土壤酶类多以酶-有机质复合体存在，故具有共同的作用底物。

(3)菌根　特定真菌菌丝与植物根联合组成的共生体。具有这种能力的真菌称菌根真菌或菌根菌。菌根可分外生菌根和内生菌根两类。菌根中的菌根菌伸出根外的菌丝具有与植物根毛相似的吸收能力。由于其伸长的范围常超过根毛，菌根实际上起了扩大植物根对营养元素的吸收面的作用，对于增大植物对在土壤中迁移缓慢的磷以及铜、锌等营养元素的吸收量，尤有意义。

(三)土壤培肥的途径

1. 增施有机和无机肥料，提高供肥性能

在农业生产中，为保证农作物高产、稳产，应科学地增施肥料，把用地与养地密切联系起来，建立以有机肥为主、有机肥和无机肥相结合、配合多种肥料、广开肥源、合理用肥的科学施肥制度。

2. 合理耕作和灌排，促进养分的转化供应

(1)精耕细作、疏松耕层，以耕促肥　深耕可以有效地改善土壤松紧状况，提高蓄水和通气性能，促进微生物的活动，加速土壤矿物质的风化和有机质的分解转化，从而提高土壤有效养分含量。中耕松土可以通气增温，保持土壤水分，增加速效养分的数量。伏耕晒垡可通过土壤的干湿交替，提高地温和通气性，改善土壤结构，促进养分的释放供应；秋耕冻垡，通过土壤水分的冻融交替，疏松土壤，促进养

分释放。

(2)合理灌排,调节水、肥、气、热状况　一般条件下,土壤相对含水量控制在60%～80%时,水、气、热状况较为合适,对养分的释放供应和根系吸收较为有利。追施肥料尤其是追施化肥时,要在下雨前或结合灌溉施用,以便溶解而发挥肥效。干旱时施肥,会增加旱害,或影响肥效发挥。但在灌水过多或湿涝洼地有积水的情况下,由于通气性差、土温低,养分的释放、供应较慢,会发生养分淋失,甚至产生还原性有害物质,影响作物的吸收,这时应采取排水措施减少水分,便于透气增温,促进养分转化。

3. 消除有毒物质,改善养分的供应状况

(1)消除碱害　土壤碱性过大会影响氮素供应,并降低作物根系的生命活动,影响对可溶性磷素的吸收。其碱性的根源是由于土壤胶体上代换性钠的饱和度过高,通常可施用石膏,用钙离子将钠离子代换到溶液中去,然后用水将生成的硫酸钠洗掉。在微碱性的石灰性土壤中,磷、铁、锰、锌、硼、铜等养分的有效性降低,增施有机肥,可提高上述元素的有效性;施用酸性肥料,也能局部改变土壤酸碱度,有利于养分的释放。

(2)消除盐害　土壤中盐分含量达到0.3%以上时,就会抑制根的生命活动,至1%时则一般作物都不能生存,必须通过冲洗、排水和其他农业措施,降低土壤盐分浓度或减少与盐分的接触以消除盐分的毒害。在施肥过程中,如浓度过大,有时也会产生与盐害相似的情况。

(3)消除还原物质毒害　在低洼湿地或长期积水的稻田,常会产生各种还原性物质的毒害,影响根系对养分的吸收。如亚铁离子和低价锰离子以及有机酸(丁酸、甲酸)、亚硝酸离子等,还有硫化氢和甲烷等,抑制新根的生长发育。在这种情况下,应采取排水晒田等措施,通过氧化以消除还原性物质的危害。

(4)消除污染的危害　工业三废、农药、化肥等含有的有毒物质以灌溉、施肥等方式侵入土壤,会影响到农作物的生育和人体健康,降低农作物根系对养分的吸收能力。对于结合施肥、灌溉带进土壤的各种物质,必须事先测定其数量和有害成分,必要时进行净化处理。

四、土壤健康管理与环境保护

(一)土壤管理的重要性

土壤是作物生产最基本的生产资料。只有用好、养好、保护好土地和土壤,作物生产这个永续的生产系统才会不断提高其生产力，否则作物生产难以持续。要想用好土地，应根据具体的资源条件（土地数量、气候、土壤状况、地形等）做到两点：一是保护与培养相结合，在保护好有限耕地资源的基础上，不断培肥和提高地力；二是增加肥力因素与改善肥力条件相结合，提高改善土壤肥力，可通过增加肥力因素即水、肥、气、热，主要靠农田培肥、农田灌溉等来实现。也可以通过改善肥力条件，进行物理调节，使农田潜在肥力有效化，借助耕作措施来完成。增加肥力因素与改善肥力条件同等重要，是不可分割的整体，必须协调配合。土壤物质循环具有开放性、复杂性和可控性，人们能否管理好土壤，取决于人们对土壤物质循环规律的认识深度和调控措施的合理运用。根据人们对土壤资源的调控状况，土壤肥力或资源的变化，有以下几种类型：

1. 提高和改善型

在培肥管理上属于集约型。其特点是，人工强化养地手段，采取多条途径促进农田物质循环，在用地过程中，地力能及时得到恢复和提高，呈现上升的动态表现。表现土壤环境稳定、土壤有机质含量增加、生产力提高。

2. 维持型

地力在发展过程中只能维持简单的再生产，作物生产的改变受栽培技术的影响较大，农田养分的输入与输出大体平衡。轮作制度中常有养地作物的参与。目前大多数中等地力水平的农田都属于地力维持型。

3. 减退型

物质投入结构不合理，而且用量少，属于掠夺式生产，土壤有机质下降，地力每况愈下；或由于耕作管理不当，水土侵蚀严重，土壤环境不稳定，土壤保水、保肥能力下降；或多种原因引起了土壤污染，使作物生产条件恶化。地力的输出大于地力的恢复，长此以往，入不敷出且不合理。许多山区农田属此类型，如西北地区、丘陵地区的耕地。

4. 枯竭型

在地力减退型的基础上，未能采取有利的培肥措施；或在脆弱型土壤上进行的不适当的开垦，风蚀水蚀加剧，土壤污染日趋严重，或对次生盐渍化土壤任其发展，使土壤继续迅速退化丧失生产能力。此类土壤一般不宜再栽培作物。

（二）传统的土壤管理引起的环境问题

1. 耕地面积减少、质量退化

土地资源退化是指由于人类利用不当或受某些不利的自然因素影响造成的土地资源质量下降，表现为土地生产能力逐渐衰退和产品质量降低。目前土地退化的原因有土壤侵蚀、土壤次生盐碱化、土壤沙化、土壤肥力下降、工业“三废”对土壤的污染、农用化学物质对土壤的污染等。据估计每年全球土壤侵蚀量为250亿t，远远大于土壤的形成数量，仅水土流失一项每年就使全世界失去耕地5万～7万hm^2。土壤沙化是当今土地资源面临的另一个重要威胁。据估计世界每年有500万hm^2土地变成荒漠，由此世界损失耕地300万～400万hm^2。

2. 严重的土壤环境污染，使农产品品质下降

(1)农药的大量使用和滥用，对土壤环境和人类生活构成严重威胁　人们为了防治作物的病虫害，大量使用化学农药，使农田生态系统环境遭到破坏。一是使农业生态系统中天敌极度贫乏，生物多样性指数大大下降，破坏了生态平衡，天敌等自然控害因子的作用显著削弱，引起了害虫再猖獗，害虫大发生频次增加。二是害虫抗药性日趋上升。目前世界上已有504种害虫与螨类对一种或数种化学农药产生抗药性而且抗药性不断上升，增加了防治难度，也缩短了农药的使用寿命。三是农药在生物环境中的生物富集作用。主要是指生物体从生活环境中不断吸收低剂量的农药，并在体内逐渐积累的能力，营养级越高的生物所积累的农药浓度也越高。另外农副产品中的农药残留量增加，也危害人畜健康。

(2)化肥的大量使用和滥用，也对土壤环境和人类生活构成严重威胁　大量使用化肥，使土壤酸化，土壤的物理性状恶化，特别是氮肥的使用还会导致交换态铝和锰数量的增加，对作物产生毒害作用，影响农产品的产量和品质。化肥也成为水体和大气污染的主要来源。目前化肥过量使用，农作物肥料利用效率降低，残留量加大的问题比较突出。过量使用氮肥引起土壤中硝态氮积累，灌溉或降雨量较大时，造成硝态氮的淋失，导致地下水和饮用水硝酸盐污染；而土壤中氮素反硝化损失和氨挥发损失形成大量的含氮氧化物污染大气。据研究，氮肥使用量与农产品器官硝态氮积累密切相关，氮肥的使用量越高，农产品硝酸盐积累越多，农产品的品质越差。

3. 中国土壤管理中存在的问题

(1)耕地数量不足，并继续减少　我国人均耕地面积仅为0.08 hm^2，相当于世界人均耕地面积的1/4。在现有耕地中，高产稳产田占总耕地面积的1/3，中低产田占2/3。1978—1995年耕地净减少441.9万hm^2，年均减少26.0万hm^2。目前，我国耕地每年大约以30万hm^2的速度减少。中国要在十分有限的耕地上，来满足日益增多的人口对粮食不断增长的需要，困难越来越大。

(2)水土流失严重，旱涝灾害频繁　我国土壤侵蚀尤为严重，仅黄河与长江每年入海泥沙就达20多亿吨，相当于每年毁坏土地40万hm^2，全国的土壤侵蚀面积高达492万km^2，占国土面积的51.2%。全国沙漠和沙漠化土地已占国土面积的

15%，1/3 的国土受到风沙威胁。农业每年缺水 300 亿 m^3，受旱面积 2 700 万 hm^2，平均每年因缺水缩小灌溉面积和减少有效灌溉次数而减少 500 万 t 粮食。全国每年旱涝灾害造成 1 000 万 t 粮食损失和 300 亿美元的经济损失。

(3)土壤污染严重　目前全国遭受不同程度污染的农田面积已超过 1 000 万 hm^2，其中污水灌溉面积 360 万 hm^2；大气污染（以酸雨和氟污染为主）的农田面积约 900 万 hm^2；固体废弃物侵占农田和垃圾污染农田面积 90 万 hm^2。且有不断扩大和加重的趋势，由此造成的粮食减产损失 150 亿 kg，直接经济损失 125 亿元。

据全国第二次污水灌区环境质量状况普查统计（基准年为 1995 年），目前我国利用污水灌溉的农田面积为 361.84 万 hm^2，占我国总灌溉面积的 7.33%，占地表水灌溉面积的约 10%。该面积比 20 世纪 80 年代初第一次污灌普查时的 140 万 hm^2 增加了 1.6 倍。污灌面积中，直接引用工业及城市下水道污水灌溉的面积为 51.2 万 hm^2，使用超过农灌水质标准水体灌溉的面积为 310.7 万 hm^2。大约 90%的重点污水灌溉污染区为重金属污染，其次为石油化工废水、造纸废水、酒精厂与制糖厂废水、河流上游污水综合污染等。相当部分的农田重金属含量已超过土壤环境质量Ⅱ级标准，几乎所有农田生长的农作物都受到一定程度的危害，即表现为减产或农产品中污染物超标。酸雨对我国农业生产和农业生态综合危害日渐严重。大量 SO_2 排放是降水呈酸性的主要原因之一。1995 年全国 SO_2 排放量达 2 370 万 t，居世界第一位，而且随着经济的发展，特别是工业的发展，SO_2 的排放量将逐年增加。我国江南沿海一带、四川盆地及攀西地区农作物经常受到酸雨危害。我国长江以南 7 省受酸雨影响的主要农作物播种面积为 991.83 万 hm^2（耕地面积为 396.28 万 hm^2），占 7 省总播种面积的 19.05%。已成为继欧洲、北美之后世界第三大酸雨区。

(4)农业自身造成的污染日趋严重　我国化肥施用量增加迅速（表 6-2）。目前我国化肥年使用量达 4 124 万 t，约占世界化肥总量的 30%。按播种面积计算，

表 6-2　世界和中国化肥施用量　　万 t

年份	世界	中国	中国占世界百分率
1990	13 804	2 590	18.8
1995	12 160	3 594	29.6
1996	12 958	3 873	29.9
1997	13 512	3 981	29.5
1998	13 725	4 084	29.8

平均每公顷化肥施用量达 400 kg 以上，已远远超过发达国家为防止化肥对水体污染而设置的 225 kg/hm^2 的安全上限。1979 年全国农药总产量才 9 万 t，目前全国农药年使用量已达 120 万 t 以上，农药的 50%左右进入土壤、水体，不同程度遭受农药污染的农田面积已达 900 万 hm^2。地膜污染、农业废弃物如秸秆、畜禽粪便等的污染也呈加剧趋势，给人民生活和经济建设带来了不良影响。

(5)土壤生态恶化导致农产品污染加剧，农产品国际竞争力下降　农业部(2000)对工矿企业区、污灌区等重点区域主要农畜产品污染情况调查，污染物超标率达 18.5%。2001 年对部分省会城市农贸市场果菜的抽样检测结果表明，水果、蔬菜农药超标率为 20%左右，违禁使用农药现象时有发生。农业环境和农产品污染造成农产品出口竞争力下降。

(6)农业生态恶化，持续生产能力下降　目前我国大部分草地已经或正在退化，草地退化、沙化、碱化面积每年还在以 2 000 万 hm^2 的速度增加。全国由于生态恶化形成自然灾害的受灾面积，由 20 世纪 50 年代的每年 1 000 万～2 000 万 hm^2 发展到 90 年代的每年 3 000 万～5 000 万 hm^2。20 世纪 90 年代中期以来，北方地区发生“沙尘暴”的频率越来越高，危害日甚。

(三)土壤管理的新动向

1. 土壤管理面临的严峻形势

农产品尤其是粮食生产的形势依然严峻，数量不能满足人类的需求，质量不能满足营养需要，饥饿或营养不良仍是全人类面临的大敌。

人口增长速度快，粮食供需矛盾突出。1999 年 10 月 12 日，全球人口 60 亿。目前，每秒钟世界人口增加 2.5 人。据联合国人口署估计，2025 年全球人口将达 80 亿，2050 年将达 90 亿。我国人口 1980 年 9.87 亿，1995 年增到 12.11 亿，估计到 2030 年，我国人口将增加到 15.3 亿～16.3 亿人。目前全世界谷物产量 20 亿 t，人均占有量不足 400 kg，仍有 8 亿人口处于饥饿或营养不良的状态。满足新增人口所需粮食同时提高人均占有水平，任务艰巨。

水资源短缺，成为单产提高的限制因素。以我国为例，我国人均占有水量为世界的 1/4，为世界 13 个贫水国之一，华北地区仅为世界的 1/24；有限的水资源在时空分布上又很不均匀，供水不足成为粮食增产的重要限制因素。我国现有耕地灌溉面积约 4 928 万 hm^2，占耕地面积的 51.9%，为了提高我国的粮食自给率，必须大力扩大灌溉面积，争取在 2050 年达到我国耕地灌溉面积的上限 6 000 万～6 500 万 hm^2。水资源短缺是制约我国 21 世纪农业持续发展的重要因素之一。

2. 土壤管理的新动向

传统土壤管理的环境问题、人口增加、资源短缺，使未来土壤管理的任务更加艰巨。许多国家和农业科研机构，都在探索新的土壤管理模式，包括土地资源利用规划、农田培肥、土壤耕作、种植模式、作物选择、肥料种类、施肥技术等。

(1)优化土地资源利用规划　如退耕还林、退耕还草、农田防护林建设、作物生产区域化布局等。

(2)土壤新型耕作体系的研究与推广　如保护性耕作技术、免耕技术、少耕技术、秸秆覆盖技术等。

保护性耕作法可以追溯到70多年前袭击北美大地的沙尘暴。被学者们称之为“黑风暴”的灾难对农业打击极大。国外在20世纪50年代末开始探索土壤耕作制度的改革。经过多年的试验，人们发现对耕地不进行深翻作业或采用圆盘耙少耕作作业，可以明显减少风对土壤的侵蚀，增加雨水积累，从而大大缓解了传统耕作对生态环境破坏的压力。联合国粮农组织称这种耕作法为新的耕作革命。据估计，现在全世界约有4 500万 hm^2 的农田采用了保护性耕作法。西方发达国家保护性耕作法，一般采取轮休制度，收割时高留茬，秸秆过腹还田或粉碎还田，采取少耕或免耕播种。美国是运用保护性耕作法面积较大、研究深入的国家之一，2000年美国采用这种耕作方法的农田面积已达2 400多万公顷，其中种植大豆1 280万 hm^2、玉米900万 hm^2，分别占玉米和大豆种植总面积的24%和27%，其他还有棉花和小麦。美国农场推广保护性耕作法获得了较佳的经济利益和良好的生态效益。采用这种耕作法，平均每种植1 hm^2 地可以节省34 L柴油和12.5美元的农机损耗，节省工作时间1.5 h。此外，英国的玉米栽培已有一半面积采用几年不翻的免耕法种植。在加拿大、澳大利亚已找不到翻耕土地用的铧式犁。日本、伊朗、菲律宾等国家以立法的形式推广免耕法。非洲的喀麦隆、马达加斯加、马里、乍得、加蓬等国家推广“免耕直播法”后，在土地比较贫瘠干旱和半干旱地区，玉米产量达1 500 kg/hm^2，比传统耕种法的玉米产量提高了50%；棉花产量从过去的800 kg/hm^2 增长到2 000 kg/hm^2，取得显著成效，为非洲乃至其他地区治理水土流失，改变生态环境，提高粮食产量开辟了广阔的前景。

作物免耕播种机分为大粒种子如玉米、大豆免耕播种机和小粒种子如小麦免耕播种机两种。玉米免耕播种机代表机具为迪尔公司生产的系列免耕播种机具，一次作业可完成开沟、播种、施肥、镇压等工序，有些还可完成打药。开沟器一般采用大、小波纹圆盘；播种采用气力式(气吸和气吹两种)精密播种。小麦免耕播种机以新西兰国家生产的一种单圆盘免耕播种机为代表，一次作业可完成开沟、播种、施肥、镇压等工序，由单缺口圆盘完成开沟，缺口圆盘两边分布施肥靴、落种靴，与缺口圆盘协同作业形成“十字沟”，达到种肥分施和化肥深施的目的。玉米秸秆粉碎带状灭茬联合作业机很少报道，常见的是秸秆粉碎还田机，为大功率拖拉机，宽幅，粉碎刀有锤片式、双L刀式、双弯刀式等。

保护性耕作技术的主要发展趋势是少耕和免耕。播种面积越来越大，耕作技术多样化，耕作方法轮作制（如深松、耕翻、耙茬、免耕轮作），生物耕作，土地轮休制等。随着科学技术的进步，大功率拖拉机的发展，先进国家免耕播种技术主要发展趋势是智能化和联合作业多样化。主要体现在一方面播种机的通用性和实用性不断提高，机械电子与农艺高度紧密结合，工作幅宽向宽幅发展，播种向高速作业精密播种方向发展；另一方面联合作业向功能齐全作业发展，一次作业可完成开沟、播种、施肥、覆土、镇压、喷洒除草剂等全道工序。此外，随着信息技术的高速发展，利用卫星定位系统，对播种量、施肥量、喷药量等进行智能化控制。

(3)化肥的合理利用及科学管理　确定农田施肥限量指标，建立新的肥料管理与服务体制。遵循精确农业施肥原则，量化施肥，推广使用长效、控释肥料。在不同土壤和作物条件下，采用不同肥料品种、用量及施肥时期，采用推荐施肥等。

在作物生产中，如果不采取合理的施肥技术，往往会造成施肥不当而达不到施肥的应有效果，肥料利用率下降，甚至造成肥害。因而，国内外都比较重视肥料施用技术的改进和提高。随着科学技术的发展，特别是农业化学的发展，新的测定仪器和技术的出现，肥料的品种和施肥新技术的开发，在许多国家，提高了施肥技术的现代化水平。测土施肥技术得到了迅速发展，成为一项常规的农业技术措施，已获得明显的社会效益和经济效益。

推荐施肥技术分为土壤测试和植物营养诊断两个相互关联，又各有特色的技术系统，一个以土壤分析测试为主，一个以植株分析诊断为主进行推荐施肥。

土壤测试。土壤测试技术分为3类：一是北美、西欧国家采用的土壤养分丰缺指标法，其特点是用合适的提取剂提取土壤有效养分，根据农作物相对产量水平把土壤有效养分含量划分成不同等级，再按不同等级提出推荐施肥量；二是苏联东欧各国采用的养分平衡法，其特点是按照农作物产量需要的养分数量，用土壤养分含量和肥料进行平衡，另外，再补充一部分肥料培肥地力；三是日本采用的土壤诊断法，根据农作物高产所需地力水平提出高产土壤养分吸收量补施肥料，不使地力下降。以上3种类型测土施肥技术只是大体的划分，每一类型还可细分出一些方法上不同的技术系统，各系统之间在方法上也有不少相互渗透的地方。

植物营养诊断。包括作物生长诊断或形态诊断和组织分析营养诊断。作物生长诊断根据作物的生育状态、长势、长相、叶色进行诊断，缺素诊断和生育诊断是形态诊断的两种主要方法。缺素诊断是通过作物表现出的植株症状判断作物是否缺乏某种元素。叶色诊断是缺素诊断的发展，主要应用于植株氮素营养状况的判别。在水稻、小麦等作物应用较多，通过专用的叶色卡与植株叶色进行比较确定是否需要使用氮肥。生育诊断是根据作物群体的长势、长相和生育进程，决定栽培管理的时机，如水稻、小麦等作物应用叶片与其他器官的同伸关系，以叶龄为形态指标，判断是否需要肥水管理措施。这种诊断手段可用于肥水措施时机的选择，用量的多少还需要结合经验或测土施肥来确定。组织分析营养诊断是对来自特定部位、特定生育阶段的植株样品，对其体内某一养分元素测定其含量，也可称为植物组织分析。植物组织分析的结果可用临界值法、标准值法、综合诊断施肥法确定是否需要施用该元素。此外，淀粉碘试法可以诊断水稻体内氮素的状况，决定水稻氮肥的施用。

(4)农药的合理施用和新型作物病虫害防治技术　如加强综合防治，充分发挥农药以外其他防治手段在有害生物治理中的作用，减少农药用量；贯彻落实农药法律、法规，确保安全用药；加强农药新品种研制和开发，大力发展生物防治药剂；推广化学农药使用新技术和新方法。

现代病虫害综合防治技术即 IPM 技术，它的基本含义就是利用生物的、栽培的、物理的和化学的方法有机地结合起来调控有害生物的群体，使之最大限度地减少有害生物对经济、环境和人类健康的影响，满足动植物生产和产品销售过程中各环节的安全性和有效性。目前 IPM 技术发展趋势主要呈现在以下 3 方面：①利用害虫暴发的生态学机理作为害虫管理基础。②充分发挥农田生态系统中自然因素的生态调控作用。据报道，在农田和自然生态系统中，天敌的控害作用在 50%以上，作为抗性和其他生态因素的调控作用占 40%，天敌与抗性的综合控害作用超过 80%。③发展高新技术和生物制剂，尽可能少用化学农药。减少化学农药使用量已成为害虫综合防治的共识。目前，全球生物农药的用量占总用量不到 10%，其中绝大部分是以 Bt 为代表的生物制剂，其他的生物杀虫剂所占份额较少，我国生物杀虫剂的用量远低于世界水平。因此，要大力发展与利用无公害的真菌、细菌和病毒等微生物制剂、植源性农药、昆虫生长调节剂和昆虫拒食剂等新一代生物农药，为害虫综合防治实施，减少化学农药用量奠定基础。

(5)建立现代农田水分管理技术体系　如节水农业、旱作农业等。

思考题

1. 土壤耕作的作用与意义是什么？
2. 土壤耕作的类型有哪些？各有什么特性与作用？
3. 土壤培肥的途径有哪些？
4. 简述传统土壤管理中存在的问题及其未来发展方向。

第七章　作物生产的化学控制技术

一、作物化学控制的概念、技术原理及技术模式

(一)作物化学控制的概念

作物化学控制是指应用植物生长调节剂，通过影响植物内源激素系统，调节作物的生长发育过程，使其朝着人们预期的方向和程度发展的技术。

传统栽培技术在我国农业发展中起到了十分重要的作用，为解决人们的温饱问题起了决定性作用。而面对农业逆境出现频率的不断提高以及现代化农业高产、优质、高效和可持续发展的目标，传统栽培技术的一些局限性也显现出来。与此同时，国内外也在积极寻求新的技术应用于作物生产，如农业信息技术、生物技术、化学调控技术等。其中化学调控技术的发展和应用已成为提高作物的抗逆能力、简化栽培程序、稳产优质等方面的有效手段，也作为作物栽培学一个新的生长点，为传统的学科注入了新的活力。

(二)作物化学控制的技术模式和技术原理

作物化学控制(化控)技术发展至今，经历了技术内容逐渐丰富、技术原理逐渐深化的 3 个阶段，即“对症应用”阶段、“系统化控” 阶段和“化控栽培工程”阶段。

1.“对症应用”的模式和技术原理

“对症应用”是针对作物遗传上的不足或环境条件的限制，应用植物生长调节剂应急或短期解决生产上的疑难问题，如棉花的徒长和晚熟、小麦和玉米的倒伏、连作晚稻的秧苗素质差，等等。

“对症应用” 产生的是一种仅仅着眼于个别器官的直接效应，基本不改变作物整体栽培措施的格局，只作为一种附加手段使用。一般是针对作物生产的具体问题，选用适宜的植物生长调节剂，掌握正确的使用时期、剂量和方法，改变作物某一器官的生长发育过程，增强其抵抗外界不良环境的能力，避免或减轻产量、品质方面的损失。

目前，我国几种主要的大田作物均已形成了比较成熟的“对症应用”技术。以

下对棉花的乙烯利催熟技术、缩节安防徒长技术，小麦和玉米的防倒伏技术、水稻的培育壮苗技术做一简要介绍。

A. 棉花乙烯利催熟技术：棉花的无限生长习性决定其不同时期形成的棉铃成熟状态不同。在生产条件下，一些后期开花形成的棉铃（秋桃）由于气候条件和种植制度影响，往往不能正常开裂吐絮，从而导致晚熟。晚熟对北方棉区的纤维品质影响很大，在南方则影响棉区下茬作物的适时播种或移栽。乙烯利是一种可释放出乙烯的植物生长调节剂，它进入棉花叶片或棉铃后会使棉铃的乙烯生产量大大提高，从而加快棉铃的成熟吐絮。生产上一般在大多数需要催熟棉铃的铃龄达到45 d、日最高温尚在20℃以上、距枯霜期（北方棉区）或拔棉秆（复种棉区）还有15～20 d的时间时，每公顷用1 500～2 250 mL的40%乙烯利水剂进行处理。经过乙烯利处理后，铃期一般可缩短8～12 d，霜前花比例可提高10%～50%。

B. 棉花缩节安防徒长技术：棉株在水肥充足、高温晴朗时很容易徒长，使得营养生长和生殖生长的平衡严重失调，导致蕾铃大量脱落。实践证明，在初花期喷施植物生长延缓剂缩节安22.5～45.0 g/hm^2，可以通过阻断赤霉素的生物合成来降低株高、缩短果枝，从而增加田间通风透光，并减少中下部蕾铃的脱落。

C. 小麦、玉米的防倒伏技术：随着生产条件的改善和水肥投入的增加，小麦和玉米的产量不断提高，但同时倒伏的危险性也逐渐加大。在小麦起身期叶面喷施20%甲・多微乳剂450～600 mL/hm^2，可缩短基部3个节间的长度，增加基部节间的韧性，从而起到防倒伏作用。玉米防倒伏则在大喇叭口期（抽雄前3～5 d）喷施玉米健壮素或壮丰灵，可以缩短穗下节间的长度，使穗位下降20～30 cm，并促进根系生长，若与增加种植密度相结合，可达到既防倒又增产的目的。

D. 水稻壮秧技术：在长江中下游双季稻种植区，连作晚稻育秧正值盛夏，秧苗生长迅速，而因茬口的限制，秧龄又偏长，所以移栽时苗体常常过大，栽后易败苗、迟发。自推广连晚种植杂交稻以来，这一问题更为突出，成为长江中下游双季稻种植区稻作高产、稳产的一大障碍。在秧苗一叶一心期喷施300 mg/L的多效唑溶液1 500 kg/hm^2，或者播种前用50～150 mg/L烯效唑浸种，可控制连晚秧苗徒长，促进秧苗分蘖。这一技术已从连作晚稻扩展到了早稻、中稻、晚稻、单季稻、双季稻等的生产上。

2.“系统化控”的技术模式和原理

“系统化控”是指根据作物生长发育的需要，通过数次应用植物生长调节剂，持续影响植物内源激素系统，在基因表达的基础上从种子萌发开始对植物的生长发育进行定向诱导，在修饰植株外形的同时改善内部生理功能，在塑造理想株型的同时优化产量器官的建成，并使地上部和根系的发育达到协调统一。

目前，棉花的“缩节安系统化控技术”相对比较完善和成熟，其他作物正处在发展过程中。棉花缩节安系统化学控制（化控）的主要技术内容和作用效果包括：①150～200 mg/L浸种，促根壮苗，提高棉苗的抗逆能力，缩短移栽棉苗的缓苗期；②苗蕾期6.0～12.0 g/hm^{2}喷施，促进根系发育、壮苗稳长、定向整形、壮蕾早花、增强抗旱、涝能力、协调水肥管理、简化前期整枝；③初花期30～45 g/hm^{2}喷施，塑造株型、优化冠层结构、提早结铃、促进棉铃发育、推迟封垄、增强根系活力、简化中期整枝；④花铃期45～75 g/hm^{2}喷施，增结伏桃和早秋桃、增铃重、防贪青晚熟、简化后期整枝。

3.“化控栽培工程”的模式与技术原理

“化控栽培工程”是指在实施“系统化控”的条件下，主动变革种植密度、水肥管理等措施，将系统化控与传统栽培措施的革新进行有机融合，对作物自身和生育环境进行“双重调控”。因为对作物实行系统化控后，必然引起植株外部形态和生理功能的变化，使得植株对外部环境的要求也相应不同，所以需要将常规栽培措施进行变革，使之更符合系统化控后单株和群体的需要，以更好地发挥化控技术的调控潜力。

可以看出，化控栽培工程使作物生产越来越接近于有目标设计、并可控制生产流程的工业工程。

“化控栽培工程”是作物化学控制发展的最终目标。大量的科学实验和生产实践证明，在系统化控条件下，提高种植密度和调整施肥时期与施肥量是“化控栽培工程”比较成功的两项技术内容。如棉花的缩节安“系统化控”与增加密度相结合形成的“矮密早”栽培体系，通过限制棉株无限生长特性、改变成铃的时空分布、适当调控单株生产力、以群体优质成铃构成产量主体，较好地协调了早熟、优质、丰产的关系。另外，在“系统化控”的条件下，将棉花重施氮肥时期由花铃期提前到蕾期，更有利于发挥早熟、丰产的潜力。

二、作物化学控制的增产、增效潜力

作物化学控制为农业生产问题的解决提供了一种新的思路和途径，增强了生产者调控作物生育过程的主动性，显示了这一新兴技术体系在农作物高产、优质、高效方面的潜力。

（一）提高作物抵抗各种逆境的能力

植物对逆境的适应受遗传和植物激素两种因素的制约。

植物处于低温、高温、干旱和盐害等逆境条件下时，叶绿体膜对脱落酸(ABA)的通透性增加，同时根系合成的脱落酸也迅速向地上部运输并积累，因而使得体内的脱落酸含量大幅度上升。大量实验证明，植物的抗性与其在逆境条件下脱落酸的增加量存在正相关关系，并且通过从外部施用脱落酸提高植物体内的脱落酸水平也可有效增强植物的抗逆性。

ABA 增加后诱导 ABA 响应基因和逆境蛋白的表达，而某些逆境蛋白可能是植物抗性所必需的。冷驯化蛋白已被证明与植物抗寒性的产生有关，这个蛋白可被 ABA 在常温下诱导，因此外施 ABA 可在温暖的条件下，诱发抗寒性的提高。盐胁迫蛋白和热击蛋白与植物的抗盐性和抗热性有关，它们也可受到 ABA 的诱导而产生。然而有试验发现，ABA 并不能诱导所有抗旱和抗冷基因的表达，所以逆境基因表达的信息传递除了依赖于 ABA 外，可能还有其他的途径。

植物在逆境下产生的大量逆境乙烯促进器官衰老，引起枝叶脱落，减少蒸腾面积，这有利于保持水分平衡，减轻或克服环境胁迫带来的伤害；乙烯还可提高与酚类代谢有关的酶(苯丙氨酸解氨酶、多酚氧化酶、几丁质酶)活性，并影响植物呼吸代谢，从而直接或间接地参与植物对伤害的修复或对逆境的抵抗过程。

脱落酸/赤霉素与植物抗冷性的关系密切。同一品种在抗冷锻炼期间，随着脱落酸/赤霉素升高，抗冷性逐渐增加；而在脱锻炼期间，随着脱落酸/赤霉素降低，抗冷性也逐渐减弱。

根据目前的研究结果可以推测，植物激素是抗逆基因表达的启动因素。逆境条件改变了植物体内激素的平衡状况，从而导致代谢途径发生变化，这些变化很可能就是抗性基因活化和表达的结果。

使用植物生长调节剂可以主动改变植物激素的含量、平衡以及与受体的结合等过程，因而在提高植物的抗逆能力方面作用显著。

1. 抗倒伏

如果作物的根、茎发育不良，很容易因生育期间的多风、多雨等不良环境引起倒伏。一般倒伏发生的时间越晚，对产量和品质的影响越大。容易发生倒伏的大田作物有小麦、玉米、水稻和大豆、花生等。应用植物生长延缓剂缩短节间、降低株高和植株重心、促进根系的发育，可以显著提高作物抗茎倒和根倒的能力。

2. 抗环境逆境

(1)增强抗寒能力

A. 缩节安：应用缩节安浸种，可以明显提高棉苗的耐低温能力。中棉所 16 号种子萌发后 4～6 d，每天对一部分幼苗进行 12℃低温处理 12 h，次日观察对照和缩节安处理幼苗的侧根发生情况。结果发现，缩节安浸种处理的侧根和侧根原基数较对照增加25%～85%，表现出抵抗低温逆境、维持正常生长的能力。

B. 多效唑、烯效唑：多效唑和烯效唑在我国油菜、水稻、黄瓜上的抗寒性研究和应用已取得显著效果。通过苗期喷施或浸种处理，它们能减少叶片细胞膜的透性，减轻膜和原生质体的伤害；增加脯氨酸含量和叶片渗透势，积累较多的水分；缓解叶片内叶绿素含量和净光合速率的降低；减轻叶片的枯死程度。

将番茄幼苗置于10℃以下48 h后恢复到常温条件下，7 d以后调查，对照死苗率91%，多效唑处理的为0。秦油2号是双低（低芥酸、低硫代葡萄糖苷）优质油菜品种，但秧苗期苗脚高、抗寒性差，如用多效唑进行处理，可培育壮苗、增强抗寒性，并且可以实现冬油菜北移，扩大优质品种的种植范围。

20%甲·多微乳剂（15%甲哌嗡+5%多效唑） 20%甲·多微乳剂拌种处理可以提高小麦幼苗的抗寒性。京冬8号三叶一心时在控制条件下给予持续48 h 0℃低温胁迫，拌种处理（每10 kg种子3 mL）可以显著降低胁迫后的死苗率、死叶率和死蘖率，并显著提高麦苗的根系活力。1996年，在北京地区种植河南省偏春性品种百农64，对照越冬死苗较为严重，而经拌种处理的越冬死苗率较对照下降20%～30%。

20%甲·多微乳剂拌种处理增强麦苗抗寒性的生理机制之一在于分蘖节可溶性糖含量的提高。1994年11月13—16日，北京地区突然降温降雪，日均温由原来的9℃降至0℃左右，京冬6号对照麦苗分蘖节的可溶性糖含量由11月7日的4.0%骤降至11月17日的0.5%，而20%甲·多微乳剂浸种处理的分蘖节可溶性糖含量虽然也下降，但下降后相当于对照的2.25倍。

C. 脱落酸：脱落酸可以广泛提高粮食作物、经济作物、园艺以及蔬菜作物的抗寒、抗冻能力，用于帮助作物抵抗早春期间或秋冬季节的低温冷害。脱落酸提高抗寒性的优点表现在两方面，一是在不抑制生长的情况下，可提高抗寒性；二是能在温暖的条件下，诱发抗寒性的提高。

D. 油菜素内酯：油菜素内酯除了具有促进生长的作用外，在提高作物抗寒性方面也取得了显著的成效。经0.01 mg/L的油菜素内酯处理后，水稻幼苗的超氧化物歧化酶（SOD）活性比对照提高25.3%，ATP水平增加9倍，减缓了丙二醛的积累，减轻了低温对幼苗的伤害。玉米种子经5 mg/L油菜素内酯浸种24 h后，低温逆境下幼苗线粒体的呼吸速率降低幅度小，膜透性的增加幅度也小。

（2）增强抗旱能力 由于植物生长延缓剂一般具有显著的促根效应，因而可以增强作物在干旱环境中的生存能力。

A. 缩节安：1993年7月11日，中棉所20号播后56 d，土壤含水量只有10%，在这种严重干旱的情况下，对照棉株只有10%的植株产生极少量的伤流液

[0.1 mL/(株·12 h)],而 200 mg/L 缩节安浸种处理还有 30%的植株伤流量仍可达2.2 mL/(株·12 h)。

B. 多效唑:用 5~40 mg/L 的多效唑对小麦浸种,可使幼苗叶片的气孔阻力加大,从而降低蒸腾速率、质膜相对透性和失水速率,增强抗旱性能。

水稻"二九丰"经 200 mg/L 多效唑浸种后,根系对水分的吸收能力增加,停止供水 7 d,土壤含水量降至 15%左右时,对照叶片全部萎蔫,而处理的叶片仍然挺立。复水后,处理稻苗的存活率显著高于对照,且恢复生长快,伸长速率比对照高近 2 倍。

(3)增强抗热性　干热风是我国北方麦区主要的气象灾害之一,其中在小麦主产区的危害面积达 74%,一般年份减产 10%左右,危害严重的年份减产达到 20%左右。小麦返青期至起身期叶面喷施 20%甲·多微乳剂,不仅可以防倒伏,而且因为处理后植株根系发达、茎秆粗壮、叶片素质全面改善,因而对后期干热风的抵抗力也明显加强。

在高温下,外施脱落酸使杂交水稻膜脂的亚麻酸含量降低,不饱和脂肪酸总量未发生改变,有利于维持膜的结构和功能。

3. 抗病

坏死性病原物的侵染或某些化合物的诱导可使一些植株产生对随后病原物的侵染抗性,这种抗性称为植物系统性获得抗性(SAR)。近年来,发现植物生长物质水杨酸及其类似物、茉莉酸及其衍生物、乙烯等均能诱发 SAR。这些诱导物本身对病菌并不产生毒杀作用,而是诱导植物体自身产生抗性,因而对环境安全。目前,人们正致力于研究用诱导剂替代农药来保护农作物免受病原物的危害。

水杨酸已被普遍认为是诱发 SAR 的信号分子之一。外源应用水杨酸可诱导多种植物积累病程相关蛋白(PRs),并对多种病害产生抗性,如诱导烟草抗烟草花叶病毒、黄瓜抗霜霉病、水稻抗立枯病、稻瘟病及叶枯病等。

茉莉酸和乙烯诱发 SAR 的途径不同于水杨酸,其诱导机理尚不清楚。

水杨酸、茉莉酸和乙烯作为 SAR 信号传递因子,在某种精细调控机制的作用下,活化非特异性防卫反应机制,从而使植物表达 SAR。

目前,水杨酸、茉莉酸甲酯和乙烯利均有用于提高植物抗病性的报道。如在烟草花叶病毒侵入前用 0.01%水杨酸处理,可使病斑数显著减少,并使病斑变小。250 mg/L 茉莉酸可以完全抑制稻瘟菌孢子的萌发,并能直接抑制大麦叶禾白粉菌附着孢的分化。美国佛罗里达州在采收"Robinson"品种的橘子前 5~7 d,喷施 250 mg/L 的乙烯利可显著减少炭疽病的发生。

植物在受到病菌侵染时,ABA 这种胁迫激素也会大量积累,并诱导植物产生一种蛋白酶抑制剂(PI-Ⅱ),从而提高植物的抗病性。

植物生长延缓剂可以控制地上部的徒长,并促进根系的发育,因而使植株个体健壮,对病害侵染的免疫力也明显加强。另外,三唑类延缓剂(多效唑、烯效唑)本身还具有杀菌活性,它们可以阻碍菌体内羊毛甾醇 C_{14} 氧化脱甲基化反应,从而切断麦角甾醇的生物合成。当然,植物生长延缓剂也可以通过改变植物体内的 SAR 信号传递因子(如上所述)和 ABA 来发挥抗病作用。

黄瓜 4 片真叶期用多效唑处理,可明显提高对白粉病和霜霉病的抗性。茄果类蔬菜在苗期喷施 150 mg/L 的多效唑,病毒病的发病率和病情指数明显低于对照。中棉所 12 在连作 4 年和 5 年棉田中的黄萎病发病株率分别为 7.44%和 66.20%,缩节安系统化控可使发病株率分别下降到 1.77%(连作 4 年)和 31.20%(连作 5 年)。

油菜素内酯也可提高多种作物的抗病能力,如水稻抗稻瘟病、纹枯病,黄瓜抗灰霉病,番茄抗疫病,白菜,萝卜抗软腐病等。但油菜素内酯提高抗病性的机理尚有待于进一步研究。

(二)改善产品器官的发育,提高产量和品质

植物生长调节剂一方面可以促进产品器官的分化,另一方面可通过光合作用的提高和同化物分配方向的改变来加强产品器官干物质的积累,从而起到提高产量、改善品质的作用。

1. 提高产量

A. 水稻:在水稻秧苗一叶一心期每公顷喷施 300 mg/L 多效唑 1 500 kg,增产幅度可达 8%~15%。分析水稻的产量构成因素可知,处理后单位面积的穗数和穗粒数增加。穗数增加的原因在于处理后秧田分蘖多,移栽到本田后缓苗快、分蘖发生早。在籼型杂交组合秧田每 667 m^2 播 10 kg 的条件下,多效唑处理的分蘖可增加 50%~100%。如籼优 6 号 45 d 秧龄的秧苗一般单株带蘖 3.0~3.5 个,多效唑处理可增加到 5~8 个。穗粒数增加的原因则是由于大分蘖多、穗部性状好。

B. 小麦:小麦在起身期前后应用 20%甲・多微乳剂处理,在对照不倒伏的情况下增产幅度为 8%~13%,而当对照发生倒伏时,处理由于不倒伏或倒伏的程度大大减轻,因而增产幅度更高。

除极个别品种经 20%甲・多微乳剂处理后单位面积的穗数有所下降外,各生态区绝大部分品种处理的穗数高于对照。京冬 6 号在水肥条件好的高产田种植,375 mL/hm^2 20%甲・多微乳剂处理可使穗数增加 39 万/hm^2,增加率为 7.0%,变了是山东潍坊地区栽培面积较大的一个品种,分蘖力较强,起身期叶面喷施

20%甲·多微乳剂 375 mL/hm²，穗数增加 61.65 万/hm²，增加率达 11.3%，与对照差异非常显著。

20%甲·多微乳剂处理后小麦的穗粒数增加也是一个普遍现象，不同地区不同品种的增加幅度为 0.5～7.2 粒/穗，这是因为处理在抑制营养器官（茎秆、叶片）伸长生长的同时，促进了幼穗的发育，因而小穗数稍有增加，同时不孕小穗数减少，从而穗粒数得到提高。

20%甲·多微乳剂一般减缓籽粒发育前期的灌浆速度，但显著提高中后期的灌浆强度，品种、年度、地区间表现一致。创造或保持小麦灌浆中后期的良好水肥条件，延长籽粒的灌浆时间，防止干热风的危害，对发挥 20%甲·多微乳剂提高粒重的作用有重要意义。一般情况下，20%甲·多微乳剂提高千粒重的幅度为 0.5～2.0 g。

C. 玉米：在吐丝前和吐丝后喷施 0.01 mg/L 的油菜素内酯，可使玉米雌穗的败育率分别减少 78.2% 和 65.4%，穗粒数和粒重增加，增产的幅度可达 9.8%～18.4%。

玉米防倒伏调节剂（如玉黄金、玉米健壮素、玉米壮丰灵等）由于缩短了节间、降低了株高、延缓了营养器官的生长，使得同化物向生殖器官的分配增加，因而往往降低群体的空秆率。如果与增加密度相结合，可使单位面积产量获得明显的提高。

D. 棉花：棉花经过缩节安系统化控后，株型和群体结构比较合理，一般下位铃和内围铃的成铃率较高，有效铃数较多。一般情况下，缩节安系统化控可使棉花单株成铃数增加一两个。

铃重的提高也是缩节安系统化控的一个普遍效应，并且不仅内围铃铃重增加，全株的平均铃重都得到提高，增加范围为 0.21～0.90 g。

缩节安之所以能提高棉株下位铃和内围铃的比例、促进棉铃的增重，一方面是因为它通过降低茎、枝、叶的营养生长，促进了光合同化物向蕾铃等产量器官中的分配；另一方面是由于棉田通风透光条件的改善，增强了中下部叶片的光合速率，给下位铃和内围铃的生长发育提供了充足的物质基础。

适时和适量应用缩节安系统化控技术，可使棉花产量稳定提高 10%以上。

E. 大豆：在大豆分枝期-初花期叶面喷施 DTA-6（己酸二乙氨基乙醇酯）复配制剂，可使产量明显提高。农大 2591（黑龙江八一农垦大学）的增产幅度在 25%以上；产量构成因素中单株粒数增加了 3.5%，百粒重提高了 14.4%。夏播鲁豆 11 号和农大 7113（黑龙江八一农垦大学）的增产幅度分别为 25.3%和 34.6%，产量构成因素中单株粒数增加最多，两个品种分别为 38.6%和 34.4%。

2. 改善品质

近年来，改善品质已成为作物生产的主攻方向之一。实践证明，应用化控技术是改善品质的有效途径。

A. 水稻：氨基酸组分及其含量是衡量谷物营养品质的重要指标。当水稻70%以上主茎处于第一次至第二次枝梗分化期时，每公顷喷施300 g多效唑，水稻籽粒的氨基酸总含量提高20%～30%，其中必需氨基酸全部增加，尤以赖氨酸和苏氨酸突出，增加幅度分别达66.7%和40.6%。

B. 大豆：经DTA-6及其复配制剂处理后，春播鲁豆11号和农大7113(黑龙江八一农垦大学)的产量提高幅度虽然只有5%～10%，远不及夏播，但籽粒的氨基酸组分变化很大，两品种的蛋氨酸含量分别较对照提高了38.41%和26.74%。农大2591(黑龙江八一农垦大学)和东农42的籽粒蛋白质及必需氨基酸含量也均比对照有不同程度的增加。

C. 甜菜：大量试验证明，甜菜合理使用增甘膦，可使叶片蔗糖运转到根部，增加根部蔗糖含量，促进根的生长。如在甜菜收获前30～35 d，喷施0.2%～0.3%的增甘膦375～750 kg/hm^2，可提高糖分0.4%～1.6%(绝对值)。

D. 甘蔗：我国中北地区甘蔗产区，生长期短，成熟不好，喷施增甘膦可催熟增糖。南方在高温多雨年份，甘蔗成熟偏迟，喷施增甘膦也可使甘蔗提前成熟收获。增甘膦的作用在于降低酸性转化酶活性，阻止蔗糖水解，使之贮存于蔗茎中。一般在收获前30～50 d喷施0.3%～0.5%的增甘膦，20 d后植株生长受到抑制，株高低于对照，蔗糖含量增加0.6%～1.0%，但蔗重变化不大。

E. 水果：正确使用植物生长调节剂，可以改善苹果、葡萄、柑橘等果实的外观品质、营养品质和食用品质。

6-BA与GA_{4+7}混用可提高元帅苹果的果形指数，使五棱突起明显、商品价值提高。多效唑处理可提高苹果的着色指数、还原糖含量和果实硬度、果肉中的脯氨酸、蛋氨酸和天门冬氨酸含量也显著增加。赤霉素可以诱导葡萄形成无籽果实，并使果粒整齐、果个增大。这几项技术已进入实用化阶段多年，创造了很大的经济效益。

柑橘"本地早"在盛花期经吲熟酯处理，果实的可溶性固形物增加0.6%～1.0%，含酸量提高0.01%～0.12%，果汁的氨基酸种类也增加。

但需指出，某些蔬菜和果树应用植物生长调节剂不当会造成品质下降，使用时应予注意，如猕猴桃应用吡效隆引起果实空心和食用品质不佳等。

(三)提高劳动效率

劳动生产率的提高是农业现代化的标志之一。作物化学控制技术为实现这一目标提供了有效的手段和途径。

1. 棉花的简化整枝和辅助收获

棉花是一种特别费工的经济作物。目前,我国植棉技术相对比较先进的新疆棉区每公顷用工约为225个工作日,其中人工收获和打顶整枝是耗费工时最多的两道工序。而美国棉花的投工约为6个工作日。这种悬殊差距的原因主要在于机械化程度的高低,而节约工时最多的机械采棉的实施是以化学脱叶剂、催熟剂和干燥剂等辅助收获化合物的使用为前提的。

美国棉花的化学脱叶剂、催熟剂和干燥剂的应用技术以及商品化程度都处于世界各植棉国之首。针对不同地区和年份以及棉株长势、棉田杂草危害的具体情况,因地制宜、因时制宜确定不同的辅助收获的目标(促进棉铃开裂、加速棉叶脱落、防止二次生长、消灭棉田杂草等)。一般辅助收获的主要目标是促进落叶,如果气候条件不利或栽培措施不当造成晚熟,则还需要催熟。另外,如果棉田杂草危害严重,影响机采棉的质量,还需要进行化学除草。防止二次生长也是棉株长势较旺或气候条件有利于棉株继续生长时所必须考虑的。

目前,乙烯利、噻唑隆、噻节因、脱叶膦是应用最多的几种主要催熟剂和脱叶剂,其中乙烯利和噻唑隆主要以诱导体内乙烯的产生发挥作用,对温度比较敏感,气温低时影响作用效果;而噻节因和脱叶膦以伤害叶片细胞、引起细胞失水并产生伤害乙烯来促进叶片脱落,它们对温度的敏感性较差。在生产上,经常将这几种物质进行混用,或将它们与其他化合物或助剂进行混用,以达到满意的辅助收获效果。

我国新疆棉区近年来正在大面积示范推广机采棉技术,关于化学催熟剂和脱叶剂的使用,目前认为以乙烯利和噻唑隆混用为好,既有较好的催熟、脱叶作用,成本也相对较低。但总的说来,我国在开发实用价值高的棉花化学催熟和脱叶技术方面仍需要做很多工作。

在棉花整枝方面,我国目前尚无可行的化学整枝技术以取代整枝,但缩节安系统化控可以起到简化整枝的作用,因为腋芽和营养枝的生长势像主茎和果枝一样也受到缩节安的控制。例如,同为主茎第五节上的营养枝,对照在10 d内长度增加5.7 cm,处理仅增加1.6 cm,并且第八节上的腋芽出生时间明显晚于对照。在完全不整枝的情况下,蕾期应用缩节安处理后,营养枝的最终长度与对照相比,可以从53.7 cm降为24.3 cm。最近新疆棉区有报道指出,一次或两次喷施10 g以上的缩节安可以代替人工打顶,但尚需多年、多地的实践检验。

2. 水稻的多效唑培育壮秧技术取代"两段育秧"

在长江中下游双季稻种植区,连作晚稻育秧正值盛夏,秧苗生长迅速,而因茬口的限制,秧龄又偏长,所以移栽时苗体常常过大,栽后败苗、迟发,这不仅延误季节，而且影响产量。自推广连晚种植杂交稻以来，这一问题更为突出，有时不得不先割叶、后拔秧移栽，成为长江中下游双季稻种植区稻作高产、稳产的一大障碍。

两段育秧是解决这一问题的有效措施，即先用不同的育秧方式育出水稻小苗，再将小苗栽到寄秧田中继续培育成一定秧龄的大苗，然后再移栽到大田中。两段育秧促进秧苗分蘖、提高秧苗素质，穗数、穗粒数和粒重都有增加。但两段育秧的秧田面积和劳动量过大，加之近年来农村产业结构调整、农业劳动力增值，“两段育秧”的面积逐年下降。而20世纪80年代末形成的水稻应用多效唑培育壮秧技术可以达到与两段育秧同样的效果，但在劳力投入上却大大节省，很好地解决了这一生产问题。

3. 水稻、小麦的化学杀雄

去雄是杂交育种和制种的重要工序。玉米、棉花这样的中耕作物进行人工去雄尚可为之，但水稻和小麦这样的小粒禾谷类作物进行人工去雄非常耗时、耗资，只能进行少量的育种试验，且效率低下，更无法进行大面积的两系杂交生产制种。

化学杂交剂的开发为解决这一问题提供了可行的手段。在作物生育的适宜时期喷施这些化学药剂，可以诱导生理性雄性不育。与常规人工去雄杂交法相比，应用化学杂交剂的最大优点是能够轻而易举地获得成倍数额的杂交种子，从而大大提高育种效率，并且可以实现两系杂交生产制种。

20世纪70年代以来，相继开发出了一系列用于小麦、水稻的化学杂交剂，但其中许多品种因为各种各样的问题并没有进入大面积的实用化阶段。如甲基砷酸盐、WL 84811的毒性问题，乙烯利、DPX 3773的药害问题等。目前，Hybrex，Mon 21200，SC 2053是在研究和应用方面比较活跃的几个产品。BAU-9403是中国农业大学合成的有自主知识产权的化学杂交剂。

4. 果树的疏花疏果

合理的疏花疏果是保证果树当年产量、防止和减轻大小年现象的重要措施，同时也有促进果实肥大、减少小果和病果的作用。人工疏花疏果非常费时，每个工一天只能疏除2～4棵成年苹果树。而应用萘乙酸、西维因、乙烯利、二硝基化合物等植物生长调节剂进行化学疏花疏果，可使工效提高20～40倍，用工成本减少70%～90%，已成为许多国家果园栽培的常规措施。

5. 果树的修剪

核果类果树新梢生长旺盛，尤其是桃树，冬剪和夏剪的工作量很大。为了增加光照、提高品质，人们不得不在炎热的夏季进行繁重的夏剪。近年来的试验和生产应用表明，桃等核果类果树应用多效唑，可以明显减少主梢延长生长，抑制二次生长，不用夏剪即可达到生产上多次夏剪才能达到的水平。

三、常用植物生长调节剂及其应用范围

根据植物生长调节剂对茎尖的作用方式可将其分为植物生长促进剂、植物生长延缓剂、植物生长抑制剂三大类。

植物生长促进剂是指那些可以促进茎顶端分生组织的细胞分裂、分化以及亚顶端分生组织细胞延长的化合物，它们促进营养器官的生长和生殖器官的发育。

植物生长抑制剂阻碍顶端分生组织细胞核酸和蛋白质的生物合成、抑制顶端分生组织细胞的伸长和分化，使顶端优势丧失、侧枝数目增加、叶片变小。

植物生长延缓剂抑制茎尖亚顶端分生组织区的细胞分裂和扩大，但对顶端分生组织不产生作用，只使节间缩短，而叶片数目、节数及顶端优势保持不变。

(一)植物生长促进剂

常用的植物生长促进剂包括生长素类的吲哚丁酸(IBA)、萘乙酸(NAA)、2,4-D、复硝酚钠等，赤霉素类的 GA_3 和 GA_{4+7}，细胞分裂素类的6-苄氨基酰嘌呤(6-BA)、吡效隆(4 PU-30，氯吡脲)、噻唑隆等，另外还有三十烷醇(TRIA)、油菜素内酯(BR)等。

吲哚丁酸的主要用途是促进多种植物的插枝生根和某些移栽作物的早生根、多生根，也可促进番茄、辣椒、黄瓜、无花果、草莓、茄子等坐果或单性结实。萘乙酸除了促进坐果和诱导不定根形成外，另一主要用途是疏花疏果。高浓度2,4-D是广谱的阔叶杂草除草剂，低浓度时，具有促进生根、保绿、刺激细胞分化、提高坐果率等多种生理作用。在IBA、NAA中加入少量2,4-D，可诱导松、柏等一些难生根树种的插条更快地生根。复硝酚钠促进植物生长发育、开花、结果，广泛用于各种粮食作物、经济作物和园艺作物，但在地区间、年度间的重复性差。

赤霉酸(GA_3)是我国目前农、林、园艺上应用最为广泛的调节剂之一，可促进坐果或形成无籽果实，促进叶菜类的营养体生长，打破休眠促进发芽，延缓衰老并起到保鲜作用，调节开花，提高3系杂交水稻制种的结实率。GA_{4+7}对果实的调节作用明显，与6-BA混用在苹果上促进坐果、改善果形(五棱突起)、增加着色已进入实用阶段。

6-苄氨基酰嘌呤一般用于诱导愈伤组织分化芽、促进葡萄和瓜类坐果、延长蒜薹存放时间、叶菜保鲜等。吡效隆是目前促进细胞分裂活性最高的一个人工合成化合物，生物活性大约是6-BA的10倍，可诱导多种作物的愈伤组织生芽，并促进葡萄、猕猴桃、桃、草莓等果实肥大。噻唑隆在低浓度下具有细胞分裂素的作用，诱

导一些植物的愈伤组织分化芽，还能解除侧芽休眠、抑制气孔关闭、延缓叶片衰老等；高浓度下刺激乙烯合成，促进果胶酶和纤维素酶的活性，促进成熟叶片脱落和棉铃吐絮，是国外近年大吨位脱叶剂之一。

三十烷醇促进植物生长，增加干物质积累，20 世纪 80 年代在我国曾广泛推广，之后由于效果不稳定应用很少。90 年代，三十烷醇的纯度得到提高，并研制了新的高效乳粉剂型，在海带、紫菜等藻类植物上促进生长、提高产量的效果显著。

油菜素内酯既可促进营养生长，又有利于受精作用，在促进弱势产品器官的发育、提高结实率、增加产量方面作用明显。另外，在提高作物抗低温、抗盐、抗病、抗除草剂毒害方面的效果也得到了肯定。

(二)植物生长抑制剂

植物生长抑制剂又可分为两大类：一类是生长抑制剂和摘心剂，代表性产品有马来酰肼(MH、青鲜素、抑芽丹)、直链脂肪醇或酯；另一类是抗生长素类及生长素运转抑制剂，代表性产品有三碘苯甲酸(TIBA)、整形素(氯甲丹)。一般情况下，外施生长素可逆转抗生长素类及生长素运转抑制剂的效应。

由于脱落酸可以抑制促进型植物激素(生长素、赤霉素、细胞分裂素)所调节的生理过程，故也将其归为植物生长抑制剂。

马来酰肼的结构与尿嘧啶非常相似，它进入植物体后可代替尿嘧啶的位置，但不能发挥它在代谢中的作用，从而可以阻止核酸的合成，抑制顶端分生组织细胞的分裂。马来酰肼进入顶芽，抑制顶端优势，可以防止甜菜、甘薯、胡萝卜、萝卜的发芽或抽薹；另一主要用途在于控制烟草腋芽的发生和马铃薯、洋葱、大蒜贮藏期间的发芽。脂肪族醇类有强烈的杀死顶芽的作用，但不伤害腋芽，用于果树和观赏植物的化学修剪或做打尖剂。

三碘苯甲酸阻抑 IAA 的向基运输，主要用在大豆上防止倒伏、促进开花结荚、增加产量。整形素抑制细胞的分裂和伸长，可作为矮化剂使用，高浓度时具有除草剂的功能。

我国在世界上率先实现了脱落酸的微生物发酵工业化生产。脱落酸可以抑制种子发芽，延长种子贮藏期，控制花芽分化，调节花期，促进生根。而脱落酸最具实用价值的用途在于增强植物抗寒、抗旱和耐盐能力。

(三)植物生长延缓剂

常用的植物生长延缓剂包括金嗡类化合物矮壮素(CCC)、甲哌嗡(DPC，缩节安)，三唑类化合物多效唑(MET，PP 333)、烯效唑(S-3307)，有机磷化合物乙烯利

(Ethephon)，还有丁酰肼(比久，B_9)等。

因为延缓剂一般抑制赤霉素的生物合成，而赤霉素在亚顶端分生区中对细胞延长起主要作用，所以延缓剂的效应可因使用赤霉素而被逆转。

大田作物化控技术所应用的调节剂多为植物生长延缓剂，这是因为传统措施中促进作物生长的技术，如施肥、灌水等十分简便而有效，而控制作物生长的技术，如中耕、烤田、整枝等常伴有消极的后果，且费时费工。

矮壮素和甲哌嗡抑制赤霉素生物合成的环化步骤，可以在多种作物上起到延缓植株地上部生长、促进地下部发育、提高抗逆性的作用。这两种延缓剂的区别在于甲哌嗡的药性比较温和，很少产生副作用，而矮壮素在棉花上应用防止徒长时易使叶柄变脆、铃壳加厚、吐絮不畅。

多效唑和烯效唑抑制赤霉素生物合成的氧化步骤，用途光谱，如矮化植株、促进花芽形成、增加分蘖、保花保果、促进根系发育、提高抗逆性，还有一定的防病作用。烯效唑的活性较多效唑高，使用浓度较多效唑低 5～10 倍，在土壤中的半衰期也较多效唑短，对土壤和环境的安全性较高。多效唑在土壤中的残留属于中等水平，因而连续使用时需要考虑对后茬作物的影响。另外，多效唑与细胞分裂素类、赤霉素类调节剂混用，可以减轻因连续使用产生的苹果果个变小、形状变扁等副作用。

乙烯利进入细胞液 pH 值高于 4 的细胞中后，分解释放出乙烯。乙烯利用途十分广泛，可以催熟棉花和多种水果，增加瓜类的雌花比例，促进菠萝开花，增加橡胶树、漆树、安息香树次生物质的分泌，并且是最有效的降低玉米株高、提高玉米抗倒伏能力的调节剂。

丁酰肼既影响内源赤霉素的生物合成，也影响生长素的生物合成，是一种广谱性的生长延缓剂，可以控制苹果新梢旺长，矮化葡萄、马铃薯、花生、菊花等的株高，促进苹果、葡萄、桃、樱桃、草莓等坐果和着色，防止苹果、葡萄、梨等的采前落果，促进菊花、一品红、石竹、茶花、葡萄等插枝生根。20 世纪 80 年代后期，一些环境保护组织者指控其可能引起癌症，1992 年世界卫生组织(WHO)认为产品中的偏二甲基肼小于 30 mg/kg 可以使用，但勿食用刚处理过的果实。

四、合理使用植物生长调节剂

植物生长调节剂的种类繁多，功效各异，被植物吸收、运输、钝化、降解与转化的方式也千变万化，作用效果还受到环境条件的影响。因而，在使用调节剂时，应根据使用目的，选择适当的药剂种类及剂型，考虑到气候条件的变化，确定使用的时期、浓度、部位和方法，从而达到预期的目的，取得更大的经济效益。

(一)考虑不同作物和不同品种的敏感性

就降低株高、防止倒伏而言，小麦、玉米、棉花各有其适用的调节剂。如小麦为多效唑，棉花为甲哌嗡，玉米为乙烯利。小麦对甲哌嗡的敏感性低，用量过大，成本较高；棉花对多效唑过于敏感，容易出现药害；玉米拔节后对甲哌嗡和多效唑的敏感性均很低。

不同作物之间对植物生长调节剂敏感性的差异可能主要由于调节剂在不同作物体内的代谢过程不同。

同种作物的不同品种对调节剂的敏感性也存在差异。如不同小麦品种对矮壮素的反应不同，据 3 年对 411 个品种的试验，可将小麦品种对矮壮素的敏感性划分为 3 种类型：不敏感型，株高下降 0～5 cm；敏感型，株高下降 6～10 cm；极敏感型，株高下降超过 10 cm。

(二)植物生长调节剂应用时期的确定

植物生长发育的阶段不同、细胞的年龄不同，对调节剂反应的敏感性有差异；另外，不同的发育阶段植物的源库关系不同，通过韧皮部运输的调节剂进入体内后的运输方向和作用部位也有差异。因此，应用作物化学控制技术时必须根据调控的目的确定应用的时期。

防止小麦倒伏，应在起身至拔节前应用延缓剂处理，以使基部节间的伸长生长过程完全处于延缓剂的作用期内。水稻和小麦的化学杀雄，以在单核期(花粉内容充实期)施用化学杂交剂效果最佳，不实率在 95%以上。乙烯利催熟棉花，应在棉田大部分棉铃的铃龄达到 45 d 以上后进行处理。使用乙烯利诱导黄瓜产生雌花，必须在幼苗 1～3 叶期喷洒。

(三)植物生长调节剂应用浓度的确定

适宜的调节剂应用浓度是相对的，而不是固定不变的。地区不同、作物、长势、目的、方法不同，调节剂的使用浓度也不同。浓度过低，不能产生应有的效果；浓度过高，会破坏植物的正常生理活动，甚至产生药害。

如在棉花苗床上应用甲哌嗡培育壮苗，使用数量为 20 mg/L 左右，而在花铃期防止徒长、塑造株型，则需要喷施 200～300 mg/L 的甲哌嗡。

(四)考虑环境因素对植物生长调节剂效果的影响

环境因素对调节剂吸收、运输、代谢的影响很大,因而应用化学控制技术时必须考虑当时当地的环境条件。

光照条件好,光合作用旺盛,有利于植物吸收和运输植物生长调节剂。但光强过高,又会引起植物表面调节剂的过早干燥,不利于吸收。因而一般应在晴天的上午 10 时以前和下午 4 时以后施用调节剂。

温度高一般有利于调节剂作用的发挥。乙烯利的分解直接受到温度的影响,温度高、分解快、应用效果好;温度低、分解慢、应用效果差。棉花生育后期应用乙烯利催熟时,必须保证有几天的日最高气温在 20℃以上。

空气湿度大,叶面施用的调节剂吸收较好,这一方面是因为延长了药液的吸收时间,另一方面是因为气孔的开度较大,叶表面角质层的渗透性增强。

土壤湿度对土施调节剂或通过木质部运输的调节剂的效果有很大影响。土壤湿度大,使土施调节剂易于移动到根系表面,并且促进通过木质部运输的调节剂随蒸腾流到达作用部位。

(五)考虑栽培措施和生产条件对植物生长调节剂效果的影响

如上文所述,作物化学控制技术发展的第三阶段"作物化控栽培工程",强调将植物生长调节剂的应用和栽培措施的变革有机融合,对植物本身和环境条件进行双重调控,充分发挥良种的生产潜力。

增加施肥量、提早追肥时间,是乙烯利诱导黄瓜产生雌花、从而使黄瓜不仅早上市、而且提高总产量的保障。

多效唑处理的稻苗秧田分蘖多,分蘖发生早而快,始蘖期较对照提早 3～5 d。因此,早施、重施分蘖肥,尤其是多施磷、钾肥对多效唑促蘖成穗有很大作用。

植物生长延缓剂防止玉米倒伏需要与增加密度相结合,才能既防倒、又增产。

缩节安系统化控与增加种植密度相结合,形成了棉花的"矮密早"栽培模式,达到了早熟、高产、优质的效果。

应用 20%甲·多微乳剂对小麦进行拌种处理后,小麦的发芽率和出苗率有所下降,因此应适当增加播量(10%～15%),以保证适宜的基本苗数。种子处理后由于麦苗的胚芽鞘缩短、地中茎不伸长,使幼苗顶土力减弱、出苗期推迟,因此应严格控制播种深度,绝不能超过 3～4 cm,并且要特别注意整地质量,力求做到上虚下实,无坷垃,无缝隙。

思考题

1. 作物化学控制的概念、原理与作用是什么？
2. 简述常见植物生长调节剂的类型及其作用。
3. 简述提高化学控制效果的方法。

第八章　作物安全生产与标准化

一、作物安全生产的概念与内涵

常规的作物生产以追求数量上的需求为主，到20世纪70年代，随着人们对农产品满足程度的增加，开始了对质量的要求，并对食品和环境安全给予关注。因此，人们对作物生产的认知角度有了重大的变化。

（一）作物安全生产

1. 概念

作物安全生产简言之是在数量、质量和发展3个方面满足人们对作物产品需要的作物生产。从产品数量的角度，要求能够满足人们的需求；从质量的角度，要求产品的营养全面、结构合理、卫生健康；从发展的角度，要求生产的过程要注重生态环境的良好保护和资源利用的可持续性。作物安全生产是一个与社会发展密切相关的庞大的系统工程。

作物生产在农业生产中占有最重要的地位，而且其产品是后续生产加工的源泉，作物生产过程和结果的安全与否在极大程度上影响着后续生产加工的安全。

2. 现代农业存在的问题及解决途径

(1)现代农业存在的问题　作物生产由以往的普通生产发展到有意识、有标准的安全生产，这个认识转变不但经历了较长的时间，也是人类付出巨大的代价换来的。这和农业生产方式的转变有着直接的关联。

传统农业转变为现代农业首先在发达国家实现，主要是农业机械、化肥、农药和良种的应用。现代农业降低了劳动强度，在很大程度上发掘了作物的增产潜力，提高了农产品的质量。进入20世纪60年代以后，发达国家首先受到现代农业的负面影响。我国的现代农业起步较晚，但发展较快。我国农业生产尤其是作物生产的飞速发展，已使我国人民基本解决了温饱问题；市场的逐步开放，对农产品的需求由数量增长转向质量效益方向的发展趋势也开始出现。随着现代农业的发展在我国也出现了一系列问题。

A. 对石化能源的过度依赖性和农业生产的不稳定性增加：进入21世纪我国

也开始加入了国际原油市场贸易。国际能源贸易量有限，农业生产过度依赖石化能源投入即意味着现代农业生产的不稳定性。各类农业机械生产过程中产生的温室气体，也会恶化生态环境。

B. 大量化肥、农药等化学物质的投入增加了对环境和食物的危害性：不能否认的是，化肥和农药等的投入对农业生产的快速发展起了积极的作用，这些化学物质适量的应用对农业生产本身是有利的。但如果应用不当，过量或不科学使用不仅对农业生产本身不利，而且在土壤和水体中残留，造成有毒、有害物质富集，并通过物质循环进入农作物、牲畜、水生植物，尤其是农药，一部分还将延伸到食品加工环节，最终影响人体健康。农药的残留在20世纪60年代已经显现，我国在70年代已经比较突出。近些年来，片面依靠化学肥料增加作物产量，忽视有机肥的作用，使土壤理化性状恶化，造成土壤板结，降低土壤生产能力。

由于我国农业生产对此类化学物质的依赖性和农业投入的惯性存在，从表8-1和表8-2可以看出，到20世纪末，主要化学物质的投入依然没有减少的趋势。

表8-1 20世纪90年代世界主要国家谷物播种面积和氮肥施入量统计表

年份	谷物收获面积（万 hm^2）			氮肥施入量（万 t）		
	印度	中国	北美发达国家	印度	中国	北美发达国家
1993—1995年平均	9 990	8 899	7 987	937	2 031	1 257
1996—1998年平均	10 046	9 253	8 273	1 086	2 370	1 287
1999—2001年平均	10 036	8 668	7 521	1 127	2 291	1 243

资料来源：联合国粮农组织。

表8-2 20世纪90年代中国农药施入量统计表

年份	施入量（万 t）
1992—1994年平均	84
1995—1997年平均	114
1998—2000年平均	126

资料来源：中国海关总署。

C. 过度开采深层地下水，造成水资源的危机加重：干旱少雨区为提高作物产量，灌溉往往超常发展，严重加剧了水资源的危机。同时由于大量开采地下水进行灌溉，使地下水位连年下降，加重了水资源危机。因此发展节水农业已是我国农业发展的重要任务之一。

D. 不合理耕种造成水土流失：目前我国每年水土流失面积已由新中国成立初期的150 km^2 发展到367 km^2，每年泥沙流失量 5×10^5 万 t，每年土地沙化、沙漠化面积达 15 330 hm^2。近年来沙尘暴也有加重趋势。

(2)问题的解决途径　环境污染和生态平衡的破坏所带来的环境问题日趋严重，而且从局部地区的区域性环境问题发展到全球性。生态环境灾难的不断增加和地球资源的锐减使人类生存、发展面临着极大的威胁。为了自身的生存和发展，人们开始重新审视现有的生产方式，并从中认识到，人与自然应该和谐相处，生态和经济可持续发展是人类迈步在21世纪的主题。

为解决现代农业生产中存在环境污染和生态平衡问题，在现代农业不同发展阶段中人们探索了几种不同的农业发展模式："回归型农业"、"替代型农业"、"持续型农业"等。

A. 回归型农业，包括自然农业、有机农业等，极力强调生态环境的安全与稳定和农业生产系统的良性循环，反对人工合成产品进入农业系统。该类型农业起源于西方发达国家。

B. 替代型农业，包括生物农业、生态农业、集约农业等，是为解决人类日益增长的人口压力及对食物数量的需求，而又能维持农业生产系统良性循环的农业模式。

C. 可持续型农业，要求能够在生产中增进农业的有效性和实用性，不断提高资源利用率，并能保持生态平衡的农业体系。

作物的安全生产也脱离不开这几种模式，可以说可持续是其遵循的生产原则。在生产过程中不但要考虑到结果的量，更要注重对资源的安全和有效利用，还要使其产品可以放心应用，表现出人与自然的和谐。

3. 安全生产是发展的必然

随着我国农产品市场的扩大和开放，经济活动标准化和系统化的不断健全，对作物生产的产前、产中和产后质量和环境的要求标准也越来越严格。我国的作物生产科技发展目前也处在关键时期，作物生产要求将分散的科学研究整合在一起，最终转变为强大的生产力。作物安全生产已成为我国的市场、经济、科技等发展的必然选择。

(二)作物安全生产的形式和内容

1. 无公害农产品与食品安全

没有公害污染的农产品，即无公害农产品。1972年，在瑞典成立的国际有机农业运动联盟(IFOAM)提出了发展有机农产品的宗旨，从此开始了无公害的农产品的生产，随后许多国家提倡在原料生产、加工等环节树立"食品安全"的思想。以无公害为前提的无公害农业是以生产无污染的安全、优质、营养农产品和保持生态环境良性循环与农业可持续发展为目标，由产前的环保安全型生产资料、产中的无害化生产过程控制技术、产后的产品质量标准体系和检测技术等综合集约集成的全程质量控制的新型现代农业体系，是一个国家农业现代化的重要标志之一。农产品生产由普通产品发展到无公害产品，已成为现代化农业发展的必然趋势。推进我国无公害农业的发展，是加速实现我国农业现代化的必然选择。

世界各国无公害农产品生产、加工和贸易要按照一定的标准体系和法律法规进行，这不但有利于农业生产的原则、方式、方法和技术的制定，也对社会经济、生态环境的有效性和可持续发展有益。

2. 主要无公害农产品与生产形式

无公害农产品的生产和加工已得到世界各国的广泛认同。无公害农产品的质量标准分为国际标准、国家标准、行业标准、地方标准和企业标准。其中国际标准主要是有机农产品基本标准，国家标准是无公害农产品基本标准。

(1)有机农产品

A. 概念：是指根据有机农业原则和有机农业生产、加工标准生产出来的获得认证书的一切农产品。有机农产品的产品结构以初级农产品为主。有机农产品的国际标准主要包括生产加工、贮运技术标准，环境和产品质量标准等。

B. 生产原则：致力于经济、社会和生态环境合理的、可持续发展的和适当产出的农业生产和加工系统。在这些系统中以提高土壤肥力为中心，禁止或严格限制化学肥料、化学合成农药和人工合成激素的外部投入，减少不可更新资源的利用，尽量利用当地可再生资源；利用自然规律和生态学的观点组织农业生产过程。

C. 主要特征：生产中重视环保，强调特殊农产品生产安全。

D. 生产方式：利用物理、农业、生物和天然化学物质控制作物病虫害；利用轮作、混作、覆盖等耕作制度提高农田生态系统的光能利用率和土壤肥力；利用种植业、养殖业和加工业相结合的模式提高农业生态系统生产率。在原料生产和产品加工过程中不使用农药、化肥、生长激素、化学添加剂和防腐剂等化学物质，不使用基因工程技术。有机农产品是纯天然、无污染、安全营养的食品，也可称为“生态食品”。

E. 产品等级：以初级农产品为主。

(2)无公害农产品

A. 概念：是指产地环境、生产过程和产品质量符合我国有关标准和规范的要求，经过认证合格，获得认证证书并允许使用无公害产品标志的农产品。

B. 生产原则：遵循可持续农业原则。对植物病虫草害施行“预防为主、综合防治”，综合运用物理、农业、生物防治措施，尽量避免使用化学农药，杜绝高毒、高残留的化学农药的使用，对农药限制品种、用量、使用时间及使用对象。

C. 主要特征：生产中重视安全，注意环保。

D. 产生背景和追求目标：产生于20世纪80年代后期，部分省市开始试点实施。2001年农业部提出了"无公害农产品行动计划"，侧重于解决农产品供需数量矛盾缓解后的农产品安全生产问题（如农药残留、有毒物质等），追求农产品生产过程和结果的基本安全。

E. 产品等级：以初级农产品为主。

(3)绿色食品

A. 概念：绿色农产品遵循可持续发展原则，按照特定生产方式生产，经专门机构认定，许可使用绿色食品标志的，无污染的安全、优质营养类食品。分A级绿色食品和AA级绿色食品，AA级绿色食品等同于有机食品（出自农业部发布的国家行业标准）。

B. 生产原则：绿色食品的生产遵循可持续发展的原则。

C. 主要特征：生产中重视环保，同时重视安全。

D. 产品等级：30%为初级农产品，70%是加工产品。

二、作物生产标准化与农产品市场竞争力

作物生产标准化

1. 作物生产标准化的概念

标准是人们对科学、技术和经济领域中重复出现的事物和概念，结合生产实践，经过论证优化，又经有关各方面充分协调后形成的为各方共同遵守的技术性文件。它是随着科学技术的发展和生产经验的总结而产生和发展的；严格按照国家标准、行业标准（或地方标准）规定的产地环境质量标准、生产操作规范和产品质量标准，实行的作物安全生产过程，称为作物生产的标准化。

无公害农产品生产技术标准，由我国农业部制定、颁布并实施和管理，它包括无公害农产品产地环境质量标准、生产技术规程、产品质量标准。

2. 标准化生产与作物高产、高效和环境保护

作物生产已开始向着专业化、规模化的方向发展，而在作物专业化、规模化的生产和管理中，标准化工作对于各个环节起着桥梁和纽带的作用。如在不同地域根据不同的专用需求，实行统一供应良种、统一播种、统一灌溉、统一施肥、统一防治病虫害、统一机械化作业、统一监测和检测等，建立健全产前、产中、产后的社会

化服务体系。在作物生产的诸多繁杂系列环节中，只有遵循相应的系列标准，才能从科学研究、成果应用、组织生产到商品流通协调一致，获得最佳的经济效果和社会效益，最终形成高产、高效的社会化大生产。

标准化生产在使我国目前有限农业资源发挥其生产作用和经济效益的同时，也有了正确的科学指导和严格的量化指标控制。这不但具有现实的经济效益，而且可以促进生产资源往复利用，保护生态环境，具有环保效益，因此有重大的社会意义。

3. 标准化生产与市场竞争力

我国农业在解决了人民的温饱问题后，随后面临着人民对农产品消费需求的多样性、优质化和安全卫生与低质农产品相对过剩之间的矛盾。同时，在中国加入WTO后，也迎来了农产品市场日益国际化和国内外市场一体化趋势的挑战。需求的变化与市场的开放对农业发展提出了新的要求，为满足需求变化和市场竞争需要，农产品生产也必须像工业品一样，严格质量和安全卫生标准，以最大限度地提高经济效益。这就对农业标准化提出了更高的要求。如美国、加拿大、澳大利亚等国所开发的各种食品特需的专用麦已有几十种甚至上百种。我国加入世界贸易组织以后，小麦的自由贸易程度会不断提高，国内优质小麦价格和国际市场接轨，价格变动方向和国际市场价格趋于一致，我国在专用麦的国际市场中竞争力不强。我国的食品专用小麦粉生产仅为起步阶段，目前我国已在制定优势农产品区域规划，正在制定强筋、中筋和弱筋小麦的国家标准、优势产区及优势区生产种植规划。

健全和不断完善作物生产标准体系，按标准化规程进行作物生产，利于提高作物产品品质的一致性，提高内在品质和商品品质，这不仅适应经济发展和人民整体生活水平提高的需要，也是促进和提高农产品国内外市场竞争力的需要。

4. 我国作物生产标准化存在的问题和改进措施

A. 相关标准和法律法规较少，很多种类的作物没有适用的标准。对农产品深加工产品标准制定较多，对初级产品标准制定较少。应加大发展力度，提升市场准入标准，制定相关标准。

B. 生产规模小，产品结构不合理，品种单一。品种混种、混收、混售，产品品质不一致，质量不高。应依法扩大生产规模，实行专业化生产。

C. 国家对标准的组织实施和监督体制有待改善。发展全国性作物生产检测体系和检疫工作，在实施中健全相关标准并依法执行和监督。

D. 市场体系不健全，营销手段落后，农业社会化服务体系尚未完全形成。健全市场管理标准体系，确定社会化服务项目的量化指标，规范服务程序，保证服务质量，提高服务水平，以促进农业社会化服务健康发展。

三、我国无公害安全生产技术的应用

(一)我国无公害作物安全生产技术的发展

无公害作物安全生产技术在我国始于20世纪80年代，主要包括产地环境检测、品种选择、肥料和施肥技术、节水灌溉技术、植物检疫、病虫害防治技术、检验与包装、标准法规制定等。

1. 肥料生物化、复合化与缓效化

单纯的有机肥养分含量无法满足作物需要，有机、无机复混肥料及有机、无机缓释肥正在成为无公害农业的主要肥料品种。有机肥料、微生物肥料除了可提供部分养分外，还含有大量的有机物质和有益微生物，它们在土壤中大量繁殖，在根际周围造成“微生态”环境，抑制土传病菌的生长，因而受到国内外广泛的重视。有机肥料、微生物肥料正在形成一个巨大的市场，我国对此也非常重视，到2002年在农业部注册的微生物肥料生产厂家已到200多家。

2. 生物农药工程化、产业化、高技术化

随着以现代微生物发酵工程技术为基础的生物农药生产技术的日趋完善，传统生物农药的生产正在面临一场革命，无公害生物农药以其对环境更加安全而受到重视，全世界生物农药产量每年以10%～20%的速度递增，完成工业生产、达到商品登记的生物农药产品已超过100种。已有多家公司在我国进行研究和生产。

3. 节水灌溉技术与设备

我国是一个水资源严重短缺的农业大国，大力推广节水型农业是我国农业发展的必然趋势，节水灌溉是节水农业的核心。研究和推广适合我国国情的小型化灌溉机具与设备，越来越受重视。

4. 资源的有效利用技术

在我国人均资源有限的情况下，节约用水、有效利用肥料等技术可以使有限资源得到有效利用，但必须建立标准化技术体系和各项技术的有效整合，形成整体优势。我国在这方面的研究和应用已经取得了很大的发展。

5. 检验检测高技术化、智能化、速测化、动态化、便携化

目前，在农产品和农田环境的化学物质残留检测方面主要呈现四大趋势：由于高新技术的应用，检测能力不断提高，检测灵敏度越来越高，残留物的超痕量分析水平已达到10^{-7} g；检测速度不断加快，智能化芯片和高速电子器件与检测器的使用，使环境检测周期大大缩短；选择性不断提高，高效分离分段、各种化学和生物选

择性传感器的使用，使在复杂混合体中直接进行污染物选择性测定成为可能；由于微电子技术、生物传感器、智能制造技术的应用，检测仪器向小型化、便携化方向发展，使实时、现场、动态、快速检测正在成为现实。国内已有的检测技术和各种设备，重点是针对产后产品的安全性检测，普遍忽视了产前及产中生产过程控制的质量检测，目前正在投入资源加强研究和应用。

6. 产品标准法制化

联合国粮农组织(FAO/UN)迄今已经公布了相关农药在食品中最大限量控制标准 2 522 项，美国已经公布了类似标准 4 000 多项，西欧、北美、澳大利亚、日本、韩国、马来西亚等地及我国台湾地区都公布了数百甚至上千项涉及农产品安全的质量控制标准，并以法规等形式予以颁布，以技术执法等形式强制实施。我国制定的有关无公害农产品质量标准与发达国家还有较大差距。我国的无公害农产品安全卫生标准的制定正在顺利进行。

7. 过程控制技术精准化、信息化

近年来，发达国家针对传统集约化农业大量用水、用肥、用药，导致资源浪费和生态环境恶化的状况，发展精准化管理的无公害农业，将 GIS，GPS，RS 和计算机自动控制系统有机结合，对农产品生产过程如施肥、防治病虫害、精量播种、耕作和水分管理等环节进行精准管理，特别是水、肥管理做到定量化、精准化，并做到长期监测、预警和跟踪。在现代化温室中，根据作物对光、温、水、气、养分的需求，用计算机自动控制系统进行监测和全程自动控制。相比较而言，在生产精确控制方面我国研究较多，应用较少。

(二)作物无公害生产技术要求

我国的无公害农产品生产，要在一定的标准范围内进行。首先产地环境质量需要认证；其次病虫害防治、施肥等生产过程需要监测；最后最终产品需要检验，每批产品需要按标准进行抽样检查，确认其是否符合《农产品质量安全标准》要求。

1. 产地环境要求

主要对无公害蔬菜的产地生态环境(污染物、重金属值)，产地环境(灌水质量、空气质量、土壤质量)，测试方法，检测规则，做出严格标准要求。

2. 病虫害防治技术

在生产过程中病虫害防治要严格按《生产技术规范》操作。《生产技术规范》要求，以“预防为主，综合防治”为原则，综合运用物理、农业、生物防治措施，尽量避免使用化学农药，杜绝高毒、高残留化学农药的使用，对农药使用限制品种、用量、使用时间及使用对象。

在生产中尽量结合农事操作，调节田间小气候，创造有利于作物生长而不利于病虫害发生的环境条件。

(1)环境和营养调控技术 北方的地膜覆盖和温室技术，有利于温度调控；中耕翻地等松土措施，有利于土壤的蓄水和提高肥力；在作物生长中期，结合肥水管理，促进作物健康生长，提高抗病虫能力。

(2)农事操作预防技术 土壤翻耕可消灭土壤浅层和深层的及残茬中的幼虫和蛹，但也有破坏土壤腐殖质和引起土壤侵蚀等负面影响，要权衡利弊，慎用此法；选用抗病虫品种；清洁田园，消灭病虫害来源；合理作物布局和轮作技术，切断病虫害食物链。

(3)防治技术 可利用害虫的趋光性、趋化性进行杀虫；也可利用天敌、微生物杀虫剂杀灭成虫和幼虫；针对病虫害的物理防治有热处理种子(病毒、细菌)、隔离处理(害虫)等。

(4)药剂防治 应用较广的包括波尔多液(发病初期)、石硫合剂(果树病害初期)、硫磺(对天敌安全)等。

植物源药物有金银花、连翘、黄连、辣椒(黄瓜和烟草病毒)、大蒜(广谱)、印度楝树(对真菌和线虫最有效)、鱼藤(广谱，对天敌安全)、除虫菊等。

在化学农药方面，不完全排除使用化学农药，但《生产技术规范》中对药剂种类、使用剂量、用药时间有非常严格的要求，目前，已合成一批高效、低毒(甚至无毒)、低残留的化学农药，如拟除虫菊酯类(从除虫菊中人工模拟合成)、阿维菌素类、甲壳酯类、灭幼脲类等化学农药。有机磷中的某些农药如辛硫磷等可按要求使用。但按农业部有关农药的公告来看，为了满足无公害农产品生产的要求，至2002年高毒、剧毒农药已累计被撤销50%，高效、低毒、低残留已是必然趋势。

3. 施肥技术

(1)肥料使用原则 使用肥料必须控制在不对环境和作物产生不良后果，使产品中有害物质残留积累到影响人体健康的限度内；并使足够数量的有机物返回土壤中，增加土壤生态系统内的生物循环，以保持和增加土壤有机物的含量及生物活性，从而达到减少污染、保护环境、提高土壤肥力，保证作物优质高产。

(2)施肥原则 以有机肥为主，辅以其他肥料；以多元复合肥为主，单元素肥料为辅；以施基肥为主，追肥为辅。宜使用的有机肥有堆肥、厩肥、腐熟肥、绿肥、腐殖酸类肥料等。允许限量使用的化肥及微肥有尿素、碳酸氢铵、硫酸铵、磷肥、钾肥等。生产中有机肥全部底施。

(3)施肥方法 粪尿肥腐熟后施用，宜做基肥，其中人粪尿和猪粪尿禁止与草木灰等碱性物质混用，鸡粪分解快，可做追肥，冬季施用马粪，可提高地温；堆肥用量多时结合耕地翻入土壤，全耕层混施；沤肥是优质迟效的有机肥，可做基肥和追肥，追肥要早用。绿肥翻入土壤进一步腐熟分解为下茬作物利用。

4. 产品检验、收获和包装

(1)检验 《无公害农产品标准》中主要包括感官要求和卫生指标两部分。感官要求主要用目测和简易仪器测量；在卫生指标中分别对蔬菜和水果中的农药、化肥、重金属的残留量测定方法和检验规则做出了较详细的规定。

(2)收获 强制性不强，但首先要避免因采收造成二次污染。

(3)包装 分别对蔬菜和水果的包装、标签标志、贮存、运输做出规定。

(三)主要作物安全生产技术

到2002年，我国粮油作物尚无无公害生产技术标准。建议按《无公害农产品标准》执行，对安全生产的全过程要做档案记载，以备查询。

1. 小麦安全生产技术

(1)小麦良种的选用 应根据当地的气候特点选择适合当地生长发育、高抗病虫品种。根据品种分蘖发生特点及成穗特性进行合理密植，确定适宜的群体结构；筛选后的种子在播种前晒种2～3 d，提高种子发芽势和发芽率。晒种后，针对苗期病虫害情况进行种子消毒或拌种，如需要拌种，所用的药剂用量一定要控制在规定的允许范围内。

(2)确定适宜的播期、播量 在华北地区冬小麦安全生产技术精播、半精播的栽培体系中，单株冬前分蘖应达8个左右，应保证冬前主茎叶龄达到6.5左右，需要的冬前总积温为607℃；在华北地区精播、半精播条件下每667 m^2 适宜基本苗数为10万～15万株。

(3)施肥 以施用有机肥为主。提高无机氮肥的有效性，减少施用无机氮肥，避免使用硝态氮肥，必须补充无机氮肥时，尽量使用长效氮肥，如草酰胺、包衣碳铵等。

施肥应以底肥为主，增加底肥的比重，减少后期过多吸收营养不能充分同化可能造成的污染，还可以提高产品的无公害程度。底肥氮与追肥氮的比重为6∶4或7∶3。施用的磷、钾肥及各种微肥以底施为主。

对于安全生产，一般冬前、返青不追肥，重施起身肥或拔节肥，通过延迟肥水供应时间，控制春季分蘖发生数量以及植株中部叶片不至过大，建立生长中后期适宜的群体结构，改善内部通风透光条件，减轻或控制病虫害的发生和流行，进而减少农药用量，降低收获产品中农药的残留量。追施氮量应占追肥总量的80%～100%，150～180 kg/hm^2。

(4)灌溉 在华北平原,冬小麦生育期间以灌溉三四次为宜,包括底墒水或冻水、拔节水、抽穗水和灌浆水,每次 600 m^3/hm^2 左右。

(5)农药安全使用 为减少对环境和产品的污染,对常用化学药剂的类型及其用药量、最高用药量、施用方法、最多施用次数、最后一次施用距收获的天数(安全间隔期)制定使用标准。具体按《无公害农产品标准》执行。

2. 玉米安全生产技术

(1)品种要求 选择适宜当地环境条件的优质、产量高、抗逆性好、抗病能力强,并通过国家、省级审定的杂交一代玉米品种。良种要精选、加工、包装。按国家良种分级标准,种子纯度不低于 98%,发芽率不低于 93%,种子含水量在 12% 以下。

(2)种子处理 种子要首先筛选分级,连续翻晒 2~3 d;然后浸种,每千克种子可用 0.5%左右硼酸、0.1%硫酸锰、0.01%~0.05%硫酸铜、0.1%~0.2%硫酸锌、0.1%钼酸铵对水 25 kg,浸种 12~24 h,解决土壤中微量元素缺乏的问题;最后是拌种,尽量使用低毒农药拌种,否则易造成残留污染。

(3)播种 在华北地区夏播,尽量选用中早熟品种,播期越早越好,最迟不晚于 6 月中下旬。播种注意均匀和深浅一致;玉米的种植密度根据气候、品种特性、肥水而定。

(4)施肥 每茬玉米首先应做到秸秆还田,每公顷加施 150 kg 左右的尿素,及时翻耕,以加速秸秆分解。基肥除施用有机肥外,要配合一定数量的迟效性化肥。铵态氮和钾肥可作为基肥,磷肥做基肥要分层施在主要根系活动层内。

对种肥的使用要求严格,一是酸碱度适中,对种子无烧伤、腐蚀作用;二是肥效快,容易为幼苗吸收。

与其他粮油作物相比,夏玉米生长期短,吸收养分速度快,更注意及时追肥。追肥时期主要在拔节期(秆肥)、大喇叭口期(穗肥)、吐丝期(粒肥),根据实际情况而定。氮肥注意深施,磷肥、钾肥和微量元素做追肥应早施,中后期可以叶面喷施。

(5)灌溉 玉米田灌溉水要符合 GB 5084—92 农田灌溉水质标准。

播种期沙土含水量低于 12%、壤土低于 16%、黏土低于 20%,则需要灌水,以确保全苗。灌水量一般 750 m^3/hm^2 左右。

穗期(拔节期、大喇叭口、抽穗开花)和粒期的灌水根据具体土壤状况而定。灌水技术尽量采用喷灌、滴灌和微灌。

(6)病虫害防治 对病虫害的防治主要采用农业防治、生物防治、化学防治、严格植物检疫制度的综合防治措施。有些玉米病害如玉米大、小斑病、茎基腐病等,虫害如蝼蛄、黏虫、玉米螟等,仍以化学防治为主。使用化学药剂时,其浓度、用量按 GB 4285—89 农药安全使用标准及 GB 93211—4 农药合理使用标准执行。

(7)收获和仓储　单收割、单脱粒、单晒，切忌混杂；仓储时分类分品种建立档案资料，不允许与其他物品混存，经常检查温、湿度。

3. 大豆安全生产技术

(1)生产基地选择　基地周边 3 km 以内无污染源（包括工矿、医院等污染源）；大气环境质量符合无公害农产品基地大气质量标准；农田土壤环境质量符合无公害农产品基地土壤质量标准。

(2)选茬和合理轮作　选择玉米、小麦为前茬作物，具有明显的增产作用。尽量避免重茬、迎茬。

不同地区轮作方式不同，原则是，大豆最多不应超过粮豆薯旱作作物的 1/3。

(3)整地和基肥施用　土壤整地要求精细，地面干净。耕地前施入基肥。

(4)播种　选择耐肥性强、抗病力高的品种。种子播前精选，要求种子质量达到分级标准的二级以上，精度达到 99%，纯度达到 98%，发芽率达 95%，种子含水量有 13%。

可用根瘤菌在避光条件下拌种，750 mL/hm^2 左右，阴干，24 h 内播种。但拌种后不能混用杀菌剂。

适时播种，确保全苗，种植密度考虑各地实际情况，播种深度不能浅于 4 cm，播深一致。

(5)田间管理　尽量采用深松与中耕除草的田间管理措施，达到活土、灭草等目的。

(6)肥料使用　坚持以有机肥为主，以底肥为主。对有机肥、化肥的使用，要遵照无公害农产品生产技术的要求。

有机肥与化肥必须配合使用，允许使用尿素及其他含氮复合肥，禁止使用硝态氮肥，距收获期 1 个月之内不允许施肥。

以充分腐熟的有机农家肥做底肥，每公顷施用有机肥 3 000 kg 以上，结合整地一次施入，常年培肥地力，可显著提高产量。施肥量大，平播大豆，在耕地或耙地前施入；施肥量小，垄作地块，在起垄时施入垄底。

(7)病虫草害防治　坚持以预测预报、预防为主，以生物防治、物理防治及允许有限度使用有机化学农药为重点的原则。使用方法要遵照无公害农产品生产技术的要求。在十分必要的情况下，使用农药严格执行农产品农药安全使用标准和准则，严禁使用国家已公布禁止使用的农药。要避免邻近田块施用农药带来的污染。

食心虫是大豆主要虫害，要求用生物防治的方法来消灭，方法是放置赤眼蜂卵 30～45 片/hm^2，或利用白僵菌 7.5～9.75 kg/hm^2，拌细土 90 kg，在孵化时撒施地面。

(8)灌溉　灌溉水质要求采用清洁的水源，符合无公害农产品灌溉水质标准。最好采用喷灌方法，这种灌溉方法不受地形和地势的限制。如设备条件不足，可采用隔沟灌水的方法，既对地温影响小，又可节约用水，利于大豆生长。

(9)收获要求和产品质量要求　收获时要做到单收获、单运、单脱粒，保证不与普通大豆混杂。

优质产品质量的要求是：破碎率小于2%，杂质率小于1%，虫口率小于1%，青豆率小于2%，含水量小于15%。

思考题

1. 作物安全生产的概念、形式与内容是什么？
2. 我国作物生产标准化存在问题与改进措施是什么？
3. 作物无公害生产的技术要求是什么？

第九章　麦类作物生产及小麦栽培技术

一、麦类作物及其栽培利用

（一）概述

麦类作物属禾本科（Gramineae），一年生或越年生草本植物，包括小麦（冬小麦、春小麦），大麦（裸大麦、皮大麦），燕麦（皮燕麦、裸燕麦，即莜麦），黑麦及人工创造的小黑麦。按植物学分类系统，它们分别属于小麦属（*Triticum*）、大麦属（*Hordeum*）、燕麦属（*Avena*）、黑麦属（*Secale*）及小黑麦属（*Triticale*）。

麦类作物在生物学上有许多共同性状。均为须根系，由种子根（初生根）和节根（次生根）组成根群。茎秆中空、圆筒形，由节和节间构成，地上五六节，节间伸长。地下 3～8 节，节间不伸长，密集成分蘖节。叶长披针形，互生。叶分为叶片、叶鞘、叶舌、叶耳（燕麦无叶耳）及叶枕。小麦、大麦和黑麦为穗状花序，燕麦为圆锥花序。穗状花序的小穗生于节片顶端，圆锥花序的小穗生于分枝顶端，外被 2 片颖片、内有 1～7 朵小花。每朵小花有外稃和内稃，中间有雄蕊 3 枚，雌蕊 1 枚，下有 2 枚浆片。果实为颖果，外层为果皮，内层为种皮，成熟时小麦、裸大麦、黑麦、裸燕麦种子裸露，而皮大麦和皮燕麦种子与颖壳密接不易分开。种子由胚和胚乳组成，胚位于种子背部下端，富含脂肪、糖、卵磷脂和蛋白质。胚乳占种子重量的绝大部分，内含大量淀粉。胚乳的最外一层细胞为糊粉层，内部充满糊粉粒。

麦类作物生育期间要求较低的温度和较长的日照，故称为喜低温、长日照作物。从种子萌发至成熟，经过出苗、分蘖、拔节、孕穗、抽穗、开花、灌浆和成熟等生育时期。生育期的长短，因品种、种植区域和栽培条件而不同。

（二）生产概况

麦类作物由于种类多，生态类型多样，因而分布广泛，遍及 6 大洲，自 70°N 至 50°S，从海拔－150 m 的盆地到 4 700 m 的高寒山区均有种植。世界种植面积约 3 亿 hm^2（1999 年），是最重要的粮食作物。

1. 小麦

小麦是世界主要粮食作物之一，全世界有1/3以上的人口以小麦为主粮，种植面积居各种作物之首。从2001年资料看，世界小麦种植面积为21 105.7万 hm^2，总产56 684.3万t。1995—2001年平均，世界小麦种植面积最大的前4个国家为中国、印度、俄罗斯和美国，收获面积均在2 000万 hm^2 以上，总产量在3 400万t以上。单产最高的国家为荷兰、英国、德国和法国，但是其面积均较小。

小麦在我国的种植面积和总产量仅次于水稻而居第二位。1949年以来，小麦面积有所扩大，单产和总产持续增长。1949年全国小麦面积为2 133.3万 hm^2，总产1 381万t；1997年小麦面积、总产和单产创历史最高水平。在粮食生产基本供需平衡的情况下，进行了种植业结构调整，粮食作物面积调减。2000年全国小麦面积为2 665.3万 hm^2，总产9 963.7万t。2000年我国小麦种植面积较大且单产较高的省份有河南、山东、河北、江苏和安徽。

在我国小麦生产中，由于品种改良，灌溉面积扩大，肥料投入增加，农业机械化发展以及生产技术改进，小麦单产大幅度提高，高产纪录也不断刷新。1951年陕西省韩城县农民史安福0.123 hm^2 水浇地小麦平均产量6 075 kg/hm^2，创当时全国最高水平；1997年山东省龙口市1.16 hm^2 水浇地小麦平均产量10 609.5 kg/hm^2，展示了小麦高产的前景。

目前我国小麦生产中存在的问题，一是各地自然条件和生产条件相差很大，产量水平不平衡；二是优质专用品种少，栽培技术不配套，产业化经营能力低；三是生产规模小，成本高，生产效益低。根据国民经济发展和人民生活水平提高的需求，我国小麦生产发展的方向应是稳定面积，提高单产，改善品质，增加总产，提高效益。要强调高产、优质与高效并重，改变不计成本，不讲经济效益，单纯追求高产指标的做法，研究精确适度简化高效栽培技术，降低小麦成本，防止环境污染，提高生产效益，保持农业可持续发展。

2. 大麦

大麦是人类栽培的远古作物之一，世界各地先后发现公元前15 000年至前5 000年栽培大麦的遗物。远古时主要栽培在东亚和西南亚的古文明区，后来传至欧洲，17世纪初才传到美洲。中国大麦栽培历史悠久，出土的新石器时代遗物中就有栽培裸大麦的穗壳。西汉以前全国各地就种有大麦，在黄河、长江流域和旱漠地区更广为种植。

目前，大麦仍是重要的粮食作物，世界大麦播种面积仅次于小麦、水稻和玉米，在大田作物中居第四位。在我国，大麦在谷类作物中的播种面积居第四位。

大麦分布广泛，从50°S到70°N，从海拔1～2 m到4 750 m的中国西藏地区都有种植。世界大麦的栽培面积，20 世纪前中期不断扩大，在 1977 年曾达 9 533 万 hm^2，总产量 1.8 亿 t。以后有所下降，1999 年的收获面积为 5 666 万 hm^2，总产量 1.3 亿 t，栽培面积在 150 万 hm^2 以上的国家有俄罗斯、加拿大、乌克兰、澳大利亚、德国、美国、中国和法国。

我国大麦栽培面积在 20 世纪初叶曾达 800 万 hm^2 以上，以后虽有增减变化，但总的趋势是逐渐减小，1999 年种植面积为 165 万 hm^2，总产量 370 万 t。全国大部分省份均有一定栽培面积，但主要分布在长江中下游地区、东南沿海地区和青藏高寒地区。以江苏省栽培面积最大，面积和总产量占全国 1/3 左右；其次为湖北、四川、浙江等省。裸大麦面积以青海、西藏和江苏省为多。

全国的栽培大麦划分为裸大麦区、春大麦区和冬大麦区 3 大区域，又根据生态和生产条件的差异分为 12 个生态区。

大麦属（*Hordeum* L.）的植物约 30 种，但多数为野草。目前一般认为，中国的栽培大麦都属于普通大麦[*H. vulgare*(L.) emend. Bowden]一个种。根据小穗发育的程度和结实性，该种可以分为 3 个亚种，即二棱大麦、中间型大麦和多棱大麦。多棱大麦按侧小穗排列位置的特征，又可以区分为六棱大麦和四棱大麦。中国栽培大麦以多棱大麦较多，二棱大麦其次，中间型大麦最少。生产上的裸大麦以多棱亚种的为多。

3. 燕麦

燕麦属（*Avena* L.）内按染色体组分为二倍体、四倍体、六倍体 3 个种群 25 个种。世界上的主要栽培种有 4 个，即普通燕麦（*A. sativa*）、东方燕麦（*A. orientalis*）、地中海燕麦（*A. byzantina*）和裸燕麦（*A. nuda*）。一般认为，普通燕麦和地中海燕麦起源于地中海地区；东方燕麦又称鞑靼燕麦，起源于西亚；大粒裸燕麦起源于中国。

燕麦原为杂草，2 000 多年前才被驯化为作物。南欧首先作为饲草栽培，后来才作为谷物种植。中国裸燕麦栽培历史悠久，据文字记载有 2 500 余年，早于其他国家。

燕麦主要分布在北半球温带地区。在谷类作物中，燕麦产量居第六位。1999 年全世界栽培面积 1 393 万 hm^2，总产量 2 495 万 t。俄罗斯的种植面积占全世界的 1/3。其他种植面积较大的国家为加拿大、美国、澳大利亚、波兰、乌克兰和中国等。

我国以大粒裸燕麦为主，俗称莜麦、玉麦，占燕麦面积的 90%，籽粒大部食用。另有少量普通燕麦作为饲用。1999 年的种植面积为 40 万 hm^2，总产量 70 万 t。主要分布在华北、西北和西南的高寒地带，其中内蒙古的种植面积最大，山西雁北、河北坝上地区次之。按区域可划分为春性和弱冬性两大生态区，北方为春性，南方为弱冬性,以春性为主。

4. 黑麦

黑麦起源于阿富汗、伊朗、土耳其一带。在起源地是作物田中的杂草,当其随小麦传播到北欧自然条件严酷的地区时,代替部分小麦而成为一种粮食作物。在1948—1952年,全世界种植面积曾达3 855万 hm^2,而1999年仅为995万 hm^2。栽培面积最大的国家是俄罗斯和波兰,分别占世界面积的35%和23%。种植较多的还有德国、乌克兰和中国。中国1999年的栽培面积为50万 hm^2,总产量70万 t,主要在西北、东北和西南的高寒山区或干旱地区。20世纪80年代以来,很多地区作为青刈饲料试种。

栽培黑麦(*Secale cereale* L.)是黑麦属中唯一的栽培种,分冬、春性两种类型。种子蛋白质含量9%~11%,面粉中无面筋,食用品质较差。但植株高大,分蘖力强,再生性好,产草量高。用做青饲料的营养价值高,适口性好,也可以加工成饲用品质优良的草粉。

黑麦在麦类作物中耐寒力最强。另外,黑麦耐旱、耐瘠薄、耐连作。因此,在新垦地、沙质土地都能生长,在不适宜于其他作物生长的瘠薄地上也可以连作生产,在种植结构调整和发展农区畜牧业中有较大潜力。

5. 小黑麦

小黑麦是采用小麦与黑麦属间有性杂交并使杂种的染色体加倍,人工创造的新物种,是新型的麦类作物。不同染色体倍数的小麦与黑麦(染色体组为RR)合成的小黑麦有四倍体(AARR,28个染色体)、六倍体(AABBRR,42个染色体)和八倍体(AABBDDRR,56个染色体)。其通用英文名为 triticale,是由小麦拉丁文属名首部与黑麦拉丁文属名尾部合成的。

1875年,英国的 Wilson 首次获得小麦与黑麦的杂交种,但高度不育。经过近一个世纪的研究,到20世纪60年代中期,育成的小黑麦品系开始在加拿大和苏联等国家试种,并先后有数十个国家开展了小黑麦的研究和引种、育种工作。目前,一些商品小黑麦品种的产量已经超过小麦产量。

我国的小黑麦研究始于1951年,鲍文奎从小麦与黑麦杂交和染色体加倍创造大量小黑麦原始品系开始,系统开展育种工作。到1964年,首先在异源八倍体小黑麦研究上取得重大突破,初步解决了八倍体结实性差和籽粒不饱满问题。由此育成的小黑麦3号1973年在贵州试种成功,之后在西南、西北高寒地区推广,面积曾达2.5万 hm^2,使我国的八倍体小黑麦研究处于世界领先地位。之后,中国农业科学院等单位在六倍体小黑麦育种上也取得进展,推出了一系列粮用、草用和粮草兼用商品品种。相继已有10多个省市开展小黑麦的育种、引种和栽培技术研究。

小黑麦分冬、春两种类型，根系发达。既具小麦的多花多粒丰产性，又有黑麦幼穗分化时间长，绿色功能叶片维持时间长的特点，具备高产潜力。青饲品种分蘖力强，春季生长速度快，有较强的再生能力。鲜草产量高，叶茎比大，从拔节到抽穗前的大生长期中，叶量占地上部重量的40%～50%。适口性好，适于收获鲜草作为青饲料。

二、小麦的起源、分类及生产分区

（一）小麦的起源和分类

小麦属于禾本科（Gramineae）小麦属（*Triticum* L.）。小麦起源于亚洲西部。目前栽培的六倍体（AABBDD）普通小麦和硬粒小麦的进化过程，是由野生一粒小麦进化为栽培一粒小麦，其染色体基数为7，体细胞（二倍体）为14，为A组染色体的供源，两者共同构成一粒系；野生一粒小麦与B组染色体供源的拟斯卑尔脱山羊草经天然杂交，染色体加倍，产生野生四倍体二粒小麦，其$n=14$，$2n=28$，再经基因突变或天然杂交，形成其他四倍体的二粒系类型，构成二粒系；四倍体二粒小麦与粗山羊草（D组染色体供源）天然杂交，经染色体自然加倍形成原始的六倍体，即斯卑尔脱小麦，其$n=21$，$2n=42$，再经基因突变或天然杂交形成多种六倍体小麦类型，即为普通小麦系。其中普通系是异源多倍体，含有多个二倍体的遗传物质，使其具有生态上的广泛适应性和经济产量较高的特点。因此小麦属中虽然种很多，但目前种植最广、经济价值最高的是普通小麦，占90%以上，其次为硬粒小麦、密穗小麦等少数种。

（二）我国小麦的种植区划

根据《中国小麦学》（1996）的划分，我国小麦种植区域划分为3个主区、10个亚区。

1．春麦区

（1）东北春麦区　包括黑龙江、吉林两省全部，辽宁省除南部大连、营口两市和锦州市个别县以外的大部，内蒙古东北部的呼伦贝尔、兴安和哲里木3个盟以及赤峰市。

（2）北部春麦区　本区地处大兴安岭以西，长城以北，西至内蒙古的伊克昭盟和巴彦淖尔盟。以内蒙古为主，辖内蒙古、河北、山西、陕西的部分地区。

（3）西北春麦区　以甘肃及宁夏为主体，并包括内蒙古及青海的部分地区。

2. 冬麦区

(1)北部冬麦区　东起辽东半岛南部,沿长城及燕山南麓进入河北省,向西跨越太行山经黄土高原的山西省中部和东南部及陕西省北部,向西迄甘肃省陇东地区,以及京、津两市,形成东西向的狭长地带。

(2)黄淮冬麦区　包括山东省全部,河南省除信阳地区以外全部,河北省中、南部,江苏及安徽两省的淮河以北地区,陕西关中平原及山西省南部,甘肃省天水市全部和平凉及定西地区部分县。

(3)长江中下游冬麦区　包括浙江、江西及上海全部,河南省信阳地区以及江苏、安徽、湖北、湖南各省的部分地区。

(4)西南冬麦区　包括贵州全省,四川、云南大部,陕西南部及湖北、湖南西部。

(5)华南冬麦区　包括福建、广东、广西、台湾、海南等省、自治区全部及云南南部部分州县。

3. 冬春麦兼播区

(1)新疆冬春麦区　包括北疆麦区和南疆麦区。

(2)青藏春冬麦区　包括西藏自治区全部,青海、四川、甘肃、云南省的部分地区。

三、小麦生长发育与器官建成

(一)小麦的一生

小麦的一生是指从种子萌发到产生新种子的过程。生产上通常以出苗至成熟的天数表示生育期的长短。我国小麦的生育期差别甚大。冬小麦多为 230 d 左右或以上,春小麦多为 100～120 d。

根据小麦一生中器官形成的顺序和明显的外部特征,可划分为出苗、分蘖、起身(生物学拔节)、拔节(农艺拔节)、挑旗(孕穗)、抽穗、开花、灌浆和成熟等生育时期,冬小麦还有越冬和返青期。在栽培上,又根据所形成器官的类型和生育特点的不同,将小麦一生划分为营养生长、营养生长与生殖生长并进和生殖生长 3 个阶段。各阶段相互联系,但生长中心不同,栽培管理的主攻方向也不一样。

(二)小麦的阶段发育

小麦的生活周期内,必须经过几个循序渐进的质变阶段,每个阶段需要满足一定的外界条件,才能开始生殖生长,完成生活周期。这种阶段性质变发育过程称为小麦的阶段发育。在小麦一生中，已经研究得比较清楚的有春化阶段和光照阶段。

1. 春化阶段（感温阶段）

萌动种子的胚的生长点或幼苗的生长点，只要有适宜的综合外界条件，就能开始并通过春化阶段发育。在春化阶段所需要的外界条件中，起主导作用的是适宜的温度条件。根据不同品种通过春化阶段对温度要求的高低和时间的长短，可将小麦划分为3种类型：

(1)春性　在0～12℃的条件下，经5～15 d可完成春化阶段。未经春化处理的种子在春天播种能正常抽穗结实。

(2)半冬性　在0～7℃的条件下，经15～35 d可通过春化阶段。未春化处理的种子春播，不能抽穗或延迟抽穗，抽穗极不整齐。

(3)冬性　对温度要求极为敏感，在0～3℃条件下，经过35 d以上才能完成春化阶段。未经春化处理的种子春播，不能抽穗结实。

2. 光照阶段（感光阶段）

小麦在完成春化阶段后，在适宜条件下进入光照阶段。光照阶段是以一定时间的长日照为主导因素的发育阶段。根据小麦对光照长短的反应，可分为3种类型：

(1)反应迟钝型　在每天8～12 h的光照条件下，经16 d以上就能通过光照阶段而抽穗。原产低纬度的春性品种多属此类。

(2)反应中等型　在每天8 h的光照条件下不能通过光照阶段，但在12 h光照下24 d以上可以通过光照阶段。一般半冬性类型的小麦品种属于此类。

(3)反应敏感型　在每天8～12 h的光照条件下不能通过光照阶段，每日12 h以上，经过30～40 d才能通过光照阶段。冬性品种一般属于此类。

温度对光照阶段的进行也有较大影响。4℃以下光照阶段不能进行，20℃左右为最适温度。因此，有的冬小麦品种冬前可以完成春化阶段，但当时气温低于4℃，便不能进入光照阶段。小麦进入光照阶段后，代谢作用明显增强，抗寒力降低。所以，了解上述特性利于防止冬小麦冬季遭受冻害。

3. 阶段发育与器官形成的关系

麦苗未通过春化阶段时，主要分化营养器官；小麦幼穗分化达到小穗分化期时，春化阶段结束，进入光照阶段；到雌雄蕊原基形成时，光照阶段结束。春化阶段是决定叶片、茎节、分蘖和次生根多少的时期，光照阶段是决定小穗数多少的时期。春化阶段长的冬性品种的绿叶和分蘖数多于春化阶段短的春性品种。延长春化阶段可以增加分蘖数；延长光照阶段有利于增加小穗和小花数，从而形成大穗。

4. 阶段发育理论在小麦生产中的应用

有助于正确地引种和运用栽培措施。如果南方引用北方品种，因南方温度高，日照短，而表现春化和光照发育迟缓，常表现迟熟；南方品种北移，由于北方温度低，日照长，一般表现发育早，冻害严重。因此，必须从温光生态环境接近的地区引种。生产上应根据品种的阶段发育特性，综合考虑品种布局、播种期和密度，以避免冻害，建立合理的群体结构。例如，秋播时应先播种冬性品种，后播种半冬性品种；冬性品种的基本苗应适当少些。

（三）种子萌发和出苗

1. 种子的形态和构造

小麦的籽粒常称为种子，在植物学上属于颖果。种子呈椭圆形或卵圆形，顶端有冠毛，背面微凸，腹面有一纵沟称腹沟。整个种子由皮层、胚和胚乳 3 部分构成。

(1)皮层　包括果皮和种皮。皮层中有一层交叉排列的薄壁细胞，含色素的深浅不同，故有红粒和白粒之分。红粒种子皮层较厚，透性较差，休眠期较长；白粒种子皮层较薄，透性强，休眠期短，收获前遇雨易在穗上发芽。

(2)胚乳　由糊粉层和淀粉层构成，占种子重量的 90%～93%。糊粉层在胚乳的最外层，主要含纤维素和蛋白质等含氮物质，还有灰分和脂肪。淀粉层是贮存营养的主要场所，其中淀粉约占 3/4，以淀粉粒形式存在。胚乳可分为硬质胚乳、软质胚乳和半硬质胚乳。硬质胚乳含蛋白质较多，质地透明，结构紧实，面筋含量高；软质胚乳充满淀粉粒，只有少量蛋白质。

(3)胚　由胚根、胚轴、胚芽和盾片组成。胚根外包着胚根鞘，萌发后长成初生根。胚芽外包着胚芽鞘，里面有生长锥及 3 片已分化的幼叶原始体与 1 个胚芽鞘的腋芽原基。盾片与胚乳接触，萌发时吸收、转化胚乳营养。

2. 种子萌发和出苗

种子播种后，在适宜条件下萌发。当胚根伸出种皮达种子的长度，胚芽伸出达种子长度一半时，称发芽。发芽后胚芽鞘继续伸长，顶出表土，见光后停止伸长，接着第一绿叶由胚芽鞘中伸出，达 2 cm 时称为出苗。

种子萌发的最低温度为 1～2℃，最适为 15～20℃，最高为 30～35℃。正常情况下，播种至出苗需积温 110～120℃。萌发出苗的最适土壤水分为田间持水量的 70%～80%。土壤干旱，种子不能发芽出苗；土壤湿度过大时，种子因缺氧而不能萌动，甚至霉烂。

（四）营养器官的建成

1. 根系的生长与功能

(1)根系的形成与分布　初生根由种子生出，又称种子根或胚根。当种子萌发时，从胚的基部首先长出1条主胚根，继之长出1～3对侧胚根。初生根数目一般3～5条，多者可达七八条。初生根细而坚韧，垂直向下生长，入土可深达3 m。次生根着生于分蘖节上，又称节根，伴随分蘖的发生，在主茎分蘖节上自下而上逐节发根，每节发根数1～3条。分蘖形成后也依此模式长出自己的次生根。一般到开花期，次生根数达最大值。次生根较粗壮，多分枝和根毛，下伸角度大，入土较浅，绝大部分分布于0～40 cm土层内。

(2)根系的功能　根系具有吸收、支持、固定、合成4种功能。初生根的功能期从幼苗期一直延续到灌浆以后，对后期干旱条件下利用深层水分具有特殊意义。次生根数量大，功能强，是根系吸收的主体部分。根的功能部位在根尖，尤其根毛区是最活跃的吸收区域。

(3)影响根系生长的因素　适宜根系生长的土壤水分为田间持水量的70%～80%。土壤上层适度干旱会促使根系下扎。土壤肥力高，根系发达。氮肥可促进根系生长，提高根系活力，但氮肥过多，地上部旺长，根系生长减弱。磷促进根系伸长和分枝，增施磷肥有促根壮苗的效应。根系生长的最适温度为16～22℃，最低温度为2℃，超过30℃根系生长受到抑制。深耕或深松打破犁底层，可以促进根系的良好发育。

2. 茎的生长与功能

(1)茎的生长　茎由节和节间组成。地下3～8节，节间不伸长，密集而成分蘖节；地上4～6节，节间伸长(多为5个伸长节间)，形成茎秆。节间的伸长始于穗分化的二棱期至小花分化期，按节位自下而上顺序伸长，相邻节间有快慢重叠的共伸期。当最上一个节间即穗下节间伸长结束，高度即固定。伴随茎秆伸长，茎秆干重也增加。开花前茎秆高度与干重均呈“S”形增长，但干重的增长延续到开花之后，通常在籽粒进入快速灌浆期前后茎秆达最大值，此后由于茎秆贮藏物质向穗部运转，干重下降。

(2)影响茎秆生长的因素　一般在10℃以上开始伸长，12～16℃形成的茎秆较粗壮，高于20℃则易徒长，茎秆细弱。强光对节间伸长有抑制作用。充足的水分和氮素促进节间伸长，磷素和钾素能促使茎壁加厚增粗。干旱抑制节间伸长，高产麦田在拔节前控水蹲苗有利防倒。

3. 叶的生长与功能

(1)叶的建成与衰老　叶的建成历经分化、伸长和定型过程。除1～3叶是在种子胚中早已分化外，其余叶均由茎生长锥分化形成。分化出的叶原基不断进行细胞分裂和组织分化，并通过伸长过程扩大体积。叶的伸长由叶尖开始，先叶片伸长，后叶鞘伸长。从叶片开始伸长到展开定型为叶片伸长期，从定型到衰枯前为叶片功能期。

(2)叶片分组及其功能　我国北方适期播种的冬小麦，主茎总叶数为12～14片，冬前叶和春生叶各为六七片。适期播种的春小麦主茎出叶数为6～8片。

主茎叶片是在生长发育过程中陆续发生的，发生的时间、位置及其作用功能均有所不同。一般分为两个功能叶组(图9-1)：①近根叶组：着生于分蘖节，其数目由品种温光特性、播期及栽培条件决定。其功能期主要在拔节前，光合产物主要供应根、分蘖、中下部叶片的生长及早期幼穗发育。②茎生叶组：着生于伸长茎秆的节上，数目为4～6片，多为5片。其功能主要是供给茎、穗和籽粒生长所需的营养。

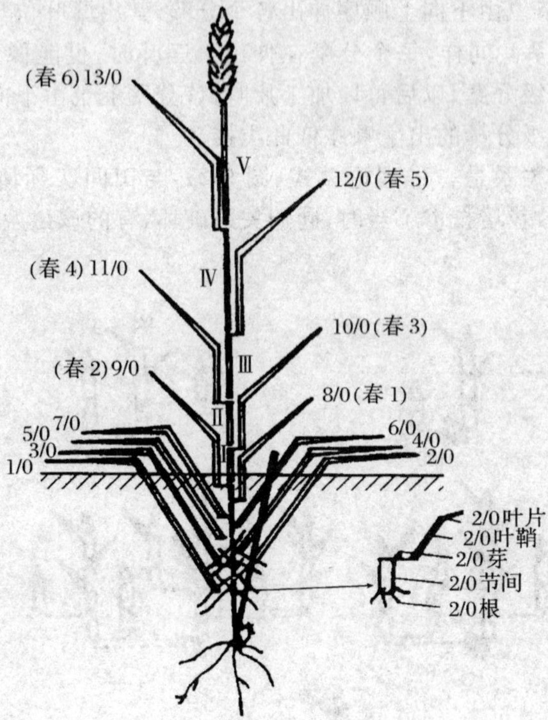

图9-1　麦株形态结构模式图

(北京农业大学，1964)

4. 分蘖规律和成穗

(1)分蘖的发生　小麦的分蘖是发生在地下不伸长茎节上的分枝。发生分蘖的地下节群紧缩在一起，称分蘖节。幼苗时期，分蘖节不断分化出叶片、蘖芽和次生根。分蘖芽的顶端生长锥同样可分化出叶片和次一级的蘖芽和次生根。分蘖节内布满了大量的维管束，联络着根系、主茎和分蘖，成为整个植株的输导枢纽。分蘖节内还贮藏营养物质，对冬小麦越冬期间的抗寒性起重要作用。

每个分蘖的第一叶为不完全叶，薄膜鞘状，称为分蘖鞘。从分蘖鞘中出生分蘖的完全叶。分蘖的出现以其第一片完全叶伸出分蘖鞘 1.5～2 cm 为标志。由主茎的胚芽鞘和完全叶叶腋中出生的分蘖称为一级分蘖；由一级分蘖的分蘖鞘和完全叶叶腋中出生的分蘖称为二级分蘖；由二级分蘖长出三级分蘖；余类推。

小麦各级分蘖的出现与主茎叶片的出现有一定的对应关系，称为“同伸关系”。幼苗主茎出现第三叶时(用 3/0 表示)，由胚芽鞘中伸出胚芽鞘分蘖。当主茎伸出第四叶时，主茎第一叶的叶鞘中长出主茎节位的第一分蘖。以后主茎每出现 1 片叶，即沿主茎出蘖节位由下向上顺序伸出各个分蘖，其出蘖叶位与主茎出叶数(N)呈 $N-3$ 的对应关系。同样，每个分蘖在伸出第三叶时，也能像主茎一样，由分蘖鞘腋中长出 1 个次级分蘖，以后每增加 1 片叶，该分蘖上也由下向上顺次出现 1 个次级分蘖。以后各级分蘖的出生顺序依此类推。

上述叶蘖同伸关系是一种理论模式(图 9-2)，与田间实际情况并不一定完全吻合。当水肥不足，栽培技术不当时，同伸关系破坏，有的该出生的分蘖不出生，形成“缺位”。

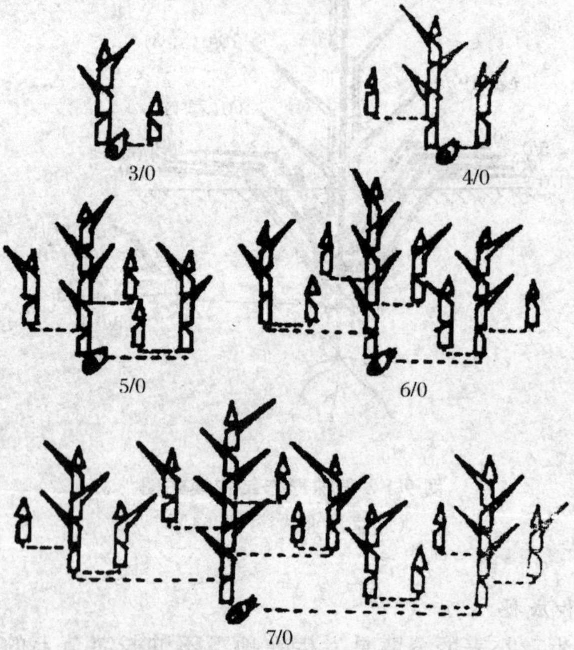

图 9-2　小麦分蘖与主茎叶片的同伸关系示意图

说明：胚芽鞘、分蘖鞘　　完全叶　　心叶

(北京农业大学，1964)

小麦单株产生分蘖的能力称为分蘖力。分蘖力存在品种间差异，并受种子质量和播种质量、栽培环境的影响。分蘖的最低温度为2～4℃，6～13℃时分蘖生长缓慢，但比较健壮；大于14℃分蘖生长快，但健壮程度较差；大于18℃分蘖受抑。适宜分蘖的土壤水分为田间持水量的70%左右。基本苗少、光照条件好、幼苗健壮，分蘖力强。播种过深、地中茎过长、出苗延迟，苗弱蘖少。适宜的氮、磷营养促进分蘖发生。

(2)分蘖的消长动态和成穗规律　北方冬麦区正常播期条件下，出苗后15～20 d开始分蘖，以后分蘖不断增加，形成冬前分蘖高峰。越冬期间分蘖基本停止生长。翌春温度上升至3℃以上时，春季分蘖开始，气温10℃以上时春蘖大量发生，形成春季分蘖高峰。晚播冬小麦只有春季分蘖高峰。南方冬麦区及春小麦也只有1个分蘖高峰。

通常在小麦主茎开始拔节前，全田总茎数(包括主茎和分蘖)达最大值。此后，由于小麦植株代谢中心的转移及蘖位的差别，分蘖开始两极分化，小蘖逐渐衰亡，变为无效蘖，早生的低位大蘖成为有效蘖。分蘖衰亡早晚与发生顺序相反。拔节至孕穗期是无效蘖集中衰亡的时期。

个体和群体分蘖的成穗比例，因植株的生长发育状况、群体环境条件不同而有很大差异。从植株本身看，通常只有在拔节时有足够的光合面积和自身根系、能够独立生长的分蘖，才能成为有效蘖。因此，冬前发生的低位早蘖容易成穗，冬前晚生分蘖和春生蘖成穗率低。从外部环境看，分蘖的受光状况对成穗率有很大影响，播量太多，群体过大，田间郁蔽，光照不足，常导致成穗率下降。

(五)穗的结构及其分化形成

1. 穗的结构

小麦穗为复穗状花序，由穗轴和小穗组成。穗轴由节片构成，每节片着生1枚小穗。小穗互生，每小穗由1个小穗轴、2个颖片和若干小花构成(图9-3)。一般每小穗有小花3～9朵，但通常仅两三朵结实。一个发育完全的小花包括1片外稃、1片内稃、3枚雄蕊、1枚雌蕊和2枚鳞片。有芒品种外稃着生芒。

2. 穗的分化与形成

小麦穗是由茎生长锥分化形成的。根据穗分化过程中出现的明显形态特征，可分为以下几个时期，每个时期均以其始期为标准划分。

Ⅰ. 茎叶原基分化期(未伸长期)　生长锥未伸长，宽大于高，半圆形，基部陆续分化叶、腋芽和茎节原基，未开始穗的分化。

Ⅱ. 生长锥伸长期　生长锥伸长，高大于宽，标志着由茎叶原基分化向穗的分化过渡。

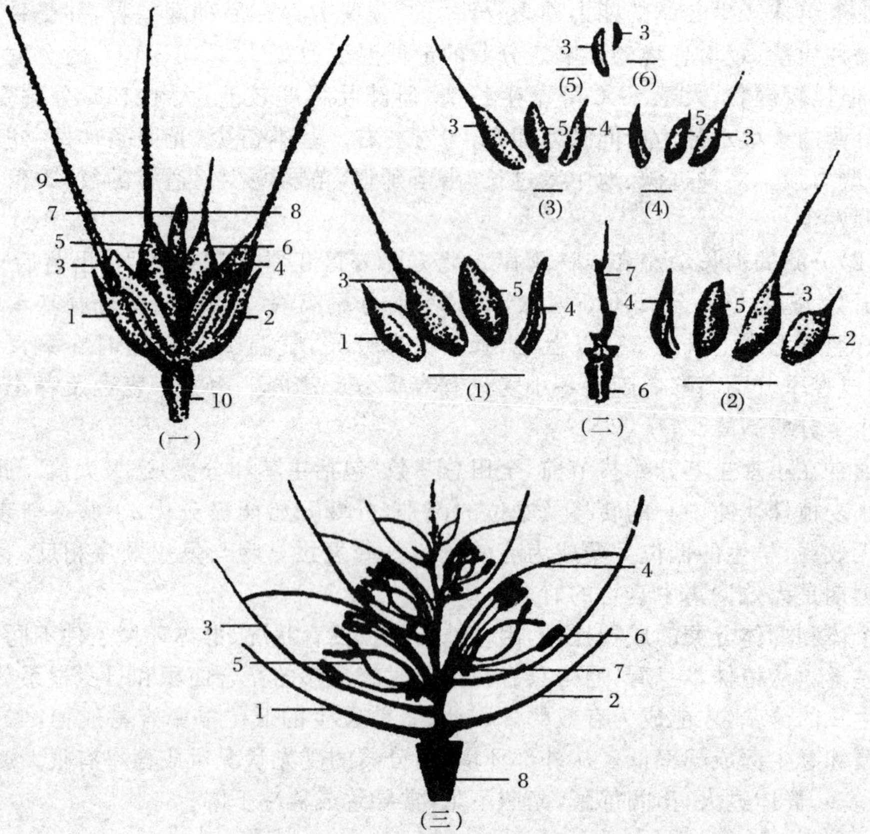

图 9-3 小麦小穗的构造

(一)外形:1. 下位颖片;2. 上位颖片;3. 第一小花;4. 第二小花;5. 第三小花;
6. 第四小花;7. 第五小花;8. 第六小花;9. 芒;10. 穗轴节片
(二)各组成部分:(1)至(6)代表小花位;1. 下位颖片;2. 上位颖片;
3. 外稃;4. 内稃;5. 籽粒;6. 穗轴节片;7. 小穗轴
(三)各组成部分发生部位示意:1. 下位颖片;2. 上位颖片;3. 外稃;
4. 内稃;5. 雌蕊;6. 雄蕊;7. 鳞片;8. 穗轴节片
(作物栽培学.北方本,1980)

Ⅲ. 单棱期(穗轴节片分化期) 生长锥进一步伸长,在其基部自下而上分化出环状苞叶原基突起。由于苞叶原基呈棱形,故称单棱期。苞叶原基出现后不久即退化,两苞叶原基之间形成穗轴节片。

Ⅳ. 二棱期(小穗原基分化期) 首先在生长锥中下部苞叶原基叶腋内出现即

小穗原基,然后向上向下继续出现小穗原基。因小穗原基与苞叶原基相间呈二棱状,故称二棱期。此期持续时间较长,又分为3个时期:

A. 二棱初期:生长锥中部最初出现小穗原基,二棱状尚不明显。

B. 二棱中期:小穗原基数量逐渐增多,体积增大;幼穗的正面观小穗原基超过苞叶原基,侧面观二棱状最明显。

C. 二棱末期:苞叶原基退化,小穗原基进一步增大,同侧相邻小穗原基部分重叠,二棱状已不明显。

Ⅴ. 颖片原基分化期　二棱末期后不久,最先出现的小穗原基两侧,各分化出一浅裂片突起,即颖片原基。

Ⅵ. 小花原基分化期　在最先出现的小穗原基基部分化出颖片原基后不久,即在颖片原基内侧分化出第一小花的外稃原基,进入小花原基分化期。在同一小穗内,小花原基的分化呈向顶式。在整个幼穗上,先从中部小穗开始,然后渐及上、下各小穗。

Ⅶ. 雌雄蕊原基分化期　当穗中部小穗出现三四个小花原基时,其第一小花的生长点几乎同时分化出内稃和3个半圆球形雄蕊原基,稍后在3个雄蕊原基间出现雌蕊原基,即进入雌雄蕊原基分化期。约在该期末、药隔期前,基部节间伸出地面1.5～2 cm,为农艺拔节期。

Ⅷ. 药隔形成期　雄蕊原基体积进一步增大,并沿中部自顶向下出现微凹纵沟。之后,花药分成4个花粉囊。同时,雌蕊原基顶部凹陷,逐渐分化出2枚柱头突起,以后继续生长形成羽状柱头。

进入药隔形成期后不久,颖片、内外稃等覆盖器官迅速伸长,穗体积也迅速增加。

Ⅸ. 四分体形成期　形成药隔的花药进一步发育,在花粉囊内形成花粉母细胞。与此同时,雌蕊柱头明显伸长呈二歧状,胚囊内形成胚囊母细胞。花粉母细胞经减数分裂形成二分体,再经有丝分裂形成四分体。此时旗叶全部展开,其叶耳与倒二叶的叶耳距为3～5 cm。

不同麦区穗分化的起止时期与持续时间不同,穗分化期长的地区易形成大穗。小麦群体内的主茎与分蘖穗分化也存在差异,分蘖穗分化开始晚,经历时间短,但分化发育快,在穗分化前中期(拔节前)有分蘖赶主茎的趋势。一个穗内不同部位小穗、小花发生时间和分化进程也存在明显差异。基部小穗发生较顶部早,但小花分化进程慢,故基部小穗、小花多退化。

3. 小穗、小花的退化

当发育最早的小花进入四分体期之后,1～2 d凡能分化到四分体的各小花,集中发育到四分体期。此时全穗已停止分化新的小花。凡未发育到四分体的小花均停止在原有的分化状态，在 4～5 d 先后退化。因此，四分体期是小花两极分化的转折点。已形成四分体或花粉粒的小花，也可能因不良环境条件影响花粉发育或受精，导致不能结实。同一穗内，穗基部和顶部小穗容易成为不孕小穗（全部小花退化），同一个小穗的上位小花容易退化。

4. 影响穗分化的环境因素

短日照可延长光照阶段发育，有利于增加每穗小穗数。雌雄蕊原基分化至四分体期要求较强的光照，此期弱光会使性细胞发育不良，退化小花增多。幼穗分化过程中温度在 10℃以下可延缓分化进程，延长分化时间，有利于形成大穗。因此，春季气温回升慢的年份，易形成多粒的产量结构。干旱加快穗分化速度，缩短穗分化时间，使穗短而粒少，特别是药隔形成至四分体形成期，是小麦对水分反应最敏感时期（需水临界期），必须保证水分供给。氮素充足可增加小花分化数，药隔期施肥可减少退化小花数。但在高产条件下，不适当的增加氮肥，特别是拔节前施氮过多，常造成茎叶徒长，群体郁蔽，光照不足，从而降低小花结实率。

（六）籽粒形成和灌浆

1. 抽穗、开花和受精

麦穗从旗叶鞘中伸出一半时称为抽穗。抽穗后 3～5 d 开花。全穗开花持续 3～5 d。

开花的最低温度为 9～11℃，最适温度为 18～20℃。高于 30℃且土壤干旱或有干热风，影响受精能力而降低结实率。此期对缺水反应敏感，需保持良好的土壤水分条件。最适宜开花的大气湿度为 70%～80%。

2. 籽粒形成与灌浆成熟

小麦从开花受精到籽粒成熟，历时 30～40 d。根据此期籽粒内外部的变化可分为 3 个过程（图 9-4）。

（1）籽粒形成过程　从受精坐脐开始，历时 10～12 d。胚和胚乳迅速发育，胚乳细胞数目在此期决定，因而是形成籽粒潜在库容的时期。此期籽粒长度增长最快，宽度和厚度增长缓慢；籽粒含水量急剧增加，干物质增加很少，含水率达 70%以上；籽粒由灰白转为灰绿，胚乳由清水状变为清乳状。当籽粒长度达最大长度的 3/4 时（多半仁），该过程结束。

（2）籽粒灌浆过程　从多半仁开始，到蜡熟前结束，分为 2 个时期。

A. 乳熟期。历时 12～18 d，籽粒长度增长达最大值，宽度和厚度也明显增加，并于开花后 20～24 d 达最大值，此时籽粒体积最大（“顶满仓”）。胚乳细胞中

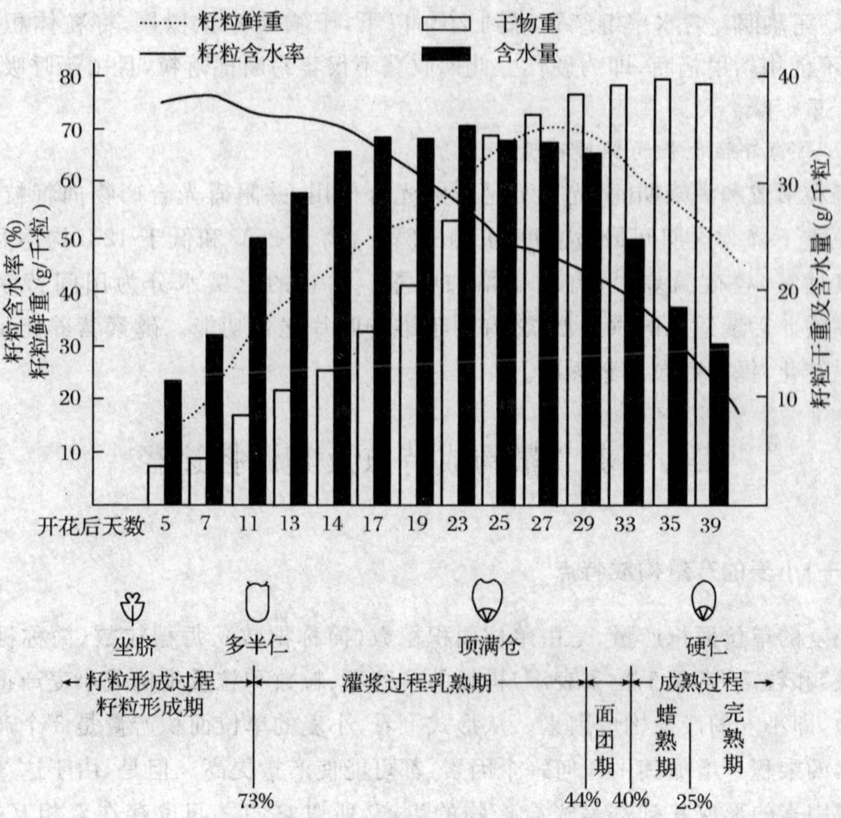

图 9-4　小麦籽粒形成、灌浆与成熟过程

（品种农大 183．北京农业大学，1962—1964）

开始沉积淀粉，籽粒干物重呈线性增长。此期籽粒绝对含水量变化较平稳，但含水率则不断下降，胚乳由清乳状最后成为乳状。籽粒由灰绿变鲜绿，继而转为绿黄色，表面有光泽。

B. 面团期。历时约 3 d，籽粒含水率下降到 38%～40%，干物重增加转慢，籽粒由绿黄色变为黄绿色，失去光泽，胚乳呈面筋状，体积开始缩减。此期是穗鲜重最大的时期。

(3)籽粒成熟过程　包括 2 个时期。

A. 蜡熟期。历时 3～7 d，含水率降至 20%～22%。籽粒由黄绿色变为黄色，胚乳变为蜡质状。叶片大部或全部枯黄，穗下节间呈金黄色。末期籽粒干重达最大值，是生理成熟期，也是收获适期。

B. 完熟期。含水率继续下降到20%以下，干物质停止积累，籽粒体积缩小，变硬，不能用指甲掐断，即为硬仁。此期收获不仅容易断穗落粒，且由于呼吸消耗，籽粒干重下降。

3. 影响籽粒生长的环境因素

籽粒形成和灌浆期间，光照不足影响光合作用，并阻碍光合产物向籽粒转移，导致粒重下降。这期间最适温度为20～22℃，高于25℃和低于12℃均不利。白天温度适宜，昼夜温差大，有利于增加粒重。适宜的土壤水分为田间持水量的70%左右。后期适当的供给氮素，有利于维持叶片光合功能。磷素营养充足可促进物质转化，提高籽粒灌浆强度。

四、小麦产量构成特点及其调控途径

(一)小麦的产量构成特点

小麦的单位面积产量，是由单位面积穗数(简称穗数)、每穗粒数(简称穗粒数或粒数)和粒重(常用千粒重表示)构成的。穗数、粒数和粒重是构成小麦产量的直接函数，即小麦的产量构成因素。从形式上看，小麦的单位面积产量是3个产量构成因素的乘积。增加其中任何一个因素，都可能使产量提高。但是，由于这3个产量构成因素的形成基础都是光合产物的生产，所以它们之间也存在着相互影响。在生产实践中，3个产量构成因素很少能够同步增加。在一定范围内，产量随着单位面积穗数的增加而提高。但是，穗数过多，每穗粒数减少，粒重下降，产量亦随之降低。因此，只有在三者相互协调的情况下，才能获得高产。

(二)小麦产量的调控途径

在小麦产量由低到高的过程中，增加单位面积穗数是增加产量的首要因素。但是，在高产条件下，达到合理穗数后，增产的关键是提高单穗生产力，即穗粒重。穗粒重是穗粒数与粒重的乘积，穗粒数和粒重均为高度相关，因此增加穗粒重应通过调控穗粒数和粒重来达到。在不同产量水平下，都可以通过对产量构成因素的调控，达到产量构成因素的最优组合而获得高产。

小麦的产量和产量构成因素，是在小麦生育过程中一步步形成的。小麦生育过程中的营养生长期、营养生长与生殖生长并进时期和生殖生长期，基本上对应于穗数、粒数和粒重的形成过程。因此，对产量构成因素的调控，也可以分为3个时期。

1. 穗数的形成及其调控

在小麦的营养生长期(播种至穗分化开始),主要决定植株密度和每株的分蘖潜力。因此,穗数主要是在这一阶段形成的。对穗数的调控途径有 2 个方面。

(1)培育壮苗,促进分蘖总量的增加　分蘖总量标志着穗数的可能潜力。调控分蘖总量主要包括下列环节:

A. 确定合理的基本苗数。单位面积基本苗数是群体发展的起点,也是调节合理分蘖数的基础。基本苗数通过合理的播种量确定,当前生产中一般为每公顷 120 万～300 万株。

B. 调控达到合理的单位面积总茎数。冬小麦包括冬前总茎数和春季最大总茎数,其中以冬前总茎数最为重要。因为冬前分蘖生长早,叶面积较大,根系发达,成穗率高,穗部性状也好。高产田冬前总茎数为计划穗数的 1.2～1.5 倍,一般大田为 1.8～2.0 倍。春季最大总茎数是在小麦起身后拔节前调查的数值,高产田要求为计划穗数的 2 倍为宜。

(2)提高分蘖成穗率　在合理的总茎数的基础上,提高分蘖的成穗率,是最大可能地实现穗数潜力的关键。这主要是通过起身拔节期的肥水调控,促进小的无效分蘖死亡,并促进中等蘖赶上大蘖成为有效蘖。

2. 粒数的形成及其调控

在小麦的营养生长与生殖生长并进时期(穗分化开始至开花),主要决定最终穗数和每穗可育小花数。因此,粒数主要是在这一阶段形成的。每穗粒数决定于小穗、小花的分化和退化两个过程,因此在提高穗粒数的途径上,有 3 条途径可供选择:

(1)促进小花分化总量,即促花途径　要求在穗分化早期(冬小麦在返青到起身期)肥水促进。

(2)减少退化小花数,即保花途径　要求在穗分化的中期(冬小麦在拔节前后)和后期(孕穗期前后)加强肥水管理,减少退化小花,提高小花的结实率。

(3)既提高小花分化总数,又减少小花退化,即促花、保花并重的途径　需要在起身期和拔节期或孕穗期配合进行肥水调控。

一般来说,在群体较小的情况下选择第一条途径,在群体偏大的情况下选择第二条途径,在群体适中情况下选择第三条途径。在高产条件下,尤以第二条"保花"的途径更为重要和稳妥。

3. 粒重的形成及其调控

在小麦的生殖生长期(开花至成熟),决定最终的每穗粒数、籽粒最大贮藏能力和充实情况。因此,粒重主要是在这一阶段形成的。从小麦源库关系分析,小麦粒重形成涉及以下4个方面：①源：即籽粒干物质的来源；②库：即积累干物质的容积；③流：即干物质的运输；④耗：即已积累物质的消耗。小麦粒重的提高有赖于增源、扩库、畅流、减耗4个方面的协调发展。除前、中期适宜的管理措施外，抽穗开花期适宜的水分调控，防治病虫害及适当的化控措施，都有利于防止叶片早衰，促进后期光合产物向籽粒运转，提高粒重。

五、小麦生产主要环节及栽培技术

(一)麦田整地技术

小麦对土壤的适应性较强，但耕作层深厚、结构良好、有机质丰富、养分充足、通气性与保水性良好的土壤，是小麦高产、稳产、优质的基础。适宜的土壤条件为，土壤容重1.2 g/cm^{3}左右，孔隙度50%～55%，土壤pH值6.8～7，有机质含量1%以上，氮、磷、钾营养元素丰富，且有效供肥能力强。

麦田耕作整地是改善土壤条件的基本措施之一，一般包括深耕和播前整地两个环节。深耕可以加深耕作层，协调水、肥、气、热，保证小麦正常生长。在一般土壤上，耕地深度为20～25 cm。播前整地可起到平整地表、破除板结、匀墒保墒、深施肥料等作用，是保证播种质量的基础。

耕作整地因小麦栽培类型不同有所区别。北方水浇地冬小麦一般复种指数高，前作收获后要在较短的时间内完成深耕、施肥、播前整地3个环节，应力争在前茬收获前1周浇好穿茬水，收获后立即撒肥深耕，耙耱整地。北方旱地冬小麦多为一年一作，在麦收后要浅耕灭茬，打破表土板结层，待第一次透雨时，趁雨深耕，雨季的每次降雨之后都进行耙耢。雨季过后，结合施底肥进行深翻，耕后精细耙耱整地，达到既松土又保墒的目的。麦田耕作整地应做到：深耕深翻，加深耕层；耕透耙透，不漏耕漏耙；土壤细碎，无明暗坷垃；地面平整；上虚下实；底墒充足。春小麦伏秋深耕或耙茬效果优于春季，且可做到待播状态越冬，有利于发挥适期早播的增产作用和保证播种质量。

(二)播种技术

1. 选用良种与种子处理

良种选用应根据当地自然气候、栽培条件、产量水平及耕作种植制度特点进行，同时做到良种良法配套。播种前应通过机械筛选粒大饱满、整齐一致、无杂质的种子，并针对当地苗期常发病虫害进行药剂拌种，或用含有营养元素、药剂、激素的种衣剂包衣。同时，进行发芽试验，为确定播种量提供依据。

2. 适期播种

冬小麦确定适宜播种期的依据有：①冬前积温。包括播种到出苗的积温及出苗到冬前停止生长之日的积温。一般播种到出苗的积温为120℃，出苗至越冬前主茎每长1片叶需75℃左右积温。根据主茎叶片和分蘖的同伸关系，可求出冬前不同苗龄与蘖数的总积温。如要求冬前主茎叶数为6片，则冬前总积温为：75×6＋120＝570(℃)，根据当地气象资料即可确定适宜播期。②品种发育特性。一般强冬性品种宜适当早播，弱冬性品种可适当晚播。北方各麦区冬小麦的适宜播期为：冬性品种在日平均气温16～18℃，弱冬性品种在14～16℃。在此范围内，还要根据气候、土壤肥力、地形等特点进行调整。北方春小麦为了延长苗期生长，争取分蘖和大穗，一般在气温稳定在0～2℃，表土化冻时即可播种。

3. 合理密植

基本苗数是实现合理密植的基础。生产上通常采取"以地定产，以产定穗，以穗定苗，以苗定籽"的方法确定播种量，即以土壤肥力高低确定产量水平，根据计划产量和品种的穗粒重确定合理穗数，根据穗数和单株成穗数确定基本苗数，再根据基本苗和品种千粒重、发芽率及田间出苗率等确定播种量。

$$\text{每公顷播种量(kg)}=\frac{\text{每公顷计划基本苗数}\times\text{种子千粒重(g)}}{1\,000\times1\,000\times\text{种子发芽率(\%)}\times\text{田间出苗率(\%)}}$$

播种量还与实际生产条件、品种特性、播期早晚、栽培体系类型等有密切关系。一般调整播种量的原则是：土壤肥力很低时，播量应低；随着肥力提高，适当增加播量；当肥力较高时，则应相对减少播量。冬性强的品种适当减少播量，春性强的品种适当增加播量。播期推迟应适当增加播种量。不同栽培体系中，精播栽培播量要低，独秆栽培要密。

(三)施肥技术

1. 小麦对营养元素的需求

研究表明，随着产量水平提高，小麦氮、磷、钾吸收总量相应增加。每生产100 kg 籽粒，需 N(3.1±1.1)kg、P_2O_5(1.1±0.3)kg、K_2O(3.2±0.6)kg，三者的比例约为3∶1∶3。但随着产量水平提高，氮的相对吸收量减少，钾的相对吸收量增加，磷的相对吸收量基本稳定。随小麦生育进程，氮、磷、钾吸收量也相应增加。起身期前麦苗较小，养分吸收量较少，起身以后，植株迅速生长，养分需求量也急剧增加，拔节至孕穗期小麦对氮、磷、钾的吸收达到一生的高峰期。对氮、磷的吸收量在成熟期达最大值，对钾的吸收到抽穗期达最大累积量，其后钾的吸收出现负值。

2. 施肥技术

小麦的施肥技术包括施肥量、施肥时期和施肥方法。

施肥量(kg/hm^2)=[计划产量所需养分量(kg/hm^2)－土壤当季供给养分量(kg/hm^2)]/[肥料养分含量(%)×肥料利用率(%)]

计划产量所需养分量可根据 100 kg 籽粒所需养分量确定。土壤供肥状况一般以不施肥麦田产出小麦的养分量测知。在田间条件下，氮肥的当季利用率为 30%～50%，磷肥为 10%～20%，高者可达到 25%～30%，钾肥多为 40%～70%。有机肥的利用率因肥料种类和腐熟程度不同差异很大，一般为 20%～25%。一般中、低产田应增施磷肥，氮、磷配合，产量在 3 000 kg/hm^2 以下的低产田，氮、磷比为 1∶1 左右；产量为 3 000～6 000 kg/hm^2 时，氮、磷比以 1∶0.5 为宜。

施肥时期应根据小麦的需肥动态和肥效时期来确定。冬小麦生长期较长，以播种前施用底肥与生长期间追肥相结合为宜。春小麦可采用一次性重施底肥。

根据北方冬小麦高产经验，在土壤肥力较好的情况下(0～20 cm 土层土壤含有机质 1%，全氮 0.08%，水解氮 50 mg/kg，速效磷 20 mg/kg，速效钾 80 mg/kg)，产量为每公顷 7 500 kg 的小麦，大约需施优质有机肥 45 000 kg，标准氮肥(含 N 21%)750 kg，标准磷肥(含 P_2O_5 14%)600～750 kg。缺钾地块应施用钾肥。有机肥、磷肥、钾肥、50%的氮肥作底肥，50%的氮肥于起身期或拔节期追施。

(四)灌溉技术

1. 小麦对水分的需求

小麦需水较多。小麦的需水量为不限制小麦生长发育条件下植株的蒸腾和株间蒸发的总和。小麦从播种到收获期间对水分的消耗量为小麦的耗水量：

耗水量(mm 或 m^3/hm^2)=播种时土壤含水量＋生长期总灌水量＋有效降水量－收获期土壤贮水量

小麦一生总耗水量为 400～600 mm(3 900～6 000 m^3/hm^2)。每生产一个单位的籽粒需要消耗的水分量为耗水系数(kg/kg)。单位土地面积上每毫米水的籽粒生产量为水分生产率[$kg/(mm \cdot hm^2)$]。据研究，小麦的耗水量随产量的提高呈线性增加，耗水系数随产量提高而降低，水分生产率则随产量提高而提高。这说明，培肥地力，提高栽培管理水平，增加产量，是降低耗水系数，节约用水的根本途径。

2. 灌溉技术

麦田灌溉技术主要涉及灌水量、灌溉时期和灌溉方式。小麦灌水量与灌溉时期主要根据小麦需水、土壤墒情、气候、苗情等确定。灌水总量按水分平衡法来确定，即：

灌水总量＝小麦一生耗水量－播前土壤贮水量－生育期降水量＋收获期土壤贮水量

灌溉时期根据小麦不同生育时期对土壤水分的要求不同来掌握。以占田间最大持水量的百分数计，各时期适宜的土壤水分为：出苗期 75%～80%，分蘖期 75%，拔节至抽穗 70%～80%，开花至灌浆中期 75%左右。

为了维持土壤的适宜水分，小麦生长中需补充灌溉。在播种前底墒充足的前提下，在可浇 3 次水的地区，供水时间可确定为冬前、拔节和孕穗（或开花），或拔节、孕穗和灌浆初期；能够浇 2 次水的情况下，以冬前和拔节期或拔节和开花期为宜；若只允许浇 1 次水，应在拔节期。每次灌水量为 600 m^3/hm^2。

（五）田间管理

小麦生育过程中田间管理的任务，一是通过肥水等措施满足小麦对肥水等条件的要求，保证良好发育；二是通过保护措施防御（治）病虫草害和自然灾害，保证正常生长；三是通过促控措施使个体与群体协调生长，实现栽培目标。根据小麦生育进程，麦田管理可分为苗期、中期和后期 3 个阶段。

1. 苗期管理

（1）苗期的生育特点与调控目标　北方冬小麦苗期指年前（出苗至越冬）和年后（返青至起身）两个阶段。这两个阶段的特点是以长叶、长根、长蘖的营养生长为中心。出苗至越冬的调控目标是，在保证全苗基础上，促苗早发，促根壮蘖，安全越冬，达到冬前壮苗指标，即单株同伸关系正常，叶色适度，主茎 5～7 片叶，分蘖 3～8 个，次生根 10 条左右，冬前总茎数为成穗数的 1.5～2 倍，常规栽培下为每公顷 1 050 万～1 350 万，叶面积指数 1 左右。返青至起身阶段调控目标是，早返青，叶色葱绿，长势茁壮，分蘖墩实，根系发达，群体总茎数每公顷 1 350 万～1 650 万，叶面积指数 2 左右。

（2）苗期管理措施　①查苗补种，疏苗补缺，雨后松土破除板结。②灌冬水。浇水时间在日平均气温稳定在 3～4℃、夜冻昼消水分得以下渗时。土壤含水量高或麦苗弱小可不浇。③耙压保墒防寒。北方丘陵旱地麦田，在入冬停止生长前耙压，以利安全越冬。水浇地如地面有裂缝造成失墒严重时应适时锄地或耙压。

④返青时耙压保墒。缺肥黄苗可趁春季解冻“返浆”之机开沟追肥。旱年、土壤墒情不足的麦田可浇返青水。⑤“僵苗”、“小老苗”、“黄苗”可疏松表土，破除板结，结合灌水，开沟补施磷、钾肥。生长正常和过旺麦苗及早镇压，返青期不施肥、不浇水。

2. 中期管理

(1)中期生育特点与调控目标　小麦生育中期是指起身到开花。该阶段的生育特点是，根、茎、叶等营养器官与小穗、小花等生殖器官分化、生长同时并进。由于器官建成的多向性，生长速度快，带来了小麦群体与个体的矛盾以及群体生长与栽培环境的矛盾。栽培上的调控目标是根据苗情类型，适时、适量地运用水肥管理措施，协调地上部与地下部、营养器官与生殖器官、群体与个体的生长关系，促进分蘖两极分化，创造合理群体结构，实现秆壮、穗齐、穗大，为后期生长奠定良好基础。

(2)中期管理措施

A. 起身期。群体较小、苗弱的麦田，在起身初期施肥、浇水。旺苗、群体过大的麦田，可控制肥水，进行深中耕切断部分次生根，促进分蘖两极分化，防止过早封垄而发生倒伏；一般麦田在起身中期施肥、浇水。旱地麦田进行中耕除草、防旱保墒。

B. 拔节期。壮苗的春季第一次肥水应在拔节期实施，旺苗需推迟拔节水肥；起身期追肥浇水的麦田，在拔节期控制肥水。旱地小麦要及时防治红蜘蛛，做好吸浆虫的检测与预防工作。

C. 孕穗期。是小麦需水的“临界期”，适时供水极为重要。对麦叶发黄、氮素不足及株型矮小的麦田，也可适量追施氮肥。

3. 后期管理

(1)后期生育特点及调控目标　这是以籽粒形成为中心的开花受精、养分运输、籽粒灌浆、产量形成的过程。该阶段的调控目标是保持根系活力，延长叶片功能期，抗灾防病虫，防止早衰与贪青晚熟，促进光合产物向籽粒运转，争取粒重。

(2)后期管理措施　①灌浆高峰前及时浇好灌浆水，同时注意防倒；②对抽穗期叶色转淡，供氮、磷、钾不足的麦田，可用2%～3%的尿素溶液或0.3%～0.4%的磷酸二氢钾溶液叶面喷施，750 kg/hm^2，以增加粒重；③及时防治白粉病、锈病、蚜虫、黏虫、吸浆虫等病虫害。

(六)收获

小麦收获适期很短，又正值雨季来临或风、雹等自然灾害的威胁严重的季节，及时收获可防止小麦断穗落粒、穗发芽、霉变等收获损失。一般认为蜡熟中期到蜡熟末期为小麦的适宜收获期。人工收获时，在割后至脱粒前有一段时间的铺晒后熟过程(籽粒仍继续积累干物质)，故可在蜡熟中期收割。机械(联合收割机)收获时，以完熟初期为宜。种子田以蜡熟末期和完熟初期为宜。

六、我国北方冬小麦高产高效栽培技术主要模式

栽培技术模式是经过科学研究和生产实践形成的、适合某一地区生产条件的综合栽培技术体系。前述小麦生产的主要环节和栽培技术，基本上是北方常规栽培条件下的技术体系。近年来，北方地区研究形成了几项各具特色的冬小麦高产高效栽培技术模式。

(一)冬小麦精播高产栽培技术

精播高产栽培技术(以下简称精播)是山东农业大学研究，并经多年实践形成的一套高产、高效栽培技术。其基本内容是，在地力较高，土、肥、水条件较好的基础上，通过减少基本苗，依靠分蘖成穗等一套综合技术，较好地处理群体与个体的矛盾，使麦田建立合理的群体动态结构，改善群体内的光照条件，促进个体生长健壮，根系发达，提高分蘖成穗率，单株成穗多，单茎光合同化量高，穗部对养分要求能力强，从而保证穗大、粒多、粒饱。在每公顷产 5 250 kg 以上的地力条件下运用这一技术，一般每公顷可产小麦 7 500 kg 以上。适宜于黄淮冬麦区全部和北部冬麦区南部地区推广应用。

1. 精播的主要特点及理论基础

(1)群体小、群体动态结构比较合理，无效分蘖少，成穗率高　每公顷基本苗 45 万～180 万株(生产中由于播种机具的限制以 120 万～180 万株为宜)，平均行距23～33 cm，种子分布均匀，个体营养面积大，单株分蘖较多，冬前可达 5～15 个，成穗率 60%～80%。冬前总茎数为适宜穗数的 1.2～1.5 倍，春季最大总蘖数为适宜穗数的 1.5～2.0 倍。

(2)依靠分蘖成穗　研究表明，在一定范围内，单株具有较多的穗数时麦穗较大。精播依靠分蘖成穗符合上述规律，能较好地协调穗多与穗大、粒多与粒重的关系。

(3)根系发达，生活力和吸收能力强　据研究，单株成穗数与次生根条数、单株伤流量和有效单蘖伤流量均成正相关关系。这是精播小麦个体发育较好的原因之一。

(4)群体内光照条件好，光合产物制造和积累多，分配合理　由于以较少的基本苗为起点，群体动态结构比较合理，改善了群体内有效分蘖的光照条件，个体发育良好，提高了光合能力，增加了碳水化合物的制造与积累，有机营养向穗部分配

的比例大，从而促进产品器官发育，显著提高穗粒数和千粒重。

(5)高效低耗、生态效应好　经济系数显著高于传统栽培小麦，氮、磷肥的经济效益提高。

2. 精播高产栽培的技术要点

(1)打好基础　实行精播必须以较高的土壤肥力和良好的水、肥、土条件为基础。每公顷产小麦 5 250 kg 以上的麦田适合于精播。麦田 0～20 cm 土层的土壤有机质含量在(1.22±0.14)%，全氮(0.084±0.008 5)%，水解氮(47.5±14.03) mg/kg，速效磷(29.8±14.9)mg/kg，速效钾(91±25.6)mg/kg，都可以获得每公顷7 500 kg以上的产量。

(2)合理利用良种，发挥良种的增产潜力　选用分蘖力较强、成穗率较高、单株生产力高、秆矮或中等、抗倒伏性能好、株型紧凑、叶片与茎秆角度较小、光合能力强、经济系数高、抗病、抗逆性强、落黄好的品种。

(3)培育壮苗，建立合理的群体结构　要求群体结构合理，个体发育健壮。一般中穗型品种，每公顷基本苗 120 万～180 万，冬前总茎数 750 万～900 万，年后最高总茎数 900 万～1 050 万，成穗 600 万左右，尽量控制无效分蘖和过多有效分蘖。叶面积指数冬前 1 左右，起身期 2，拔节期 3～4，挑旗期 6～7，开花至灌浆期4～5。

培育壮苗、获得高产要采取下述一系列措施：

A. 施足底肥。有机肥为主，化肥为辅，重视磷肥。一般肥地，每公顷施优质有机肥 45 000 kg，标准氮肥 375 kg，标准磷肥 600～750 kg 做底肥。在 0～20 cm 土层速效磷含量达 25～30 mg/kg 时，可减少磷肥用量。缺钾、缺锌的土壤，还应在底肥中适当施用钾肥和锌肥。

B. 适当深耕。要求破除犁底层，加深耕作层，提高整地质量，足墒播种。

C. 精选饱满、发芽率高、发芽势大的种子做种。运用精播机或半精播机播种，力求播量准确、均匀、深浅一致，深度 3～5 cm。

D. 适期播种。要求从播种到越冬开始，有 0℃以上的积温 600～700℃。

E. 疏苗、补苗及深耘。播种质量较差，麦苗分布不够均匀的，应在分蘖期至越冬前疏密补稀。在冬前，群体每公顷已达到 900 万总茎数，可用耘锄(去掉左右二齿)隔行深耘 10 cm 左右，耘后耧平、压实或浇水。如返青后群体过大，可在起身前深耘。

F. 肥水运筹。重视起身肥或拔节肥，追肥量为每公顷标准氮肥 375 kg。不浇返青水，于施起身肥或拔节肥后浇水，重视挑旗水，根据墒情浇好灌浆水。

(4)重视预防和消灭病虫和杂草等灾害

(二)冬小麦节水高产栽培技术

冬小麦节水高产栽培技术体系,是中国农业大学等单位研究建立的以充分利用自然降水和土壤贮水,减少灌溉次数和水量,在非充分灌溉条件下实现高产与高水分利用效率相统一的综合栽培技术体系。在河北等省麦区推广应用,节水效果显著。运用这套技术,在年降水量500～700 mm地区中、上等肥力的壤质土壤上,通过浇足底墒水和在小麦生育期间浇一两次水(750～1 500 m^3/hm^2),产量达到6 000～7 500 kg/hm^2,水分利用效率达到1.62～1.70 kg/m^3。

1. 冬小麦节水高产栽培技术原理

(1)发挥2 m土体的贮水功能,夏贮春用,减少雨水损失　2 m土体是小麦的根系带。据测定,轻壤土和中壤土2 m土层能够蓄水650 mm以上,其中有效水量达465 mm。采用节水栽培,可形成以消耗土壤水为主的耗水结构,麦收后腾出的土壤库容大,基本可容纳汛期多余的降水,做到"伏雨春用"。

(2)减少灌溉次数,提高土壤水利用率,降低总耗水量　研究表明,小麦的总耗水量与灌水量呈正相关,与土壤水的消耗量呈负相关。通过减少灌溉次数,迫使小麦利用土壤水,并通过综合技术提高土壤水的利用率,降低总耗水量。

(3)利用适度水分亏缺对作物的有益调控作用,建立高光效、低耗水的株群结构,并促进籽粒灌浆　在足墒播种基础上,拔节前控水造成上层土壤的水分亏缺环境,迫使根系深扎,且由于苗多蘖少,根群中初生根比例高,后期利用深层水能力提高。控水使单茎叶面积减小,上部叶片短而直立,形成小株型结构。群体容穗量大,透光好,叶片质量高,非叶光合器官面积增加,使群体光合速率与蒸腾比值提高。前期适度水分亏缺使生育进程加快,抽穗期提早。后期适度水分胁迫促进茎叶贮藏物质运转,加快籽粒灌浆。

(4)发挥综合技术措施的协同调控作用,补偿短期水分胁迫对产量形成的不利影响　通过适当增加播种量,以基本苗保穗,可补偿拔节前上层土壤水分不足对穗数的不利影响;通过集中施磷,适当增加基肥中氮素比例,确保前期壮苗长势,结合拔节后的补充灌溉,可补偿前期水分胁迫对穗粒数的不利影响;通过推迟春季灌水,诱导根系下扎,控制上部叶面积,建成高质量群体,可补偿后期供水不足对粒重的不利影响;通过选用熟期早、容穗量大、灌浆强度大、多花中粒型品种,可全面补偿前期和后期土壤水分亏缺对穗数、粒数、粒重的不利影响。

2. 冬小麦节水高产栽培技术要点

(1)底墒水调整土壤贮水　播种前一般年份需浇足75 mm底墒水,将灌溉水转变为土壤水,并通过耕作措施,保持播种后表面松土层,减少蒸发耗水。

(2)选用容穗量大、早熟、耐旱、多花、中粒型品种

(3)适当晚播　适当晚播既减少冬前耗水,又为夏玉米充分成熟提供了时间,使玉米增产。一般以越冬苗龄3.5～4.5叶为宜。

(4)集中施用磷肥,适当增加基肥氮量　为节省肥料和简化操作,可采取全部肥料基施。试验表明,在中、上等地力基础上,每公顷基施优质有机肥30 m^3、尿素225 kg、磷酸二铵225 kg、硫酸钾150 kg、硫酸锌15 kg,产量可达6 750～7 500 kg/hm^2。

(5)增加基本苗,确保播种质量　在适宜播期(10月上旬至中旬末)范围内,基本苗350万～750万/hm^2。缩小行距(15 cm左右),做到落籽均匀,播深一致。

(6)播后暄土保墒　播种到拔节期间耗水以蒸发为主,采取播后垄沟镇压,垄背暄土,具有良好的保墒效果,有利于推迟春季灌水。

(7)春季补充灌水　春浇1次水,灌水时间为拔节至孕穗。春浇2次水,最佳灌水期组合为拔节水和开花水。

(8)选择适宜的土壤类型　春季浇1次水实现6 000 kg/hm^2以上产量目标,适宜的土壤类型是沙壤、轻壤和中壤土。黏土地蒸发耗水多,根系发展阻力大,深层水利用率低,实现高产应增加灌水量。

(三)冬小麦旱作高产栽培技术

冬小麦旱作高产栽培技术,是指在无灌溉条件下,依靠自然降水满足生理生态需水,完成生产过程的栽培技术。我国北方旱地小麦包括淮河以北的旱地小麦种植区。从自然降水的满足程度看,主要指年降水400～600 mm的晋、冀、鲁、豫、陕、甘等非灌溉冬小麦区,面积近667万hm^2。

北方旱地小麦主要有2个类型区,即降水600 mm以上的半湿润地区和降水400～500 mm的半干旱地区。由于降水量不同,种植制度也不同,前者降水较多,形成一年两作种植制度,如山东、河南、河北、晋东南多雨区。后者降水少,形成一年一作夏季休闲的种植制度,多数黄土高原丘陵旱地冬小麦都属这种类型。旱地小麦由于面积大,跨越的自然气候类型复杂,生产条件差,栽培水平低,导致产量低而不稳,成为影响北方小麦生产丰歉的重要因素。

1. 旱地小麦生产条件特点

北方大陆性不稳定的气候特点集中表现在降水量少,年际变幅大,年内分配不均,冬春少雨干旱,夏秋降水集中,地面蒸发量大。北方旱作麦田多分布在丘陵山区,土壤瘠薄。多为一年一作,土壤裸露时间长、风蚀水蚀造成水土流失严重。但北方广大黄土高原区土层深厚,且土壤蓄水性强。夏休闲期间可通过深耕改土、覆

盖保墒，增加土壤贮水，供旱季小麦生长利用。可通过休闲轮作养地，恢复地力，精细整地，适时播种，利于培养冬前壮苗。

2. 旱地小麦栽培技术

北方旱地小麦高产栽培的核心技术包括3大环节：一是以培肥地力为基础的种植结构、轮作倒茬和施肥技术；二是以蓄水保墒为目的的耕作覆盖技术；三是以培育冬前壮苗为目标的良种良法配套种植技术。

(1)因地制宜采用耕作覆盖蓄水保墒技术　我国北方地区积累了丰富的耕作保墒经验，形成了多种耕作保墒技术体系。如一年一作地区"四旱三多"蓄水保墒技术，深松旋耕细耙保墒技术，隔年深耕、深浅结合保墒技术，秸秆覆盖保水栽培技术等。

(2)合理轮作，培肥地力，扩大麦田物质循环　培肥地力首先要合理轮作，用养结合。对旱地小麦有利的轮作作物类型有：一是马铃薯、甘薯、花生等松土作物，豌豆、油菜等养地作物，苜蓿等饲料牧草作物；二是增施有机肥；三是增施磷肥，氮、磷配合，氮、磷配比以1∶1($N : P_2O_5$)较好，随着产量水平的提高可加大氮肥用量。

(3)培育冬前壮苗，实现稳产高产

A. 选用品种。旱地小麦一般选用抗寒性好、根系发达、分蘖多、成穗率高、苗期生长稳健、中后期能积累较高生物产量、光合产物向籽粒运转快、抗干热风、熟相好、粒重较高的品种。

B. 整地施肥。播前整地要保证质量，结合整地深施肥料，并注意缓释肥的搭配。

C. 播种量与群体结构。常年旱地丰产田的穗数为375万～525万/hm^2，丰雨年高产田穗数可达525万～675万/hm^2，大面积旱地小麦穗数多在450万/hm^2以下。适期播种条件下，半湿润旱地麦区一般每公顷180万～240万苗，半干旱旱地麦区270万～375万苗。

D. 播种期。适期播种要求冬前积温550～700℃，冬前主茎叶数六七片为宜。但要根据土壤墒情灵活掌握，做到"有墒不等时，时到不等墒"。

E. 沟播与镇压。近年研制的沟播机，可以深开沟浅覆土，使种子播在湿土层，并加大垄沟，沟内双行播种。其好处是施肥集中、沟深保温、集中雨雪，水分、养分和温度比较协调，为小麦冬前生长与安全过冬创造良好的生态小环境。播后镇压要掌握地干重压，地湿轻压，随播随压，播种时墒大可散墒再压。

(4)旱地小麦覆膜栽培　旱地小麦地膜覆盖栽培是从20世纪90年代中期大面积应用的。北方典型的覆膜栽培技术有两种，可以根据当地生产条件选用。一种是山西省的地膜垄盖沟播膜际栽培技术，现在已为该项技术研制出机引和畜力两种起垄、铺膜、播种一次作业机械。另一种是甘肃省的地膜全覆盖穴播栽培技术，生产上可以用穴播机一次完成覆膜、打孔、播种作业。

思考题

1. 为什么要适期种麦，如何确定适宜播期？
2. 试述小麦分蘖发生规律，分蘖衰亡的原因是什么？争取有效分蘖的途径有哪些？
3. 论述小麦倒伏的原因及其防治途径。
4. 影响小麦穗数、穗粒数、粒重的主要因素有哪些？争穗、保花、促粒的肥水关键期是在什么时期，为什么？
5. 小麦各个生育阶段的生长特点与管理中心是什么？
6. 简述我国北方冬小麦高产、高效栽培技术模式。

第十章　稻类作物栽培技术

一、稻类作物及其栽培利用

(一)稻类作物简介

稻类作物是大面积种植以收获稻米为目的的一类作物。稻类作物在全世界有着悠久的种植历史，是世界主要粮食作物之一，在全世界的粮食播种面积中仅次于麦类作物。目前世界上主要种植的是亚洲栽培稻种(也称普通栽培稻)，我国也主要栽培亚洲栽培稻种的两个亚种，即粳稻和籼稻。粳稻分布全国，种植区主要在北方稻区；籼稻种植区主要在南方稻区。无论在世界、亚洲还是我国，水稻生态型的播种面积远远超过旱稻(也称陆稻)生态型。

稻类作物具有广泛的适应性，栽培面积很大。稻类作物中的水稻，在水源充足的情况下，不论酸性土壤，含盐量稍高的盐碱土，还是排水困难的低洼沼泽地，都可种植。水稻是高产稳产的作物，也是农田轮作系统中的关键作物。稻谷外层包有谷壳，比较而言不易吸湿返潮和遭受虫蛀，便于运输和贮存。

近年来，随着旱稻栽培技术的发展，旱稻播种面积在逐步扩大，到 2000 年，全球旱稻播种面积达到 2 000 万 hm^2，占稻作总面积的 14%；其中亚洲超过 1 000 万 hm^2，占稻作面积的 7%。

目前稻类作物的栽培主要用于食用，其次是作为饲料及重要的工业加工、酿造业的原料，稻草、稻糠等副产品可作为饲料和造纸原料，稻草的综合利用也有很大市场。

稻类作物有着良好的食用价值，稻类作物的颖果——稻米营养丰富，精白米含淀粉 77.6%，蛋白质 7.7%，脂肪 1.1%，粗纤维 0.3%。稻米中淀粉颗粒小，粗纤维含量低，细致可口，容易消化和吸收。虽然稻米中蛋白质含量比较低，但其生物价比较高(吸收的蛋白质构成人体蛋白质的数值)，赖氨酸含量可与大豆相媲美。稻米中各种营养成分的可消化率和吸收率都比较高。

水稻在我国粮食生产中具有重要的战略地位，是稳定粮食产量的关键作物之一。

(二)世界各国稻类作物生产状况

全世界约有50%的人以稻米为主要食粮,约有90%的稻米直接为人类所食用。尽管稻米用作人类食物的比例很高,但是稻米的国际贸易量却相当小,只占稻米总产量的5%左右,这表明绝大多数的稻米消耗于稻米生产国。从分布地域看,90%的播种面积和产量集中在亚洲的东南亚季风区域。

2000年全世界稻谷收获面积1.54亿 hm^2,单产平均3 897 kg/hm^2,总产量6.0亿 t,其中91%的产量来自亚洲。亚洲主要产稻国有中国、印度、印度尼西亚、日本、泰国、缅甸、菲律宾、朝鲜、越南、柬埔寨等,印度的栽培面积居世界首位。

美洲地区水稻产区主要分布在美国南部,西部沿海以及拉丁美洲各国低洼、平原地区,栽培面积以拉丁美洲的巴西为最多。美国的稻谷产量仅占其粮食作物产量的1%~2%,但稻米的出口量约占世界贸易量的1/3。

非洲产稻国家有埃及、坦桑尼亚、马里、尼日利亚等。

大洋洲主要产稻区是澳大利亚。

此外,欧洲产稻国家有俄罗斯、意大利、西班牙、法国等。

(三)我国稻类作物生产状况

我国稻类作物的播种面积长期居世界第二位(仅次于印度),总产量居世界第一。至2000年,旱稻的播种面积占稻作总面积的1%。中国水稻播种面积占世界播种面积的20%,总产量约占世界总产量的33%。我国目前直接用于食用的稻米约占84%,工业用、饲料用约占10%。2000年中国水稻播种面积约为3 000多万 hm^2,总产量达1.9亿 t,单产6 264 kg/hm^2,单位面积产量比世界平均水平高60%(表10-1)。

表10-1 我国稻谷播种面积和产量

年 份	播种面积(万 hm^2)	单产(kg/hm^2)	总产(万 t)
1983—1987年平均	3 313	5 287	17 516
1988—1992年平均	3 293	5 584	18 391
1993—1997年平均	3 125	6 042	18 897
1998—2000年平均	3 017	6 274	18 933

资料来源:FAO生产年鉴,2001。

从20世纪80年代到21世纪初,我国稻类作物种植发展速度非常快。总体趋势是,播种面积在逐步下降,单产水平不断提高,使我国的稻谷总产能够稳定在较高的水平上，这主要得益于稻作科学技术的进步，尤其是水稻新品种的培育及栽培技术的改进。

进入21世纪，我国稻米的出口水平较稳定、出口数量不断增加。随着世界贸易组织加入国的不断增加，在WTO农业框架协议下，世界稻米贸易市场呈上升趋势，总体上来讲对我国的稻米生产有利。我国应该大力发展水稻优势区域产业化、规范化种植，提高稻米产品的市场竞争能力。

二、栽培稻的起源、分类及生产分区

(一)稻的起源和分类

栽培稻属禾本科(Gramineae)稻属(*Oryza* L.)。栽培稻起源于野生稻。

1. 野生稻种

世界上稻属植物有20多个种。野生稻属种主要分布在东亚、东南亚、南亚、热带非洲、中南美洲等地区。中国有3种野生稻：一是普通野生稻(*O. rufipogon* W. Griffith)，是普通栽培稻的祖先，主要分布在广东、广西、云南、台湾、江西、湖南、福建等地，我国曾利用它育出过很多抗逆性强、适应性广的品种。20世纪70年代我国利用海南岛"野败"(普通野生稻的花粉败育型)育成野败型不育系，配制成强优势杂交稻。二是药用野生稻(*O. officinalis* Wall.)，主要分布在广东、广西、云南等地。三是疣粒野生稻(*O. meyeriana* Baill.)，该野生稻是旱生稻，主要分部在广东、云南、台湾等省区。3种野生稻亲缘关系较远，生长习性各不相同，其中普通野生稻与普通栽培稻的亲缘关系较近，是中国栽培稻种的祖先。

2. 栽培稻种

目前世界上栽培的稻种有两个：一是亚洲栽培稻种(*Oryza sativa* L.)，也称普通栽培稻，在世界各地均有栽培；二是非洲栽培稻种(*O. glaberrima* Steud.)，仅局限于西非一带栽培，起源于热带非洲野生稻。

我国的普通栽培稻可分为籼稻和粳稻两个亚种。每个亚种各分为早稻、中稻和晚稻两个群。每个群又分为水稻和陆稻两个型。每个型再分为黏稻和糯稻两个变种。

籼稻和粳稻是栽培在不同温度条件下的两种气候生态型。它们的稻米分别称为籼米和粳米。籼稻主要分布在南方稻区，耐热耐强光，米粒较长，米质黏性较弱。粳稻主要分布在南方高寒山区及北方稻区，耐寒耐弱光，粒形短圆，米质黏性强，食用品质优于籼稻。

籼稻和粳稻都有早稻、中稻、晚稻变异类型，早稻、中稻、晚稻按生育期长短再

分为早熟型、中熟型和晚熟型。它们是适应不同日长条件而形成的气候生态型,是按生育期长短划分的:

120～130 d 为早稻,早熟种;130～160 d 为中稻,中熟种;160 d 以上为晚稻,晚熟种(图 10-1)。

- 栽培稻
  - 籼亚种(基本型)
    - 晚季稻(基本型) >160 d
      - 水稻(基本型)
        - 黏稻(基本型)
        - 糯稻(变异型)
      - 陆稻(变异型)
        - 黏稻
        - 糯稻
    - 早、中季稻(变异型) (120～130)～(150～160)d
      - 水稻
        - 黏稻
        - 糯稻
      - 陆稻
        - 黏稻
        - 糯稻
  - 粳亚种(变异型)
    - 晚季稻(基本型)
      - 水稻
        - 黏稻
        - 糯稻
      - 陆稻
        - 黏稻
        - 糯稻
    - 早、中季稻(基本型)
      - 水稻
        - 黏稻
        - 糯稻
      - 陆稻
        - 黏稻
        - 糯稻

图 10-1 栽培稻的类型

早、中稻和晚稻的根本区别在于对光照反应的不同。晚季稻生育季节气温由高到低,日照长度由长到短,光照由强到弱。晚稻对短日照敏感,在 13 h 以上日照下,生育期延长,甚至不能成熟;早、中季稻型正好相反,对短日照反应迟钝,无论日照长短都能成熟。

早稻、中稻、晚稻按土地生态型区分,都有水稻和旱稻之分。水稻种植在水田,旱稻种在旱田。水稻一生的需水量较大,可长时间在水中生长。旱稻也称陆稻,通常在旱地或干湿地直播种植,一生全靠自然降雨或在自然降雨基础上辅以少量灌溉来满足对水分的需求,耗水量仅为水稻的 1/5～1/3,灌水量也只有水稻的 1/5 或更少。旱稻从播种到收获较水稻更适合现代机械化作业。

根据米粒的淀粉结构不同,水稻和旱稻又各有黏稻和糯稻之分,黏稻除含 70%～80%的直链淀粉外,还含有 20%～30%的支链淀粉,而糯稻几乎全部为支链淀粉构成。

(二)稻作的发展和生产分区

1. 水稻育种和栽培技术的发展

我国与印度的稻作历史最长。中国在新石器文化时已驯化出栽培稻类作物，绝大多数在长江中下游地区。在公元前约6 800年的“湖南彭头山文化八十档”中发现了大量稻谷、米粒。公元前5 000年后水稻继续北传，黄河中下游少数地区已有水稻种植，个别地区已越过37°N。从“高邮龙虬庄第四层”、“京山屈家岭”等处出土的稻谷观察，到公元前约3 500年以后，已形成特征定型化、颗粒较大的粳型品种。经过长期不断选择、隔离，在2 000多年前的战国秦汉时期，我国已有了水稻品种的概念。

随着水稻品种的自然选择、连续人工选择、异地引种、耕作制度演变等因素，形成越来越多的地方生态型水稻品种。我国是世界上稻种资源最丰富的国家，明末清初省志书中所记录的水稻品种已达3 400多个。其中以明代黄省曾的《理生玉镜、稻品》一书所记录的35个水稻品种最有价值。20世纪50年代初，《稻品》中多数品种在浙江一带仍有种植。新中国成立以来，我国又培育了大批优良品种，杂交育种是我国目前应用最广的育种方法。随着科学技术的进步，信息技术、基因技术、分子技术已在水稻育种中应用，培育出许多高产、优质、抗病的品种。

我国水稻主产区在史前已向南北扩展，栽培技术也进入了较成熟的阶段。到战国时期由于铁制农具和犁的应用，开始走向精耕细作。从隋唐至元代，南方水田逐渐普及“耕—耙—耖”耕作体系，对提高水田整地质量，满足水稻生长对土壤条件要求起了重要作用。早期水稻是直播种植，汉代有了育秧技术。到清末，育秧技术已成为我国水稻精耕细作的重要内容之一。古代农民重视施基肥，稻田发展绿肥，肥地力。同时稻田水分管理水平也在不断提高。

唐宋600多年，我国经济中心已南移，江南成为全国水稻生产中心地区，京城所需大米全靠江南漕运。新中国成立前，我国水稻生产处于停滞状态，水稻生产最好的1936年，播种面积2.31×10^3万hm^2，单产1 239 kg/hm^2，总产2.86×10^3万t。新中国成立后，在继承和发展精耕细作传统的基础上，运用现代农业技术，水稻生产发展迅速。目前，水稻产量已超过粮食总产量的1/3，在商品粮中占1/2以上。

2. 水稻的生产分区

水稻生产的历史与水稻的分布密切相关。世界水稻的分布范围自53°36′N到南美阿根廷南部(35°S)。我国稻作分布广阔，北起黑龙江黑河(52°29′N)，南至海南岛(18°9′N)，东自台湾省，西到新疆维吾尔自治区，低自东南沿海潮田，高至2 600 m的云贵高原，均有水(旱)稻种植。我国水稻种植大体以秦岭淮河为界，分为南方和北方两个稻区，其中 90% 以上水稻分布在南方稻区。主要因为水稻原产热带，具有好湿喜温特性，南方水利与热量资源丰富，适于种植。近年来，随着种植业结构调整与优化，北方稻面积增加，南方稻面积调减，优质稻面积扩大，尤其是东北稻区水稻种植发展迅速。

1957 年和 1961 年，我国已故学者丁颖根据我国稻作区域的自然条件、品种类型、耕作制度以及行政区域等特点，将全国划分为 6 个稻作地带：

(1)华南双季稻作带　位于热带和亚热带，在南岭以南，包括广东、广西、福建、台湾以及所属诸岛。稻作面积约占全国稻作总面积的 27%，稻谷产量约占全国水稻总产量的 22%(台湾省暂未计入)。耕作制度以双季稻为主，海南岛南部有 3 季稻。其他各地还有一季稻与旱作物轮作。近几年来，以麦—稻—稻为主的双季稻 3 熟复种轮作制推广面积日益扩大。本稻作带的水稻品种以籼稻为主，在山区和台湾栽培粳稻较多。

(2)华东、华中单、双季稻作带　位于南岭以北，秦岭淮河以南，包括江苏、上海、浙江、安徽的中南部，江西、湖北、湖南、四川以及陕西、河南两省的南部地区。稻作面积约占全国稻作总面积的 63%，稻谷产量约占全国水稻总产量的 66%。水稻栽培原以一季中稻为主，后来双季连作稻日益扩大。间作稻、再生稻显著减少。除太湖地区多种粳稻外，其他地区以籼稻为主。近年来，各地粳稻面积逐渐扩大，主要做双季连作晚稻和一季晚稻栽培。中稻则有中籼、中粳两种类型。早稻仍以籼稻为主。

(3)华北单季稻作带　位于秦岭以北，包括北京、天津、河北、山东、山西和河南的北部、安徽的淮河以北、陕西的中北部、甘肃兰州以东和宁夏回族自治区。稻作面积约占全国稻作面积的 1.5%，稻谷产量约占全国水稻总产量的 1.3%。本稻作带水稻一般在 4 月中下旬到 5 月上旬播种，9 月下旬至 10 月上旬收获。一年只种一季。品种以粳稻为主，也有籼稻、旱稻和深水稻。

(4)东北早熟稻作带　位于辽东半岛和长城以北，大兴安岭以东，黑龙江以南的地区，包括辽宁、吉林、黑龙江 3 省和内蒙古东部。稻作面积约占全国稻作总面积的 2.6%，稻谷产量约占全国水稻产量的 2.2%。稻作期间为 110～170 d，年平均降雨量为 500～700 mm，降雨多集中在七八月份。全为单季稻，品种多属早熟粳稻，也有旱稻。

(5)西北干燥区稻作带　位于甘肃河西走廊以西，祁连山以北，包括甘肃西部、内蒙古西部和新疆。稻作面积和产量，仅分别占全国的 0.3%。气候特别干燥，年降雨量一般在 200 mm 以下。本稻作带水稻生长期，一般北疆为 5—9 月份，南疆阿克苏为 4—10 月份。栽培品种主要是一季早熟粳稻。

(6)西南高原稻作带　本稻作带包括云南、贵州、青海、西藏和四川甘孜藏族自治州。稻作面积约占全国稻作总面积的6.1%,稻谷产量约占全国水稻总产量的8.8%。主要产稻区为云贵高原。稻作期间一般为3—10月份。年降雨量在1 000 mm以上。栽培制度以一季稻为主,双季稻、再生稻、深水稻和旱稻均有栽培。稻种类型在垂直分布上有明显规律。例如,在低海拔地区主要为籼稻,海拔较高的冷凉地区则以粳稻为主,中间为籼、粳交错分布地区。云贵高原由于生态条件不同,分布着多种多样的野生稻种和栽培稻种,有待去发掘整理和研究利用。

三、水稻的生长发育特点

(一)水稻的一生和生育期的划分

水稻的一生,是指从种子发芽出苗,长分蘖,分化幼穗,开花结实,新种子成熟等一系列生长发育过程。水稻一生经历的时间,为水稻生育期。水稻一生持续时间的长短因品种和栽培环境而异。在水稻整个生育期内可分为两个明确的、相继发生的生育阶段:营养生长期和生殖生长期。营养生长期可再分为幼苗期和分蘖期。从种子萌发至3叶期为幼苗期,4叶期的稻苗开始发生分蘖。生殖生长期可分为长穗期(幼穗发育期)和结实期,长穗期历时28～35 d,结实期一般历时30～45 d,整个生殖生长期为60～70 d,营养生长期不同品种间相差较大。

在生产实践中,水稻种植有育秧和移栽两道程序,水稻在秧田的生长时间称为秧田期,从插秧到成熟的时间称为本田期。通常按水稻栽培管理过程,把水稻移栽后的本田生长期划分为生育前期、中期和后期。生育前期是从移栽至有效分蘖终止期;生育中期包括无效分蘖期和幼穗形成期;生育后期是从抽穗期至成熟期。生育前期以营养生长为中心,与穗数的形成关系密切;中期是营养生长向生殖生长过渡阶段,与粒数构成关系密切;后期以生殖生长为中心,与粒数和粒重均关系密切。

水稻不同生长时期相互联系,相互制约,根据水稻不同时期生长发育的特点,协调各生育期的关系,是高产栽培的重要原则之一。

(二)水稻的生育类型

水稻营养生长期主要是长根、长叶、长分蘖,主要标志是分蘖,生殖生长期主要是穗的分化与发育,主要标志是穗分化。分蘖终止期(拔节始期)与穗分化始期并不都是衔接的,受品种和环境因素及栽培条件的影响而发生变化,这种变化的类型称水稻的生育型。根据水稻营养生长和生殖生长的关系,其生育型可分为3种类型。

1. 衔接型

这一类品种，拔节与幼穗分化同时进行，分蘖终止，便开始幼穗分化，营养生长和生殖生长基本衔接，凡具有5个伸长节间的中熟品种属于这一类型。此类品种营养生长与生殖生长的矛盾较小，在栽培上要求促控结合，在促进的基础上适当控制，获得高产。

2. 重叠型

这一类品种长穗先于拔节，幼穗已开始分化，分蘖还在继续发生，营养生长和生殖生长有一部分相互重叠。凡地上部分仅有三四个伸长节间的早熟品种属于这一类型。重叠型早熟品种，幼穗分化早，营养生长期偏短，故在栽培管理上要以促为主，促使早发快生。

3. 分离型

这一类品种，拔节先于长穗，在分蘖终止、拔节后往往要经过10～15 d的时间，幼穗才开始分化，营养生长和生殖生长分离。凡具有6个以上伸长节间的晚熟品种属于这一类型。分离型品种，营养生长期偏长，栽培管理中应适当控制、积极促进。

播种期的早晚对水稻生育类型影响较大。同一品种早播早插很可能属分离型或衔接型，晚播晚插则可能属于衔接型或重叠型。

(三)水稻品种的光温反应特性

水稻生育期长短因品种和播期不同有明显的差异。但从各生育时期看，生育期差异主要表现在营养生长期。一般水稻成熟期为35～45 d，穗分化期30～35 d，共需70～80 d。水稻生育期短的90多d，长的可达210多天，其中主要变化在营养生长期。水稻营养生长期事实上包含两个时期，即基本营养生长期和可变营养生长期。基本营养生长期是指水稻进入生殖生长所必需的最低营养生长日数，可变营养生长期是指能受环境条件影响而变化的营养生长日数。环境条件主要是温度和光照，对水稻生育期影响较大。水稻受光照时间长短和温度高低影响而生育期发生变化的现象称之为光温反应特性。水稻的光温反应特性分为3种类型。

1. 感温性

水稻因受温度高低的影响而改变其生长期长短的特性，称为感温性。水稻是喜温作物，一定的高温可以提早幼穗分化，缩短营养生长期。低温则可延迟幼穗分化，延长营养生长期。早稻对温度反应灵敏。

感温性强的早熟品种，迟播时温度高，生育期会大大缩短，营养生长量不足，容易出现早穗和小穗。为了夺取高产，应尽可能适期早播、早插。生产上可采用较短秧龄并适当密植，争取高产，还要早施肥、早管理，促使早生快发。

2. 感光性

水稻因受日照长短的影响而改变其生育期的特性，称为感光性。水稻是短日照作物，一定的短日照条件可促进发育进程。晚稻对日照长度反应敏感，缩短日照时间，可明显提早幼穗分化，缩短营养生长期，延长日照时间，则可延迟幼穗分化，延长营养生长期。早稻品种对日照长度不敏感，中稻品种介于两者之间。

感光性强的晚熟品种，在热量得到满足的条件下，出穗期比较稳定，过早播种并不早熟，生育期长。栽培时应注意培养老壮秧，以及注意安全齐穗、正常灌浆等问题。

3. 基本营养生长性

在最适于水稻发育的短日照、高温条件下，水稻品种也要经过一个必不可少的最低限度的营养生长期，才能进入生殖生长，开始幼穗分化。这个不再受短日照、高温影响而缩短的营养生长期，称为基本营养生长期。这种特性称为基本营养生长性。

基本营养生长性强的中熟品种，早播早熟，晚播晚熟，生育期比较稳定。在保证安全齐穗期的前提下，早播晚播均能满足正常生长发育，在茬口安排上适应性较大。

另外，在育种工作和引种时也应注意三性问题。

(四)水稻的产量和品质形成

1. 水稻的产量构成因素及形成

水稻产量由单位面积穗数、每穗粒数和粒重 3 部分构成。穗数形成于苗期阶段，穗粒数形成于穗分化到籽粒建成初期，粒重的形成则决定于结实期。

水稻的 3 个产量因素相互制约，相互影响，一般穗数增到一定程度，穗粒数就要变小。穗数由群体决定，粒数和粒重则由个体性状决定。所以，生产上要协调群体和个体关系，使个体得到充分发育，群体得到充分发展，3 个产量构成因素乘积最大。

2. 稻米的品质及其形成

稻米品质指稻米的外在品质和内在品质。稻米的品质包括碾磨、外观、蒸煮和营养 4 个方面的十几项理化指标。不同用途的优质稻米，包括籼、粳、糯稻，都有不同的品质指标，都可分为食用、专用、多用、兼用。

稻米的品质是在水稻生长发育和产量形成过程中形成的。稻米的品质是由遗传因子、环境生态、栽培技术及加工条件共同作用的结果。稻米的内在品质主要由遗传因子决定，同时受气候生态、土壤生态及栽培管理因素的影响，同一品种的品质存在着不同的环境表达差异。

3. 影响稻米品质的因素

(1)温度　稻生长发育各阶段的温度，尤其抽穗—成熟期的温度对稻米品质的影响很大。只有最佳的抽穗灌浆期才有利于稻米品质的提高，温度过高或过低对稻米品质都有不利的影响。昼夜温差大时稻米的品质较好。

(2)光照　较充足的光照有利于干物质的积累和稻米品质的提高。纬度和海拔在一定程度上反映了温度、日照、降雨和湿度对稻米品质的综合影响。就食用稻米而言，一定高度的纬度和海拔有利于其品质的提高。

(3)水分　充足的水源、良好的水质是优质稻米生产的重要条件。

(4)土壤　在气候生态条件相似的情况下，土壤类型、质地和肥力水平就成为影响稻米品质的重要因素。

(5)品种特性对稻米品质的影响　在相同的环境生态条件下，水稻品种的遗传性是决定稻米品质的关键因素。针对不同用途优质稻米的品质要求，结合相关品质标准的制定，加强专用优质水稻品种的选育，以促进优质稻米产业化生产。

(6)农作制度和栽培管理对稻米品质的影响　不同的种植制度决定了稻米的生育季节，并形成特定的品质类型。栽培管理贯穿水稻生产全过程。合理施肥、灌溉、植保及收获技术对稻米品质的改善和提高有重要作用。

(五)水稻不同生育期的生长发育

1. 幼苗期

水稻幼苗期生长可分为稻种萌发出苗和秧苗成长两个过程。

稻种在吸收自身重量40%的水分时，在适当温度和空气条件下，开始萌动。当胚根突破谷壳时叫露白，当胚根长度达种子长度、胚芽长度达种子长度的一半时，叫作发芽。发芽后不久，胚芽鞘迅速破口，不完全叶抽出，随后第一叶抽出。当苗高达2 cm时，叫出苗。秧床有50%幼苗达到此标准时，叫出苗期。稻种在正常情况下先长根，后长芽，但在缺氧的水层下发芽时，往往胚根不长出或长出很短，看上去有芽无根。这种情况出现时，根系不能入土，就会在秧田中出现浮秧、倒苗现象，是烂秧的重要原因之一。

秧苗生长先是胚根向下形成种子根，同时胚芽鞘伸出地面，不断长叶。水稻长出第三叶时种子胚乳营养已耗尽，由异养状态变为自养。第一叶出现时胚芽鞘基部长出5条节根，三叶开始，随着颖片的伸出，依次从不完全叶节及完全叶节上长出根来，统称节根。

秧田管理三叶期前要保持通气，三叶后即可经常保持水层。

2. 分蘖期

分蘖期的生长特点是长根、长叶、长分蘖，是决定穗数的关键时期。单位面积穗数由主茎穗和分蘖穗组成，分蘖穗的多少则取决于单株分蘖的多少和分蘖成穗率的高低。早期发生的分蘖生长健壮，成穗比率大，后期出现的分蘖成穗率小。因此，栽培措施应注意促进前期分蘖，控制后期分蘖。

分蘖在主茎节上，自下而上发生。一般分蘖的出现总是和母茎相差 3 片叶子，即符合 $n-3$ 规律。因此，三叶期的秧苗不长分蘖，当主茎长出第四叶时，在主茎基部开始长出第一个一级分蘖，以后主茎每长一叶，便增加一个分蘖，分蘖上同时增出一叶。这种现象称为蘖叶同伸规律。分蘖长到三叶一心时，也按主茎方式发生分蘖。

蘖位越低，分蘖发生越早，分蘖上叶片越多，将来成穗的可能性就越大，称为有效分蘖。出生晚的高位蘖叶片少，大都不能成穗，称为无效分蘖。所以，促分蘖早生快发，才能达到增蘖、增穗目的。

当全田有 10%稻苗新生分蘖露尖时，称为分蘖始期。分蘖发生最快的时期称为分蘖盛期。到全田总茎数和最后穗数相同的日期，称为有效分蘖终止期。之前为有效分蘖期，之后则为无效分蘖期。当全田分蘖数达到最多时的日期，称为最高分蘖期。栽培管理中，应当根据群体大小适当加以促控，促进有效分蘖，控制无效分蘖，提高分蘖成穗率。

最高分蘖后期分蘖明显分为两群，一群出叶速度和主茎一致或超过主茎即同伸群，一群则渐渐落后主茎称为滞后群，此现象称为两极分化。同伸群往往为有效蘖，滞后群多为无效蘖。丰产田水稻促蘖措施应该在有效分蘖终止期前进行，控蘖应在有效分蘖终止期后直到穗分化始期采取措施。

水稻分蘖的发生，不仅受"叶、蘖同伸"规律的支配，还受内在和外界环境条件的影响。除品种特点外，分蘖力强弱首先与苗体内的营养状况有关，尤其是氮素营养起主导作用。温度的高低影响分蘖速度。分蘖最适宜的气温为 30～32℃，低于 20℃或高于 37℃，对分蘖都不利，16℃以下分蘖停止。此外，插秧密度、光照强弱、土壤营养状况、插秧深度、水分管理都能影响分蘖的消长。

水稻除前 3 叶在分蘖前和最后 3 叶在长穗期长出外，其余叶片都是在分蘖期长出。一般早熟品种有十二三片叶，中熟品种有十四五片叶，晚熟品种则有 16 片以上叶。同一品种因栽培条件不同生育期延长或缩短，叶片也相应增多或减少。叶片大小则是从下向上逐步变大，倒 4 叶为最大，之后又依次变小。

水稻分蘖期长出的根都是从茎节上长出的不定根。水稻所有茎节都有发根能力。

分蘖期也是根系生长的主要时期,从根系发育角度讲此期也叫增根期。

水稻根属于须根系,由种子根和不定根(冠根)组成。种子根一条,垂直向下生长,在幼苗期作用重要。不定根从茎的基部若干个茎节上生出。每个单茎上的发根总数可达二三百条。不定根是水稻根系的主要部分,横向或斜向伸长主要分布在耕层。

水稻根系在土壤中的分布及其发展情况,因土壤条件和栽培措施的不同而有变化。一般来说,水稻根在移栽后的生育初期向横、斜下方伸展,分布在耕作层土壤中,呈扁圆形。至分蘖盛期前后开始有部分根穿过犁底层,伸展至土壤下层。随着生育的进展,根系分布的范围不断扩大,但其分布形态始终保持扁圆形。生育的中后期有较多的根系向下方和斜下方伸展,分布的形状由扁圆形发展为倒卵圆形。

3. 长穗期

从水稻穗分化开始到抽穗为水稻的长穗期。水稻在这一时期营养生长和生殖生长同时并进,一方面完成根、茎、叶等营养器官的发育,同时进行幼穗分化,形成生殖器官。此期是决定每穗粒数的关键时期,同时也为灌浆结实奠定基础。穗子大小,结粒多少,主要决定于幼穗分化过程中形成的小穗数目和小穗的结实率,结实率则受穗器官发育状况和水稻开花期前后环境条件的影响。因此,长穗期栽培管理的基本要求是培育壮秆大穗,防止小穗败育。

此期根系发育主要特点是不定根上分枝旺盛发生,并向下深扎,吸收面积达到最大。

茎节开始伸长(拔节),抽穗后达到最大高度。叶片不断增大,最后 3 片叶抽出展开,叶面积逐渐增至最大,叶层出现分工。基部的五六片叶以供长叶、蘖、根等营养器官为主,中部叶片以供长穗为主,上部的两三片叶以供长籽粒为主。可根据各组叶片的功能特性,采取措施,调节光合产物运转方向,促进稻株器官建成,使之有利于高产。

水稻叶的叶鞘由表皮、薄壁组织、维管束和机械组织等部分组成。薄壁组织细胞间形成大的通气腔,这是稻株地上部向根系输送氧气的重要通道。叶鞘只有外侧两三层薄壁细胞含叶绿体,其他没有,故叶鞘的光合能力远不及叶片强,但叶鞘的薄壁细胞有贮藏淀粉的功能。叶片长度虽受品种、肥力、外界条件及栽培措施的影响,但也有其规律。从第一叶开始向上,叶片由短变长,到倒数 2～4 叶又由长变短。叶片是光合作用的主要器官,水稻叶片光合作用低于 C_4-作物玉米,但高于其他 C_3-作物。水稻叶片在不同生育时期的光合能力是不同的,分蘖期最强,其后逐渐下降。同一时期各部位叶片的光合能力一般以最上位的展开叶最强,以下渐弱。

水稻单叶的光饱和点为 4 万～5 万 lx，群体可达 8 万～9 万 lx。

水稻茎呈圆筒形，有节和节间之分。茎的节间数、长度和粗度因品种而异，一般 10～17 节。基部节密集，节上生根，称为根节或分蘖节。

水稻节间外部有纵沟，内部中空。每个节间下部都有居间分生组织，由叶鞘包围和保护着。节和节间的构造相同，分为表皮、机械组织、薄壁组织和维管束等。

节间伸长顺序，自最基部节间开始，依次向上。即下一个节间伸长快结束时，上一个节间处于快速伸长末期，再上一节间开始缓慢伸长期。也就是说，在同一时间内，有 3 个节间都在伸长。

茎节是稻株体内输导和通气系统的枢纽，各方面的输导和通气组织在这里相互连通，保证了水稻体内的水分、养分和空气的运输于转移。稻株下位节间通气组织比较发达。

茎内薄壁组织是稻主要贮藏器官之一。在 3 叶期后茎的薄壁细胞内就开始有淀粉粒出现，抽穗时茎秆内淀粉的积累达到最高点，开花后茎秆的淀粉迅速分解成为可溶性糖而输出，到乳熟期茎秆的干重达到最低点。后期茎秆贮藏物质多，抗倒力强。

水稻的穗属于圆锥花序，有一主梗叫穗轴，轴上有节，叫穗节，最下一个节叫穗颈节。穗节上长出的分枝叫一次枝梗，一次枝梗上长出的分枝叫二次枝梗。由一次及二次枝梗上长小枝梗，末端着生小穗。水稻小穗又称颖花，由护颖、退化花外颖及正常花的内外颖、雌雄蕊等部分组成。一个小穗将来只结一个籽粒。穗节上有退化的叶叫做"苞"，着生在穗颈节上的苞叫第一苞。水稻幼穗分化从第一苞分化开始，进入了生殖生长阶段。在丁颖划分水稻穗分化 8 个时期的基础上，可将水稻幼穗分化过程简要划分为 5 个时期，它们分别是穗首(第一苞)分化期、枝梗分化期、小穗分化期、减数分裂期与花粉粒形成期。经过上述分化过程，完成幼穗的分化和发育。小穗数的多少主要取决于枝梗分化的多少，特别是二次枝梗的多少。到了减数分裂期，小穗数就不再增加；相反，已分化的小穗、小花还会出现败育。所以，在水稻栽培管理上，幼穗分化的前一时期应积极促花，后一段时期则要保花。此期是争取穗大粒多的关键时期。

4. 结实期

抽穗至成熟叫结实期，一般早稻为 30～40 d，中稻 40～45 d，晚稻 45～55 d。

结实期的生长特点是开花受精和灌浆结实。它是最后决定粒数、粒重，最终形成产量的关键时期。水稻的粒重是由谷粒大小以及充实度两者所构成，籽粒大小受谷壳大小的约束，充实度大小则决定于结实期间灌浆物质的供应状况。因此，促进粒大粒饱，防止空壳秕粒，是结实期栽培的基本要求。

水稻穗抽出叶鞘一半时即为抽穗，水稻全田有10%抽穗为始穗期，全田有50%的穗抽出为抽穗期，时间在始穗期的1～2周后，全田有90%穗子抽出时为齐穗期。

水稻在抽穗的当天或稍后即开花。开花顺序是主轴顶端枝梗颖花先开，然后顺序向下，基部枝梗最后开花。一次枝梗上的颖花也是顶端先开，其次基部颖花，再顺序向上，倒数第二个颖花最后开，二次枝梗叶遵循此规律。每穗开花时间5～7 d。水稻是自花授粉作物，开颖、裂药、散粉几乎同时进行，开花过程同时完成授粉。授粉后很快花粉粒萌发，长出花粉管，沿着柱头到达子房，进入胚囊，完成受精过程，开始籽粒发育。开花后6～7 d米粒即可达最大长度，此时幼胚的各部分也大体分化完成，开始具备发芽能力。到8～10 d，米粒达最大厚度。水稻自开花受精后，有机养分从茎叶向籽粒不断输送，称之灌浆。灌浆高峰出现在开花后15～20 d，到花后25～45 d，稻谷籽粒干重达到最大值。当谷壳呈黄色，米粒呈白色，即达到成熟。

水稻谷粒外部是谷壳。内部一般含一粒糙米。谷壳包括外稃与内稃(或称外颖和内颖)。外稃顶端有个小突起，称为稃尖，有的伸长为芒。糙米是由受精后的子房发育而来，由果皮、种皮、糊粉层、胚乳和胚等部分组成。胚乳在种皮之内，其外层为糊粉层。在糙米精白时，糊粉层与果皮、种皮一起被剥除。所以，这3层一起合称为糠层。稻胚位于糙米的下腹部，包括胚芽、胚根、胚轴和盾片，其重量仅占稻谷重量的2%左右，但它已具备根、叶和茎端生长点，具备发芽能力。水稻谷粒大小和形状主要受遗传力控制，一般长度5～10 mm，短圆形或细长形。

在栽培措施上，前期应保证安全齐穗、齐花，后期防止过早衰老，保证灌浆物质来源充足、输导组织畅通，以实现籽粒饱满，获得高产。

(六)水稻生长发育与环境因素的关系

水稻因长期生长在水田中，因此与环境有着特殊的关系。

1. 水分

种水稻需大量水分。水量充足是种水稻的首要条件。只有在降雨量大于水稻需水量的条件下，才能种水稻，否则需要人工补充灌溉。故而水稻多分布于南方，北方种稻则因水源而定。

水稻生活在水田中，它有一套完整的适应淹水的系统。而水田的水层和土壤也给水稻提供了良好的生育条件，水层既提供了水稻的生理需水，也提供了水稻的生态需水。水层可调节田间的气候如温度和湿度，还有利于提高保肥供肥能力。

所谓生理需水是指直接用于正常生理活动及保持体内水分平衡所需的水分。

水稻蒸腾系数因土壤水分条件、气候环境、品种类型、生育阶段和生育期不同而不同，一般为250～350。不同水肥条件影响蒸腾强度。水稻光合作用也与水分关系密切，生长在湿润土壤的水稻植株，较生长在淹水土壤中的植株光合作用显著减弱。中国科学院植物生理研究所研究指出，晒田处理，土壤表层水分降到80%时，光合作用未见减弱，但当土壤水分下降到80%以下时，光合强度明显低于对照。

稻田水层还影响土壤空气、温度和田间湿度等小气候的变化，适宜于水稻生长，称为生态需水，包括对土壤养分的分解与利用，以及抑制稻田杂草和病虫害的消长等。在生产实践中，普遍采用以水调肥，以水调气，以水调温和以水淹稗等措施。

稻田淹水后，土壤呈嫌气状态，有机质分解缓慢，氮以铵态氮为主，易为水稻利用。磷的有效增加，铁、硅等元素易还原成低价状态，利于水稻吸收利用，也增加了钾的有效性及氮的固定。稻田水层的存在提高了氮、磷、钾的有效性。水层还可以调节水温，白天不太热，晚上不太冷，利于稳定植株体温，减免高温或低温伤害。

2. 温度

水稻是喜温作物，生物学下限温度为10℃，日平均温度10℃以上的月数叫水稻的生长季。生长季的长短和生长季内温度的高低，是决定水稻栽培种植制度的重要因素之一。如水稻生长季只有4～5个月，全期平均气温15.7℃以上的，可种单季稻；水稻生长季有5～7个月，可实现稻麦两熟。水稻生长季7～8个月，平均气温20℃以上，可种双季稻。

水稻发芽最低温度10～12℃，最适温度28～32℃，最高温度40～42℃，其他各生育期最低温度一般为15～17℃，最高温度为38～40℃。

3. 光照

水稻是喜光短日照作物，光补偿点为600～700 lx。光照强，水稻生长发育好，产量高。日照长短显著影响水稻的发育进程，短日照提早发育进程，植株矮小，成熟较早，长日照延迟发育进程，成熟期推迟。晚稻对日照反应敏感。

4. 营养

水稻所需矿质元素一般来自土壤，只有氮、磷、钾需要量大，土壤供应有不足，必须加以补充。另外，一些土壤中某一或某几种微量元素不足或有效性差，也需要加以补充。其中粳稻比籼稻、晚稻比早稻、北方稻比南方稻需氮多而需钾少。水稻为喜硅作物。

水稻有机营养在不同生育期的分配中心不同，分蘖拔节期同化物主要输入新生的叶子，孕穗期则主要输入幼穗和茎，抽穗期和乳熟期主要输入籽粒。提高产量一般是在达到预定穗数和总粒数后，通过水肥调节，在穗分化至齐穗期增加叶鞘的淀粉贮量;在籽粒建成和充实期,保证有足够的光合产物供应籽粒生长,实现穗多、穗大,粒多、粒重。

四、水稻育秧技术(移栽稻)

我国绝大多数的水稻以移栽的方式种植,移栽稻分秧田和本田两个生长过程,因此水稻栽培技术也分为育秧技术和大田栽培技术两大部分。

(一)育秧方式与壮秧标准

育秧是移栽稻栽培的第一步,其目标是为水稻大田栽培培育适龄壮秧。

1. 壮秧标准

生产上有3种秧苗,即小苗(2～3叶龄)、中苗(3.5～4叶龄)、大苗(5叶龄以上)。不同秧苗各有自己的壮苗标准。北方栽培稻常用的是大苗,大苗的壮秧标准如下:

(1)适龄　能满足该品种的生育需要,能正常成熟,能满足高产的需要,能早返青、早分蘖,有利于提高劳动效率,本田管理方便。

生产上,秧苗适龄界限取决于茬口、育秧方式、生产水平等。华北地区春稻多用十六七叶品种,秧龄要求5～7叶;麦茬稻12～14叶品种,秧龄要求4.5～6叶。一般秧龄占总叶数的1/3。

育秧时间:露地育秧在适宜播期内,早熟品种25～35 d,中熟品种35～45 d,晚熟品种40～50 d。有时由于生产上安排不当,不能及时插秧,秧龄可以适当延长,但最晚不能延长到该品种总叶数减去5～7叶的叶龄期。如17叶品种,17叶－7叶＝10叶,即秧龄不能超过10叶龄。

(2)壮秧　插秧后要消耗碳水化合物进行扎根返青,因此,插秧后有一缓苗过程。一般插后1周根才开始吸收氮和钾,2周后才开始吸磷。因而秧苗要壮,要有充足的碳水化合物和无机养分积累。北方稻区粳稻大苗壮秧标准为:干物质量大、五六叶、无蘖、100株干重8～10 g,杂交稻有两三个分蘖,三四层根,苗高17～20 cm,叶色挺绿,茎基扁平,根白短粗。

2. 育秧方式

常见水稻育秧方式有3种方式:水育秧、半旱育秧和旱育秧。

水育秧:利用水层保温的特点,秧田水整水平,带水播种,仅出芽后排水通气扎根,一叶展开后再保水层。

半旱育秧:利用覆盖物保温。1叶1心前床面保持湿润,两三叶时逐渐保水。半旱育秧又分为露地育秧和保温育秧,前者不加薄膜覆盖,后者播后加薄膜。

旱育秧：方式同半旱育秧，但秧田期不保水层。北方稻区近年推行薄膜大棚旱育秧获得良好效果。此外还有工厂化保温育秧（盘土育秧）以及保温无土育秧。

半旱及旱育秧秧苗质量好，容易达到壮秧标准，栽插后返青快、分蘖早，有较大的增产潜力。

生产上多为半旱育秧，旱秧田在东北地区较多。

（二）秧田播种期决策与种子处理

1. 播种期与播种量

（1）播种期　秧田播期有早有晚，它是根据插秧期、秧龄、育秧方式来确定。一般来说，计划插秧期的时间减去秧龄，便是适宜的播期。最早播期看温度，必须掌握安全播种期，防止播种过早，遇到低温寒潮，造成烂秧死苗。水稻安全播期指标：日均温度达 12℃，在扎根出苗前，不能遇到连续 3～5 d 日均温低于 10℃、最低温度低于 5℃的天气，更不能遇到低于 0℃的霜冻。北京地区在 4 月 20 日左右。半旱秧田有覆盖物保温，可在 4 月上旬播种。薄膜保温时可提早到日均温 6～8℃，平铺覆膜在 4 月初，拱架盖膜在 3 月下即可播种。最晚播期要看最晚插秧期。栽插期定后可按壮秧秧龄向前推算播种期。

薄膜保温育秧时，应根据安全揭膜期来确定播期。具体指标为：日均气温 13℃以上，无 7℃以下最低气温，叶龄为 2.5～3.0。

（2）播种量　播种量越大，单株土壤营养条件与空间营养条件越差，秧苗素质越低，其影响程度与秧龄有关。三叶前叶面积小，幼苗争肥争光不突出，播量可以大些。随着秧龄推迟，叶面积迅速增大，争肥争光日趋严重，所以播量要稀些（表 10-2）。

表 10-2　北京春稻秧龄与播种量的关系

秧龄（叶）	播量（$kg/667\ m^2$）	秧龄（叶）	播量（$kg/667\ m^2$）
3.5	300	5.5	125
4.5	200	6.5	50

杂交稻由于需要多蘖秧，播量要稀，北方粳杂 375～450 kg/hm^2，南方籼杂 150～262.5 kg/hm^2 为宜。

土地紧张或播量较大时可采用两段育秧方式，前段密播小苗，后段寄秧到寄秧田，达到要求时再栽插到本田。

2. 种子处理

（1）晒种　晒种能促进种子新陈代谢，增强种皮透性，增加酶的活性，提高种子的发芽势和出苗率。晒种效果与种子成熟度、含水量及保管条件有关。晒种时间应选晴天晒3～4 d,注意翻动,避免暴晒,防止种子断裂和颖壳剥落。

(2)选种　选用充实饱满的种子,是培育壮秧的基础。秧苗3叶前主要靠胚乳提供养分,因此种子饱满度与秧苗是否健壮有密切关系。可以通过风选、筛选、比重法选种等方法淘汰秕粒和草籽,精选饱满充实的谷粒做种。比重液的浓度籼稻为1.08～1.10,粳稻为1.13～1.16。测比重时可用比重计或新鲜鸡蛋,当新鲜鸡蛋立着露出水面时比重约1.106,横着露出水面时1.13～1.14。

(3)消毒浸种　目的是消灭种子带菌,使种子吸足水分(达风干重25%),保证发芽整齐。浸种需积温100℃,10℃需10 d,15℃需6～7 d,20℃需5 d。

(4)催芽　催芽是通过人工控制温度和水分,使种子发芽后再进行播种。催芽程度以露白或幼根、幼芽各1 mm为宜。催芽温度为30～32℃,需24 h。一般做法是把浸好的种子捞出放在室内用蒸气催芽,或堆成780～1 000 kg的堆,喷洒35～40℃温水,使堆温保持在30～32℃,高于此温度时要翻堆。待80%种子露白时散堆降温,准备播种。催芽过程要做到快(3 d)、齐(90%)、匀、壮(幼芽粗壮,根芽比例适当,颜色鲜白,气味清香,无酒味,无霉粒)。

(三)秧床准备、播种与秧田管理

1. 秧田整地和播种

秧田既要透水,以利于种子发芽出苗,又要通气,便于扎根生长,从而可有效地防止烂秧,培育壮秧。

秧田地力要肥沃。选好育秧地块后,最好固定。每年施腐熟有机肥1 500～2 500 kg/667 m^2,30～40 kg过磷酸钙。10～12.5 kg硫酸铵做面肥。秧田要求净、细、松、融,即床面平整,无稻茬草根,无死坷垃、大土块,松软,不烂不板,上虚下实,土肥相融。一般是旱整地水做床。床面宽1.2～1.5 m,床间沟宽20～50 cm,深10～15 cm,长10～15 m。床面在耥平沉浆后即可播种。

秧田播种时撒籽要匀。种子要求入泥2/3,部分未入泥的种子要压入泥中,保证播种深浅一致。半旱育秧要盖覆盖物。腐熟的厩肥、堆肥、草炭、烟囱灰、稻壳灰等均可做覆盖物。覆盖厚度1 cm左右。保温育秧方式在播种后应立即覆膜。

2. 秧田管理

以半旱育秧为例,秧田管理分为3个阶段。

(1)出苗至2叶期(覆膜期)　从播种到1叶1心为密封期,薄膜必须严密封闭,创造高温、高湿条件,促使迅速生根立苗。膜内适温30～35℃。温度太高时,可打开两头降温。

此期主要依靠胚乳生长。管理上比较简单，床面经常保持湿润。天气干旱时，沟内保持水层。

(2)2 叶至 3 叶期(锻炼期) 此时气温已稳定通过 12℃，膜内最高可达 40℃，秧苗生长迅速，要加强通风，同时床面上水降温保湿，使秧苗生长速度减慢，逐渐适应外界条件。炼苗时选择晴天无风或微风天气，打开薄膜，灌水，晚上再覆膜。炼苗时间先晚、短(10:00～16:00)，后逐渐变早、长，经过 5～6 d，便可完全揭膜。揭膜前，要在畦面上先上深水护苗，然后揭膜。炼苗同时，可施断乳肥(硫酸铵 10～12.5 kg/667 m^2)。

(3)3 叶至拔秧(壮秧期) 3 叶期后，秧苗生长速度加快，需水、需肥量增大，因而要注意灌水施肥。4 叶期施壮苗肥，硫酸铵 15～17.5 kg/667 m^2，拔秧前 4～5 d 施送嫁肥，硫酸铵 150～187.5 kg/hm^2。水层管理以浅水为主，苗旺时要落干蹲苗。

五、水稻大田栽培技术

(一)水稻土壤特点和整地

1. 水稻土壤特点

典型水稻土是在长期灌水耕作下形成的，与旱地相比有两个明显特点，即土壤剖面层次分明和耕作层的氧化还原层分化。

(1)土壤剖面特点 发育良好的水稻土，其剖面层次分明，在土壤剖面清楚地看到耕作层、犁底层、心土层和底土层 4 个层次。

耕作层又称熟土层或淹育层，是稻根主要活动层，受田间作业影响大。犁底层是多年耕作挤压的结果，紧密不透水，能滞缓水流下渗，是水稻土保水的主要原因。心土层空气较多，氧化性强，耕作层淋溶下来的养分如铁、锰等多在此层集结，有锈色斑纹，因而又称为斑纹层。底土层多为地下水浸润，终年处于还原状态，呈青灰色，也称青泥层或潜育层。北方新稻田或地下水位低的稻田心土层及底土层不明显。

(2)耕作层氧化还原层分化 水稻田淹水后，水层阻滞了空气进入土壤，使土层缺氧。但表层 1 cm 左右土层经常处于与空气交换状态，含氧量较高呈氧化状态，称为氧化层，土色黄褐色。下面土壤含氧量很少，还原反应强烈，土色青灰，称为还原层。

氧化层好气微生物和固氮蓝藻活跃。铵态氮肥施于表面易被氧化成硝态氮，向下淋溶。还原层则使铵态氮不易被氧化而被土粒吸收保存。硝态氮除一部分向下淋溶外余下的则易被反硝化细菌利用变成氮气跑掉。故还原层的存在利于铵态氮保存。生产上应以施硫酸铵或尿素为好，而且需要深施。有机质在还原层不易被矿化，磷、铁、钾、硅、锰等营养元素则易被释放，增加了这些养分的有效性，这是还原层有利的一面。另一方面，还原层进行嫌气分解，产生多种有机酸，进一步还原成甲烷、乙烯等气体，或硫化氢等还原物，危害稻根，出现黑根或根腐，影响水稻生长发育。故生产上要排水通气，落干、晒田，促进水稻生长。

2. 水田整地

(1)旱耕为主，深耕浅耕结合　旱耕地有利于改善土壤通透性。深耕能增大土壤蓄水、蓄肥能力，改善透性。一般在秋季进行耕翻，经过冬季冻垡，可加速土壤熟化，提高土壤肥力。春季只进行浅耕、旱耕。

盐碱地春季不翻耕，只干耙一两次，使盐集中到表层，利于洗盐。麦茬稻只浅耕(旋耕或圆盘耙深耙)一次。

(2)泡田耖地　插秧前进行水整地。放水泡田，耙平田面，做好田埂。耙好后要保持水层，等待插秧。

(二)水稻插秧

1. 插秧与合理密植

(1)插秧期确定　最早插秧期主要取决于温度条件。地温稳定通过15℃时，即可开始插秧，18℃时为最适插秧期。北京早插期在5月初，适插期在5月中下旬。适时早插秧能延长营养生长期，提高分蘖成穗率，保证晚熟品种安全成熟，调节劳动力和农机具。最晚插秧期与安全抽穗期有关，即要保证安全齐穗期以前抽齐穗。各地可根据安全齐穗期的温度指标(以气温稳定在23℃的最后日期做标准)找出安全齐穗期日期，向前推50～60 d。如北京安全齐穗期是8月26日，麦茬稻最晚插秧期限为7月5日。

(2)合理插秧密度　合理密植是高产优质的重要措施。水稻田群体密度由单位面积栽插穴数和每穴苗数组成，应在壮秧基础上保证穴数，减少每穴基本苗。一般每667 m^2 栽插穴数为1.5万～3.5万，每穴4～7苗，基本苗6万～25万。肥力高、插秧早，稻株分蘖力强，栽插密度要稀；相反，栽插要密。

生产上插秧行距一般有20 cm、23 cm或26 cm不同形式，机械插秧行距为30 cm。插秧穴距则根据单位面积穴数而定。如每667 m^2 插秧2万穴，行距为20 cm，则穴距应为16.5 cm。土壤肥沃的高产田应加宽行距，利于通风透光。

(3)保证插秧质量　要求插秧浅、直、匀、齐。浅：栽插深度2～3 cm，深不过寸(0.33 cm)，浅插有利于早返青、早分蘖。直：秧苗垂直，不东倒西歪，不躺秧、飘秧。匀：行距、穴距和每穴苗数要匀。齐：秧根对齐，插秧深度深浅一致，不插高低秧、断头秧。

(4)插秧形式　生产上有人工插秧和机械插秧两种形式。目前人力插秧仍占较大面积。机械插秧,可提高劳动生产率,增加产量。资料表明,用插秧机插秧的增产效果为5%～10%。随着科技进步和农村经济的迅猛发展,水稻机械化插秧面积越来越大,插秧机械也向高速化、一机多用化发展。

2. 抛秧

水稻钵育秧、人工或机械抛秧移栽即水稻抛秧种植技术,是我国20世纪90年代开始推广应用的一项新的水稻种植技术。采用水稻钵育移栽种植技术具有两大优势。

(1)在水稻育秧方式上进行了重大变革,突破了传统的毯状育秧形式,采用了塑钵穴育秧　育秧时每穴秧苗各自独立,没有相互牵连,减少了秧苗病害的发生和蔓延,且秧苗根系发达、素质明显提高。更重要的是避免了采用传统育秧方式栽插分秧时的伤秧、伤根现象,秧苗抛栽后可直接生长,无明显返青期。这样可使水稻的生长期延长(争取到5～7 d的积温),对无霜期较短的北方稻区具有重大意义。

(2)采用了抛栽的形式　秧苗靠下部土坨的惯性落入整成泥浆状的大田,栽植深度适当,避免了插秧造成的栽插过深和勾秧现象;秧苗分蘖早、低节位有效分蘖多,优势蘖比例大,穗形整齐,成熟度好。采用抛栽方法增产效果明显,且劳动强度低,生产效率高。这种方法已在全国推广应用,近年来发展很快,应用面积迅速扩大。水稻钵育秧移栽种植技术已成为我国水稻主要种植模式之一。

北方稻区抛秧稻一般用塑料软盘进行旱育秧,育秧分为配制营养土、播种、苗期施肥等几个阶段。如果采用半旱育秧手拔抛栽方式,在短秧龄(10～12 d)情况下,可直接密播在土壤较疏松的半旱秧田内,然后手拔带泥秧,进行抛栽移植。

抛秧时注意事项:一是抓秧时要手心向下,5指分开,从秧盘里大把抓拔秧苗;抛秧时要有一定的高度,向前上方3 m左右大胆用力抛撒。一般先抛计划用苗的70%～80%,然后用剩余的20%～30%补抛稀疏处。抛秧时用绳子划开工作道。二是抛秧时期秧龄一般以5叶1心、株高15 cm左右的秧苗抛栽为宜;抛秧密度要合理,对增加单位面积内秧苗的生长量十分重要。合理密植使大田生长初期可截获更多的阳光,可显著提高同化生产率。最佳抛栽密度一般为7万～12万苗/667 m^2。

(三)稻田施肥

1. 水稻需肥特点

(1)水稻需肥规律　水稻正常生长发育需要各种营养元素,包括大量元素与微量元素。氮、磷、钾是施肥的主要元素。水稻是喜硅作物,硅对水稻有重要作用。

水稻一生中需吸收大量的氮、磷、钾元素，每生产 100 kg 稻谷，需从土壤中吸收 N 1.6～2.2 kg，P_2O_5 0.8～1.1 kg，K_2O 2.0～3.5 kg。其中，粳稻比籼稻、晚稻比早稻、北方稻比南方稻需氮较多而需钾较少。

(2)不同时期对三要素的吸收　水稻一生中不同生育阶段对各种养分的需求和吸收量不同。穗分化期对各种养分的吸收利用率最高，穗分化—抽穗期各种养分的吸收量也最多。氮素除穗分化期外以分蘖期吸收较多，而磷在成熟期还有明显积累，钾在分蘖期和成熟期吸收率差别不大(表 10-3)。杂交稻根系活力强，因此养分吸收量要比常规稻多。

表 10-3　水稻不同生育时期对氮、磷、钾的吸收率　%

	移栽—分蘖	穗分化—出穗	抽穗—成熟
N	32	50	18
P_2O_5	23	54	23
K_2O	26	45	29

2. 稻田施肥量确定

稻田施肥量应根据土壤肥力水平、预期产量目标、生产条件、栽培管理等诸多因素综合考虑。土壤供肥和产量目标是主要考虑因素，以土定产，以产定肥。

$$稻田施肥量(kg/hm^2)=\frac{计划产量需肥量(kg/hm^2)-土壤供肥量(kg/hm^2)}{肥料养分含量(\%)\times 肥料利用率(\%)}$$

计划产量所需养分含量：如计划产量 7 500 kg/hm²，按每生产 100 kg 稻谷吸收 N 2.0 kg，P_2O_5 1.0 kg，K_2O 2.8 kg，计算，则需 N 150 kg，P_2O_5 100 kg，K_2O 210 kg。施用肥料量多少则取决于商品肥料的种类和有效成分含量。同时，还要考虑肥料当季利用率的高低。

$$肥料利用率=(当季吸收量/当季施肥量)\times 100\%$$

3. 稻田施肥技术

稻田施肥分为基肥和追肥。移栽水稻插秧前施入本田的肥料称为基肥，一般在翻耕前施入或泡田前施入。基肥以有机肥为主，配以一定数量的无机化肥。就肥料种类而言，全部有机肥和磷肥、大部分钾肥和部分氮肥作为基肥。移栽水稻插秧后施用的肥料统称追肥。包括分蘖肥、穗肥和粒肥。插秧后不久(一般 3～15 d)施用的肥料称为分蘖肥，主要目的是促进分蘖早生快发，尽快达到预期穗数。穗肥在拔节前后施用，主要目的是增加颖花数，促根壮秆，增加光合产物积累与贮藏。晚穗肥还有保花作用。粒肥是指抽穗至齐穗期的追肥，主要作用是延长绿叶功能期，防早衰，增加粒重。目前生产上采用较多的几种高产施肥方案有：

(1)前促中控施肥法 基肥占总肥量的70%～80%，追肥分分蘖肥和穗肥。在分蘖末、穗分化始控制施肥。所谓攻头、保尾、控中间。这种施肥法以穗粒并重，既增穗多，又增粒多。一般稻田常用这种施肥法。

(2)均衡施肥法 1/3氮全层基施(耖前施入，混在0～20 cm耕层)，1/3氮肥在返青期表施促蘖，1/3氮肥在颖花分化期施入，减少颖花退化，保花。

(3)深层施肥法 30%氮在插秧前耖混全层或插后7～10 d深施于5～7 cm土壤。穗分化开始时施入余下的70%，深施到12～15cm土层。此法肥料利用率高，比表施节省氮20%，水稻长势稳，成穗率高，茎节短粗，上部叶片大，叶色深，粒多粒饱。

(4)"V"字形施肥法 类似于前促中控施肥法，60%的氮肥用在分蘖始期，穗分化开始前后10 d控水、控肥，抽穗前18 d(颖花分化期)施入余下的40%氮肥。此法前期重施氮肥，使水稻分蘖充分发挥以确保必要的穗数，后期施氮则提高结实率，使粒大粒饱。

(四)稻田灌溉

1. 稻田需水量与灌溉定额

水稻起源于低洼沼泽地带，适宜在湿润和有水层的条件下生长。水稻对水分的需求分为生理需水和生态需水两部分。生理需水是指水稻进行正常生理活动必需的水量，而生态需水则是指调节稻田生态环境所消耗的水分。

稻田需水量是指水稻生育期间单位土地面积的总用水量，也称总需水量，包括水稻生长期间植株的蒸腾、株间蒸发和地下渗漏的水量。稻田需水量除一部分由水稻生长期间降水直接供给外，还有一部分需要通过灌溉来补充，每667 m^2稻田需要补充灌溉的水量，叫作稻田的灌溉定额。北方稻田蒸腾量和渗漏量大、降雨量相对少，因此灌溉定额远远高于南方。稻田灌溉定额计算方式如下：

稻田灌溉定额＝稻田需水量－有效降雨量＋插秧前整地泡田用水量

2. 稻田灌溉技术

稻田灌溉应根据作物长势长相、土壤特点、气候特点和水源情况灵活掌握。生产上常见的灌溉方式有：

(1)浅水间歇灌溉 插秧到有效分蘖末以浅水为主，结合排水换新水增温透气，促进分蘖发生。分蘖末到穗分化期落干晒田，使叶色转黄，以后浅水和湿润相结合，进行间歇灌溉，促控结合。这是一般高产田的灌溉技术。

(2)深、浅、深、浅全期水层灌溉法 返青期深水,分蘖期浅水,穗分化到抽穗期逐渐加深,结实熟期又保持浅水。这是土壤肥力不高,或水源充足的新稻田、盐碱地,水稻生长不旺,无病虫害、无倒伏危险采用稻田灌溉技术。

(3)前期旱长,中后期保水灌溉法 为节水种稻灌溉技术。穗分化到乳熟期保水,其他生育阶段均保持湿润。一般直播旱种水稻采用此法。

(4)湿润灌溉技术 全期不建水层,通过间歇灌溉保持土壤湿润。此种灌溉方式在肥力高时产量并不比保持水层灌溉的低,但在一般田则低。此法也是水稻旱种用的灌溉方法。

(五)北方稻区主要病虫草害及防治

病虫草害是影响水稻生长发育与产量形成的主要生物因素,有时会造成严重产量损失甚至绝收。病虫草害需采取综合措施防治,遵循"预防为主、综合防治"的原则,及时进行预测预报与防治。化学防治要与植物检疫、农业防治、生物防治相结合,利用现代科学技术如GIS,GPS等,增加预测预报和定位的精确性,尽量减少化学药剂的使用量,争取用最小的药剂获得最佳的防治效果。目前化学药剂仍是绝大多数病虫草害的主要防治方法。

1. 主要病害与防治

水稻病害是稻田生物灾害之一,造成水稻产量损失通常达10%左右,在病害流行严重的年份和地区,产量损失可达30%~50%。

北方稻区主要病害有20多种,其中在苗期立枯病危害最大,本田期稻瘟病、纹枯病、细菌性条斑病流行区域最广,发生面积最大,危害损失最重。此外还有白叶枯病、恶苗病等。

稻瘟病流行时间最长,从水稻播种发芽到成熟收获都可遭受稻瘟病菌的侵害。因病菌侵入的时间和部位不同,表现症状也不一样,有苗稻瘟、叶瘟、节瘟、穗节瘟、穗瘟和谷粒瘟。稻瘟病发生的条件是在菌源较多的情况下,遇到高温多湿的气候条件,尤其在氮肥偏多的地块。防治的主要药剂有富士1号、稻瘟灵乳油、三环唑等。

纹枯病的菌核或菌丝在病草中越冬,高温、高湿易发病,连续雨天易暴发流行。病状表现为叶片和叶鞘椭圆形或云纹状湿润,暗绿色,边缘褐色,中央淡绿或淡褐。防治的主要药剂有抗生素类农药井冈霉素、托布津可湿性粉剂等。

细菌性条斑病的病菌靠风、雨、露和流水传播。病状表现为染病叶初期出现暗绿色水渍状透光小点,进一步发展为叶脉伸长呈褐色或橙褐色细线状条斑,最后出现蜡黄色球状菌脓。进行稻种消毒防治效果好,可选用强氯精或叶青双浸种。叶片发病后可使用施稻灵、叶青双等防治防治。

2. 主要虫害与防治

北方稻区主要虫害有十几种，在本田期常见的虫害有稻飞虱、稻纵卷叶螟、二化螟、稻瘿蚊等。

稻飞虱分褐飞虱及白背飞虱两种，具有远距离迁飞习性，是我国和许多亚洲国家当前水稻生产上的最主要的害虫。稻飞虱的成虫和若虫一般均聚集在稻株下部取食危害，用刺吸式口器刺进稻株组织，吸食汁液，使稻谷千粒重减轻，瘪谷率增加。虫量大时引起稻株下部变黑、瘫痪倒伏，导致严重减产或失收。此外，稻飞虱还能传播水稻病毒病。可用吡虫啉、异丙威、速灭威等防治。

稻纵卷叶螟是一种迁飞性害虫，成虫有很强的趋绿性，喜在生长繁茂嫩绿荫蔽的稻田里群集。雌虫产卵于比较嫩绿叶背的叶脉两侧，初孵出的幼虫先在嫩叶上取食叶肉，很快即到叶尖处吐丝卷叶，在里面取食。可用杀螟松等药剂治疗。

二化螟，鳞翅目螟蛾科，在北方稻区发生普遍，危害严重。水稻分蘖期受害出现枯心苗和枯鞘，孕穗期至抽穗期受害，造成枯孕穗和白穗；灌浆期至乳熟期受害，出现半枯穗和虫伤株，秕粒增多，遇大风易倒折。可选用杀虫单、阿维菌素 B_1 等药剂防治。

稻瘿蚊俗称红虫子、红线虫，以幼虫为害水稻的幼根和幼芽，造成浮苗，并取食未发芽的种子胚及胚乳，使种子不能发芽，水稻秧田和直播田受害严重。可用晶体敌百虫等防治(使用时需注意安全)。

3. 主要草害与防治

稻田最为顽固的杂草主要有稗草、异型莎草、牛毛毡、鸭跖草等。

稗草是世界性杂草，在我国各地均有分布，尤其北方发生密度较大，常以优势草种生于湿润农田。稗草是一年生草本，种子繁殖，埋入土壤深层的种子可存活10年以上，能耐高湿。在前期、中期地上部分被割去之后，还可萌发新蘖，即便长的很小也能抽穗结实。防除主要药剂有杀草特乳油、敌稗乳油等。

异型莎草属莎草科杂草，一年生簇生草本。秆直立，扁三棱状，叶鞘红褐色，小穗多数密集成球形，种子繁殖。可用丁草胺乳油、二氯喹啉酸可湿性粉剂等药剂防除。

鸭跖草属雨久花科阔叶水性植物，可以用植株、种子进行繁殖，繁殖周期 3～4 个月。可用苄嘧黄隆、扑草净等防除。

六、高产稻田主要种植模式

自 20 世纪 70 年代以来，根据水稻生长发育特性，研究高产群体结构，光合物质生产、积累和分配,探讨提高单位面积穗数、粒数,提高结实率和粒重的方式方法,使水稻的产量跃上了一个新的台阶。我国科技工作者在传统栽培基础上不断更新、变革,发展了高产稻田的种植技术模式,并向全国推广。

(一)水稻的叶龄模式及其利用

水稻与小麦均是节律性很强的作物。如果以叶龄为基础,可以把分蘖过程、节间伸长和穗分化进程有序的与叶龄联系起来。根据这种特点,可以通过叶龄来推断水稻生长发育进程与状况,采取相应的促控措施。

1. 叶龄模式表示法(表10-4)

表 10-4 中熟品种(15 叶)的叶龄模式

叶龄	1～4	5～9	10	11	12
分蘖	始		有效分蘖终止期		
节间伸长					
穗分化					穗首分化
叶龄	13	14	15	孕穗	抽穗
分蘖					
节间伸长	拔节 1	2	3	4	5
穗分化	枝梗分化	颖花分化	减数分裂	花粉成熟	开花

水稻伸长节间数占总叶数的1/3,15叶品种为5个伸长节间。有效分蘖终止期叶龄是总叶片数减伸长节间数(15－5＝10),此前的分蘖可望成穗。

叶龄模式可用来估算插秧时基本苗:

$$适宜基本苗数(x)=\frac{单位面积适宜穗数(y)}{单株成穗数(ES)}$$

北方稻区秧田无分蘖,其公式为:

$$x=y/[1+(N-n-sn-1-a)\times r]$$

式中:x 为基本苗;y 为穗数;1 为主茎穗;N 为总叶片数;n 为伸长节间数;$N-n$ 为有效分蘖发生临界叶龄期;sn 为秧龄;－1 为插秧后由于返青要空一蘖位;a 为调整系数。生产上常希望提前一个蘖位达到计划总茎数,a 为＋1。但在肥力较高,壮秧时,a 可为－1。所以 a 在＋1 到－1 之间。r 为有效蘖位分蘖的发生率,依品种和栽培条件而定,一般为 0.5～0.8。设

$$y=30万/667\ m^2, N=15, n=5, sn=6, a=-1, r=0.6$$

则 $x=30/[1+(15-5-6-1+1)\times0.6]=8.8$(万)，即基本苗应为 8.8 万/667 m^2。

2. 根据叶龄模式进行水肥管理

不同叶片数的品种，只要知道伸长节间数，就可做出各自的叶龄模式，可根据叶龄模式进行水肥管理。一般水稻伸长节间数为总叶数的 1/3，如 12 叶的早熟品种，其伸长节间为 4(表 10-5)。

表 10-5 早熟品种(12 叶)的叶龄模式

叶龄	1～4	5～7	8	9	10	11	12	孕穗	抽穗
分蘖		有效分蘖终止期							
节间伸长						1	2	3	4
穗分化				穗首分化	枝梗分化	颖花分化	减数分裂	花粉成熟	开花

有效分蘖终止期的叶龄为总叶数(12)减去伸长节间数，为 8 叶期。拔节期叶龄则是由抽穗向前推伸长节间数，抽穗、孕穗、12 叶、11 叶，为 11 叶龄期。水肥管理模式为：8 叶前需促蘖，9～11 叶高产田应控制水肥，一般田穗数不够时应保 9 叶期的蘖成穗。早熟品种需轻控，甚至还要轻施保蘖促花肥，15 叶中熟种(如前述)高产田肥水控制时间可长些(11～14 叶)，一般田短些(11～13 叶)。第一节间伸长(拔节期)后可用肥水促进，保花增粒重。当然，叶龄模式在实际应用时还应考虑各种因素，这里仅做简单介绍。

(二)水稻旱育稀植栽培技术

水稻旱育稀植技术是由旱育秧和合理稀植相结合的栽培技术体系，简称旱育稀植。水稻旱育稀植是以旱育秧培育壮秧，本田通过减少栽插密度建造合理的群体结构，协调群体与个体的矛盾，充分发挥壮秧优势和个体潜力为基础的栽培技术。采取适当扩行稀植，降低基本苗起点，增加了物质积累，控制无效分蘖，提高分蘖成穗率，实现高产。水稻旱育稀植栽培技术的关键是苗床培肥，控水旱育，适当稀植。水稻旱育稀植栽培技术，已在我国南方及全国稻区大面积推广，表现出很好的节本增产效果，成为我国水稻高产栽培的一条新途径。随着水稻抛秧技术的研究成功和推广应用，旱育稀植加抛秧技术使我国水稻栽培步入高产、高效、简化的新时代。

(三)水稻直播的栽培技术

水稻直播，就是不经育秧和移栽，直接把种稻种撒播在大田的栽培方式。它是当前操作程序简便、成本节约、效果显著的水稻种植方式。与传统高产稻田相比，直播水稻产量并不降低，且有增长的潜力。水稻直播技术又是实现机械化高产栽培的有效途径之一。水稻机械化直播技术的要点是：

1. 精整田块

要求早翻耕、细整地，田面平整，耕层土壤软硬适中，排灌畅通。田块内无低凹积水与隆起干裂，减少因田块高低不平易造成出苗不齐。

2. 适时播种

直播稻品种，除具备高产、优质、多抗病等性状外，还应具备耐肥、矮秆、抗倒等特性。多熟地区水稻机械化直播的播期受前茬作物的限制，为保证适时播种需及时腾茬，以延长水稻生育期。

3. 合理用种

合理的基本苗可协调个体与群体、足穗与大穗等矛盾，是增产的重要环节。播种量过多，易造成群体过大，田间环境恶化，倒伏严重，病、虫危害加剧。

4. 适时锄草

直播稻用种量相对少，苗期田间空间大，田畈湿润，利于各种杂草发生和繁殖。要在直播后 3 d，用除草剂封杀杂草萌芽。以后根据杂草发生情况，选择有针对性的除草剂灭除杂草。

5. 合理灌溉施肥

直播稻的水分管理上应掌握“湿润出苗，浅水分蘖，多次轻搁，间歇灌溉”的原则。施足基肥，以有机肥为主。适时追施穗肥，提高结实率。

(四)再生稻高产栽培技术

再生稻，是利用水稻收割后稻茬上存活的休眠芽，在适宜的水肥管理、温光等条件下，加以培育使之萌发再生芽，进而抽穗成熟的一季稻子。它是一项省秧田、省种、省工、省肥、省水、省农药的高产轻型农业栽培新技术。这项技术主要适合南方中稻地区推广，尤其适合于种一季稻季节有余、而两季不足的地区。这项技术已在我国的四川、云南、福建、湖北等 12 个省、自治区推广。再生稻产量的高低取决于母株生长的好坏。因此，加强头季稻中后期管理，保持母体健壮至关重要，特别是要以强根、健秆、保叶为重点，抓好晒田、补钾和防病治虫三项工作。还应掌握关键配套技术。

1. 头季稻管理

A. 选用品质好产量高的杂交稻品种，确定适宜的种植区域。

B. 适时早播，培育适龄带蘖壮秧。

C. 播足基本苗，实行垅畦栽植。

D. 合理施肥，早管促早发。插后 7～10 d 结合中耕追蘖肥，抽穗时，进行根外追肥。

E. 科学管水。改串灌为湿润灌溉，移栽后保持浅水促蘖，及时清沟排水。

F. 适时收割。头季稻以黄熟期收获为宜，留桩高度 20～40 cm 比较适宜。早收割的稻桩适当低留，迟收稻则可适当留高桩。

2. 再生稻管理

(1)适时施肥　头季稻齐穗后 15～20 d，再生芽开始萌发，并开始幼穗分化，需要大量养分。为促进芽的萌动，延长老根寿命，此期就要施促芽肥，主要是氮肥。头季稻收割以后，及时清除杂草，扶正稻桩，每 667 m^2 施尿素 7～10 kg，促进早生快发，保证有足够的苗数，争取苗齐、苗匀。在孕穗至抽穗期，采用根外施肥，促进抽穗整齐，提高结实率，增加实粒数和千粒重，提高产量。

(2)合理灌溉　头季稻收获后 10 d 内，是再生蘖生长时期，应保持田间湿润，此期田间干燥和积水都会影响稻桩的发芽力。收割后 24～30 d，再生稻进入抽穗扬花期，田面应保持浅水。灌浆期间，田面保持干干湿湿，以利养根保叶、籽粒充实饱满，增加产量。

(3)及时防治病虫害　再生稻在齐苗以后，要注意及时防治二化螟、三化螟、稻飞虱等害虫和稻穗颈瘟、鼠雀危害。

思考题

1. 简述水稻三性的概念及其应用。
2. 简述水稻常见的育秧方式有哪几种？各有什么特点？
3. 水稻土有什么特点？
4. 稻田水分管理技术与施肥技术的特点是什么？

第十一章　玉米栽培技术

玉米(*Zea mays* L.),别称玉蜀黍,又有苞谷、苞粟、苞米、棒子、玉茭、六谷、珍珠米、观音粟等名称,是世界上三大粮食作物之一,又是重要的饲料和工业原料作物,在世界粮食生产中占有十分重要的地位。

一、玉米的起源、分布及生产利用

(一)玉米起源

玉米起源于美洲大陆。1492 年哥伦布发现美洲后,玉米才由美洲传到欧洲,在 460 多年前传入我国,玉米首先随哥伦布船队被带到西班牙,然后传到欧洲、非洲和亚洲的其他地区,成为世界性的栽培作物。

(二)玉米的分类

1. 按籽粒形态及结构分类

玉米属禾本科玉米属。根据玉米果穗、籽粒形态,稃壳长短及有无、胚乳淀粉的品质分布和化学成分将玉米栽培种分为 9 个亚种或叫类型。在禾谷类中,玉米以其最多的类型适应于世界各地和各种用途。

玉米主要类型的特点如下:

(1)硬粒种(*Zea mays* L. *indurata* Sturt)　又称遂石种或普通种。果穗多为圆锥形,籽粒顶部呈圆形而饱满,外表透明坚硬有光泽。籽粒多为黄色,也有白、红、紫等色。籽粒产量较低,但品质好,较早熟,耐低温,产量稳定,适应性强。硬粒型引入我国最早,为目前生产上栽培较多的类型之一。

(2)马齿种(*Zea mays* L. *indentata* Sturt)　又称马牙种,果穗多呈圆筒形,籽粒扁平呈方形或长方形,成熟时顶部失水干燥较快,籽粒顶部凹陷形如马齿。籽粒多为黄或白两色。马齿形植株高大,耐肥水,产量较高,但食用品质不如硬粒种,不耐低温,成熟晚,产量不稳,是栽培较多的类型。

(3)半马齿种(*Zea mays* L. *semindentata* Kulesh)　又称中间型,是由硬粒种和马齿种天然杂交而来的中间类型。产量较高,品质较好,生产上推广的杂交种多属这一类型。

(4)蜡质种(*Zea mays* L. *ceratina* Kluesh) 又叫糯玉米或黏玉米。产于中国广西、云南一带。籽粒坚硬平滑,胚乳不透明如蜡状,无光泽。胚乳100%由支链淀粉组成,很黏,水解后容易形成胶状的糊精,遇碘变红。可制造特殊需要的淀粉,用于纺织工业和食品加工业。近年来,煮食糯玉米发展较快,因为口感好,风味足。

(5)甜质种(*Zea mays* L. *saccharata* Sturt) 又称甜玉米。籽粒胚乳中含有多量糖和水分。成熟时因失水而皱缩,坚硬半透明。多为角质胚乳。煮青玉米特别甜,乳熟期含糖量15%～18%。甜玉米是由一个隐性基因阻碍蔗糖转化为淀粉。故当代杂交有胚乳直感现象。甜玉米是近年来发展很快的一种类型。

(6)爆裂种(*Zea mays* L. *everta* Sturt) 籽粒小而坚硬,粒圆形或米粒形,籽粒顶端突出。几乎全部是角质淀粉,中央有少量粉质,子实加热时,由于淀粉粒内的水分遇到高温,形成蒸气而爆裂,子实胀开。可用来爆玉米花。有紫色、红色、白色、黄色。果穗小,有的多穗、产量低。

2. 按生育期分类

生产上根据生育期长短可将玉米品种分为早熟种、中熟种和晚熟种。早熟种全生育期要求大于或等于10℃积温2 100～2 300℃,生育期75～85 d,植株矮,叶片数少(14～17片)。中熟种一般需积温2 300～2 700℃,生育期春播86～120 d,夏播86～105 d,植株中等。晚熟种需积温2 800～2 900℃,生育期春播121～150 d,夏播106～120 d,植株高大,叶片数多(21～25片),产量潜力大。

按植株茎叶角度和叶片的下披程度还可将玉米分为紧凑型、平展型和半紧凑型3类。

(三)玉米分布

玉米是世界上分布较广泛的作物之一,从北纬58°到南纬35°～40°的地区,均有大量栽培,以北美洲为最多;其次为亚洲、拉丁美洲;欧洲、非洲、近东和大洋洲。世界上最适于种植玉米有3大区域,即美国的中北部、欧洲的多瑙河流域及中国的华北和东北平原。

我国玉米主要集中在从东起向西南的狭长的半山丘陵地带,包括黑龙江、吉林、内蒙古、辽宁、河北、山西、山东、河南、陕西、四川、云南、贵州、广西13个省(区),这一地区气候比较温暖、湿润,是我国玉米生产的最适宜地带,该区的玉米种植面积和总产量均占全国85%以上,称为中国的玉米带。

根据各地的自然条件,栽培制度等,我国玉米分为6个种植区域:

A. 北方春玉米区:大部分位于40° N以北,包括黑龙江、吉林、辽宁全省、内蒙古、宁夏全区、陕西、河北北部、山西大部、甘肃一部分,是我国玉米主要产区之一,播种面积占27%、总产占30%。降水400～800 mm以上，一年一作。

B. 黄淮海平原春、夏播玉米区：秦岭以北，包括河南、山东、河北中南部、山西南部、江苏、安徽北部。是我国最大的玉米产区，产量占40%。此区属半湿润气候，全年降水500～600 mm，无霜期长，日照充足，适于玉米栽培，主要栽培方式，一是小麦玉米一年两熟，平作或套种；一是春玉米-冬小麦-夏玉米二年三熟制。

C. 西南山地丘陵玉米区：四川、云南、贵州、湖北、湖南省西部、陕西南部、甘肃一小部分。占全国总播种面积的25%，产量占20%。本区属亚热带、温带的湿润和半湿润气候，各地因受地形地势的影响，气候变化较为复杂。玉米生长的有效期一般205 d以上，全年降雨1 000 mm左右。利于多季栽培，但日照不足是本区的不利因素。一年两熟或两年五熟。

D. 南方丘陵玉米区：广东、广西、浙江、福建、台湾、江西等地，江苏、安徽南部、湖北、湖南东部，面积占5%。本区属亚热带、热带湿润气候，气温高、降雨多、生长期长。以一年两熟为主。

E. 西北内陆玉米区：甘肃、河西走廊和新疆，面积占3%。大陆性气候。干燥少雨全年降雨200 mm，日照充足，生长期短，一年一熟，春玉米为主，要有溉溉条件。光照生产潜力大。

F. 青藏高原玉米区：青海和西藏、海拔高、地形复杂、气候差别大，生长期为120～140 d，主要是一年一熟，播种面积小。

(四)玉米生产利用

玉米属C_4作物，光合效率高，增产潜力大。据分析，玉米的光能利用率可达4%，理论产量为52.2 t/hm^2。1999年世界玉米收获面积为1.39亿hm^2，居粮食作物收获面积的第三位，总产59 970.8万t，居第二位，平均单产4.31 t/hm^2，居粮食作物之首。美国是世界上最大的玉米生产国和出口国。1999年收获面积约2 871.5万hm^2，占世界的20.63%，总产23 828.7万t，约占世界的39.73%，出口量占世界的80%。美国平均单产高达8.30 t/hm^2。平均单产超过7.5 t/hm^{2}的国家有法国、德国、意大利、荷兰、西班牙、新西兰等。

我国玉米的种植面积和产量仅次于水稻和小麦。1999年为2 536.2万hm^2，总产为12 928.8万t，均为世界第二位。平均单产为5.1 t/hm^2，略高于世界平均水平。栽培面积较大的省份有黑龙江、吉林、河北、山东、辽宁、河南等，单产较高的省份为辽宁、吉林、上海等省(市)，平均每667 m^{2}产量都在400 kg以上。

玉米籽粒和植株在组成成分方面的许多特点，决定了玉米广泛的利用价值。世界玉米总产量中直接做食粮的只占1/3，玉米在饲料中的主导地位日益重要。

玉米已发展成为粮食、饲料、经济兼用的作物。

玉米是重要的饲料作物，有“饲料之王”之称。世界上大约 65%的玉米用做饲料，发达国家高达 80%，是畜牧业赖以发展的重要基础。玉米籽粒特别是黄粒玉米是良好的饲料，可直接作为猪、牛、马、鸡、鹅等畜禽饲料，尤其适用于肥猪、肉牛、奶牛、肉鸡；玉米秸秆青贮不仅可以保持鲜嫩多汁，而且在青贮过程中经微生物作用产生乳酸等物质，适口性增强，是饲养奶牛的优质饲料。玉米加工副产品也是重要的饲料资源，在美国占饲料加工原料的 5%以上。

玉米籽粒是重要的工业原料，初加工和深加工可生产 200～300 种产品。初加工产品和副产品可作为基础原料进一步加工利用，在食品、化工、发酵、医药、纺织、造纸等工业生产中制造种类繁多的产品，穗轴可生产糠醛。另外，玉米秸秆和穗轴可以培养生产食用菌，苞叶可编织提篮、地毯、坐毯等手工艺品，产品行销国内外。

二、玉米的生长发育特点

（一）玉米的生育进程

1. 玉米的一生

从播种至新的种子成熟，为玉米的一生（图 11-1）。它经过种子萌动发芽、出苗、拔节、孕穗、抽雄开花、吐丝、受精、灌浆，直到新的种子成熟，完成整个生长发育过程。

2. 生育时期

生育时期是指新器官出现，使植株形态发生特征性变化的日期。玉米的生育时期有：

（1）出苗期　幼苗第一叶出土，全田苗高达到 2 cm 的幼苗达 60%以上。

（2）拔节期　全田 60%以上的植株基部茎节开始伸长。解剖观察，雄穗生长锥进入伸长期。

（3）大喇叭口期　全田 60%以上的植株上部“棒三叶”大部分伸出，但未全部展开，心叶丛生，呈现喇叭口形。解剖观察，雄穗进入四分体期，雌穗进入小花分化期。

（4）抽雄期　全田 60%以上的植株雄穗尖端露出顶叶 3～5 cm。

（5）吐丝期　全田 60%以上的植株雌穗花丝伸出苞叶 2 cm 左右。在正常的情况下，吐丝期与雄穗开花散粉期同时或推迟吐丝 1～2 d。

（6）成熟期　全田 90%以上植株籽粒硬化，基部乳线消失，出现黑层，呈现出品种固有的颜色和光泽。

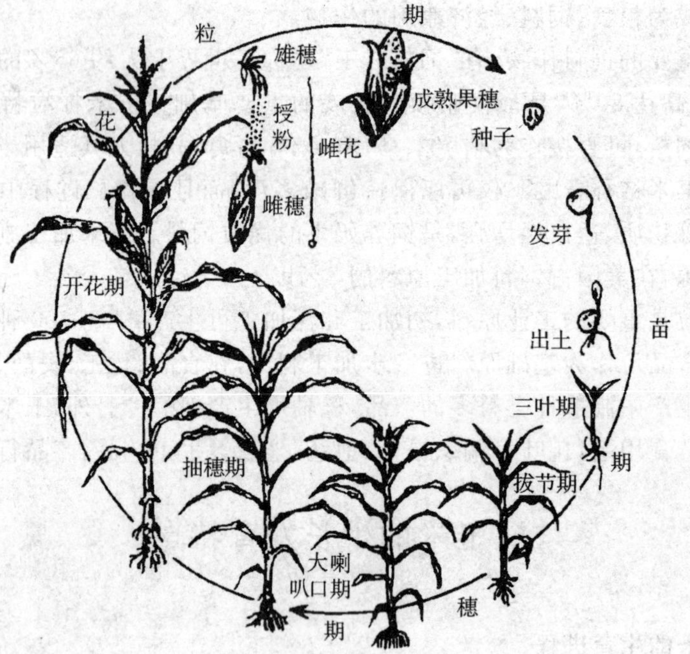

图 11-1 玉米的一生

3. 生育阶段

玉米一生划分为以下 3 个生育阶段。

(1)苗期阶段　指播种至拔节的一段时间。一般春玉米为 35 d 左右,夏玉米早、中、晚熟品种大约为 20 d、25 d、30 d。苗期阶段是生根、分化茎叶为主的营养生长阶段,其生长特点是根系发育比较快,至拔节期已基本上形成了强大的根系。但地上部茎叶生长比较缓慢,叶及茎节已经分化完成。田间管理的中心任务,就是促进根系发育,培育壮苗,达到苗早、苗足、苗齐、苗壮的要求,为丰产打基础。

(2)穗期阶段　从拔节到抽雄的一段时间为穗期阶段。它经历大喇叭口、抽雄等生育时期。此期春玉米约为 30 d,夏玉米为 27～30 d。生育特点是营养生长和生殖生长同时并进,叶片增大,茎节伸长,节根出生等营养器官旺盛生长和雌雄穗等生殖器官强烈分化与形成,是玉米一生中生长发育最旺盛的阶段,也是田间管理最关键的时期。田间管理的中心任务是协调营养生长与生殖生长之间的矛盾,促叶、壮秆、穗多、穗大,即促进中上部叶片增大,茎秆粗壮墩实,以达到穗多穗大的丰产长相。

(3)花粒期阶段　从抽雄开花到籽粒成熟为花粒期阶段。此期经过开花散粉、吐丝受精及籽粒形成、成熟的过程。玉米早、中、晚熟品种大约分别为 40 d、50 d、60 d。其生育特点是营养体的增长基本上停止，转入以生殖生长为中心的时期，进入籽粒产量形成为中心的阶段。田间管理中心任务，就是保证玉米充分受精，增大粒积，扩大库容，保护叶片不损伤，不早衰，争取粒多粒重，达到丰产。

(二)玉米的形态特征

1. 根

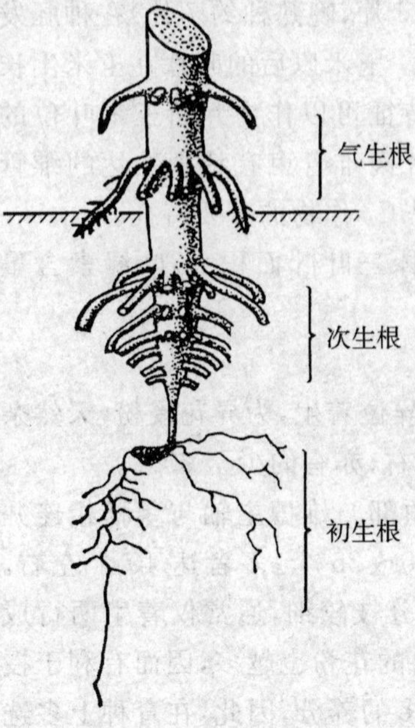

图 11-2　玉米的根

玉米根系是须根系，由胚根和节根组成(图 11-2)。入土深度可达 2 m 以上，水平分布达 1 m 以上，但大部分集中分布在 0～30 cm 的土层，以及距植株 20 cm 半径的范围内。

(1)胚根　也叫初生根或种子根。种子萌发时从种胚伸出的一条幼根，称为主胚根或初生胚根，随后又陆续长出 3～7 条次生胚根。主胚根和次生胚根组成了初生根系，它是玉米幼苗初期的主要根系，以后随地下节根的不断发生与生长，其重要性逐渐被地下节根所代替。

(2)节根　又称不定根，着生在茎的节间居间分生组织基部。生长在地下茎节上的为地下节根，一般通称为次生根；生长在地上茎节上的为地上节根，一般通称为气生根或支持根。地下节根及其分枝组成的地下节根系，一般在抽雄前已完全形成，它是玉米最主要的根系，对玉米中后期的营养生长及生殖生长起重要作用。在玉米的大喇叭口期至抽雄期，在靠近地表以上的茎节上环生 1～3 层气生根，多时可达四五层。气生根粗壮，数量大，分枝多，吸收能力强，对维持玉米后期器官的生长与功能，以及籽粒的形成和灌浆，起着重要作用。

2. 茎

玉米的茎秆粗壮、高大，直径 2～4 cm，株高因品种以及栽培条件不同而有明显差异。生产上通常称株高 2 m 以下的为矮秆型，2～2.7 m 的为中秆型，2.7 m 以上的为高秆型。

茎由节与节间组成，节间数与叶片数一致，一般玉米有 15～24 个节，其中 4～6 个节密集在地下部，而第一至第四节较密集，节间很短，从第五节间开始伸长。靠近地面上两三个节间的粗细、长短和生长状况，与根系发育、植株抗倒能力有很大关系。

3. 叶

玉米叶着生在茎节上，互生排列。玉米正常叶由叶鞘、叶片和叶舌组成。叶鞘包着节间，有保护茎秆和贮藏养分的作用。叶片着生于叶鞘顶部的叶环之上，是光合作用的主要器官；叶片中央纵贯一条主脉，主脉两侧平行分布着许多侧脉；叶片边缘带有波状皱纹。叶舌着生于叶鞘和叶片交接处，紧贴茎秆，有防止雨水、病菌、害虫侵入叶鞘内侧的作用。

玉米最初的几片叶子(早熟种约5片，中熟种约6片，晚熟种约7片)在种胚发育时即已形成，叶面光滑无毛，故称“胚叶”或“光叶”。玉米以后的叶片在玉米生长期间由茎尖不断分化形成，叶片正面有茸毛。这一特征可以作为判断玉米叶位的参考。叶片的横断面可分为表皮、叶肉及维管束。叶肉维管束有特别发达的维管束鞘。维管束鞘细胞内含许多特殊化的叶绿体，这是 C_4 作物的重要特征。

玉米的穗位叶及其上、下二片叶称为棒三叶。棒三叶叶面积大，叶绿素含量高，光合能力强，对籽粒贡献最大。

4. 穗

玉米是雌雄同株异花作物。雌雄两种单性花序异位着生，为异花授粉，天然杂交率因环境和玉米类型、品种而不同，一般为95%左右，亦有的少至30%。

(1)雄穗　即雄花序，属圆锥花序，着生于茎秆顶部。雄穗主轴与茎秆相连并向四周分出若干分枝，分枝数因品种而不同，一般15～25个，多者达40个左右。雄穗主轴较粗，周围着生4～11行成对排列的小穗，分枝较细，通常仅着生两行成对排列的小穗，每个小穗有两朵小花，分枝越多，散出的花粉也越多，因而有利于授粉。但分枝过多，雄穗过大，在形成过程中要消耗过多的养分，因此，在育种上多选用雄穗分枝较少的材料作为杂交亲本。

每对雄小穗中，一个为有柄小穗，位于上方，一个为无柄小穗，位于下方，每个雄小穗基部两侧各着生一个颖片(护颖)，两颖片间生长两朵雄性花，成对排列的两个小穗花内侧的两朵花为内侧花(第二朵花)，外侧的两朵花为外侧花(第一朵花)。同一小穗中两朵小花结构相似，但上部的第一朵小花先成熟。每一朵雄性花，由一片内稃(内颖)、一片外稃(外颖)及3个雄蕊组成(图11-3)。雄蕊的花丝顶端着生黄绿色花药。雄蕊未成熟时花丝甚短，成熟后内、外颖张开，花丝伸长，使花药露出颖片外面，散出花粉，即为开花。

(2)雌穗　即雌花序，为肉穗花序。雌穗由茎上叶腋中的腋芽发育而成，着生在穗柄的顶端，一般第一个果穗以下数节的叶腋中都能形成腋芽。玉米果穗为变态的侧枝，果穗柄为缩短的茎秆，各节着生一片仅具叶鞘的变态叶，即苞叶。它包着果穗，起保护作用。一般苞叶数目与果柄节间数相等，苞叶的长短因品种而不同，有些品种在苞叶上仍长有小的叶片，称为剑叶，对光合、防虫有一定作用，但对授粉有影响。

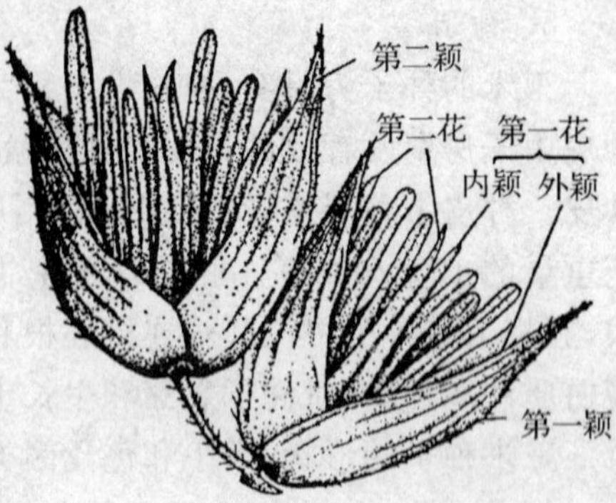

图 11-3　玉米的雄小穗

果穗的穗轴由侧枝芽形成。穗轴粗大，呈白色或红色，穗轴的粗细因品种而异，以较细的为好。一般其重量占果穗总重量的15%～25%。穗轴中部充满髓质，有很多维管束分布在边缘的厚壁组织中。穗轴节很密，每节上着生两个无柄小穗，成对排列成行，每小穗内有两朵小花，上位花结实，下位花退化，故果穗上的籽粒行数常呈偶数。但有时成对的小穗，由于发育不良而缺少一个，或一个小穗内两朵小花都能发育结实，因而粒行不成偶数或粒行不整齐。果穗籽粒行数 8～30 行不等，一般品种粒行数为 12～20 行，粒行数多的具有丰产的特性。通常每个果穗有 200～800 粒或更多些，一个中等大小的果穗，有 300～500 粒。一般晚熟品种每行的粒数较早熟品种多。

每一雌小穗的基部两侧各着生一个颖片(护颖)；其中一个为退化的小花，仅留有膜质的内外稃(颖)和退化的雌、雄蕊痕迹，另一个为结实小花，其中包括内、外稃(颖)和一个雌蕊及退化的雄蕊(图 11-4)。雌蕊由两个心皮组成，包括子房、花柱和柱头 3 部分。花柱和柱头通称为花丝，它是两个心皮强烈延长的顶端，因此具有两条维管束和中央结构。两维管束穿经子房壁直达基部，在基部与其他小穗的维管束相连接。花丝实心，略呈扁状，其上有两条陷沟，表面密布茸毛，分泌黏液，有黏着外来花粉的作用，因此花丝任何部位均能授粉。花丝颜色有绿、红、棕、紫等。柱头是花丝顶端分叉的部分。

图 11-4　玉米的雌小穗

同一株玉米，雌穗苞叶露出叶鞘的时间一般比抽雄稍晚，多者晚 5～6 d。雌穗花丝开始伸出苞叶，即为雌穗开花(抽丝)，一般比同株雄穗开始开花晚 2～5 d。一个果穗从第一花丝从苞叶中抽出到全部花丝抽出，一般需 5～7 d。花丝长度一般为 15～30 cm，如果较长时间得不到受精，可伸长到 50 cm 左右，受精后停止伸长，2～3 d 后颜色变褐，并逐渐枯萎。

5. 种子

玉米的种子为果实，植物学上称为颖果。成熟的种子由种皮、胚乳和胚构成。种皮由子房壁发育成的果皮和种皮紧紧连在一起，似一层角质薄膜，习惯上均称为种皮。种皮占种子重量的5%～8%，胚乳占80%～85%，胚位于种子的基部，占种子重量的10%～15%。胚具有胚芽，胚轴、胚根和盾片。胚芽分化产生茎、叶和节根，胚根形成种子根。胚轴连接胚根和胚芽。盾片(子叶)含有大量的脂肪、糖分、蛋白质和多种酶，对种子发芽和生长十分重要。

玉米种子的形状、大小和色泽因类型和品种而不同，多呈圆形或长方形，有光泽。颜色有黄、白、紫、红、花斑等色，常见的多为黄色和白色。种子大小因品种、栽培水平而异，一般千粒重 250～350 g。

三、玉米产量品质形成及其调控途径

(一)玉米的产量形成

玉米单位面积上的籽粒产量，由单位面积上的有效果穗数、每果穗粒数和粒重构成。玉米产量高低决定于3个因素：群体光合物质的生产能力、光合产物分配到籽粒中的比率和产量形成期的长短。

1. 单位面积的穗数

单位面积的穗数决定于种植密度与平均每株穗数。在较低的密度范围内，单位面积穗数几乎与密度成比例地增加，因为每株穗数受密度的影响较小，不出现空株或空株率很低。当密度增加到一定程度后，穗数增加幅度逐渐降低，双穗率显著减少，空株率明显增加。由于玉米与稻、麦相比，其单株穗数的调节能力低，一般每株只结1个果穗，而在不良条件下则出现大量空株。因此培育适宜密植的品种，通过密植增加单位面积穗数，对于提高产量具有重要意义。目前国内外报道的高产纪录绝大多数是通过增加穗数实现的。如山东烟台地区单产 9.00～12.25 t/hm^2 的高产地块，每公顷穗数平均达 6.75 万～7.50 万个。近年推广的紧凑型玉米品种，单产12.0～13.5 t/hm^2 水平，每公顷有效穗数为 7.50 万～9.75 万个。所以适当增加单位面积穗数是有效的高产措施。

2. 每穗粒数

玉米每穗粒数是比较不稳定的一项产量构成因素，对产量的影响较大。每穗结实粒数与分化的小花数有关。每穗分化的小花数目是品种特性之一，早熟类型品种雌穗分化小花数 550～600 朵；中熟类型品种 700～800 朵；晚熟类型 800～

1 000朵。营养条件差，小花数目有所减少，但减少不多，这是因为雌穗分化时所需的养分，一般植株本身可以满足分化的需要。抽丝前，果穗进入性器官形成期以后，果穗顶端的一些小花常成为发育不完全的败育小花。在高密度条件下，败育的小花数显著比低密度下的多。抽丝期，有的小花不能抽出花丝接受花粉，特别是果穗顶端的小花形成较晚，如果光照不足，水分亏缺，或矿质营养不足，或遇高温或低温等恶劣环境条件，更易受害，不能进一步抽丝授粉或花丝抽出过晚，失去授粉机会，或即使授了粉，也不能进一步形成籽粒，使籽粒大量减少，甚至成为空棒。

3. 粒重

玉米不同品种的千粒重有显著差异，但是同一品种在各种条件下，粒重比每穗粒数的变化幅度小得多。据山东莱阳农学院研究，密度从每公顷5.1万株增加到5.55万株和6万株，每穗实粒数分别降低3.3%和10.3%，变异系数为5%，而千粒重仅分别降低1.2%和4.9%，变异系数为3.9%。由此可见，在不同密度下，每穗粒数比千粒重的波动大，千粒重是比较稳定的产量构成因素。这是因为粒数决定于小花分化、授粉、受精、籽粒形成和发育等一系列过程；而粒重仅决定于受精后胚和胚乳细胞数目的增加、体积扩大和胚乳细胞干物质的积累。显然，粒数比粒重有更高的机会遭受到不良环境的威胁。籽粒形成和灌浆成熟期间，是粒重的决定时期。

(二)玉米品质及其形成

玉米营养价值高低主要决定于其化学成分及其含量，玉米籽粒中化学成分平均含量为蛋白质10%，淀粉70%，脂肪4.6%，纤维素2.1%，糖类及其他碳水化合物10%，灰分1.3%。蛋白质含量中等，但赖氨酸含量偏低，一般为0.2%，这大大降低了营养品质。

玉米的商品品质包括籽粒形态、色泽、整齐度、容重及表观性状。加入世界贸易组织以后，对玉米商品品质的要求也越来越高。优质玉米要求色泽鲜艳、粒形整齐、籽粒密度大、无破碎、含水量低等。我国玉米含水量较高，容重较低，在国际市场上竞争力较弱。

玉米的化学成分和品质形成是在干物质积累的总过程及产品器官的生长、发育和成熟过程中形成的。营养物质积累进行得并不平衡，籽粒灌浆初期干物质增加较少，到乳熟期，干物质积累最快，蜡熟期干物质增加速度又变慢。在此期间，可溶性碳水化合物和非蛋白氮化合物(主要是氨基酸)由植株的营养器官急剧地运向生殖器官，并合成籽粒中的淀粉和蛋白质。在正常成熟条件下，灌浆初期主要合成蛋白质，淀粉合成弱一点；乳熟至蜡熟始期，碳水化合物向种子运输加强，淀粉合成强度大大超过蛋白质；籽粒发育后期，碳水化合物向籽粒运输减弱或停止，而氮的输入仍在继续。维生素主要在叶片中合成，叶片衰老时转运到籽粒中。

(三)产量和品质的调控途径

1. 产量调控

根据产量的形成过程，玉米产量的调控途径应从以下3方面着手：

(1)建立高光效的玉米群体　通过选用高产优良品种，合理密植，保持较好的群体透光率，从而提高整个群体的光能利用率。高光效群体主要表现出两方面的优势：一是叶面积指数高，在一定范围内随着叶面积指数的增加，群体的光合速率提高，干物质生产增加。研究认为，平展型品种的最适叶面积指数为3.5～4，紧凑型品种为5～6。二是光合势大，光合势是光合面积和光合时间的乘积，也称为叶面积持续期。在一定范围内光合势越大，光能利用率越高，群体生产干物质与积累越多，产量也越高。

(2)提高经济系数　玉米的经济产量不仅取决于生物产量，也取决于经济系数。生产中经济系数一般为0.3～0.5。保持后期叶片有较好的保绿性和根系不早衰，是维持较高经济系数的主要措施，这样，灌浆期间叶片可以生产更多的干物质并运输到籽粒中去，从而提高籽粒在生物学产量中的比重。

(3)延长产量形成期　开花至成熟是决定粒数和粒重的重要时期。春玉米产量形成期长达60～80 d，夏玉米也有45 d之多。在适宜的光、温、水、肥条件下，延长产量形成期是提高产量的有效途径。抢时早播、地膜覆盖栽培增产的根本原因与延长产量形成期有关。延长产量形成期可以从“提前”和(或)“延后”两方面着手。一方面尽可能促早开花，以提早进入产量形成期；另一方面在生殖生长与营养生长协调的基础上，后期保根、保叶，防止叶片早衰脱落，以使产量形成期延长。

2. 品质调控

玉米籽粒的品质调控主要通过育种和栽培的手段。

(1)品种　根据玉米的用途，通过种间杂交和生物技术手段，已培育出优质专用玉米新品种，如发展优质饲料为主的粮饲兼用型玉米、高油玉米、高赖氨酸玉米等，发展淀粉工业用的高淀粉玉米，这些玉米新品种的不断涌现，使得籽粒的品质越来越好。

(2)环境条件　温度与玉米籽粒的营养成分的关系表现为，低纬度，温度高，籽粒蛋白质含量较高，脂肪含量偏低。有研究报道，大气中的CO_2浓度增加，玉米的赖氨酸、蛋白质含量及蛋白质品质(蛋白质品质＝赖氨酸含量/蛋白质含量)逐渐下降。在CO_2浓度增加和温度升高的共同影响下，这种负效应明显减弱，甚至出现某些正效应(赖氨酸、粗脂肪、蛋白质品质有不同程度的提高)，温度升高对改善玉米品质有某种积极作用。干旱有利于土壤氮的积累，从而有利于籽粒蛋白质的形成。加拿大 Sosulsk(1966)的试验表明，增加水分胁迫程度可提高蛋白质含量 25%。

(3)农业措施　施肥对玉米籽粒的营养品质有显著影响。山东省农业科学院试验结果，增施肥料可提高玉米籽粒中粗蛋白、粗脂肪和氨基酸总量。氮肥能明显提高籽粒中蛋白质含量。氮肥对蛋白质的不同组分的含量也有影响，醇溶蛋白及其在粗蛋白中所占比重随着施氮量的增加明显提高。氮肥还能提高玉米籽粒含油率。另外，氮肥可以增加普通玉米籽粒容重。磷肥和钾肥亦能明显提高籽粒中蛋白质、淀粉和糖含量。但过量使用钾肥对玉米籽粒蛋白质、脂肪和赖氨酸的形成和积累有抑制作用。氮、磷、钾适当比例配合施用比单独施用能更有效地改善玉米籽粒品质。

微量元素对籽粒品质的影响也较明显。玉米对缺锌敏感，在缺锌土壤上施用锌肥，不仅能显著提高籽粒产量，而且能明显改善籽粒品质。施锰肥使玉米籽粒中粗淀粉、粗蛋白质和总糖含量分别提高 5.14%、1.49%和 0.65%。

四、玉米生产主要环节及栽培措施

(一)玉米高产的土壤条件与整地技术

1. 高产玉米对土壤条件的要求

(1)土层深厚结构良好　玉米根系垂直深度达 1～1.5 m，水平分布也在 1 m 左右，要求土壤土层厚度在 80 cm 以上，耕作层具有疏松绵软、上虚下实的土体构造。适合玉米生长的土壤容重应在 1.1～1.3 g/cm^3。土壤空气中的含氧量在 10%～15%时最适合玉米生长。

(2)耕层有机质和速效养分含量高　各地对每公顷产量 7 500 kg 的高产田土壤分析表明，耕层有机质含量均在 1%以上，碱解氮 60 mg/kg，速效磷 17 mg/kg，速效钾 100 mg/kg 以上；每公顷产 11 250 kg 的高产田有机质在 1.5%，碱解氮 70 mg/kg，速效磷 25 mg/kg，速效钾 120 mg/kg 以上。

(3)酸碱度适宜　氮、钾、钙、镁、硫等元素在 pH 值为 6～8 时有效性最高，钼、锌等元素在 pH 5.5 以下时溶解度最大。玉米对 pH 值的适应范围为 5～8，以 6.5～7.0 最好。

2. 玉米整地技术

(1)春玉米整地技术　包括秋季整地和春季整地。秋季整地，要求在前作收获后应立即灭茬，施入有机肥进行早秋耕、深秋耕。早秋耕比晚秋耕增产，秋耕比春耕增产。秋深耕既可以接纳秋季雨水，秋雨春用，又可以使土壤经冬春冻融交替后耕层松紧度适宜，保墒效果好，有效肥力高。有条件的地方，结合秋季耕地施入有机肥，耕地深度一般为16～20 cm，耕后立即耙耱。来不及秋耕应结合施基肥早春耕，并做到翻、耙、压等作业环节紧密结合。

(2)夏玉米整地技术　北方夏玉米区多为在冬小麦收获前套种夏玉米或直播。为充分合理利用光、热、水资源，一般都强调抢时早播。整地方法主要有：一是在冬小麦收获之前灌好麦黄水，收获后灭茬、施肥、浅耕后播种；二是局部整地，麦收后按玉米的计划行距用犁开沟，沟深10～12 cm，沟内撒施基肥，顺垄播种；三是采取旋耕机旋耕或圆盘耙浅耕灭茬后播种；四是硬茬直播，即麦收后不进行任何耕作抢时播种，同时可将肥料施入，播后灌"蒙头水"，这样既提前了播期，又保护了环境，是抢时播种的有效方法。

(二)玉米的合理密植

1. 玉米的产量结构特点

玉米的产量构成因素是单位面积的株数、每株穗粒数和粒重。玉米植株高大，单株产量高。由于玉米与稻、麦、大豆等分蘖作物(分枝)作物明显不同，主要靠主茎成穗，对密度的调节能力弱，穗数基本接近种植的株数，密度不足，穗数少，则产量低。另一方面，玉米对光照和肥水条件要求较高，需要有较大的单位营养面积。密度过高，单位面积的穗数虽然增加，但单株发育不良，空秆多，穗小粒轻，最后产量也不高。合理密植是充分有效利用光、水、气、热和养分，使群体和个体协调发展，解决穗数、粒数和粒穗的矛盾，提高玉米单位面积的产量。

2. 合理密植的原则

合理密植的适宜幅度应根据品种和栽培条件而定，使群体的光截获率达到95%左右，光能在冠层中分布合理。

(1)品种特性　株型紧凑、矮秆、生育期较短的早、中熟品种，可适当密些。一般株型松散、植株高大、生育较长的晚熟品种应适当稀一些。

(2)土壤肥力和施肥条件　一般地力较差、施肥水平较低、又无灌溉条件的，种植密度应低一些；反之，土壤肥力高、施肥较多、灌溉条件好的，密度可以增大。

(3)气候条件　短日照、气温高，可促进发育，从出苗到抽穗所需日数就会缩短；反之，生育期就延长。因此，同一类型品种，南方的适宜密度高于北方。

(4)栽培方式　育苗移栽的玉米可比直播适当增加密度。地膜玉米发育进程快而整齐，株间的条件比较一致，可比露地栽培适当增加株数。春播玉米生育期长，密度宜稀；夏玉米生育期短，密度宜密。

各地在确定适宜密度时，应根据上述条件综合考虑。根据现有品种类型和栽培条件，春玉米适宜密度为：平展型中晚熟杂交种，45 000～52 500 株/hm^2；紧凑型中晚熟和平展型中早熟杂交种，60 000～67 500 株/hm^2；紧凑型中早熟杂交种，67 500～75 000 株/hm^2。夏玉米比春玉米的适宜种植密度相应增加 4 500～5 250 株/hm^2。

3. 种植方式

玉米适宜种植密度和种植方式相结合，才能取得更好的增产效果。玉米种植方式包括等行距和宽窄行距。

(1)等行距种植　行距相等，一般 55～80 cm，株距随密度而定。此方法适于肥力较低种植较稀时采用。其特点是植株分布均匀，能充分利用养分和阳光，便于实行机械化作业；其缺点是后期通风透光较差。

(2)宽窄行种植　行距一宽一窄，宽行 80～90 cm，窄行 40～50 cm，株距根据密度确定。窄行可以三角错位留苗。这种方式种植密度较大，既保证了单位面积的总株数，又利于通风透光。

(三)玉米的需肥特性与施肥技术

1. 玉米对养分的吸收量

玉米是高产作物，需从土壤中吸收 20 余种的营养元素，其中以氮、磷、钾三元素需要量最多，生产实践中，在重视氮、磷、钾肥施用的前提下，还应充分考虑常量元素和微量元素的作用，注意主要矿质元素间的平衡施用。

玉米的矿质元素吸收量是确定玉米施肥的重要依据。研究表明，玉米生产 100 kg籽粒需要平均吸氮量 2.82 kg，吸磷量 1.35 kg，吸钾量 2.23 kg。玉米吸收氮磷钾的比例($N : P_2O_5 : K_2O$)平均为 1 : 0.48 : 0.79。根据产量目标可以估算出玉米的需肥量。另外，在确定玉米需肥量时还要考虑产量水平、品种特性、土壤肥力等因素。一般随着产量水平的提高，单位面积玉米吸收氮、磷、钾的总量亦随之提高，但肥料利用率提高。

各生育时期对氮、磷、钾元素的吸收不同。从不同时期三要素累积吸收百分率来看，苗期 0.7%～0.9%，拔节期 4.3%～4.6%，大喇叭口期 34.8%～49.0%，抽雄期 49.5%～72.5%，授粉期 55.6%～79.4%，乳熟期 90.2%～100%。从拔节期到抽雄期是玉米养分需要的高峰期，在这一阶段，干物质积累虽然只有 1/3 左右，而氮素累计吸收占全生育期的约 50%，磷占 48%，钾占 71%。在这一生育期间，既有营养生长，又有生殖生长(大喇叭口期已是孕穗期)，养分充分供应有利于形成大穗。玉米抽雄以后吸收氮、磷的数量均占 50%左右。因此，要想获得玉米高产，除要重施穗肥外，还要重视粒肥的供应。

2. 玉米施肥技术

(1)基肥　基肥直接的效果是对生育前期的健壮生长有利,实际上对玉米整个一生都有重要影响,特别是磷、钾的营养。所以在一些地区基肥可占总需肥量的50%以上,磷、钾肥基本上100%作基肥施用。但必须在确知土壤缺磷、缺钾时才施化学磷、钾肥。据全国肥料网的资料,土壤有效磷在10 mg/kg以下,施磷肥增产效果极显著;16～20 mg/kg,施磷肥效果较好;25～32 mg/kg磷肥肥效不稳定;大于32 mg/kg时增产不明显。土壤速效钾小于30 mg/kg(极低),施钾效果极显著;30～70 mg/kg(较低)和70～100 mg/kg(中),施钾肥肥效显著;100～150 mg/kg(较高),施钾肥效果不稳定;大于150 mg/kg,施钾一般不增产。

基肥大多以有机肥为主。我国北方的土杂肥大多养分含量不高,用量较大,应提倡提高有机肥质量,推广科学施肥方法以节约劳力,增加肥效。化学氮肥只有少部分做基肥,不论是碳铵还是尿素,都应提倡深施。

夏玉米的基肥常由于茬口较紧,争取早播而来不及施有机肥,或者受肥源限制,基肥的有机肥常常不足。所以夏玉米提倡麦秸部分还田,或在小麦收获时留高茬,但这时应配施化学氮肥,以调节碳氮比,利于良好腐解。

在有些地方,为了克服夏玉米基肥不足的困难,提倡在小麦(麦—玉米轮作时)上多施有机肥,使玉米利用小麦上的有机肥后效。

(2)追肥　追肥时期、次数和数量,要根据玉米需肥规律、地力基础、施肥数量、基肥和种肥施用情况以及生长状况确定。①苗肥。在北方春玉米区,气温低,雨水少,肥效慢,基肥、种肥施量少时应早施苗肥。夏玉米由于抢茬直播,一般不施基肥,种肥用量也不足,应早施。高产田苗肥氮素用量占总追肥量的30%,中产田追肥较多,苗肥占40%,低产田地力基础差,采用重追苗肥,约占60%。②穗肥。一般在大喇叭口期追施。研究证明,不论春玉米,夏玉米,肥地或瘦地,只要适时适量追施,都能显著增产。高产田穗肥氮素用量占总追肥量的50%,中产田占60%,低产田占40%。③粒肥。玉米抽雄至开花期追肥为粒肥。一般高产田粒肥占总追氮量的10%～20%。开花期喷施磷酸二氢钾和微肥,均有促进籽粒灌浆、提早成熟和增产的作用。

在玉米施肥中,锌肥是重要的微量元素肥料。特别在石灰性土壤上,常可见到玉米缺锌的症状。在确知土壤缺锌的情况下,锌肥(多为硫酸锌)做基肥、喷施,拌种均有一定的作用,在做基肥施用时,根据土壤缺锌程度和土壤固锌能力大小,用量每公顷15～30 kg硫酸锌。喷施时,硫酸锌的质量分数在0.15%～0.20%,通常需要连喷两三次,苗期和拔节期喷施较好。如用硫酸锌拌种,用量每千克种子2～3 g。

(四)玉米的需水规律与节水灌溉技术

1. 玉米的需水量和需水规律

需水量也称耗水量,是指玉米在一生中棵间土壤蒸发和植株叶面蒸腾所消耗的水分(包括降水、灌溉水和地下水)总量。各生育阶段的蒸腾系数为250～500。因为玉米植株比较高大,一生制造的干物质比较多,而且生育期多处于高温季节,所以绝对耗水量很大。玉米全生育期需水量受产量水平、品种特性、栽培条件、气候等诸多因素的影响。一般来说,玉米一生的耗水总量,春玉米2 550～6 000 m^3/hm^2,夏玉米1 860～4 440 m^3/hm^2。

(1)播种至拔节　此期土壤水分状况对出苗及幼苗壮弱有重要作用,高产玉米适宜的土壤含水量为:播种至出苗70%～75%,充足土壤水分利于播种出苗;出苗至拔节60%左右,苗期土壤适度干旱利于根系发育。此阶段耗水约占总耗水量的18%,日平均耗水量30 m^3/hm^2 左右。虽然该阶段耗水少,但春播区早春干旱多风,不易保墒。夏播区气温高、蒸发量大、易跑墒。土壤墒情不足会导致出苗困难,苗数不足。水分过多,则易造成种子霉烂,影响正常发芽出苗。

(2)拔节至吐丝　此阶段植株生长速度加快,生长量急剧增加,土壤适宜含水量拔节至抽雄70%～75%,抽雄至吐丝80%～85%。此期气温高,叶面蒸腾作用强烈,生理代谢活动旺盛,耗水量加大,阶段耗水约占总耗水量的38%,日平均耗水达45～60 m^3/hm^2。大喇叭口期至开花期是决定有效穗数、受精花数的关键时期,也是玉米需水的临界期。水分不足会引起小花大量退化和花粉粒发育不健全,从而降低穗粒数。抽雄开花时干旱易造成授粉不良,影响结实率,有时造成雄穗抽出困难,俗称"卡脖旱",严重影响产量。因此,满足玉米大喇叭口期至抽穗开花期对土壤水分的要求,对增产尤为重要。

(3)吐丝至成熟　此阶段土壤的含水量为:吐丝至乳熟75%～80%,完熟期60%左右。此期同化面积仍较大,耗水强度也比较高,日耗水量可达45～60 m^3/hm^2,阶段耗水量占总耗水量的40%左右。水分条件对籽粒库容大小、籽粒败育数量及籽粒饱满程度都有所影响。

2. 玉米节水灌溉技术

高产玉米需要补水灌溉。我国是一个水资源缺乏的国家,由于季风气候特点,水资源在地域上分布不均,年际间、年内季节间的变异很大,更突出了水资源紧缺的矛盾。因此,发展玉米节水灌溉是发展高产、高效农业的一个重要环节。

在玉米生产上,灌溉水分的浪费主要表现在两个方面:一是输配水和灌水过程中水量的无效损耗,如蒸发、渗漏、泄水、退水、跑水等;二是在玉米生育过程中,供水过多，超过作物达到丰产的生理、生态需水要求，反而使产量下降，即所谓水分和产量函数曲线上超过接近拐点的那部分水量。节水灌溉就是要竭力克服这两方面的浪费，尽可能满足玉米高产的需水要求。因此，节水灌溉技术一方面尽可能减少从水源调度到输水、配水和灌水等过程的水损失，称为传输节水，目的在于提高灌溉水利用率，常用地面沟灌、管道灌溉、喷灌、滴灌等方法；另一方面要通过各种耕作、栽培措施，以减少玉米正常发育的生理、生态需水要求，目的在于提高玉米对水分的利用效率，减少灌溉用水。

玉米一生的灌水有两个关键期：一是播种期，这时期灌水关系到能否早出苗及苗齐、苗壮的问题，这是获取较高产量的基础；二是大喇叭口期，这是玉米的需水临界期，若土壤缺水干旱，将对玉米产量造成不可弥补的损失。因此，满足这两个时期土壤有足够水分，是玉米产量形成的重要保证。在灌溉用水许可情况下，充分利用有限水资源，保证关键时期的灌水。即使是灌溉用水紧缺，也要尽量保证玉米抽雄期灌水。另外，在水资源充足地区，根据高产玉米生长发育特性和对土壤水分的要求，在苗期、拔节期、抽雄开花期和灌浆期补水灌溉。在每个灌溉时期中玉米对土壤水分要求不一样，在生产上要求当土壤水分下限低于灌溉指标时，应考虑灌水。

(五)玉米种子准备与播种技术

1. 因地制宜选用优质杂交种

我国北方各省气候不同，生产条件各异，选用良种要根据各地的光、热、水条件和种植制度综合考虑，满足品种对光热资源的要求，并与产量水平相适应。重点选择综合抗性好、高产优质专用的优良品种。

2. 种子处理

(1)精选种子　选好优良品种后，还应购买优质种子。根据农作物种子质量标准，种子应净度不低于 98%，发芽率不低于 85%，纯度 96%以上。

(2)晒种　晒种 2～3 d，对增加种皮透性和吸水力、提高酶的活性、促进呼吸作用和营养物质转化均有一定作用。晒种后出苗率可提高 13%～28%，早出苗 1～2 d，增产 6.4%。

(3)浸种　浸种可使种子提早出苗。冷水浸种 6～12 h。温汤浸种，水温为 55～57℃，浸泡 4～5 h。温汤浸种能杀死附在种子表面的炭疽病、黑粉病孢子等。

(4)药剂拌种　用种子包衣剂 1 号或 4 号，按种子量 2%拌种，可防治地下害虫，保苗率达 95%以上，可以防治苗期地老虎、黏虫、蓟马等。

(5)种子包衣　包衣剂由杀虫剂、杀菌剂、复合肥料、微量元素、植物生长调节剂、保水剂和成膜物质加工制成，能够在播种后抗病、抗虫、抗旱，促进生根发芽。一般每 500 g 包衣剂可处理种子 250 kg，药剂和种子的比例为 1∶50。

3. 播种技术

(1)确定播期　玉米的适宜播种期主要根据玉米的种植制度、温度、墒情和品种来决定。一般以 5～10 cm 土层温度稳定在 10～12℃时播种，春玉米播种期的主要限制因子是温度，其次是土壤水分。北方春玉米区一般在 4 月上旬到 4 月下旬。套种玉米的播种期因种植方式和品种熟期而定，可从 5 月上旬延续到 6 月上旬。夏直播玉米争取早播是关键，早播可以争取生长季节，预防苗期芽涝，避开后期低温，减轻各种病害。黄淮海平原夏玉米区长期实践经验，高产夏玉米适宜播种下限为 6 月 10～25 日。

(2)播量和播深　播种量因种子大小、发芽率高低、种植密度、播种方法和栽培目的而不同。凡是种子大，发芽率偏低和种植密度大时，播种量应适当增加，反之减少。一般条播用种量 45～60 kg/hm^2，点播 38～54 kg/hm^2。播种深度以 3～5 cm 为宜，墒情差时，可适当增加播种深度。

(3)播种方法　播种方法主要有条播和点播两种。点播按计划的行距、株距开穴，施肥、点种、覆土，较费工，套种玉米多采用此法。条播用机械播种，工效较高，适用于大面积种植。夏直播玉米目前提倡“铁茬播种”技术。

提高播种质量是高产优质栽培的重要一环，山东省莱州市农业科学院李登海创造高产纪录的经验是在播种时做到 4 个一致：①种子大小均匀一致；②株行距一致；③播种深浅适宜，覆土一致；④播前灌水，墒情一致。

4. 玉米育苗移栽

东北地区无霜期短，后期常遇低温冷害。采用保护地育苗，播期可提早近 1 个月，增加有效积温，提早成熟，躲避后期低温和早霜的危害。华北地区一年两熟季节矛盾突出，采用育苗移栽可减少农耗积温，充分利用光热资源。育苗移栽实际上等于延长了玉米有效生长期，可改种比平播条件下增产潜力大的中、晚熟品种。

育苗方式有营养钵育苗、苗床育苗和营养块育苗 3 种。床土要肥沃，施足有机肥和适量的氮、磷肥。精选种子，播深一致。苗床管理主要是控制水分和温度，培育整齐健壮的幼苗。播种至出苗保持床土湿润，出苗后控制浇水，使幼苗壮而不旺，如叶片较长时间萎蔫可适当浇水。移栽前浇透水，既能防止苗土散碎，又能提高成活率。机械移栽以幼苗三四叶，人工移栽以四五片叶，出苗后 17～20 d 进行为宜。移栽按一定行距开沟，栽深 3 cm 左右，切勿过深，移栽密度应比同品种直播增加7 500 株/hm^2左右。墒情好先移栽后浇水，墒情差边移栽边浇水，应防止水冲苗。栽后要浇缓苗水，促进成活。土壤板结应及时中耕松土。

(六)玉米的田间管理

种好是基础,管好是关键。根据玉米生长发育规律,各个生育时期的特点,通过各种农艺措施,对玉米进行促控,保证玉米健壮地生长发育,从而达到高产、优质、高效的目标。

1. 苗期管理

玉米苗期以根系生长为中心,属于营养生长阶段。从三叶期到拔节期,根系干物质增重速度相当于地上部的1.1～1.5倍。玉米苗期主要特性是耐旱、怕涝、怕草害。因此,苗期适当干旱,土壤疏松,有利于根系生长。但土壤水分过多,通气不良,根系生长受阻。苗期主攻目标是培育壮苗。壮苗标准是根系发达,茎基扁宽,叶片宽厚,叶色深绿,新叶重叠,幼苗敦实。具体促控措施如下:

(1)化学除草　在播种后出苗前,用40%阿特拉津胶悬剂每公顷1 500 mL加60%丁草胺1 500 mL,或加50%乙草胺750～1 125 mL,加水量在30～60 L/hm^2,在土壤墒情较好时喷施。

(2)间苗、定苗　间苗在三四叶时进行,定苗在五六叶时进行,应去弱留强,去病留强。在地下害虫严重的地区,可适当推迟间、定苗时间。

(3)中耕蹲苗促壮　苗期叶色深绿,长势旺,地力肥,墒情好的情况下进行中耕蹲苗,适当控制地上部的生长,促进根系发育,为下一阶段株壮、穗大、粒多打下良好基础。蹲苗时间一般不超过拔节期。套种玉米和夏直播玉米一般不需要进行蹲苗。

(4)防治病虫害　玉米苗期主要害虫有蝼蛄、地老虎和黏虫等,应及时防治。在矮花叶病和粗缩病流行地区,除采用抗病品种外,还应积极防治传毒媒介。玉米矮花叶病的主要传毒媒介为蚜虫,在6月上旬由小麦田向玉米田迁飞(秋麦),玉米粗缩病的主要传毒媒介是灰飞虱,应及时用药剂等方法进行防治。

2. 穗期管理

穗期茎叶旺盛生长,雄穗、雌穗先后开始分化,干物质积累进入直线增长期,需水、需肥量日渐增加。拔节时次生根一般已形成4～6层,靠近地表的茎节处也陆续出现支持根。根系不断向四周和纵深扩展,对水肥的吸收能力和需要量增加。从地上部生长来看,茎叶迅速生长,内部的幼穗也迅速分化,体内新陈代谢旺盛,生长发育不断加速。大喇叭口期正值雄穗四分体期和雌穗小花分化期,是玉米的水分临界期,如外界条件适宜,水分和养分充足,就能增加有效果穗数,增加每穗粒数,形成大穗。因此,玉米穗期田间管理的主攻目标应该是通过水肥措施等壮秆、促穗,使穗多、穗大。具体措施如下:

(1)追肥 玉米拔节至抽雄期追肥，一般进行两次。第一次在拔节前后施入，称为攻秆肥。追施攻秆肥的目的是保证玉米植株健壮生长，促进雌雄穗顺利分化。第二次在大喇叭口期追施，称为攻穗肥。攻穗肥对决定果穗的多少和每穗的粒数的作用很大。

(2)中耕培土 中耕培土一般两次：第一次在拔节到小喇叭口期，结合施攻秆肥进行深中耕(6～8 cm)小培土；第二次在大喇叭口期，玉米封行前，结合施攻穗肥进行培土，培高 10～13 cm 为宜。在干旱无灌溉条件的地区，不宜培土，以免增加土壤水分蒸发。

(3)灌水 拔节后，随着植株的迅速生长，需水量逐渐增多。孕穗期是需水量最大的时期，特别是从大喇叭口起，玉米进入水分临界期，此时期满足玉米对水分的需求，可以促进穗大、粒多。可结合拔节期和大喇叭口期的追肥进行灌水。

(4)去蘖 玉米拔节前有分蘖长出。分蘖的多少除与品种特性有关外，与外界条件关系也很密切。当前大面积推广的玉米单交种其分蘖一般不能成穗，还要消耗养分和水分，所以必须及时去蘖。去蘖时要防止松动主茎根系。

(5)病虫害防治 穗期主要虫害有大螟、玉米螟及黏虫等；主要病害有大斑病、小斑病等。3 龄前的大螟和玉米螟尚未蛀入茎内，可用 1%辛硫磷颗粒剂撒入心叶中防治，每公顷需 15～20 kg，或用 90%敌百虫晶体或 50%敌敌畏乳剂 800～1 000 倍液灌心叶进行防治。大、小斑病的防治方法是先摘除植株下部病叶，然后用 50%退菌特 800 倍液或 50%多菌灵 500 倍液喷雾，每隔 7～10 d 喷一次，连续喷两三次。

3. 花粒期管理

花粒期开始，营养生长基本停止，进入生殖生长阶段，是开花、籽粒形成和增重的关键时期，即决定籽粒数和粒重的时期。玉米籽粒产量的 80%～90%是在此期产生的，最后的实际产量决定于结实的籽粒数和籽粒的充实程度。花粒期的主攻目标是养根保叶，防止早衰，增加群体光合量，促进有机物质向籽粒运输，提高总结实粒数和千粒重。具体栽培措施如下：

(1)追攻粒肥 维持和延长中、下部和穗位以上叶片的功能时间，防止早衰，应及时补追氮素化肥，也可采用磷酸二氢钾或尿素进行叶面追肥。抽雄期至吐丝期追施氮肥，一般占总量的 10%；叶面喷肥可用 1%～2%尿素与 0.2%磷酸二氢钾混合液喷施。

(2)浇灌浆水 玉米抽穗到乳熟期需水较多，此时灌水，不仅可以提高结实率，而且能促进养分的运转，保证籽粒饱满，提高产量。

(3)去雄 玉米的雄穗分枝多，花粉量足，植株抽雄散粉要消耗一定的养分和水分，田间隔行去雄后，可将用于雄穗开花散粉所需的养分转向供应雌穗，并且改善田间通风透光条件，促进果穗的发育。一般在玉米抽雄穗始期(雄穗刚露出顶叶，尚未散粉之前)，及时地隔行去雄，并注意防止拔掉顶叶。

(4)人工辅助授粉　玉米是风媒的异花授粉作物。由于雌雄穗开花和吐丝时间不一致，抽穗开花时又常因风雨、高温干旱等不良的气候条件影响授粉，造成秃顶和缺粒。进行人工辅助授粉，能提高结实率。授粉方法是在大部分雌穗花丝开始抽出时，选择晴朗无风的上午(8:00～11:00)，采集适当数量健壮植株的新鲜花粉均匀授在果穗花丝上。

(5)适时收获　玉米收获期的早晚对玉米产量和品质有一定影响。玉米应在籽粒乳线消失的蜡熟末期收获为宜。

五、玉米高产高效主要栽培模式

(一)夏玉米节水省肥高产高效一体化栽培技术

A. 测土平衡施肥，减氮、稳磷、增钾，补施微肥。夏玉米生长在多雨高温季节，氮的土壤矿化供氮较多，大量施氮容易造成浪费与损失。因此，播种时要进行测土施肥，减氮、稳磷、增钾，补施微肥。氮肥施用以基肥轻施(25%)、大喇叭期前重施(60%)、吐丝开花期补施(15%)为好，或播种时一次性施入玉米专用长效控释肥。

B. 选用优质高产、抗倒、抗病力强的品种。

C. 节水造墒早播种，提高播种质量。小麦收获后立即免耕直接播种玉米，此时多数年份土壤干旱，用专用玉米播种机先播种，后浇水，能够争取早播 2～3 d。在水源充足地区，可在麦收前 10～12 d 灌麦黄水，麦收后直接播种。

D. 增行缩株合理密植，不等株距晚定苗，确保留苗整齐度。夏播玉米一般密度 60 000～75 000 株/hm^2，行距 60～80 cm 等行距种植。大行距种植利于通风透光，同时也利于农事操作。适当晚定苗。定苗时不要求株距相等，只要求留下的苗均匀一致，提高幼苗整齐度。

E. 关键时期补水灌溉，提高水分利用效率。除保证播种出苗水外，应保证大喇叭口期和吐丝开花期的水分供应，秋旱发生时，浇灌浆水增产效果显著。采用隔行控水灌溉技术，提高水分生产效率。

F. 及时防除病虫草害。玉米播种后出苗前地面喷施除草剂进行封闭，抑压杂草的滋生，中期结合破茬进行一次人工除草。除种子包衣外，随时监测虫害的发生与发展，尤其是粘虫、棉铃虫和钻心虫，及时防治。

G. 适当晚收。等到玉米苞叶变白松开，黑层出现，乳线消失后收获能够得到最高产量，早收灌浆不充分，产量低，品质差。在不影响种麦情况下，尽量晚收，延长灌浆时间，增加和稳定粒重，提高品质。

(二)麦茬覆盖免耕直播玉米栽培技术

小麦机械化收获普及后，我国黄淮海平原夏播玉米区以往采用的麦垄点种等早播增产技术的应用受到限制，且由于小麦机收后所留的高麦茬影响玉米播种和出苗质量，致使玉米的播种期延迟、出苗率和植株整齐度降低，产量和品质均下降。因此，解决机械化麦收条件下夏玉米高质量早播问题已成为玉米增产的关键技术。

A. 麦收后立即用灭茬机进行麦茬处理，将麦秆切碎至 3～5 cm。

B. 选用高产优质玉米杂交种，种子的纯度和发芽率均应达到 95%以上，并对种子进行包衣以防治苗期病虫害。

C. 用国产中型免耕施肥精播机进行播种、施肥。播种时按照设计种植密度单粒播种，播种的同时施入玉米整个生长季节所需要的各种肥料(其肥料为玉米专用一次性控释肥)。

D. 播后喷除草剂防治杂草。大喇叭口期用颗粒剂防治玉米螟等钻心虫。

E. 玉米生育期间遇旱及时灌水。

该项播种技术争取了播种时间，减少了劳动用工，提高了播种质量，一般增产10%以上。而且杜绝了秸秆焚烧现象，减轻了环境污染。由于采用一次性玉米专用控释肥，把以往玉米 3 次施肥改为 1 次施肥，不仅减少了施肥次数和劳动用工，而且提高了肥料利用率。

(三)普通玉米高油化栽培技术

普通玉米含油量低，产量潜力大，高油玉米含油量高，但产量性状不如普通玉米。利用高油玉米品种为普通玉米品种或雄性不育单交种授粉，可以使玉米产量增加 6%以上，杂交当代籽粒的含油量得到显著提高，充分体现了高油玉米的花粉直感效应、单交种再杂交的杂种优势。含油量为 3%～4%的普通玉米与含油量为 7.2%～8.7%的高油玉米品种杂交后，籽粒含油量可达 5%～6.5%，增幅为 26%～67%。以含油量为 10%～15.74%的超高油玉米品种做父本与普通玉米杂交，杂交当代籽粒含油量增幅在 43%～129%。高产普通玉米高油化，有望解决当前玉米生产中存在的普通玉米高产不优质与高油玉米优质难高产的矛盾。

普通玉米高油化的关键是选用杂交当代籽粒产量和含油量高、父母本的花期同步性好、植株性状优良品种组合，如授粉者用高油647、高油115、普油1～3号，母本用农大108等。播种时按1行父本，3或4行母本种植，母本在抽雄后散粉前进行人工去雄，或母本直接应用雄性不育系。普通玉米高油化栽培管理中应该注意：

A. 适墒播种，提高播种质量。通过调整底墒水或灌出苗水，保证玉米出苗与苗期生长需水；通过提高播种均匀度，增加出苗整齐度和幼苗素质。播种不宜太深，一般3～5 cm。

B. 减氮、增磷、补钾，提高产量和品质。每667 m^2 施纯N 8～12 kg，P_2O_5 8～10 kg，K_2O 10～12 kg，$ZnSO_4$ 1 kg。磷、钾、锌肥做基肥一次施入，氮肥分配前轻后重，利于籽粒产量和油产量同步提高。施肥深度一定要超过5 cm。

C. 及时去雄，人工辅助授粉。

D. 预防倒伏。高油玉米植株偏高，根系相对不发达，控高防倒是高产的重要措施。苗期进行适当蹲苗，播种前用植物生长调节剂拌种，或在拔节期前喷施乙烯利、健壮素等，可有效降低株高，创造合理的群体而增产。也可以在大喇叭口期以前配合施肥进行根部覆土防倒。

E. 适时收获，提高籽粒产量和品质。收获早晚直接影响夏播高油玉米的产量和品质。适时收获，既可提高产量，也能保证品质。

思考题

1. 从玉米产量形成过程分析增加玉米籽粒的时间与措施。
2. 玉米合理密度范围及其决定因素是什么？
3. 如何进行玉米合理施肥？
4. 判断玉米成熟的标准是什么？

第十二章　棉花栽培技术

一、棉花的起源、分类及生产分区

(一)棉花的起源及分类

棉花在分类学上属被子植物锦葵目(Malvales),锦葵科(Malvaceae),棉族(Gossypleae),棉属(*Gossypium*)。棉属植物一般都可称为棉花,包括栽培种和野生种。棉属植物多为一年生亚灌木、多年生灌木或小乔木,其特征是:具有两种类型的分枝,即单轴的叶枝和合轴的果枝;大部分类型为整个植株各部分表皮下布有褐色的油腺,也有一些突变体表现为全株无油腺或某器官无油腺;花外包有3片较大的心脏形苞叶,花萼联合成杯状。棉属的种现在普遍是按照细胞染色体组的分类方法,将棉属分成35个种,其中二倍体棉($2n=2x=26$)31个,包括野生种29个和栽培种2个;四倍体棉($2n=4x=52$)4个,包括野生种和栽培种各2个。2个二倍体栽培种即非洲棉(草棉)和亚洲棉,2个四倍体栽培种即陆地棉和海岛棉。

棉属是一个古老的植物,很可能发生在白垩纪。从棉属植物在世界上的分布来看,除欧洲外,在非洲、亚洲、大洋洲和中美洲都有分布,因此可认为棉花起源是多中心的。其地理分布的特点是除栽培种外,均是热带、亚热带的多年生植物,即偏向南半球的植物。现在的栽培种是人类从无纤维或只有少量纤维的野生棉种,经过驯化,不断地进行人工选择培育,逐步向温带和干旱地区引种,在温带渐渐形成的一年生半木本植物。从挖掘的文物证明,棉花至少有5 000年的栽培历史。

(二)棉花的栽培种

在棉属的30多个种里,生产上有经济价值的栽培种只有4个,即陆地棉、海岛棉、亚洲棉和非洲棉,它们的主要性状特征见表12-1。

表 12-1 棉花 4 大栽培种的主要性状特征

性状	四倍体种 $2n=4x=52$		二倍体种 $2n=2x=26$	
	陆地棉	海岛棉	亚洲棉(中棉)	非洲棉(草棉)
叶	较大,3～5 裂,裂口浅	较大,3～5 裂,裂口浅	小,5～7 裂,裂口深	小,3～7 裂,裂口浅
花冠	较大,乳白色,无红心	大,深黄色,有红心	小,黄、白色或红色	小,黄色,有红心
铃	大,卵圆形四五室,较光滑	较大,长卵圆形,3 室,较粗糙	较小,圆锥形,3 室,粗糙	小,近圆形,三四室,较光滑
种子	中等大小,一般为毛子	较大,多为光子或端毛子	小,毛子或光子	小,毛子
纤维长度(mm)	21～31	33～45	15～25	17～23
纤维细度(m/g)	4 500～7 000	6 500～9 000	2 500～4 000	3 000～4 500
单纤维强力(mN)	35～44	45～60	45～70	45～60

1. 陆地棉

陆地棉原产中美洲墨西哥南部和加勒比海地区及一些太平洋岛屿上。自哥伦布发现新大陆后,欧洲人移民到美洲即大量种植,它在栽培过程中逐步形成了一年生习性,并对光周期反应不敏感的早熟、合轴分枝生长类型,适合于亚热带、温带地区栽培。它在 19 世纪中叶由美国传入我国,当时称之为"美棉"。植株较大;茎较粗,茎、叶多数有长茸毛;叶片较大,多为 3～5 裂,裂口一般较浅;花冠色乳白,基部多无红斑;铃大,多四五室,面平滑,油腺深藏于铃面之下;种子大,多数被有短绒;衣分高,纤维较长,品质优良,商品上称为细绒棉,适纺日用纱。由于陆地棉铃大、衣分高,皮棉产量高,适应性广,现已成为世界及我国种植最广、最多的棉种,其产量占世界各棉花栽培种总产量的 90%以上。

2. 海岛棉

海岛棉原产南美洲、中美洲墨西哥南部及加勒比海地区,后传入北美洲东南沿海岛屿种植,故而得名。目前栽培的海岛棉多为一年生亚灌木,植株较陆地棉高大,茎较粗,茎、叶多无茸毛;叶片较大,多为 3～5 裂,裂口较陆地棉深;花冠色黄,基部有红斑,开花时花冠卷成喇叭状而不敞开;铃较陆地棉小,多三四室,面粗糙,有明显的凹点和油腺;种子较大,多为光子或端毛子(一端或两端有毛);衣分较低,纤维细长,一般长 34 mm 以上,有的达 50 mm 以上。品质优良,商品上称为长绒棉,可纺高档纱,为特纺原料。海岛棉棉铃小、衣分低,皮棉产量比陆地棉低,但纤维比陆地棉细、长且强,在 4 个栽培种中纤维品质最优。

3. 亚洲棉(中棉)

亚洲棉原产于印度，后传入我国，因在我国栽培的历史长，分布广，故又称中棉。亚洲棉茎秆细软，嫩枝及嫩叶上被有或多或少的茸毛；叶片5～7裂，裂片矛头形；花冠比陆地棉小，色黄，也有少数白色、红色或紫色，基部有红斑或白斑；铃圆锥形，铃柄下垂，铃面有明显凹点，内藏油腺，通常3室，4室的极少。纤维粗短，商品上称粗绒棉。亚洲棉的纤维品质不适宜用于中支纱以上的机纺，而且产量低，国内已很少栽培，但它较抗旱、抗病、抗虫能力强，可作为较好的种质资源。

4. 非洲棉(草棉)

非洲棉原产非洲南部，是非洲大陆栽培和传播较早的棉种，故而得名。我国新疆和河西走廊很早就有种植。栽培的非洲棉多为一年生，植株矮小，嫩枝及叶被有稀毛，光滑无毛的很少；叶片宽大于长，有3～7个裂片，裂片较浅；花小，色黄，基部有红斑；铃极小，圆形，有明显的铃肩。铃面光滑或有极浅的凹点，三四室。非洲棉同亚洲棉一样，产量低，品质差，目前在我国已完全被陆地棉和海岛棉代替。但它具有极早熟和抗旱等特性，可作为种质资源加以利用。

(三)棉花的生产分区

我国棉区分布广阔，棉区范围在北纬18°～46°，东经76°～124°，东起长江三角洲的沿海地带和辽河流域，西至塔里木盆地西缘，南自海南岛崖县，北抵玛纳斯河流域。在20世纪50年代，根据棉区气候、土壤等自然条件和棉花生产特点，曾把全国由南向北划分为5大棉区：华南棉区、长江流域棉区、黄河流域棉区、北部特早熟棉区和西部内陆棉区，前2个棉区统称为南方棉区，后3个棉区称为北方棉区。自20世纪90年代以来，随着我国棉花生产布局的战略性调整，逐步形成了黄河流域棉区、长江流域棉区和西部内陆棉区三足鼎立的新格局，这3大棉区是我国棉花生产的集中产区，棉花种植面积和产量均占全国的95%以上。

1. 黄河流域棉区

黄河流域棉区是我国的第一大棉区。位于长城以南，秦岭、淮河以北，东起海滨，西至陇南。包括河北省长城以南，北京、天津两市郊区，山东省、河南省(不包括南阳、信阳地区)，山西省南部，陕西省关中，甘肃省南部，江苏、安徽两省的淮河以北地区，四川盆地西缘。棉田主要集中在黄淮海平原，其次是泾、渭、洛、汾各河的河谷平原。本区20世纪80年代和90年代棉田面积和产量均占全国的60%以上，近几年棉田面积已缩减，2001年全区年棉田面积215.3万hm^2，占全国的44.8%，总产量占全国的40.6%，平均每公顷产量1 004 kg。

本区地处暖温带半湿润季风气候区，4—10月份平均温度19～22℃，大于或等于15℃积温3 500～4 100℃，大于或等于10℃持续日数195～220 d，年降水量500～800 mm，年日照时数2 200～3 000 h。本区常有春旱，应重视棉田贮水灌溉、保墒和旱地棉田抗旱播种；春末夏初气温回升快，日照充足，较有利于棉花早发稳长；进入伏天雨季(7月中旬至8月中旬)虽能满足棉花需水要求，但高温、高湿常加重盛花期的蕾铃脱落；秋季少连阴雨，较有利于棉铃吐絮，但降温较快，影响晚秋桃成熟和纤维发育，尤其是偏北地区，霜后花比例较高。

2. 长江流域棉区

长江流域棉区是我国的第二大棉区。位于秦岭、淮河以南，南岭以北，东起海滨，西至四川盆地西缘。包括上海、浙江、福建的北部，江苏、安徽两省淮河以南地区，江西、湖北、湖南，河南的南阳、信阳地区，陕西的汉中地区，四川北部，贵州北部，云南东北部等地。棉田主要集中在长江中下游沿江、沿海、滨湖平原，跨河南、湖北的南襄盆地和四川盆地。2001年棉田面积140.7万hm^2，占全国的29.3%，总产量占全国的28.6%，平均每公顷产量1 081 kg。

本区地处中亚热带和北亚热带湿润季风气候区，4—10月份平均温度21～24℃，大于或等于15℃积温4 000～5 500℃，大于或等于10℃持续日数220～270 d，年降水量1 000～1 600 mm，年日照时数1 500～2 500 h。热量条件较好，生长季节长，雨水充沛。春季多雨，不利于棉花苗期生长；伏天日照充足，有利于多结伏前桃和早秋桃，常有伏旱，需注意灌溉；秋季多连阴雨，对棉花吐絮不利，但秋季气温下降慢，较有利于棉花增铃重和衣分，发挥早秋桃的增产潜力。

3. 西北内陆棉区

西北内陆棉区是我国最适宜植棉并有着巨大发展潜力的棉区，也是我国唯一的长绒棉产区。棉区位于六盘山以西，昆仑山、祁连山以北，准噶尔盆地北部和长城西段以南。棉田主要分布在新疆的塔里木盆地、吐鲁番盆地、准噶尔盆地的西南和甘肃的河西走廊西端。2001年棉田面积已发展到118.7万hm^2，占全国的24.7%，总产量占全国的29.2%，平均每公顷产量1 313 kg。

本区地处欧亚大陆腹地，属于中温带和暖温带干旱气候区。热量较丰富，但地区间差异大。突出的特点是：气候干燥，降水稀少，光照充足，昼夜温差大。年降水量在200 mm以下，全靠灌溉植棉；年日照时数高达2 700～3 500 h，昼夜温差一般为12～16℃。气候有利于棉花干物质的积累和经济产量的形成，蕾铃脱落率低，烂铃很少，铃重较大，衣分高，收获指数高，有利于棉花实现优质高产。不利的气候因素是：春季气温回升慢而不稳，常有倒春寒，对棉花保全苗和苗期生长不利；秋季气温下降急速，初霜早且年际间变幅很大，导致棉花产量不稳。通过普及地膜覆盖，采取“密、矮、早”为中心的配套栽培技术，很好地克服了气候的不利因素而获得高产。

二、棉花的生长发育与器官建成

(一)棉花的主要生育特性

1. 无限生长习性

棉花原为多年生植物，经过由南向北推移以及长期驯化，变为一年生植物，但其多年生特性仍然保留至今。棉花在生长发育过程中，只要温度、光照、肥水条件合适，就能像多年生植物一样，不断地生枝、长叶、现蕾、开花和结铃，从而使营养生长和生殖生长延续进行，说明棉花有很大的丰产潜力，这种潜力的发挥是随环境条件和栽培技术的改变而变化的。人们既可以通过大株稀植的途径，促进棉株生长，培育成植株高大、叶大、长果枝的松散型的长势长相，实现高产；也可以在高密度的情况下，采用相应的调控技术，通过合理的肥水运筹、化学调控等技术措施，控制棉株的生长，培育出植株矮、叶片小、短果枝的紧凑株型，实现早熟高产。棉花栽培的任务就是正确利用棉花的这种特性，合理地促进和控制棉花生长发育，达到提高产量和品质的目的。

2. 喜温好光

棉花是喜温作物，在生长发育过程中，需要较高的温度。棉花发芽的最低温度是10～12℃，低于10～12℃，棉花种子就不能发芽，棉花现蕾、开花和结铃的适宜温度为25～35℃。当温度不够时，棉株生长缓慢，各器官形成和发育推迟，造成产量低，成熟晚，而且纤维品质下降。

棉花对光照要求也很严格，如果光照不足同样会抑制棉花的发育，造成蕾、铃大量脱落，从而影响产量和品质。

3. 营养生长和生殖生长重叠、并进的时间长

在棉花一生中，除了一段时间进行单一的营养生长外，从第一个花原基伸长就进入营养生长和生殖生长同时并进的阶段，直到完全吐絮。而棉花在两三片真叶时已开始花芽分化，因此并进、重叠时间长，长达90～100 d，占棉花全生育期的4/5左右。在这一阶段，棉花既有长根、茎、叶等营养器官的生长，又有现蕾、开花、结铃等生殖器官的生长，两者既相互促进又相互制约。若营养生长过旺，养料主要消耗于长茎、叶和枝，蕾铃脱落严重，形成“高、大、空”；若有机养料供应不足，植株生长瘦弱，又会妨碍现蕾、开花和结铃，表现早衰，产量降低。同时在棉花较长的并进生长期内，又常会遇到不良的气候条件，例如低温、干旱等，这就决定了棉花栽培管理的技术性很强。因此，必须协调好植株生育与外界环境条件的关系，协调好营

养生长和生殖生长的关系，否则，不是旺长，就是早衰，最终均导致减产。

4. 根系发达，比较耐旱，再生能力强

棉花作为直根系作物，根系发达，主根深、侧根分布广，在土壤中形成强大的吸收网，是一种比较耐旱的作物。

棉花自我补偿能力较强，有一定的抗灾能力，具体表现在棉花的根、茎、叶都具有较强的再生能力。如主根受伤会促进大量侧根生长，主茎顶芽受损侧枝生长优势加强，当棉花植株受到冰雹、虫等损害时，枝叶折损，只要仍有茎节，靠再生能力，能很快长出新的枝条，还能现蕾、开花和结铃。当然棉株越小，这种再生能力越强，棉花苗期、蕾期根的再生能力强于花铃期。利用这一特性，加强灾后棉田的管理，仍可获得一定的产量。

5. 可塑性强，便于控制

棉花的株型具有很大的伸缩性，棉株的大小、高低和个体、群体的长势、长相等，都可因环境条件和栽培措施而变化，这就给生产上提供了在不同条件下控制棉花株型以求获得高产的可能性。目前新疆普遍应用的缩节安化学控制技术正是利用棉花可塑性强的特性，为棉花塑造理想株型，最终获得较理想的产量和品质的一项增产技术措施。

(二)棉花的生育期和生育时期

棉花的一生，从播种开始，经过出苗、现蕾、开花、结铃，直至吐絮和种子成熟，才告完成，这个过程叫做生育周期。一般将棉花从播种期到吐絮期所经历的天数叫全生育期，从出苗期到吐絮期所需的天数称为生育期。

棉花的生育进程，按器官建成顺序，并以特定的外部形态特征或器官出现为标准，一般分为播种期、出苗期、现蕾期、开花期和吐絮期 5 个生育时期，其记载标准为：

出苗：棉苗出土，两片子叶展开。

现蕾：棉株上部叶腋出现三角形的花苞，形状大小如荞麦粒，宽度 3 mm。

开花：棉株基部果枝上第一朵花开放。

吐絮：棉株基部任意果枝上第一个棉铃开裂露出白絮，以裂铃见絮为准。

通常在棉田内以 50% 的植株达到某一标准时即为该田棉花达到某一生育时期。

棉花的整个生长发育是通过生根、长茎、分枝、长叶等营养器官的生长，以及在这基础上进行的花原基分化、现蕾、开花、结铃等生殖器官的生长来完成的，根据棉花生长发育的不同阶段、不同器官的形成和栽培过程，可分为以下 5 个生育阶段：

播种出苗期:从棉籽播种到两片子叶出土平展所经历的时间,需 7～15 d。

苗期:从出苗期到现蕾期所经历的时间,需 25～30 d。

蕾期:从现蕾期到开花期所经历的时间,需 25～30 d。

花铃期:从开花期到吐絮期所经历的时间,需 50～60 d。

吐絮期:从吐絮到全田收花基本结束所经历的时间。因各地早霜迟早不一样,吐絮期的长短变化也不同,一般需 40～60 d。

(三)棉花的器官建成

1. 种子

棉籽呈不规划的梨形,一端为钝圆或半圆球形,另一端尖突(称株柄),珠柄旁有一小孔称珠孔,种子萌发时胚根由此伸出。由于棉花种子上着生纤维,总称为籽棉。多数品种轧花后的棉籽外被短绒,短绒颜色多为白或灰白色,个别为棕色或绿色。轧花后短绒仍留在种子上的称毛子,没有短绒的称光子,一端或两端有短绒的称端毛子。成熟的棉籽由于种皮细胞含有褐色素而呈黑褐色,成熟不好的棉籽其种皮为红棕色、黄色乃至白色,较软。棉籽大小常以 100 粒棉籽的重量(g)来表示,称为子指。陆地棉子指一般为 9～12 g。在生产上,种子贮藏良好时,陆地棉种子可保持发芽力 3～4 年;低温干燥下,可保存 10 年以上。

2. 根

棉花是直根系作物,由主根、侧根及其根尖附近的大量根毛构成棉花的根系。棉籽萌发时,胚根伸出,向下生长,成为主根,而后在主根上分生出各级侧根。侧根上长下短,最后形成一倒圆锥形的根系。棉花主根入土深度一般可达 2 m 左右,有的超过 3 m,上部侧根伸展较远,横向扩展可达 60～100 cm。棉花根系主要分布在 30 cm 的耕作层。棉花根系在受到损伤后有再生能力,这种能力在开花结铃后显著减弱。蕾期是棉花根系生长的旺盛期,而花铃期则是根系吸收养分和水分的高峰期。

3. 茎与分枝

棉花的茎是由主茎和分枝构成。主茎是由胚轴及胚芽的生长锥延伸而成。子叶上的一节为上胚轴。茎枝多为绿色,后因皮层细胞中花青素的增加而变为红色。正在生长的茎枝呈嫩绿色,老熟的茎、枝则变为红褐色。主茎的红绿比例——红茎比可作为一个很好的田间诊断指标,用以鉴别棉田肥、水(主要是水)的充缺状况以及棉株生长的快慢。除品种原因外,绿色部分过多,常是肥水过多,生长过快的反映;当肥水不足、生长过慢时,则红茎比大。棉花是依靠主茎节数的增加和节间的延长不断增高,株高以子叶节到顶芽的长度来表示。

棉花的分枝有两种:一种是不直接着生花蕾、棉铃,要在枝上再长果枝才能长花蕾、棉铃的,叫叶枝(又叫营养枝,油条);另一种是直接着生花蕾、棉铃的,叫果枝。两者的主要区别参见表12-2。

表12-2 棉花叶枝和果枝的区别

项目	叶枝	果枝
分枝类型	单轴枝	合轴枝
枝条长相	斜直向上生长	近水平方向曲折向外生长
发生节位	发生在主茎下部	发生在主茎中、上部
与主茎夹角	夹角小	夹角大
蕾铃着生方式	间接现蕾、开花、结铃	直接现蕾、开花、结铃

4. 叶

棉苗出土后,先展开的两片彼此相对的叶片,叫子叶,在幼苗3片真叶期前,子叶是棉苗营养的主要来源,因此保护子叶不损伤,对根系发育以及幼苗地上部的生长十分重要。在子叶之上,顶芽陆续分生真叶,主茎每个节上长一片真叶,第一、第二片真叶为全缘,从第三片叶开始有3个尖,到第五片叶以上才有明显的5个裂片,叶片如掌状。棉叶出现以第一真叶最慢,约需10 d,第二、第三叶需5~7 d,以后则3~5 d天就长出一片真叶。一片真叶从可见到展开需14~18 d,从平展到枯落一般70~90 d,有效功能期一般可维持50~60 d,以10~50 d的光合能力最强。以后叶片衰老,乙烯增加,生长素含量减少,逐渐变黄、枯落。

5. 蕾和花

当棉苗长到六七片真叶时,棉花开始现蕾,蕾是花的雏形。随着蕾的长大,花器官各部分逐渐发育成熟,然后开花。花蕾从出现到开花要25~30 d,花朵一般在上午开放,温度高时开得早些,温度低时开得晚些。开花时,陆地棉的花冠多为乳白色,海岛棉则为鲜黄色,当天下午变成粉红色,次日加深成紫红色,并逐渐凋萎。

6. 棉铃

棉花开花、花瓣脱落、受精的子房长大后就形成棉铃(也叫棉桃),为蒴果。陆地棉从开花到棉铃成熟、开裂吐絮需50~70 d,铃壳薄的品种、早期铃、干旱和施氮肥少的棉花所结棉铃的铃期短些;反之,则长些。温度较低时形成的后期铃铃期可超过70 d。开花后10 d左右,棉铃直径达2 cm后为成铃,以前为幼铃。铃大小以单铃籽棉重表示,陆地棉一般铃重4.5~6 g。我们一般把7月15日前所结的棉铃叫伏前桃;7月16日到8月10日所结的棉铃叫伏桃;而将8月10日以后所结的有效铃叫秋桃。棉铃发育近成熟时铃壳裂开,铃内露出膨松籽棉,棉花即进入吐絮。

三、环境条件与棉花产量、品质的关系

棉花的生长发育，是在一定的环境条件下与外界不断进行物质交换来完成的。因此，棉花的生产过程，实质就是生产管理者通过栽培技术措施来干预棉花与环境，协调棉花与环境之间的关系，使棉花向优质、高产、高效的方向发展。

(一)与温度的关系

棉花原产热带、亚热带，是喜温作物。温度是影响棉花生育进程的基本因素，也是影响棉纤维发育的重要条件，要有充足的热量才能获得较高的皮棉产量和良好的纤维品质。因此，棉花在其生育期间需要保持适宜的温度(表 12-3)，温度过高，则会造成棉花高温热害。如地膜棉田当最高气温在 30℃以上时，膜内侧温度可达 50℃左右，棉苗烫伤严重；花铃期若出现连续几天大于或等于 35℃的高温天气，常会造成棉花花粉败育，蕾铃大量脱落。温度过低，则会造成棉苗低温冷害。棉花种子萌发期遇 6 h 小于或等于 5℃或月平均气温小于或等于 10℃的低温，则会造成烂种。另外，棉花发芽期和开花期短时间小于－1～2℃、成熟期小于－3～－2℃时会出现霜冻现象。同时试验也表明，温度是影响棉花纤维强力和成熟度的主要因素，铃期平均温度在 25℃以上纤维品质最佳，22℃尚适宜，18～20℃对品质有不良影响，18℃以下则纤维品质差，无纺织价值。温度对纤维的伸长也有作用，在一定温度范围内温度较高有利于纤维伸长，但温度超过 30℃时不利于纤维伸长，夜间温度也是影响纤维伸长的重要因素，温度低于 20℃会使该品种纤维长度减短 1～3 mm，低于 18℃时，导致短纤维发生。温度对纤维细度也有影响，一般温度高，马克隆值也高，细度较粗；温度低，马克隆值低，细度也较细。铃重是构成棉花产量的一个重要因子，铃重的大小可反映棉铃的发育状况。据试验观察，铃重随着铃期大于或等于 10℃有效积温的增加而加重，铃期有效积温大于或等于 850℃，铃重在 5 g 以上，如小于 550℃，则铃重低于 3 g。

表 12-3 棉花不同生产阶段对温度条件的要求 ℃

生育时期	最低温度	最适温度	最高温度
发芽	10～12	25～30	36
出苗	15	18～22	—
现蕾	19	25	—
开花	15	25	35
吐絮	16	25～30	—

(二)与水分的关系

水分是棉花正常发育必不可少的物质基础,也是制约纤维伸长的重要因素。棉花全生育期的需水量为每公顷 4 500～6 000 m^3。研究表明,棉花在纤维伸长时期对水分非常敏感,如发生土壤干旱,会阻碍纤维伸长过程,使纤维达不到应有的长度,有的可减少 3～5 mm,故要获得品质优的棉花纤维,在棉铃 35 日龄前必须保持土壤湿度在田间最大持水量的 65%以上。在棉花生长后期持续干旱,会引起棉铃过早开裂,棉纤维细胞次生壁淀积较少,纤维强力和成熟度下降。但生长期间若阴雨天气过多,温度偏低,田间湿度大,常常造成棉株徒长晚熟,棉田荫蔽,烂铃增加,棉纤维强力也会降低。

(三)与光照的关系

光是棉花光合作用的能量源泉,棉花生物学产量的 90%以上是光合作用生产的有机物质。棉花是喜光植物,生长发育需要充足的光照,一般要求日照时数 2 000 h 以上,其光补偿点一般为 1 000～2 000 lx,饱和点为 70 000～80 000 lx。日照充足,则光合作用强,制造有机养料多,有利纤维发育,日照不足,有机养料少,花铃期延长,成熟推迟,纤维品质下降。据研究,日照、温度与纤维强力、成熟度呈正相关。短日照处理棉株,可促进早熟,使植株紧凑,但产量和品质有下降趋势,纤维长度缩短。在棉花吐絮阶段,充足的阳光和较低的湿度,能使纤维正常成熟,强力、成熟度和色泽均好,品级高,故秋天晴天多、阴雨少的年份,对提高棉花纤维品质十分有利。新疆气候干燥,日照充足,棉花洁白,富有光泽,品级高;南方多雨地区棉花色泽略暗,品级较低,这与日照多少有关。

(四)与土壤的关系

土层深厚、质地疏松、养分丰富、灌排良好的轻壤土最适宜棉花的生长发育。棉田土壤环境良好,棉花能吸收充足养料和水分,生长发育正常,既有利于获得高产,又能提高纤维品质。棉花属于轻度耐盐作物,但土壤含盐量过高时,不仅会影响出苗和棉苗的生长,也会使纤维品质下降。当土壤含可溶性盐达到 0.2%～0.3%时,棉苗根系生长受到抑制,对棉苗生长产生不良影响。当土壤含氯化物盐类超过 0.3%或含硫酸盐超过 0.4%时,棉花出苗困难,棉根瘦弱,棉株生长受到明显抑制,而且纤维品质下降,纤维长度缩短 2～3 mm,手感粗硬,成纱强力差。土壤含钾丰富,有利于纤维正常发育,成纱的外观好,疵点也少。

综上所述,纤维长度受水分为主的综合因素影响;强力受温度为主的综合因素影响；细度受温度及水分为主的综合因素影响；成熟度受温度、日照和水分等因素的综合影响。根据我国主要棉区总的情况分析，气象因素中以温度（热量条件）对纤维品质影响最大。

四、棉花不同时期的生长发育特点及其调控技术

棉花的生长期较长，从出苗到吐絮的各个生育时期，都受到外界环境条件的强烈影响，存在着一系列的矛盾。棉花栽培管理的任务就是根据棉花生长发育的规律和对环境条件的要求，并结合当地气候、土壤特点，因地、因时、因苗制宜，综合高效运用各项调控技术措施，建立高光效、高质量的群体结构，使棉株的生育进程按照优质、高产的要求发展，多结优质铃，既不脱肥早衰，也不贪青晚熟，实现优质、高产、早熟。

棉花一生一般划分为 5 个生育阶段：即播种出苗期、苗期、蕾期、花铃期和吐絮期。现将每个阶段的生育特点、长势长相要求及相应的调控技术措施分述如下：

(一)播种—出苗期

1. 生育特点

棉花种子在适宜条件下，由休眠状态转入活动状态，经过吸水膨胀、萌动和发芽 3 个阶段，子叶开始顶土，展平，幼苗伸直，即为出苗。棉籽萌发出苗的好坏不仅受温度、水分、氧气等外界环境条件的影响，同时与种子质量也有密切的关系。

(1)水分　水分是种子萌发的首要条件，种子吸涨后，种皮软化破裂，有利于种子内外的气体交换和胚根突破种皮，棉花种子吸水达本身风干重量的 60%～80% 为萌发的适宜含水量。适于发芽出苗的土壤水分一般为田间持水量的 70%～80%。土壤水分过多或过少，都不利于种子发芽和出苗。因此，对春旱较重的北方棉区，要注意保墒，而南方棉区则要注意排水。棉花脱绒后的光籽能加快种子吸水速度，提早发芽和出苗。

(2)温度　棉花种子的发芽对温度要求较高，发芽的最低温度为 10～12℃，最适温度 25～30℃，最高温度 36℃，在一定的温度范围内，温度越高，发芽越快。出苗对温度的要求比发芽高，这是因为胚根维管束开始分化所需要的温度为 12～14℃，而下胚轴伸长发育成导管需要 16～18℃的温度，故一般认为，平均温度 17℃是棉苗出土的适宜温度。

(3)氧气　棉籽胚内含有大量的脂肪和蛋白质，发芽时比禾谷类作物种子需要更多的氧气才能进行物质的分解和转化，另外，硬的种皮也影响透气，所以它需要

充足的氧气供给发芽。如果棉田渍水或土壤板结,氧气供给不足,呼吸作用受阻,而进行缺氧呼吸,产生有毒物质,则不利于种子萌发和幼芽的生长。

(4)种子质量　成熟度好、充实饱满的种子一般发芽率高,且出苗整齐健壮。棉花植株上,前期和中期棉铃的种子成熟度好,后期棉铃(特别是晚秋桃、霜后花)的种子成熟度较差。棉株中下部靠近主茎的棉铃种子大而饱满,越在棉株外围和上部果枝的种子越小。大而饱满的种子是壮苗的先决条件。种子大小通常用子指表示,一般子指不小于10 g为好。

2. 播种保苗技术

棉花播种早晚和播种质量的好坏与棉花产量关系极大,播种出苗期的要求是一次播种、一次全苗。力争达到早、全、齐、匀、壮。即适期播种,不缺苗断垄,棉苗大小整齐,苗距均匀,长势平衡,无病虫害危害,根繁株壮,长势稳健。

(1)做好播前准备工作

种子准备:要根据当地的气候条件和棉田的肥力状况,选购适宜本地种植的优质、高产、早熟和抗病(虫)棉花品种种子。播前晒种3～4 d,以提高发芽率,减少病苗。种子要经过脱绒粒选,其质量应达到:纯度97%以上,净度95%以上,发芽率85%以上,健子率80%以上,含水率低于12%,毛头率低于5%,破碎率低于1%。

近几年来,种子包衣技术正在各棉区大面积推广应用。它是在种子表面包裹一层极薄的药肥膜,以达到提高出苗率,防病、防虫和壮苗的目的。目前各种类型的种衣剂繁多,要针对本地的土壤条件和棉花苗期的主要病虫害,选用相应的种衣剂对种子进行包衣处理。如土壤缺少某种微量元素,就应选用含有该种微量元素的种衣剂;如苗期病虫害主要是根腐病和叶螨,就应选用含有相应杀菌剂和杀虫剂的种衣剂。如果种衣剂选择不当,就达不到预期目的。

棉田准备:土壤是棉花高产的基础,高产棉田要求土地平整,耕层深厚,土壤肥沃、疏松、盐碱轻,土质以沙土或轻壤土为好。棉田要施足基肥,实行全层施肥,在冬耕或春耕前将肥料用条播机均匀施入后深耕20～25 cm,或在犁上安装施肥装置,施肥、犁地同步进行。深施基肥的数量为全生育期计划用有机肥的全部、磷肥的80%～90%,氮肥的40%～60%。

北方棉区春季干旱多风,土壤墒情常成为影响出苗的限制因素。因此对播前整地要求较为严格,整地质量标准要达到:地平,土碎,边齐,墒足,草净,上虚下实,地边地头要同时耕作平整,成方成角,以利于播种。黄河流域棉区春季耙耢保墒应在顶凌期(即地表开始解冻时)及时进行,再于土壤完全解冻时,及时用长齿耙耙深耙透,随即耢平;此后遇雨再用短齿耙浅耙5～6 cm,破除板结,防止跑墒。

南方棉区雨水较多，棉田地下水位高，易受涝渍。因此，一方面播前的棉田土壤要注意增温和透气，预留棉行内宜冬翻冻凌，施肥改土。冬翻稍深，翻后不碎土，充分冻融风化，春翻后随即碎土整平。另一方面棉田要做畦，并开好“三沟”，即畦沟、腰沟和围沟，以利于排水，防止明积暗渍，影响出苗和造成病苗、死苗、幼苗根系发育不良以及苗弱迟发。

(2)播种

适期播种：适期播种是决定一播全苗的重要环节，播种过早、过晚均不适宜。播种过早，温度低，出苗慢，出苗期长，易发生烂种、烂芽，出现病苗、弱苗，甚至死苗，即使补种或移栽，发育进程很不一致，中后期管理难于科学实施，产量势必受其影响；播种过晚，虽气温高，出苗快，易于保全苗，但生育推迟，不能充分利用有效开花结铃期，对产量和品质都产生不良影响。适期播种，在保证全苗的基础上，由于棉苗较早，主根下扎，可以增强吸肥和抗逆性能；地上部分由于气温不高，生长缓慢，节间短，株型紧凑，有利于稳长坐桃。

棉花适宜播种期的确定，主要依据土壤的温度。根据种子萌发和出苗对温度的要求，结合春季气温多变，可在 5 cm 地温稳定在 14～15℃时播种为好。各地的具体播种期，还要根据当年的气候特点。如春暖迟早，土壤墒情，霜冻迟早及温度来定。一般播种多在 4 月 15～25 日，做到 4 月播种，4 月底出苗，基本达到“早苗”的要求。

提高播种质量：棉花为双子叶植物，子叶肥大，顶土能力较弱，出苗较为困难。播种深度要根据土质和墒情来定，一般 2～3 cm，最深不超过 4 cm。墒好、土质较黏的播种应稍浅；墒差、旱地、沙土可稍深。

播种量应根据种子大小、发芽率的高低、留苗密度以及土壤气候条件来决定。条播的要求播行中每米 45～60 粒种子，每公顷用种量 75～90 kg，点播的每公顷 45～60 kg。如果种子发芽率低，土壤状况较差，苗期病害、地下害虫严重时，播种量可适当加大。

播后管理：棉花播种后，常会遇到低温、阴雨、干旱等不良环境因素的影响，不利于棉花的发芽和出苗，因此播种后，要及时查看苗情，发现问题及时补救。

雨后松土、破壳　棉花播种后下雨，易造成地面板结，天晴后土壤表面易形成硬壳，难于出苗，因此要及时松土透气和破除板结，此项工作最好在土壤不干不湿时进行，效果最好，既达到松土破壳和帮助出苗的目的，又不损伤幼芽。

查苗补种：出苗时对缺苗断垄较多的地段，应及时催芽补种，补种不要在原播种行或播种穴进行，因原处病苗、烂籽多病菌，原处补种仍会烂种、烂芽，很难获得全苗和壮苗。

(二)苗期

1. 生育特点

棉花从出苗到现蕾的一段时期称为苗期，我国北方棉区一般从4月底5月初到6月上中旬，南方棉区从4月下旬到6月上旬，历经40～50 d。

苗期是棉花营养生长期，扎根、长茎、长叶，并开始花芽分化，为以后棉株现蕾、开花结铃奠定基础。根是这一时期的生长中心，在这一阶段温度是影响棉苗生长的主要环境因素。适宜根系生长的温度是18～24℃，若温度偏低且变化较大时，根系生长不良，幼苗抗逆性差，易造成病苗、死苗或弱苗晚发。棉花苗期植株较小，对养分吸收不多，但对养分反应敏感，尤其是磷肥，缺磷将抑制根系的发育；苗期棉株对水分要求也较低，适当土壤水分胁迫，利于根系下扎，地上部敦实，促苗早发。

对棉花苗期的生育要求是在一播全苗的基础上实现壮苗早发，关键在于促进根系发育。壮苗先壮根，只有根系下扎深，伸展广，分布均匀，才能从土壤中吸收充足的养分和水分，供应地上部的生长，促进壮苗早发，早现蕾，早开花，有利于中后期稳长，不早衰，多结桃。

2. 调控技术

棉花苗期是根系形成的重要时期，也是一生中最嫩弱的时期，极易受不良环境因素的侵害，因此苗期管理调控的主攻目标是：保全苗、留匀苗、促壮苗早发。这就要求苗期的田间管理突出“早”字，做到“早苗早管早发”，以促为主，克服低温等不利因素，确保棉苗健壮生长。

(1)早中耕除草　苗期中耕是促进根系下扎，地上部健壮生长，实现壮苗早发的关键措施。中耕能使表层土壤疏松，起到通气、增温、调节土壤水分的作用，天旱时能保墒防旱，雨多时能起散墒作用；有利于土壤好气性微生物的活动，促进土壤养分分解；能消灭杂草，减轻苗期病虫危害。对盐碱棉田可抑制土壤返盐，有利于保苗壮苗。苗期中耕一般掌握先浅后深的原则，中耕次数应根据具体情况而定，以土松、无草为原则，一般中耕两三次，在棉花出苗现行时即可开始第一次中耕，深度4～5 cm，以调节土壤水分，提高土壤温度，促进支根早出，增强吸肥能力，使真叶早出；第二次结合定苗，深度可达5～8 cm；第三次中耕在现蕾前，这时苗已长大，根系已经形成，气温上升，地上部生长加快，要加深中耕，促根深扎，控制节间伸长，使棉苗敦实壮发，这对高肥力棉田更为重要。

(2)早间、定苗苗　棉花播种量大，一般比实际留苗密度大几倍，种子多、出苗稠；特别是在点播情况下，棉苗相互拥挤，争水、争肥、争光，生长细弱，易形成高脚苗，第一果枝着生节位高，现蕾、开花延迟，影响产量和品质。因此，必须及早间苗，适时定苗，促进棉苗正常生长发育。一般情况下，当棉苗出齐后，在 2 片子叶平展到第一片真叶长出以前，就进行间苗，要留壮去弱，留大去小，留健去病。一般棉田间一次苗即可。当棉苗出现两三片真叶时，应及时定苗。定苗要根据具体情况，分别对待。如气候反常，或苗病严重，则应适当推迟定苗。盐碱棉田要适当晚定，一熟棉田也可不间苗而进行一次性定苗，地膜棉可将放苗与定苗结合，一次完成。定苗时必须按计划密度进行，要留足、留匀。间、定苗拔除的棉苗要带出棉田深埋，以防病虫蔓延。

(3)早施、轻施苗肥　棉花苗期对养分的需求量不大，一熟区露地棉或地膜棉在施足基肥的条件下，种肥、苗肥均可以不施。但在麦棉两熟套种的情况下，由于棉苗在麦棉共生期间受小麦吸肥的影响，长势较弱，需要追肥以促进生长，但苗肥用量不宜过大，以早施、轻施为原则。一般每公顷尿素 75～125 kg 或腐熟人畜粪 2 250～3 750 kg，或 4 500 kg 左右稀水粪掺 75～105 kg 尿素，追肥一两次。

(4)灌溉、排涝　黄河流域和新疆棉区的棉田一般播前进行灌溉，足墒播种，苗期不需浇水，但露地棉要加强中耕保墒。北方棉区麦棉套种两熟田，棉花苗期正值小麦灌浆成熟时期，麦子耗水量大，容易造成棉苗缺水受旱，要注意及时早浇水以避免棉苗生长受抑。南方棉区苗期阴雨天气过长，土壤积水，通气性不良，常常使苗病滋生，根系发育受抑制，弱苗迟发，或生长过旺，因此必须清沟排水，以降低土壤湿度，提高地温，减少病害，促根生长，提早发育。

(三)蕾期

1. 生育特点

棉花现蕾至开花的一段时间称为蕾期。经历 25～30 d。黄河流域和长江中游棉区一般在 6 月上中旬现蕾，7 月上旬开花。长江下游棉区在 5 月下旬至 6 月上旬现蕾，7 月上旬开花。新疆地膜高产棉田现蕾在 5 月下旬至 6 月初，开花期在 6 月下旬至 7 月初。

棉花现蕾后，既长根、茎、叶、枝，又要增蕾，开始进入营养生长与生殖生长并进阶段，但仍以营养生长为主，根、茎、叶和枝的增长仍为生长中心。这个时期气温逐渐升高，光照充足，棉株的营养生长日趋旺盛，根系生长速度达到高峰期，到开花时根系网络基本形成，吸收能力大大提高。同时茎、枝迅速增长，叶面积不断扩大，叶片的同化作用增强，积累了大量的碳水化合物。棉株体内的一部分糖和氮素结合，组合成蛋白质用以增长营养体；一部分贮藏起来供生殖生长用。这时如果氮肥供应过多，必然有过多的糖用在合成蛋白质上，促使营养生长过旺，造成疯长，株高、叶大、枝多、节长，提早封行，行间郁闭，通风透光不良，光合作用减弱，糖类贮存减少，以致开花以后中下部蕾铃大量脱落。蕾铃的脱落，会进一步促使棉株疯长，形成恶性循环，保不住早蕾，坐不住早桃，形成"高、大、空"。试验研究表明，棉花皮棉产量与苗期、花铃期及最终株高呈显著正相关，而与蕾期株高呈显著的负相关。说明蕾期棉株生长与发育存在着矛盾，营养生长过旺，不利于蕾铃增长。相反，如果肥水不足，营养生长受到抑制，长势弱，果枝、果节、叶片都少，影响光合产物合成与积累，致使蕾少蕾小，丰产架子搭不起来，造成后期早衰。因此，营养生长与生殖生长在营养物质分配上的矛盾，就成为蕾期棉花生育上的主要矛盾。

对棉花蕾期的生育要求是在壮苗早发的基础上，实现棉株的稳健生长，要处理好地下部与地上部生长以及营养生长与生殖生长的关系，既要根系发健，长好茎叶，增加果枝、果节，搭起丰产架子，又要生长稳健，防止徒长，蕾多、蕾大、开花早，减少花蕾脱落，使棉株表现为"壮而不旺，稳而不衰"。

2. 调控技术

蕾期管理的中心任务是协调好营养生长与生殖生长的关系，合理运用促进与控制技术，促控结合，实现稳健生长，搭好丰产架子。对壮苗要以促为主，促中有控，对旺苗以控为主，控中有促，而对弱苗以促为主。

(1)稳施、巧施蕾肥　由于蕾期要求棉株稳长，因此，在施肥上要适当控制，特别是要控制氮肥的施用，力求做到"稳"、"巧"。稳施，就是实行有机肥与化肥相结合，氮、磷、钾配合使用。速效性化肥能及时满足棉株的生长发育需要，有机肥能持续平稳地供给棉株必需的养分，一快一慢，一短一长的配合使用，就会达到不冲不脱的效果。巧施，就是要做到"四看"，一看棉株长势长相；二看土地肥力基础和施肥情况；三看天气情况；四看用肥种类，最后确定蕾肥施用的数量、时间和方法。

对于地力好、基肥足、长势旺的棉田，可以不施或少施速效性氮肥，酌施磷、钾肥；对地力差、基肥不足、棉苗弱的棉田，应适当追施一些氮肥，以促进营养生长，每公顷尿素用量一般为 75～112.5 kg，对麦套棉等耗肥较多的棉田，根据情况还可适当增加用肥量。为培肥土壤，满足花铃期对养分的较多需要以及弥补一些棉田基肥的不足，可以向棉田增施腐熟的有机肥，在气温不断升高和土壤水分适合的情况下，有机质渐渐分解，起到"蕾肥花用"的效果，有人称这时追施的有机肥为"当家肥"，即肥效长，可保证棉花整个生育期对肥料的需求，它起到需肥的主供给作用。

对棉株大小不齐的棉田，可偏施肥，即对弱小的棉株适当多施一些速效肥，促进平衡生长。

(2)中耕培土　棉花蕾期要继续进行中耕，特别是深中耕，对控制棉株徒长、发棵稳长具有重要作用。中耕的次数、深度，要根据天气情况、田间杂草和棉株长势灵活掌握。在雨水正常的情况下，可适当深锄；在多雨的天气，则应浅锄。南方多侧重于锄草，北方多侧重于松土，各有各的不同，但最终目的是达到土松、草净、促长的作用。

在棉花初花前，应结合中耕进行一次培土，使棉行形成土垄。培土的作用是提高地温，增加活土层，有利于土壤好气性微生物活动，提高保水保肥能力，有利抗倒防风，便于抗旱和排涝，使棉株根系处于疏松通气、水肥充足、不旱不涝的优良环境条件下，起到稳长壮发、搭好丰产架子的作用。

(3)系统化控　多数棉田生长期间从蕾期开始使用缩节安进行系统化学控制(简称化控)。缩节安的施用应遵循“早、轻、勤”以及“前轻、后重”的原则。蕾期化控的次数、时间、用量要根据不同气候年型、地力、种植类型及棉株长势灵活运用。对棉株长势弱的，可不进行化控。麦套棉一般酌情进行1～3次化控，如进行一次，则宜在盛蕾期进行，缩节安用量每公顷22.5～37.5 g。旱地棉田，如遇长期干旱年份，则不宜进行化控。一般年份，蕾期轻控，初花、盛花期适当控，可增强抗旱耐涝能力。

新疆棉区因实行“矮、密、早”栽培，密度大，控制株型，矮化株高，化控尤为重要。在棉花整个生长期间，需进行三四次化控。第一次在现蕾期，每公顷缩节安用量15～75 g，对水450 kg；第二次在头水前进行，每公顷缩节安用量30～45 g，对水600 kg。灌水前化控，可以较好地防止灌水后出现旺长。

(4)整枝、去早蕾　整枝可以控制营养生长，减少养分消耗，调节营养物质的运转与分配，改善田间通风透光条件，降低田间湿度，减少烂铃等。但以往整枝技术包括捋裤腿、打顶、打边心、抹赘芽、打老叶等“五打”，繁琐费工，目前整枝过程可结合化控简化为二次，一次去叶枝(营养枝)；一次打顶。去叶枝的方法是在6月中下旬能清楚分辨出果枝和叶枝时，将第一果枝以下的叶枝去掉，保留两三片主茎叶，去叶枝宜早不宜晚，以减少养分消耗。

去除早期花蕾具有以下几方面作用：可以减少伏前桃，相应减少了烂铃和僵瓣；增加伏桃和早秋桃，将棉花开花结铃盛期调节在最佳时期；增加内围和中部果枝果节结铃比例，增收霜前花；促进根系发育和根系活力，延长叶片功能期，使棉株健壮生长。去早蕾的方法，即在棉花早发的基础上，于6月20—30日人工去除棉株下部1～4位果枝上的4～8个早蕾，或在棉株长到五六个果枝时除去下部两三个果枝的全部花蕾。去早蕾主要适用于中上等肥力，灌溉条件好的棉田，晚发棉田、旱薄地棉花、夏播棉花均不宜去早蕾。

(5)搞好排涝　南方棉区蕾期正值梅雨季节，有时阴雨多且雨量大，棉田积水对棉株发育极为不利，易造成落蕾。因此，搞好棉田排水极为重要，要继续疏通田间排水系统，做到雨后棉田无积水。

(四)花铃期

1. 生育特点

棉花从开花到棉铃开始吐絮的一段时间称为花铃期。花铃期的长短随品种、气候条件和栽培条件的不同而有差异，一般从7月上中旬到8月底、9月初，历经50～80 d。

花铃期是棉花生长发育最为旺盛的时期，这一时期棉株逐渐由营养生长与生殖生长并进，转向以生殖生长为主，边长茎、枝、叶，边现蕾、开花、结铃，是决定产量和品质的关键时期。

花铃期根据棉株生育特点又可划分为初花期和盛花期两个时期。初花期是指棉株开始开花到第四五果枝第一果节有50%开花的一段时间，约15 d。初花期为棉花一生中长势最旺盛的时期，主茎、果枝、叶面积的增长都处于最快、最多的阶段。叶片合成的有机养料，有80%～90%输送到主茎和果枝的顶端，供茎、枝、叶生长的需要。所以初花阶段棉花营养生长仍占优势，还必须力求稳长。

初花期后，进入盛花结铃期，生殖生长开始占据优势，营养物质的分配中心转向蕾、花、铃等生殖器官，有60%～80%的营养物质供给生殖生长，后期可达90%。整个花铃期是棉花生长发育的旺盛期，积累的干物质最多，现蕾速度也逐渐减慢，转向以增铃为主。

棉花进入初花期时，根系吸收能力进入高峰期，花铃期内，棉株吸收的氮占全生育期吸收总量的65%左右，磷占70%左右，钾占60%～75%。所以要重施花铃肥。

进入盛花期后，棉田封行，叶面积指数达到最大，叶片相互遮挡。此时，棉株大量开花结铃，负担越来越重，如果养分供应不足，常常会伴随出现蕾铃脱落的高峰。所以花铃期是增蕾保铃，形成产量的关键时期。

综上所述，初花期营养生长旺盛，又是高温多雨季节，若氮肥过多仍会疯长，提早封行，造成棉田郁闭，增加蕾铃脱落。盛花期后，生殖生长占据优势，叶趋向老化，根系活力逐渐下降，若水肥跟不上，易于早衰，影响保秋桃、争伏桃，降低产量和品质。因此，对花铃期的生育要求是：控初花，促盛花，带大桃封行，既不疯长，又不早衰，协调好营养生长与生殖生长的矛盾、个体与群体的矛盾、棉株正常生育与外界不良环境条件的矛盾，争取桃多、桃大、高产、优质。花铃期棉株长势长相的具体要求是：株型紧凑，茎秆下粗上稍细，节间短，果枝健壮，叶片大小适中，叶色正常，主茎粗壮，节间较短，上红下绿，红茎比为60%～70%，盛花期后接近90%。初花至盛花期，主茎日生长量为 2.0～2.5 cm(新疆棉区为 0.8～1.2 cm)，封行时株高 80～90 cm(新疆棉区为 60～65 cm)。

2. 调控技术

花铃期是棉株生育最旺盛的时期，也是决定产量和品质的关键时期，这一时期棉花需水、需肥最多，因此调控技术要以肥水为中心，辅之整枝、化控等措施，以争取多结铃、结大铃，减少虫害和烂铃。根据各地高产经验，初花到盛花期应适当控制营养生长，进入盛花期以后要促进生殖生长。

(1)重施花铃肥　花铃期是棉铃大量形成的时期，是棉花一生中需要养分最多的时期，故重施花铃肥是保伏桃、争秋桃、桃多桃大、不早衰的关键措施。由于盛花期以后，生殖生长占了绝对优势，养分集中运向蕾铃，重施氮肥一般不至于引起疯长。当然也应防止过多过晚使用氮肥，以免引起贪青晚熟。

花铃期的追肥量一般应占总肥量的 50%～60%，据研究棉株一生中吸收养分的最大速率一般出现在开花前的 4～6 d，因此花铃期追肥应在始花期后至开花期之间施用。在现有条件下，棉花施用氮肥的次数不宜过多，一般 2～4 次就能满足棉株对氮素养分的需要。因此，一般后期的盖顶肥(桃肥)可以减去，以节省用工。最后一次花铃肥施用量不宜过大，时间不要晚于 7 月底，否则往往使棉株多吸收的氮素养分大部转运到营养器官中去，徒长茎叶，贪青晚熟，不利于早熟增产。对于采用地膜覆盖的超高产田，为了挖掘后期的增产潜力，根据具体情况，可再补施一次盖顶肥，但在时间上北方棉区不要晚于 8 月 10 日，南方棉区不要晚于 8 月中旬。长江中下游棉区无霜期较长，秋季降温慢，普施盖顶肥有利于移栽地膜棉多结上部桃，克服早衰的缺点。

花铃期除土壤施肥外，还可根据情况，叶面喷施磷、钾和微量元素肥，对提高棉株成铃率，增加铃重，防止早衰有一定的作用。

(2)灌溉与排水　花铃期棉株的叶面蒸腾量最大，因大量开花结铃的需要，耗水量急剧加大，且逢高温季节，棉株对水分的反应敏感，如水分失调，代谢过程受阻，蕾铃脱落增加，严重时叶片萎蔫发黄，甚至较大的幼铃也要脱落，棉株生育停滞，引起早衰。土壤缺水，土壤中的肥料也难以发挥肥效。因此，花铃期遇旱必须及时浇水，以水调肥，促进土壤中肥料的分解和根系的吸收活动。

不同生态棉区的气候、土壤有很大差异，具体的灌排技术也有很大不同，要因地制宜，灵活运用。根据北方棉区的气候特点，盛花期已进入雨季，土壤一般不缺水，棉株不致受旱；初花期雨季尚未到来，往往出现干旱威胁，应及时浇水。浇水要根据情况灵活掌握，肥力差、棉株长相弱的棉田要适当早浇；肥力足、棉株长相旺的棉田应适当晚浇;同时要注意天气预报,避免浇后遇雨,致使土壤水分过多,引起棉株疯长。花铃期浇水一般采用沟灌。雨季则应注意排水,以免雨后田间积水,影响根系活动,导致蕾铃脱落。南方棉区,花铃期正是伏旱季节,气温高,叶面蒸腾强烈,也需及时灌水,灌水量以每公顷不超过 750~900 m^3 为宜,要随灌随排,否则棉田渍水,会造成蕾铃大量脱落。新疆棉区一般是在棉株见花时灌第一次水,以后每隔 10~15 d 灌一次水,要灌四五次水,其中第一水与第二水的衔接非常关键,每次灌水量控制在每公顷 900~1 050 m^3。最后的停水时间也要适当,停水过早,棉株易受旱早衰,铃重降低,纤维品质差;停水过晚,棉株易贪青晚熟,吐絮推迟,霜后花增多。一般年份 8 月 15 日左右停水较适当。

(3)化控　花铃期群体与个体的矛盾十分突出,群体内通风透光条件日趋恶化。旺长棉田,若不及时化控,很容易过早封行,造成田间郁闭,棉株下部烂铃增加,并导致蕾铃大量脱落而形成"中空"。化控的时期为盛花期或第二次灌水前,每公顷用缩节安 45~75 g。打顶后普遍要进行一次化控,以控制侧枝过快生长,每公顷用缩节安 75~120 g。

(4)打顶　适时打顶可以控制棉株顶端优势、控制株高,调节体内营养物质向果枝输送,减少养分消耗,使中下部和内围的蕾铃得到足够的营养,提高成铃率和铃重,增加霜前花产量。打顶的关键在于掌握好时间和方法。打顶的时间要根据当地的霜期、地力和棉株长势等情况来定。一般在初霜期前 80~90 d 进行,北方棉区一般在 7 月中旬进行。密度大的棉田群体与个体的矛盾较大,打顶时间宜早些。打顶的质量要求是每公顷总果枝数以达到 90 万个左右为好,顶尖打至第一果节的蕾能吐絮的果节,打顶方法应掌握轻打,打小顶,反对大把楸,打一叶一心。打顶较晚的可打一片大叶带一片小叶。

去晚蕾和无效蕾,如已用缩节安实行化学封顶,便不需要再用人工打边心;如未实行化控封顶,则需在 8 月 5—10 日用人工打去上部果枝边心,以减少营养消耗。去无效花蕾,北方棉区在 8 月 15 日前后,南方棉区在 8 月 20 日前后,新疆棉区在 8 月 10 日前后。

打老叶、剪空枝、抹赘芽等是常规整枝的内容,有利于改善通风透光条件,减少烂铃,在做好化控的条件下,这些整枝内容均可简化免除,以节省用工。但在雨多或肥水过多,棉株生长过旺,郁蔽严重的棉田,也可根据情况因地制宜用人工适当进行。

(五)吐絮期

1. 生育特点

吐絮期即棉花从开始吐絮到枯霜来临、生育结束的一段时间,一般从 8 月下旬、9 月上旬到 11 月上中旬,历时 70～80 d。

吐絮期棉株生长明显减弱,营养器官逐渐衰老,根系吸收氮、磷、钾数量明显减少。棉株生理机能日渐下降。在干旱少雨或寒流、风雨袭击下,一些低肥棉田极易出现早衰,即红(黄)叶茎枯病,叶功能下降,甚至脱落,植株缓慢枯萎衰亡,晚秋桃因营养不足而发育不良,铃重减轻,产量下降。

吐絮期是增铃重、提高纤维品质的重要时期,为保证棉铃的正常开裂吐絮,充足的光照、较高的温度和较低的湿度就显得极为重要。多晴天,气温在 20℃以上,有利于促进碳水化合物的转化,促使脂肪和纤维素形成,并加速铃壳干燥,利于棉铃的开裂、吐絮。如果吐絮期气温下降快,多秋雨,寒流、霜冻早到,将影响上部棉铃成熟,中下部烂铃增多,产量和品质下降。北方棉区的光照和温度是影响产量和品质的主要因素,而南方棉区过多的降雨常成为棉株贪青晚熟和烂铃的主要原因。

2. 调控技术

根据棉花吐絮期生育特点和对环境条件的要求,要使棉花早熟不早衰,所有棉铃成熟好,烂铃少,吐絮畅,就必须改善棉田群体光照和土壤环境、维持根系活力和增加铃重。

(1)灌水和排水　北方棉区秋季降雨较少,当土壤田间持水量低于 55%时,应及时灌水,但灌量要轻,灌“跑马水”即可。一般情况下吐絮期不再灌水。南方棉区秋雨连绵,应加强棉田排水,以防根系提前衰老,降低铃重。

(2)整枝、推株并垄　对于后期生长较旺、贪青晚熟、郁闭严重的棉田,或秋雨过多、湿度较大的棉田,可通过整枝(打老叶、剪空枝)或推株并垄来增加行间的通风透光和增温散湿,促进棉铃成熟吐絮,减少烂铃损失。

(3)化学催熟　北方特早熟棉区,为增加霜前花产量和总产,对一些贪青晚熟棉田或补种较晚的棉田,可采用化学催熟。常用的催熟剂有乙烯利,喷施时间一般在枯霜前 20 d,且最高气温高于 20℃的几天内喷施。喷施数量 400～800 mg/L。要求喷施均匀,尽量喷施到青铃上。

(4)收花　当棉田大多数棉株有两三个棉铃吐絮时,即可开始采摘。刚开裂的棉铃,纤维尚未完全成熟,强度低,色泽差;过晚采收,纤维风吹雨淋,易污染变色甚至霉烂，严重降低品质。采摘的最佳时间一般在棉铃正常开裂后 7 d 左右为好，此时采摘的棉花，纤维成熟度好，强力高，色泽好，品级高，好采摘。收花时，霜前花和霜后花要分开，好花和僵瓣花分开，落地花要单拾，棉叶、棉秆等要拾净，提高优质棉比重，实现增产增收。

五、我国棉田的种植制度及棉花高产高效栽培的主要技术途径

(一)我国棉田的种植制度

棉田的种植制度，包括作物布局、间作、套种、复种、轮作等内容。采用合理的种植制度是棉区实现棉花、粮食及其他作物全面持续增产、改善品质、增加收入的一项带动全局性的重要措施。

我国棉区广阔，各地自然条件、社会经济条件存在显著差异，棉田的种植制度类型较多，但主要棉产区种植制度大体上可分为两大类：一是冬季休闲，一年一熟制；二是棉花与粮食及其他作物一年两熟或多熟制。现将我国 3 大棉区的种植制度分述如下。

1. 长江流域棉区

长江流域棉区棉田早在 20 世纪 50 年代就已普遍实行一年两熟栽培，冬作物有小麦、大麦、油菜、蚕豆、绿肥等，现在主要是小麦和油菜，其他作物面积已不断缩减。在种植方式上，因普及推广育苗移栽技术，大部分地区的棉田两熟套种已改为麦棉套栽，早熟的大麦、油菜等前茬，向麦(油)后移栽棉花发展。以麦套移栽棉为主，部分为麦(油)后移栽棉花，少量麦后直播棉。品种多为中熟陆地棉品种，少量中早熟和早熟品种。棉田多畦作，以利于排水。从比较效益看，麦棉套栽改为麦后移栽可以大幅度提高夏粮产量，增产幅度一般为 30%～50%，棉花产量则有不同程度的减产。就热量资源而言，长江流域各主产棉区是可以满足麦后移栽的热量要求的。

本区棉花苗期受叶病、根病危害，影响保苗，铃病较重，烂铃较多。近年来，棉花枯、黄萎病的发生面积逐年增加。虫害以棉红铃虫、棉叶螨为主，棉铃虫偶尔暴发危害。其他虫害种类较多。红铃虫的发生有日渐严重的趋势，需重视综合治理。

2. 黄河流域棉区

本区棉田的种植制度，原以一年一熟为主，20 世纪 80 年代以来，水肥条件较好的地区以麦棉套种为主的两熟制棉田得到迅速发展。目前河南省两熟棉田占棉田总面积的 80%以上，山东省占 50%左右，河北省约占 25%，安徽淮北地区、江苏

徐淮的两熟棉田占70%左右,山西南部、陕西关中约占20%。

黄河流域棉区麦棉两熟包括两种类型:一是小麦与春播中熟或中早熟棉花品种套种(套栽);二是小麦与夏播早熟棉花品种(也称夏棉)短期套种或麦后移栽、直播。目前麦套棉面积占75%,夏棉占25%左右。随着麦棉两熟配套技术的不断改进,麦套春棉的产量已基本接近单作棉花产量水平,特别是水肥条件好的高产区,大面积小麦单产已达到每公顷5 250 kg,玉米单产超过每公顷6 000 kg的水平,粮田经济效益已达到较高而稳定的水平,单作棉花的效益已不如种粮食作物,而实行麦棉两熟套种的每公顷效益仍可显著高于粮田。小麦与夏棉短期套种,预留棉行窄,小麦播幅大,一般可比套种春棉每公顷增收小麦1 125~1 500 kg。但夏棉有效结铃期短,品种生产力水平低于春套的中棉品种,在同等地力条件下比春棉套种每公顷减产150~300 kg。

本区棉花苗期易发生根病,以立枯病、炭疽病、根腐病为主,引起部分死苗。棉田枯、黄萎病混生传播蔓延很快,由于目前缺乏高抗黄萎病的品种,对棉花生产造成威胁。虫害以棉铃虫、棉蚜为主,其他如蓟马、盲椿象、棉叶螨、红铃虫等在局部地区发生危害。1992—1994年棉铃虫暴发危害,造成棉花产量损失较大,需加强以棉铃虫为主的棉虫综合治理工作。

3. 新疆棉区

新疆棉区棉田基本实行一年一熟制。由于人少地多,耕地盐碱重,土壤肥力较低。因此,在种植制度上,合理安排棉花、粮食和养地作物(豆科作物、牧草绿肥)的比例,实行轮作倒茬,做到用养结合,对于实现新疆棉花高产、稳产至关重要。

新疆棉区棉田目前的主要轮作方式有以下几种:

(1)棉花与苜蓿轮作　新疆棉区苜蓿的种植面积较大,特别是国有农垦团场,苜蓿占耕地的比重较大。棉花与苜蓿轮作,不仅对改良土壤、培肥地力具有积极作用,而且能提供优质饲草,发展畜牧业。目前棉花苜蓿轮作一般为6年,即小麦、玉米套种苜蓿,2年后翻耕,最后一茬苜蓿带青翻压肥田,棉花连作3年。这种农牧结合的种植制度,可在人多、地力差、畜牧业发展潜力大的地区继续推广种植。

(2)棉花与绿肥作物轮作　新疆棉区的绿肥作物主要有油葵和草木樨。利用小麦收获后麦田填闲种植一茬绿肥,实行粮食+绿肥作物与棉花轮作,是近年来新疆高产棉区实现用养结合的主要途径。在北疆棉区,麦收后尚有大于或等于10℃积温2 000℃,适宜发展麦田填闲绿肥,近年来实现了大面积麦收后复播油葵。据研究测定,翻压油葵后,可增加土壤有机质含量0.1%~0.54%,翻后种棉花第一年增产10%~30%,并有一定的后效。在南疆棉区,棉花的前作多为小麦,每年小麦返青时,灌头水前套种草木樨,形成小麦套种草木樨、1~2年再轮作棉花2~3

年的粮、棉、绿肥轮作制。草木樨是豆科作物，对增加土壤氮素，效果显著。

(3)重盐碱棉区水旱轮作　在新疆重盐碱棉区，多实行棉花与水稻轮作。通过种稻洗盐，然后套种草木樨绿肥，巩固脱盐效果并培肥地力，再种植棉花，棉花单产大幅度提高，同时，水旱轮作可减轻枯、黄萎病。目前水旱轮作的方式一般采用的是：水稻—小麦/草木樨(1～2年)—棉花(2～3年)。

(4)棉花与粮食作物轮作　在新疆棉区广大农村，地力较好的多采用棉花与粮食作物不定期的轮作倒茬。南疆为小麦复种玉米后倒茬棉花，东疆吐鲁番盆地因夏季高温多干热风，实行小麦复种高粱与棉花倒茬。

本区生态条件不利于棉铃虫繁衍，病虫种类少，过去棉田面积小，病虫害危害也较轻。但自20世纪90年代以来，随着棉田面积的不断扩大，连作年限有所延长，加上作物种植结构的调整，棉田病虫害日趋加重，尤其是枯萎、黄萎病呈蔓延趋势，并交叉混合发生，急需培育抗病品种。

(二)我国棉花高产高效栽培的主要技术途径

1. 密、矮、早栽培技术

20世纪90年代以来，西北内陆棉区(主要是新疆棉区)针对本区春季气温回升较慢，常伴有倒春寒，不利于出苗和保全苗，而秋季降温快，不利于棉纤维正常成熟等气候特点，系统研究、总结并形成了以争取总成铃数为目标，以地膜覆盖、提高密度为特点，以塑造高光效群体为重点，以一系列促早熟的综合配套技术为手段的"密、矮、早"栽培技术体系。"密"：培育密度较高，生长整齐，长势均匀的高光效群体，采用宽窄行膜上点播，平均行距42～45 cm，株距10～12 cm，收获株数18万～21万株/hm^2，总成铃数100万个/hm^2以上。"矮"：在高密度种植的前提下，通过肥水运筹和化学调控，塑造株高矮化、茎粗节短、叶量适中、叶色一致的紧凑株型，最终棉花株高60～65 cm，果枝数8～10个。"早"：采用适期早播、早中耕、早定苗、早施花铃肥、早防病虫，适时化控，早打顶、适时早停水等一系列促早熟的技术措施，使棉花早出苗、快出叶、壮苗早发、早现蕾开花、早结铃吐絮，达到"4月苗，5月蕾，6月花，7月铃，8月絮"，实现棉花早熟。

近几年，该技术又有新发展，推行宽膜(膜幅宽140～145 cm)和超宽膜(膜幅宽160 cm)覆盖，覆盖度达75%～85%，一膜4行，覆膜播种，中耕施肥，喷施除草剂和缩节安实现机械化作业，效率高、质量好、技术到位率高。

2. 育苗移栽地膜棉栽培技术

育苗移栽是指用钵营养土为载体，拱棚覆膜育苗再移栽到大田的一项技术。我国主要棉区在棉花播种出苗及幼苗生长期间常遇到不利气候条件，南方多阴雨、低温，北方多春旱，苗期也时有阴雨，低温。在北方后期常遇到温度迅速下降，造成棉花迟发晚熟，影响产量和品质，因此从20世纪五六十年代，首先在黄河以南的黄淮平原和长江流域推广应用育苗移栽技术，到90年代已占我国棉田面积的40%～45%。该技术通过拱棚塑膜育苗，提早播种，培育早苗壮苗，延长了有效结铃期，增加了铃数、铃重，促进了棉花早发早熟，提高了优质棉生产的比重，霜前花率提高了10%。近几年来，江苏等地在育苗移栽的基础上，针对棉花移栽后缓苗期较长、发苗慢、苗质差、生育推迟等问题，进一步研究推广育苗移栽地膜棉栽培技术，其主要技术是育苗移栽和地膜覆盖结合(又称双膜棉)。移栽棉苗时利用地膜覆盖，改善土壤结构、水分和养分条件，切实解决了移栽后早发、快发问题，进一步延长了有效花铃期，同时配套相应的肥水调控技术，调节群体，形成高光效群体，从而达到既提高产量又改善品质的目的。可以说育苗移栽地膜棉栽培技术是我国棉花栽培技术的一大特点，它有效地克服了现有粮棉两熟栽培技术的不足，是争取粮棉双丰收的关键性技术。

3. 规范化栽培技术途径

棉花的规范化栽培就是根据高产棉花的合理生育进程，优选出在不同产量水平下的植株形态和生理指标，采取有效栽培技术措施，分阶段、分步骤地实现各项指标以获取预期产量。规范化栽培的核心仍然是协调产量构成因素之间以及叶面积与光能利用之间的关系。我国棉花规范化栽培主要以3种形式进行：

(1)指标化　以株高、主茎日增量、叶龄、叶面积指数、果枝数、果节数、铃枝比、叶铃比等作为诊断指标，不断协调群体与个体的发展，构建高光效群体，实现高产。

(2)规程化　将本地区行之有效的较为成熟的高产高效栽培技术编成技术规程推广应用。

(3)智能化　借助计算机，建立数量模型，通过模拟气候、土壤条件和棉花生育规律，筛选出优化的组合和定量的动态指标，进行精准栽培。

六、新技术在棉花优质高产栽培中的应用

(一)地理信息系统在棉花推荐施肥上的应用

地理信息系统(GIS)具有管理空间不均匀分布资源的功能，它主要通过测绘、遥感等技术获取信息数据，借助计算机进行处理、存储、查询、模拟和分析，并提出决策咨询方案。目前我国应用地理信息系统(GIS)技术已成功开发出以县、团(场)、乡(镇)为空间管理的棉花高效土壤推荐施肥专家决策系统。该系统具有生

成县、团（场）、乡（镇）地理信息土壤肥力分布图、分析土壤肥力资源、提供棉花施肥咨询与配方推荐等功能，并可在新的数据输入及施肥参数修改后，通过运行系统，根据相应更新系统的数据库及查询图库进行施肥推荐。应用这一信息系统，宏观上可以为县(团场)、乡（镇)、村各级领导、技术推广者和各级业务部门提供肥料计划、分配、调运决策直至指导平衡施肥，为县(团场)乡（镇)、村、地块、农户提供平衡施肥方案。目前棉花高效土壤推荐施肥专家决策系统已在新疆棉区的主要产棉县(团场)进行大面积的推广应用，与常规施肥方法相比，营养元素的配比更趋合理，肥料投入成本下降，棉花增产幅度为5%～10%。

(二)农业专家管理系统在棉花生产中的应用

专家管理系统是以知识为基础，在特定问题领域内能像专家那样解决复杂的现实问题的计算机系统。农业专家系统就是将农业专家的经验，用合适的表示方法，经过知识的获取、总结、理解、分析，存入知识库，通过推理机构来求解农业问题。国外自20世纪70年代后期开始将专家系统技术应用于农业，在棉花上研制开发应用最为成功的是美国的棉花生产管理系统（GOSSYM/COMAX)。它是一种机理性很强的棉花生长模拟模型，它以土壤理化性状和肥水供应为初始条件，以温、光、降水和太阳辐射等气象要素为驱动变量，以施肥和灌溉等农艺措施为控制变量，以植株碳氮平衡和热量、水分平衡为理论根据，对棉株的生长发育和产量形成进行动态分析，最终可以模拟大田棉花在不同土壤、气候和栽培条件下的生育期和产量。该系统1985年建成并开始示范推广，目前已应用到14个棉花主产州的数百个农场，平均每公顷净利润为169美元。我国棉花专家系统研究起步较晚，通过引进、消化、吸收、改进，已研究、开发和示范了棉花引种与良种推荐、合理施肥、节水灌溉、病虫草害综合防治、综合栽培调控的农业专家系统，并取得了较好的效果。目前新疆棉区的广大科技工作者结合新疆棉花生产规模化、现代机械化程度高的优势，与内地科研、高校联合共同开发农业专家管理系统，已初步形成基于Internet的开放分布式智能农业专家网络系统。系统包括气象、土壤、品种、施肥、灌溉、化控、植保、农机、农资、产量潜力、生长发育、形态诊断、营养诊断、病虫草害防治等农业技术多媒体信息的查询与搜索功能、专家在线服务功能、作物生长模拟仿真功能、优化生长模拟仿真功能、优化方案模型自动生成等，可以根据用户的需要提供棉花生产的决策方案，指导农业生产。目前该系统已在生产水平较高的团场进行示范推广。

(三)膜下滴灌节水新技术在棉花生产中的应用

我国人均淡水资源占有量约为世界的1/4,农业灌溉用水占全国水资源消费量的75%以上,但农业水资源的平均有效利用率仅为30%～40%,因此提高农业用水效率是节约用水的重要途径。在我国所采用的各类节水灌溉技术中,膜下滴灌技术是目前棉花生产上应用的最为成功的微灌节水新技术。

膜下滴灌(即膜下运用滴灌)技术是新疆科技工作者根据地膜棉花的种植特点,将以色列滴灌技术和覆膜技术优点相结合,研制开发出的一项新型节水新技术,它通过可控管道系统供水,使水与肥有效融合成滴状,均匀、定时、定量浸润作物根系发育区域,将作物主要根系区的土壤始终保持疏松和最佳含水状态,大大减少了作物棵间蒸发,水、肥、农药通过滴灌带直接作用于作物根系,加上地膜覆盖,棵间蒸发甚微,十分利于作物的生长发育。到2002年,膜下滴灌技术在新疆棉区已成功推广应用12万 hm^2,经济效益和生态效益十分显著。

膜下滴灌的棉田,一是实现了播种、铺膜、铺设滴灌带一次完成的机械化作业,一台拖拉机安装3组地膜和滴灌带,一组地膜下铺设一条滴灌带,播种4行棉花,当地群众称为“一膜一灌4行”滴灌技术;二是实现了浇水、施肥、施药的一体化和可控化。采用膜下滴灌技术,水溶性肥料、农药可随水直接施入作物根系范围内,使肥料利用率由30%～40%提高到50%～60%,并有效减少农药的使用次数和使用量,做到了统一耕作,统一播种,统一灌溉,统一采收;三是实现了精准化栽培技术过程,提高了农机作业效率。实行膜下滴灌技术后,提高了精准化栽培技术过程,过去成片的棉田,由于播种、施肥、浇水难以统一,棉花高矮不一,长势不匀,成熟度不一,难以机采,实现膜下滴灌可有效地解决这一难题,为采棉机的大面积推广应用创造了更为适宜的条件。不仅如此,膜下滴灌技术的应用使棉花用水方式实现了3个转变:一是大水漫灌转向浸润式灌溉,每个滴灌滴头的浸润半径保持在40～50 cm,土壤不板结,团粒不破坏,膜下不长草,有很好的节水、压盐碱和改良土壤的作用,中低产的盐碱化耕地几年内就可改良成稳产、高产棉田;二是从浇土地改为浇作物,田间无垄,作物棵间无水,有效地控制了地下水的抬升,膜内的水也很少蒸发,最大限度地防止了水分流失;三是从单纯浇水转向浇营养液,把水变成作物的复合水溶剂,使棉花对养分的吸收利用更为经济合理。

随着膜下滴灌技术的不断推广应用,也由此引发了农业生产方式的变革,一是改变了传统的农田基本建设方式,提高了土地利用率,田间的斗渠、农渠和毛渠等明渠及田埂、田垄和沟畦将被地下输水管道和滴管带所替代,土地利用率将提高5%～7%;二是改变了传统的劳作方式,提高了劳动生产率,每667 m^2 节约劳力费

50%～70%，节约机耕费20%～40%，加上节约的物化成本水费、肥料费等，每667 m^2地减少投入250～280元，每667 m^2 棉花增产、降耗达350元以上，每个农工管理棉田面积由1.33～2 hm^2 提高到5.33～8 hm^2。

膜下滴灌技术的成本目前每公顷平均为1 050元，成本远低于国外，而且所有滴灌技术的系列产品、生产设备和相关工艺技术已全部实现国产化。

思考题

1. 棉花主要的生育特性是什么？陆地棉和海岛棉的主要区别有哪些？
2. 环境条件是如何影响棉花产量和纤维品质的？
3. 为什么说花铃期是棉花产量和品质形成的关键阶段？又如何进行科学的调控？

第十三章　薯类作物及甘薯栽培技术

一、薯类作物及其栽培利用

(一)薯类作物概述

薯类作物也称为根茎类作物,常见的有甘薯、马铃薯、木薯、薯蓣、魔芋、凉薯等。它们在植物学分类中科属不一,但主要收获物都为营养器官,即生长在地下的块根或块茎。由于产品器官形成简单,所以经济系数比较高。

薯类作物在中国粮食生产中列为第四位,常年种植面积在 900 万 hm^2 左右。其中甘薯、马铃薯栽培面积较大。木薯、薯蓣、魔芋和凉薯栽培面积较小。由于不同的薯类作物对温度反应不同,所以种植区域也不同。甘薯为喜温作物,主要分布在黄河流域下游、长江流域中下游和东南沿海各省。马铃薯喜欢冷凉的气候条件,在东北、华北、西北和西南山区种植较多。木薯为多年生亚灌木热带作物,喜温热,主要种植在北纬 23.5°以南的热带和南亚热带的地区。薯蓣是多年生草本作物,喜温、耐阴,河南、河北、山西、陕西种植面积较大,南方各省均在山区零星种植。凉薯是豆科一年生缠绕性草质藤本作物,开花结实期要求高温条件,而且生长时间长,种植区域主要在长江流域。魔芋为天南星科多年生草本作物,适宜在温暖湿润的条件下生长,忌高温,怕强光。长江以南各省,尤其汉中盆地、四川盆地、贵州、云南种植较为普遍。

(二)栽培价值及利用

薯类作物具有高产、稳产的特性,它的适应性广,抗逆力强,抗风、耐旱、耐瘠,遇到严重干旱时生长暂时受到抑制,但旱象解除后仍可恢复生长,这是禾谷类作物所不及的。

薯类作物都是粮饲兼用作物,除食用外,又是营养价值高、应用很普遍的重要饲料。它们的共同点是薯块富含淀粉,所以又都是重要的酿造和食品工业原料。甘薯的薯块中约含淀粉 20%、糖分 3%、蛋白质 2.3%、脂肪 0.2%,还含有钙、磷、铁等无机盐类,丰富的胡萝卜素及维生素 C、维生素 B_1、维生素 B_2 等。甘薯块根中的β-胡萝卜素、黏液蛋白和脱氢去雄酮等具有提高人体免疫力、预防结肠癌等功效。甘薯是用途广泛的工业原料作物和重要的能源作物。利用甘薯生产的主要产品是淀粉和酒精。甘薯多种产品广泛用于化工、医药、食品、纺织、染料等工业部门;酒精可作为替代能源应用于国民经济的各个行业。马铃薯可以加工成薯片、薯条、全粉等,是宜粮、宜菜、宜饲和宜做工业原料的粮食作物。薯蓣还是一味中药。凉薯块根洁白、脆嫩、多汁,营养丰富,可生食,也可熟食,还可从种子和茎叶中提取杀虫剂。魔芋具有特殊的食用价值,除本身丰富的营养成分外,还能做药治疗多种疾病。目前,国外从魔芋提取葡甘露糖而生产的保健药品和食品,深受欢迎。

6 种薯类作物,除凉薯外,都是无性繁殖作物,马铃薯块茎切块做种,甘薯块根育苗栽插,木薯茎秆切段种植,魔芋用块茎或根状茎繁殖,薯蓣用块根或零余子做种,凉薯地下部块根膨大,是收获的主要产品,地上部开花结荚收获种子,用种子繁殖。

二、甘薯、马铃薯的起源、分布及生产分区

(一)甘薯、马铃薯的起源

甘薯(*Ipomoea batatas* Lam.)属旋花科,甘薯属,甘薯种,又称白薯、红薯、山芋、地瓜等,原产于美洲的中部或南美洲的西北部的热带地区。马铃薯是茄科(Solanaceae)茄属(*Solanum*)的草本植物。生产应用的品种都属于茄属结块茎的种(*Solamum tuberosum* L.)。南美洲秘鲁及沿安第斯山麓智利海岸以及玻利维亚等地区都是马铃薯的故乡。两种薯类作物 16 世纪传入亚洲与非洲。16 世纪末(明朝万历年间)传入我国,最初在福建、广东栽培,后向浙江、山东、河南等地逐渐传播开来。

(二)甘薯、马铃薯的分布及生产分区

甘薯在世界上主要分布在北纬 40°以南。亚洲的栽培面积最大,占 80%以上,其次是非洲(12%左右)和美洲(4%左右)。我国栽培面积占世界首位,其次是印度尼西亚、越南、印度、古巴、巴西、日本、巴基斯坦及美国等。我国甘薯主产区在黄河下游、长江中下游和东南沿海各省,按其气候条件及栽培制度等特点,可分为 5 个产区:

A. 北方春薯区:位于北纬 41°以北,无霜期较短,只能种一季春薯。

B. 黄淮海流域春夏薯区:是我国栽培面积最大区域,占全国的 40%左右,山

东、河北、河南、安徽等地为主产地。该区气候温和,年无霜期平均为 210 d。近年来,夏薯面积增加,春薯面积减少。

C. 长江流域夏薯区:位于长江流域中下游和河南、陕西两省的南部以及四川省和重庆市。该区无霜期平均为 260 d,夏薯于 4 月下旬栽插,10 月上旬收获。

D. 南方夏秋薯区:位于北纬 26°以南,北回归线以北,年无霜期平均 310 d。秋薯于 7 月下旬到 8 月上旬栽插,11 月下旬到 12 月上旬收获。

E. 华南秋冬薯区:位于北回归线以南,属热带湿润气候,年无霜期平均为 356 d。

马铃薯分布于世界 5 大洲 148 个国家和地区。2000 年世界种植面积为 1 877.7 万 hm^2,总产量 30 180 万 t,单产 16 t/hm^2。我国马铃薯生产遍及全国各个省(自治区)。2000 年全国栽培面积 472.3 万 hm^2,总产 6 628 万 t,平均单产 14 t/hm^2。滕宗璐等(1989)根据我国马铃薯种植地区的气候、地理、栽培制度及品种类型等条件,划分为 4 个马铃薯栽培区:北方一作区、中原二作区、南方二作区和西南一两季混作区。

三、甘薯的生长发育特点及其对环境条件的要求

(一)甘薯的形态特征

1. 根

由薯苗或茎蔓生长的根均称为不定根。根据不定根的发育情况可分为纤维根、梗根和块根 3 种类型(图 13-1)。

(1)纤维根 纤维根又称吸收根,其主要功能是吸收水分和养分。纤维根主要分布在 30 cm 左右的土层内,入土深的可达 1 m 以上,具有很强的吸水能力,保证甘薯具有抗旱的特性。

(2)梗根 梗根又称柴根或牛蒡根,形状细长,粗细均匀。甘薯的根先伸长后加粗,幼根发育初期还比较正常,有向块根方向发展的趋势。但当开始加粗时,如遇土壤干硬坚实,或者水分过多、土壤透气性差等条件,即阻碍块根膨大,加速幼根木质化进程而形成梗根。它徒耗养分和水分,无多大经济价值。梗根出现反映了栽培条件的恶化,栽培上忌生梗根。

(3)块根 所处条件好、分化发育早的不定根,则可能膨大成块根,是我们栽培收获的产品器官。块根为贮藏根,所贮主要成分为碳水化合物和水分,此外还有蛋白质、灰分和多种维生素。块根多生长在 5~25 cm 的土层内。块根形状因品种而

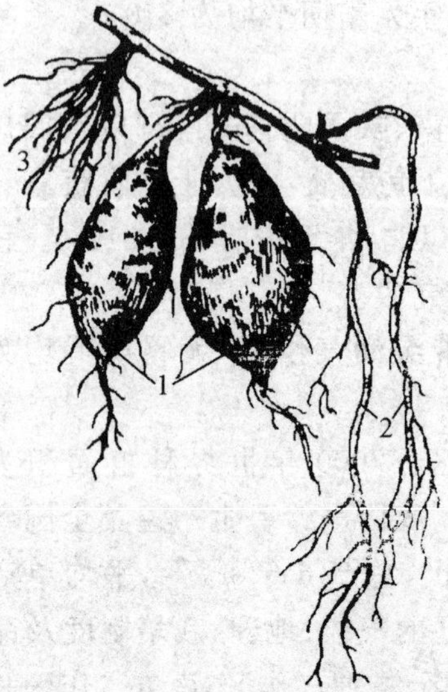

图 13-1 甘薯 3 种根的形态

1. 块根;2. 梗根;3. 纤维根

异,同一品种因栽培条件不同形状也有差别。一般有圆形、圆筒形、纺锤形、球形和不规则形。块根上有纵沟和根眼(或称根痕)。块根皮色因品种而异,有紫、粉红、黄、黄白、白等。同一品种因不同土壤条件和栽培季节(春薯和夏薯)及不同生长阶段,皮色亦不尽相同。块根肉色有橘黄、橘红、黄白、白等,个别品种带紫晕。肉色深的(橘红和橘黄)含胡萝卜素较多。块根的皮色和肉色是鉴别品种的主要特征。

2. 茎

甘薯的茎是输导养料和水分的器官,茎节有不定根原基,利用茎蔓栽插,极易成活,所以茎蔓也是供繁殖的器官。

甘薯蔓的长度因品种而异。长蔓型品种,春薯蔓长在 3 m 以上,夏薯在 2 m 以上,如丰收白、南京 92等;中蔓型品种,春薯蔓长为 1.5～3 m,夏薯为1～2 m,如济薯 1 号、烟薯 1 号等;短蔓型品种,春薯蔓长在 1.5 m 以下,夏薯在 1 m 以下,如烟薯 8 号、济南红等,蔓的长度又因土壤肥力、栽植密度、栽植时期及环境条件不同而有差异;茎蔓细而长的品种类型,匍匐性较强,分枝较少,叶层较薄,叶片呈密集的配置型,为重叠型,下层叶透光性差,较不耐肥,结薯较晚,块根前期膨大较慢,生长后期膨大较快,较抗旱耐瘠薄,宜做春薯栽培而不宜做夏薯;茎蔓短而粗的品种,植株呈半直立性,分枝多,成疏散型,叶层虽厚,但下层叶透光性较好,较耐肥,结薯早且前期膨大较快,宜做夏薯。茎蔓粗的类型,内部输导组织比较发达,有利于同化作用所制造的养料向块根输送,对增产有利。

茎色因品种而异,有绿、紫、褐或绿中带紫等色。光照强或生长速度缓慢时茎色较深;反之,则较浅。甘薯顶芽含植物生长激素较多,顶端生长优势强,所以用蔓尖栽夏薯有利增产。

3. 叶

甘薯的叶着生在茎节上,是主要的光合作用器官。

品种间叶形有差异,可分为心脏、三角与掌状等。叶缘分全缘、带齿、浅单缺刻、浅复缺刻和深复缺刻。但有些品种在一株上有两种或两种以上的叶形。叶色有绿、浅绿和紫色等。顶叶色是识别品种的主要特征之一,分为绿、紫、褐或绿带紫色等。叶片背面的叶脉颜色,分淡红、红、紫、淡紫和绿色等。叶柄基部色分为紫、褐、绿色等，叶脉色和叶柄基色都是识别品种的标志。叶片大小和叶柄长度因品种、肥水、密度等不同而异。当施氮过多和土壤肥水充足时，叶片变大，叶柄变长。茎叶生长过旺，田间郁蔽，下层叶受光不足，叶片发黄脱落，叶龄短，块根产量降低。

4. 花、果实、种子

甘薯是短日照作物，在我国北纬23°以南，一般品种能自然开花，在我国北方，则很少自然开花。甘薯是异花授粉作物，花单生或若干朵集成聚伞花序，花型如漏斗状。有雄蕊5个，花丝长短不一，花粉囊分为两室。雌蕊1个，柱头球状分二裂。果为蒴果，球形或扁球形，每果有种子1～4粒，种皮褐色。

（二）甘薯的生长时期

甘薯是蔓生草本植物，在热带或亚热带地区能终年生长，为多年生植物。在温带遇霜受冻死亡，为一年生植物。华北地区春薯大田生长期为150～190 d，夏薯为110～130 d；长江流域夏薯大田生长期为140～170 d；南方秋薯大田生长期120～140 d。根据甘薯块根膨大、茎叶生长的特点及其与环境条件的关系，大田生长期可以划分为3个生长时期。

1. 生长前期

从栽插到茎叶封垄为生长前期，包括扎根还苗和分枝结薯两个生长阶段。春薯栽后经3～4 d开始扎根，栽后8～10 d叶片发绿且心叶开始生长，为返青期，也叫还苗期。栽后30 d左右开始生长分枝，根系生长基本完成，发根量占全期根数的70%～80%，这时已形成块根，栽后35～45 d块根开始膨大。夏薯栽后1～2 d开始扎根，栽后5～6 d返青，栽后20 d左右开始生长分枝并形成块根，栽后30 d左右块根开始膨大。当茎叶基本盖满全田时，称为封垄期。甘薯封垄期，单株有效薯数基本稳定。生长前期也可称做发根、分枝和结薯期。华北地区，春薯生长前期需经历60～70 d，夏薯约需经历40 d。

春薯生长前期，气温较低，雨水较少，茎叶生长缓慢，生长中心在根系发展；到分枝结薯阶段，茎叶生长加速，叶面积逐渐扩大，同化产物增多，外界条件如温度、光照、土壤透气性等均有利于块根膨大，出现生长前期膨大速度比较快的时期。夏薯栽后不久即进入高温多雨季节，根、茎、叶的生长及块根的形成和膨大速度都比较快。

2. 生长中期

从茎叶封垄到茎叶生长量达高峰为生长中期。生长中期处在高温多雨、光照不足、温差小、土壤透气性差的条件下，同化产物多分配于地上部，茎叶生长迅速，块根膨大较慢，是以生长茎叶为主的时期；但是如能改善环境条件，仍能使块根膨大较快，达到薯蔓并进，协调生长。此期末，茎叶生长量达最大值。这个时期也称茎叶盛长块根相应膨大期。华北地区，春甘薯的生长中期在栽后 70～110 d，即 7 月中旬到 8 月下旬；夏薯在栽后 40～70 d，即 8 月上旬到 9 月上旬。

3. 生长后期

从茎叶开始衰退到收获期为生长后期。春薯在 8 月下旬，夏薯在 9 月上旬以后分别进入生长后期。甘薯生长后期，茎叶重量逐渐减少，同化产物大量向块根转移，块根膨大加快，是以膨大块根为主的时期。10 月份以后，气温继续下降，块根膨大也转慢。生长后期也称回秧期。

上述甘薯 3 个生长时期是相对划分的。因品种特性、土壤肥力、栽培管理水平、栽植时期及各年气候变化等而有差异。另外，3 个生长时期相互交错，无严格界限。在管理上应根据不同生长中心加以促进或抑制，保证地上部和地下部协调生长，从而获得高产。

(三)甘薯的产量与品质及其形成

1. 甘薯块根的形成与膨大

甘薯块根从植物形态组织解剖来看，最初和一般双子叶植物的幼根相似，后来由于形成层细胞不断分裂，产生大量薄壁细胞，并积累养分，发展成肥大的块根。根据块根内部形成层活动过程可分为两个时期：

(1)初生形成层活动时期(即块根形成期)　甘薯栽秧后 10～25 d 为初生形成层活动时期。栽秧后 5 d 的幼根只有吸收的功能。大约在栽后 10 d，在原生木质部和初生韧皮部之间出现初生形成层。由于次生木质部增加较快，迫使初生形成层发展成一个形成层圈。栽后 20 d 左右，出现次生形成层，随着块根逐渐变粗，中柱直径加大，原来的皮层组织剥落，为木栓层即薯皮所代替。薯皮内含有花青素呈红色或紫色。

初生形成层活动力强弱和中柱鞘薄壁细胞木质化程度大小决定甘薯幼根发展的方向：幼根的初生形成层活动力强、中柱鞘细胞木质化程度低，才能形成块根；初生形成层活动力弱、中柱鞘细胞木质化程度高，只能形成纤维根；初生形成层活动力虽强，但中柱鞘细胞木质化程度高，不能产生大量薄壁细胞，便形成梗根。

(2)次生形成层活动时期(即块根膨大期)　甘薯栽后 20 d 左右出现次生形成层。由于次生形成层活动，分裂出许多薄壁细胞和次生木质部及次生韧皮部。薄壁细胞数量的增加，致使块根迅速膨大。次生形成层活动力的强弱和分布范围大小是决定块根膨大的动力。

甘薯的块根、梗根或纤维根都是由幼根发育而成的，影响幼根分化的因素是：薯苗的壮弱、不定根原基形成的早晚和粗细、生长环境条件和品种等。这些因素都关系到初生形成层活动能力和中柱细胞木质化程度。薯苗壮、不定根原基形成的早且粗壮，温度适宜(22～24℃)，水分适宜，通气良好，光照充足，土壤中富含钾，容易形成块根；反之，薯苗弱、不定根原基形成的晚或细，潮湿、缺氧、多氮，光照不足，容易形成纤维根；土壤干旱、板结等，则容易形成梗根。

2. 茎叶生长与块根膨大的关系

块根膨大和养料的积累所需要的养分90%以上来自叶片的光合产物。在生长正常情况下，茎叶产量越高块根产量也越高。但是在大田生长过程中，茎叶生长与块根膨大往往出现不平衡或者不协调现象。通常前中期茎叶生长较快，块根膨大较慢，到了生长后期，茎叶衰退，块根膨大速率加快。前中期的同化产物分配于茎叶较多，分配于块根较少；后期同化产物分配于茎叶少，分配于块根多。施氮肥过多，土壤水分饱和，土壤透气不良，茎叶徒长，会导致块根产量降低。

茎叶生长与块根膨大之间的关系，可以用茎叶鲜重与块根鲜重的比值(T/R值)来表示。T/R值越大，表明甘薯同化产物分配于茎叶越多；T/R值越小，则同化产物分配于块根越多。一般的田块，生长前、中期T/R值大，生长后期T/R值小。甘薯茎叶生长与块根产量之间的关系表现有以下3种情况：

(1)茎叶生长不良、块根产量低　主要原因是土层薄、土壤贫瘠、肥水不足。在生长前期茎叶生长缓慢，结薯晚，一般不出现第一次块根膨大高峰；中期最高叶面积指数多在3以下，光合产物少，块根膨大慢；后期茎叶早衰，收获时产量低。春薯T/R值多在0.4以下，夏薯T/R值多在0.6以下。

(2)茎叶生长过旺、块根产量也不高　主要原因是土壤肥水充足、土壤透气性差、施氮肥过多。前期茎叶猛发，结薯晚；中期茎叶徒长，叶色浓绿，叶片肥大，最大叶面积指数达到5以上，下层叶片受光差，叶片生死交替频繁，消耗大量养分块根膨大慢；后期叶色不落黄，块根产量低，收获时T/R值多在1以上。

(3)茎叶生长旺盛健壮、块根产量高　主要原因是土壤肥水适宜，土壤通气性好。前期茎叶早发，结薯早，块根膨大快，春、夏薯分别在栽后约60 d、46 d，叶面积指数达到2.5～3.0；中期茎叶生长旺盛健壮，叶面积指数平稳上升，一般为4.0～4.5，而且维持的时间较长，块根膨大较快；后期叶色稍有转淡，但不早衰，块根迅速膨大，收获时叶面积指数为2.5～3.0。春薯T/R值为0.4～0.5，夏薯T/R值为0.6左右。

3. 甘薯的品质

根据甘薯的品质特点和用途，将甘薯品种分为3个类型：高淀粉型，高糖、高维生素型，高淀粉、高饲料转化率型。

(1)高淀粉型品种的品质特点　块根产量高、出干率高、淀粉含量高，淀粉白、加工品质好。代表性品种有徐薯18、淮薯3号、绵粉1号、苏薯2号、鲁薯7号、甘薯868、农林41号、农林43号、高系14,例如农林41号块根淀粉含量高达30%。这类品种的主要用途是生产淀粉、柠檬酸、酒精、甘薯粉丝、方便面等。

(2)高糖、高维生素型品种的品质特点　薯型美观,薯块大小适中,形状好看,皮色好看等;营养成分高,类胡萝卜素含量高,尤其β-胡萝卜素含量高,蛋白质含量高,富含维生素C等;含糖量高、食味好;薯肉黄色、橘黄色、橘红色或紫色,提取食品用色素、化妆品用色素要求有稳定的、典型的、色素含有率高的品种类型,从这样的品种提取的色素,色价高、不易受热和光的影响;产量较高。代表性品种有北京553、苏薯1号、鲁薯8号、台农65、苏薯4号、豫薯5号、冀薯4号、豫薯10号、农林37号、农林43号、山川紫、百年薯。主要用于鲜食,速冻罐装,烤地瓜,加工成甘薯脯、甘薯虾片、膨化薯片,提取食品用色素、化妆品用色素等。

(3)高淀粉、高饲料转化率品种的品质特点　茎叶再生能力强,生物产量高;块根产量高、淀粉含量高;干茎叶中粗蛋白含量高于15%。代表性品种有广薯62、鲁薯3号等。主要用做牲畜饲料。

(四)甘薯对环境条件的要求

1. 温度

甘薯喜温暖而对低温反应敏感,最怕霜冻。在15～30℃时,温度越高生长越快,以25℃为最适温度,超过35℃生长缓慢,低于15℃生长停滞,10℃以下植株因受冷害而死亡。较大的日夜温差有利于块根膨大。

2. 水分

甘薯是耐旱作物,其蒸腾系数在300～500,低于一般旱田作物。甘薯田间耗水量与产量呈正相关,一般认为春甘薯每公顷产37.5～60 t时,田间耗水量为450～750 mm,相当于每公顷4 500～7 500 m^3 的灌溉量。生长前期土壤水分以土壤最大持水量的60%～70%为宜,生长中期以保持土壤最大持水量的70%～80%为宜。生长后期保持土壤最大持水量的60%即可。

3. 土壤

甘薯耐瘠薄,对土壤要求不严格,但以土层深厚疏松,排水良好,含有机质较多,具有一定肥力的壤土或沙壤土为宜。甘薯高产对土壤物理性状的要求是:土壤空隙度在50%以上,其中非毛管空隙在20%以上,毛管空隙在30%以下;沙质壤土的容重为1.24 g/cm^3。土壤非毛管空隙度高、通气性好,有利于光合产物向块根中转移,提高块根产量。高产甘薯田的土壤肥力指标是:有机质1%～2%,全氮约0.6%,水解氮约50 mg/kg,全磷约0.1%,速效磷20 mg/kg以上,全钾2%以上,速效钾 120 mg/kg 以上。甘薯对土壤的酸碱度要求不严格,pH 值在 4.5~8.5 均能生长,而以 5~7 较适宜,酸性过大结薯有减少的趋势。土壤含盐量超过 0.2%,则对甘薯生长不利。

4. 光照

甘薯是喜光作物,其光合作用的光饱和点为 30 000~40 000 lx。充足的光照有利于甘薯块根膨大,块根的膨大也与每天受光时间长短有关。每天受光 12.5~13 h,比较适宜块根膨大。

四、甘薯育苗技术

(一)甘薯的繁殖特点

甘薯为异花授粉作物,自交不孕,用种子繁殖的后代性状很不一致,产量低。因此,除杂交育种外,在生产上很少采用有性繁殖。由于甘薯块根、茎蔓等营养器官的再生能力较强,并能保持良种性状,故在生产上采用块根、茎蔓等无性繁殖。中国北方早春气温较低,应用苗床加温育苗,能延长甘薯生长期,提高产量。

(二)块根萌芽和长苗特性

甘薯块根没有明显的休眠期,收获时,在薯块的“根眼”两旁已分化形成不定芽原基,在适当的温度下,不定芽即能萌发。块根萌芽与长苗受内在因素的影响,包括品种、薯块的来源、薯块的大小及部位等。薯皮薄的品种,薯块容易透进水分与空气,萌芽、长苗较快。“根眼”多的品种萌芽、长苗较多,如徐薯 18、济薯 1 号、南京 92、郑红 3 号等;反之,则较少,如烟薯 1 号、丰薯 1 号等;夏薯的薯块生活力较强,染病较轻,薯皮薄,出苗快而多;春薯的薯块则反之。经高温处理下贮藏的种薯出苗快而多,在常温下贮藏的种薯出苗慢而少。受冷害、病害、水淹和破皮受伤的种薯出苗慢而少;大薯块含养分较多,出苗粗壮,但大薯的单位重量出苗数较少;小薯则相反。一般以 150~200 g 的薯块做种薯比较适宜;薯块顶部萌芽、长苗快而多,中部次之,尾部慢而少。

(三)育苗技术

1. 甘薯壮苗特征

壮苗的特征是:叶片肥厚、叶色较深、顶叶齐平、节间粗短、剪口多白浆、秧苗不老化又不过嫩、根原基粗而多、不带病斑、苗长约 20 cm,百株重约 500 g。实践证明，壮苗比弱苗增产20%左右。

2. 苗床的建造

苗床要选择背风向阳，排水良好，靠近水源，无薯病的土壤和管理方便的地方。苗床的形式多种多样。中国北方的主要苗床类型有：

(1)回龙火炕　此种苗床采用煤、柴草等燃料为热源，设有3条烟道，中间为去烟道，两边是回烟道。特点是温度均匀，保温性能好。

(2)酿热温床　这种苗床是利用微生物分解新鲜驴、马粪和秸秆的纤维素发酵生热的苗床。驴、马粪或牛粪和切碎的麦秸混合，其比例为1∶2，浇足水。酿热物的湿度以持水量的70%为宜，填入坑中的厚度约50 cm，盖上塑料薄膜，夜间要加盖草帘保温，白天揭开草帘晒床提温，当温度达到30℃以上时，踏实酿热物，上铺沙土，即可排薯育苗(图13-2)。

(3)电热温床　在酿热温床床土(图13-2)部分加装电热线即为电热温床。优点是温度调控准确，但要注意安全，防止触电。

(4)塑料薄膜冷床　酿热温床不加酿热物为冷床。冷床5～10 cm土层床温比露地的提高5.5～7.5℃，膜内平均气温比膜外高15℃。

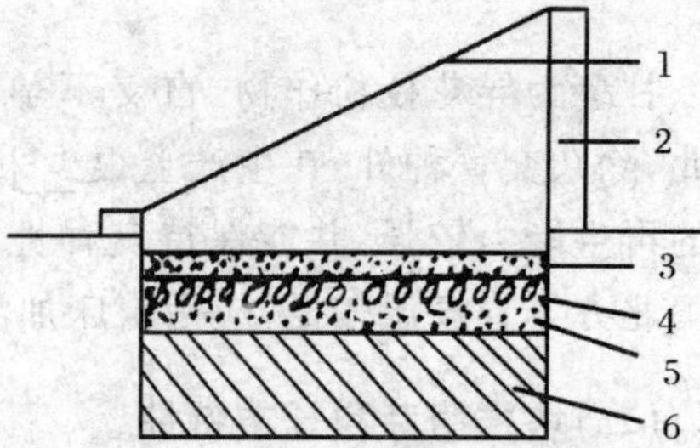

图13-2　酿热温床纵剖面图

1. 塑料薄膜；2. 墙；3. 盖沙；4. 种薯；5. 床土；6. 酿热物

3. 种薯处理和种薯排放

(1)种薯处理　选择具有本品种特征，大小适中，无病害、冷害和破伤的薯块做种，并用50%多菌灵可湿性粉对水800倍浸种10 min，防治黑斑病。

(2)适时育苗　当气温稳定在7～8℃时，可开始育苗，华北中部约在3月底到4月初，辽宁省在4月10日左右。种薯上床后约经30 d即可开始采苗栽插。

(3)床土配合　床土用无甘薯病害的肥沃沙质壤土两份与腐熟马粪一份混合均匀后过筛，填入苗床，厚度以8～10 cm为宜，填入床土后，撒施尿素50 g/m^{2}以促使秧苗生长。

(4)排种方法　种薯多采用斜排法，种薯头朝上，尾朝下，头尾相压不超过1/4，分清头尾，切勿倒排，一般排种密度为20～25 kg/m^2。排种后，盖细沙约5 cm厚，然后喷水湿透床土。

4. 苗床管理

(1)从排种到出苗　在排种薯前烧火或加盖薄膜，使床土温度上升到32℃左右时排种。保持32℃的床温，约经4 d后，种薯开始萌芽，再使床土温度上升到35～36℃，最高不宜超过38℃，保持3～4 d，目的是使种薯产生抗病物质（甘薯酮），抑制黑斑病病菌的侵染。然后，把床温降到31℃左右，直至出苗。种薯上床时浇足水分，一般在幼芽拱土前不要浇水，如床土干旱，可浇小水。在种薯出苗前一般气温较低，要封严薄膜，并在下午4时后盖上草帘保温，在上午7～8时揭去草帘晒床提温。刚拱土的幼芽易受烈日灼伤，可利用早晨和傍晚的弱光晒床，当叶片发绿时，才可全日晒苗。

(2)出苗后的管理　种薯出苗后，把床温降到28℃左右。当苗高约10 cm时，根系比较发达，叶片开始增大，秧苗生长加快，把床温降到25℃左右，并结合揭开草帘晒苗，促使秧苗生长粗壮。出苗以后，在上午9时时，膜内气温可能超过35℃，要注意通风降温，防止烈日烤苗；此时夜间气温仍较低，应加盖草帘保温。随着秧苗生长，叶片增多，蒸发量提高，一般每天要浇一次水，以保持床土湿润。

(3)采苗前管理　采苗前2～3 d为了锻炼秧苗，把床温降到20℃左右，停止浇水，进行蹲苗，并注意逐渐揭膜炼苗，防止引起嫩叶枯干。

(4)采苗和采苗后的管理　当苗高达20 cm以上时，要及时采苗，以免影响下一茬的采苗数量。采苗当天不要浇水，以利种薯伤口愈合，为了防止小苗萎蔫，采苗后可少量喷水。在采苗后1 d浇水时结合施尿素50 g/m^{2}催苗。再盖上薄膜，夜间加盖草帘，把床温升到32～35℃，促使秧苗生长，经过3～4 d后，又转入低温炼苗阶段。

5. 采苗圃

采苗圃是利用茎叶繁殖培育夏薯苗的主要措施。采苗圃应选择水浇肥地，在冬前施足基肥后深耕细耙，春季复耕耙地做畦，畦宽120 cm，畦长依地形而定，整平畦面后，在4月底前后栽苗，行距约30 cm，株距约13 cm。栽苗返青后，中耕松土促使根系发展。麦收前20 d左右，结合浇水追施尿素300 kg/hm^2，以后每隔4～5 d浇水一次，促使秧苗生长。一般1 hm^{2}采苗圃可供10～15 hm^{2}夏薯的秧苗。

6. 脱毒甘薯苗培养技术

脱毒苗栽插后还苗快，封垄早，茎节粗短，叶片肥厚；结薯早，膨大快，薯块整齐，薯皮光滑，商品率增加，产量一般提高20%～40%。

(1)脱毒苗培养　每个优良品种选6～10块种薯，清洗干净，放入培养箱或蛭石里，保持温度28～30℃以促其发芽，当幼苗长到30 cm，取茎尖2～3 cm，先用0.1%的洗衣粉搅洗5～10 min，后用自来水冲洗30 min。随后在超净工作台上用70%酒精浸泡30 s，再用2.5%～5%的次氯酸钠溶液消毒7～10 min，再用无菌蒸馏水消洗三四次，置于体视解剖镜下取其茎尖0.2～0.4 mm，接种到试管中培养。

采用加激素的MS培养基,pH值为5.7。在光照1 000～1 600 lx和28℃条件下培养5～11 d后转入不加激素的1/2 MS培养基,光照为3 000 lx,16 h,28～30℃,相对湿度40%～60%,培养茎尖成苗。2个月后,苗长到两三叶时,取其叶用血清学方法进行病毒鉴定,除去感染苗得初级脱毒试管苗。

(2)病毒初鉴定　采用血清学方法,每苗剪取2片叶,在血清提取液缓冲剂中(0.6 mol/L磷酸缓冲剂液PB)匀质化,pH值调到7.4,用酶联免疫吸附试验的方法进行病毒鉴定,也可用往返聚丙烯酰胺凝胶电泳技术进行鉴定。

(3)初级苗培养　2个月后,待苗7～10 cm时,进行单节茎段繁殖,和茎尖一样培养,转管移入新的培养基,30 d后即形成多个株系。

(4)指示植物嫁接病毒检测　待多个株系长到7 cm以上时,每个株系取3管。检测前5～7 d逐渐驯化并移植到经过消毒的蛭石或河沙土盆里,温度20～28℃,湿度75%～85%。成苗后,将茎或叶柄嫁接到有一两个真叶的巴西牵牛幼苗上,套上塑料袋4 d,14 d监测病毒。如叶片出现症状,再用血清学方法确认。淘汰后获得中级脱毒试管苗。

(5)中、高级脱毒试管苗培养　脱毒苗可转移到防虫温、网室内,进行农艺性状鉴定,选出最优者繁殖生产用高级脱毒薯。高级脱毒苗在防虫温网室中,以苗繁苗并诱导结薯,以求在短期内获得较多的高级脱毒苗或核心原种。当选的试管苗株系同时在试管中加速切段繁殖,用以保存和分发。

(6)脱毒良种生产　用脱毒原种育苗,在无病田块上种植夏薯,收获的种薯为一级良种,即为大面积生产用种,第二年大田生产的夏薯留种为二级良种,第三年为纯商品薯,不能再做种薯。目前主要的脱毒甘薯品种为徐薯18、北京553、徐薯34、鲁薯8号、一窝红等。

五、甘薯大田生产主要环节及其栽培措施

(一)整地

深耕是甘薯取得高产的基础。耕翻深度以25～30 cm为宜。结合耕地施足有机肥料,还要注意耙耢保墒。甘薯宜垄栽,其优点是:加厚松土层,加大昼夜温差。有利于排水,改善土壤通气性,促使块根膨大。夏薯茎薯较短,垄宽65 cm左右、垄高23 cm左右为宜;春薯茎蔓较长,垄宽75 cm左右、垄高30 cm左右为宜。但在排水不良的田地,可采用大垄栽双行的方法,垄宽120 cm、垄高50 cm,垄顶宽40 cm,以利于排水防涝。

(二)施肥

1. 甘薯的需肥特点

据研究,每生产鲜薯 1 000 kg,约需吸收 N 3.5 kg,P_2O_5 1.8 kg,K_2O 5.5 kg。其中以钾最多,氮次之,磷最少,氮、磷、钾比例约为 2∶1∶4。甘薯在不同生育阶段吸收氮、磷、钾的速度和数量和地上部与地下部的养分分配及干物质的积累动态基本一致。植株的氮、磷、钾含量均以栽后 45 d 最高,以后随时间的推移和植株生长而下降。而从单株和单位面积的吸收积累量来看,氮素吸收积累最快的时期是随生长期的延长地上部重量增加最快的时期。钾素吸收积累最快的时期在块根膨大最快的时期。磷素积累速度较缓,而以单株重量增加最快的时期增长速度较快。土壤养分、土质条件、不同品种等对养分的吸收也有一定影响。

2. 施肥技术

甘薯多种在贫瘠的土壤上,施肥量也较少,为了提高甘薯的产量,必须增施有机肥,配合施用磷钾化肥。产量在 30～37.5 t/hm^2 的地块,基肥应施有机肥 30 t/hm^2、过磷酸钙 750 kg/hm^2、硫酸钾 300 kg/hm^2,在土壤含水解氮少于 40 mg/kg 时,每公顷增加尿素 150 kg。在生长前期,追施尿素 150～225 kg/hm^2。速效氮肥不宜过多,以免发生徒长,并注意三要素肥料配合施用。

(三)灌溉与排水

据河南省农业科学院的报道,春薯产量在 37.5～60.0 t/hm^2 时,田间耗水量为 450～750 mm,相当于每公顷 4 500～7 500 m^3 的灌水量。华北地区,春薯全生长期间的降雨量为 500 mm 左右,由于降雨量分配不均而不能满足高产春薯生长要求,往往出现生长中期受涝,前、后期干旱。因此,在甘薯生长中期要注意排涝,前、后期遇旱需要进行灌溉。

(四)栽秧

1. 栽期

甘薯适期早栽可加长生长期,块根膨大早,T/R 比值较小,薯块大,出干率高,质量好,产量高。春薯以 5～10 cm 地温稳定在 16～17℃时为栽秧适期。春薯栽期过早,会因气温较低或遭受霜害而造成缺苗减产。春夏薯区的中部,春薯一般在谷雨开始栽秧,南部稍早些,北部宜晚些,最晚不宜晚于立夏。夏薯的生长期短,要力争早栽。高产夏薯要求大田生长期有 120 d,积温在 2 700℃以上。夏薯晚栽不但减产,而且小薯的比率增多,切干率降低。春夏薯区的中、南部要求在 6 月底前栽完夏薯;北部在小暑前栽完较为适宜。

2. 合理密植

甘薯产量构成的3个因素是单位面积株数、每株薯数和单薯重量。栽秧过密,群体虽大,单位面积结薯较多,但个体发育不良,单株结薯少,薯形小,切干率低;反之,栽秧过稀,个体发育虽较好,单株结薯较多,薯块大,但群体发展不良,封垄过晚,不能充分利用光能和土地等,产量不高。

甘薯栽秧密度,华北地区春薯每公顷栽52 500~67 500株,夏薯每公顷栽60 000~75 000株为宜。甘薯合理密植要因地制宜,肥地、早栽或长蔓的品种可稍稀些;反之,则稍密些。甘薯行株距的确定既要使植株分布合理,又便于田间管理。春薯的行距一般为70~80 cm,夏薯为60~70 cm。株距一般以20~25 cm为宜。

3. 栽秧方法

栽插的薯苗要剔去病苗、弱苗,并用50%多菌灵可湿性粉对水1 000倍浸秧苗基部10 min,以防治黑斑病。薯苗较短时用斜栽法,苗较长用船底形栽法,栽深以5~7 cm为宜。防治茎线虫病每公顷用5%克线磷颗粒剂22.5~30 kg,在栽秧时穴施后浇水。

夏薯从采苗圃剪下带顶芽的秧苗栽插,生长势强,结薯多。栽插时顶芽要露出地面3~4 cm,并在地面留3片叶,把其余的叶片埋入土中。

(五)田间管理

1. 不同生育时期的要求

(1)前期　高产春薯要求在6月底封垄,每公顷块根重6~7.5 t,茎叶重18~21 t.夏薯要求在7月底8月初封垄,每公顷块根重约3 t,茎叶重约18 t。春薯生长前期气温较低,雨水较少,茎叶生长较慢,田间管理的主攻方向是保全苗,促茎叶早发、早结薯,即以促为主,但不能肥水猛促,否则造成中期茎叶徒长而影响块根膨大。夏薯由于生育期短,也是以促为主。

(2)中期　高产春薯要求在8月下旬每公顷茎叶重45~52.5 t,薯块重37.5~45 t,块根平均日增重35 kg以上;夏薯要求在9月上旬每公顷茎叶重约37.5 t,块根重约27 t,块根平均日增重约40 kg。甘薯生长中期处于高温多雨、日照少的时期,茎叶生长较快,薯块膨大较慢,田间管理的主攻方向是调控茎叶平稳生长,促使块根膨大。

(3)后期　该期的甘薯茎叶生长逐渐衰退,而块根增重加快,高产甘薯要求在生长后期的前40 d内,每公顷日平均块根增重600 kg以上。田间管理的主攻方向是保持适当的绿叶面积,防止茎叶早衰,提高光合效能,增加干物质积累,促进块根迅速膨大。

2. 管理措施

(1)中耕除草　在秧苗返青后即可开始中耕，以利茎叶早发、早结薯。中耕次数两三次。雨后或灌水后及时中耕，在最后一次中耕时，要结合修沟培垄。喷洒除草剂，可在栽苗前或在栽苗成活后，每公顷用25%除草醚粉剂7.5 kg或50%杀草丹乳剂3.75 kg兑水600～750 kg，于晴天上午露水干后喷洒垄面，喷时尽量勿使药液与茎叶接触，以防药害。

(2)追肥　在土壤贫瘠或施肥不足的田地要及早追施速效肥料，一般每公顷施尿素150～225 kg。生长后期的叶色落黄较快时，每公顷施尿素75～120 kg以防止茎叶早衰，促进块根膨大。甘薯在收获前45～50 d，根系吸收养分的能力转弱，进行根外追肥，每公顷喷洒0.2%磷酸二氢钾或2%硫酸钾溶液1 500 kg，有增产效果。

(3)灌水及排涝　甘薯生长前期土壤湿度以田间持水量70%为宜，持水量在60%以下时，需进行灌水。雨季当土壤湿度在田间持水量的80%以上时对薯块膨大不利，应及时排水。生长后期雨水较少，常有旱情，当土壤湿度在田间持水量的55%时，灌水能防止茎叶早衰，增产显著。如遇涝害，会影响块根膨大，切干率降低，不耐贮藏，应迅速排涝。

(4)保护茎叶不要翻蔓　多年来的大量试验证明，甘薯翻蔓一般减产10%～20%，减产的主要原因是翻蔓后由于叶片翻转、重叠、密集，搞乱了叶片的正常分布，且叶片受到损伤，致使光合强度下降。翻蔓常使茎蔓顶梢折断，促使腋芽滋生，消耗了大量养料，减少了养料向块根转移。

(5)喷药控秧　喷洒乙烯利(250 mg/kg)、多效唑(150 mg/kg)溶液750 kg/hm^2有抑制甘薯茎叶徒长的作用，抑制作用时间10～15 d。据山东农业大学1987年报道，在生长前期末(8月13日)，喷洒250 mg/kg乙烯利溶液1 500 kg/hm^2比对照(喷水)薯干增产9.1%，茎蔓变短，分枝增多。

(6)防治害虫　前期防治地老虎，每公顷用豆饼粉或棉籽粉37.5～45 kg焙炒后和40%乐果乳剂1.5 kg拌匀，于傍晚顺垄撒施做毒饵。中、后期如有斜纹夜蛾、卷叶虫、造桥虫、粘虫等发生时可用50%辛硫磷乳剂1 kg或25%杀虫双1.5 kg加水750～900 kg喷雾。

(六)地膜覆盖栽培

近几年来，山东、山西、河北等地的生产实践和试验证明，春薯盖膜比不盖膜的增产50%以上，有的达到70%，切干率提高1%～2%。据山东省烟台市农业技术推广站 1988 年观察，甘薯全生育期的 10 cm 地温增加积温 294℃，栽后 1 个月内 10 cm地温平均每天增加 4℃左右；土壤含水量增加 2%～3%。盖膜还能促进甘薯茎叶早发，早结薯。

（七）收获

甘薯块根在适宜的温度条件下，能持续膨大。所以，收获越晚产量越高。但过晚收获，块根常受冷害，不耐贮藏，而且因淀粉转化为糖，切干率降低。5～10 cm 地温在 18℃左右时，块根增重很少，地温在 15℃时薯块停止膨大。因此，要在地温 18℃时开始收获，地温在 12℃时收获完毕。华北一般在 10 月上旬开始收获。

薯皮能防止病菌侵入，破皮受伤的薯块贮藏时容易发生烂窖。收获时，要轻刨、轻装、轻运、轻放，尽量减少搬运次数，严防破皮受伤。

六、甘薯的贮藏

薯块含水多，皮薄，组织柔嫩，容易破皮受伤，贮藏时易发生冷害和病害造成烂窖。因此，要创造适宜的贮藏条件，方能达到安全贮藏。

（一）贮藏技术

甘薯的窖址要选择避风向阳、排水良好和运输方便的地方。入窖前，窖内要打扫清洁，发病的旧窖可用 50%多菌灵可湿性粉剂兑 100 倍水喷洒杀菌，还要严格精选健全的薯块贮藏。贮藏量约占窖容积的 70%，每立方米体积可贮藏 500 kg 的薯块。

1. 窖型

中国北方的主要窖型有：

（1）高温大屋窖　薯块在窖内经高温处理后能消灭黑斑病和使伤口愈合，育苗时，发病率较低，出苗较早。

（2）发券窖　窖顶用砖发券，窖顶盖土与墙厚均为 1 m，墙高 2 m，坚固耐用。

（3）深井窖　窖要求建在土质坚硬、地下水位深的地方。这种窖型在中国北方应用较广，保温、保湿好，但通气较差，运输不便。窖的井筒深约 5 m，井筒上口直径约 0.8 m，下口直径约 1 m，在井筒底部的两边挖洞，洞高约 1.8 m，宽 1.5 m，长约 3 m。

（4）棚窖　多建在地下水位高或土质疏松的地方。建窖较为简便，但要年年拆建。窖挖深约 2 m，宽约 1.5 m，长度随贮藏量而定，窖顶上铺玉米秸秆厚约

20 cm，上面盖土厚约 0.5 cm，每隔 1.5 m 左右设置通气孔 1 个，在窖的南面留一窗口，以便进窖检查甘薯。

2. 贮藏期间的管理

（1）贮藏初期 甘薯入窖约 25 d 内，窖温可能达到 18℃以上，薯块容易发芽，应打开窖口、气孔或天窗，通气降温。如遇寒流要注意保温防寒。

高温大屋窖在装好薯块后立即关闭门窗，烧火加温，力争在 18～24 h 使温度上升到 35～37℃，保持 3～4 d 后，打开门窗，要求在 17 h 内把窖温下降到 15℃左右。如果升温或降温缓慢，薯块容易发芽。加温时，窖内相对湿度可能低于 70%，可在火道上泼水调湿。

（2）贮藏中期 从甘薯入窖约 25 d 后到翌年 2 月上旬的气温较低，应注意保温防寒，把窖温控制在 12～14℃。当窖温下降到 13℃时，应关闭窖口和通气孔，并在薯堆上盖草约 20 cm 厚，以减少甘薯呼吸热的散失。

（3）贮藏后期 2 月上旬以后，气温回升，如果窖内温度偏高时，要通气降温，但遇寒流时，要注意保温。

（二）烂害的原因

1. 冷害

有的品种在 10℃以下时，薯块的细胞原生质活动停滞，影响生机，发生冷害。在－2℃时，薯块的细胞间隙结冰，组织破坏，发生冻害。薯块受冷害或冻害表现的特征是细胞膜透性改变，细胞内钾、钙、磷等离子大量漏失，致使氧化酶和磷酸化酶的作用削弱，影响薯块的新陈代谢，抗病性与耐藏性降低；薯块吸水力减弱，绿原酸增多，薯块切口与氧气接触后，变为褐色，味道发苦，用手挤压薯块发软，切口流出清水，缺少白浆，煮熟时出现硬心。薯块受冷害的温度越低，发生腐烂越快，例如：在4～5℃下，约经半个月开始腐烂；在 6～7℃下，约经 1 个月发生腐烂。甘薯多在 12 月下旬和翌年 1 月份的低温期受冷害，到 2 月份发生烂窖。薯块腐烂时由于发酵生热而常被误认为热害。

2. 病害

薯块在窖内发病的原因是薯块带病、破皮受伤或窖内病菌传染。黑斑病发生于贮藏初期气温较高的时期，软腐病多发生在受冷害后的贮藏后期。

3. 湿害或干害

甘薯入窖后 10 多天，因气温较高，出现呼吸高峰，薯堆温度升高，薯堆内水汽上升到堆表时，因温度较低凝结为水，俗称“发汗”，会引起堆表薯块造成湿害。盖草可防止“发汗”，对贮藏有利。

当窖内湿度过低时，薯块细胞原生质失水过多，酶的活动失常，增加有机物的分解，发生皱皮“糠心”，组织容易腐烂。窖内以保持85%～90%的相对湿度为宜。

4. 缺氧

甘薯贮藏初期，气温较高，呼吸强度大，如果封窖过早，致使窖内 O_2 减少，CO_2 增多，造成缺氧呼吸，薯块发生硬心，生机减弱，甚至发生腐烂。

七、马铃薯的生育特点与栽培要点

(一)马铃薯的生育特点

1. 马铃薯的形态特征

马铃薯植株按形态结构可分为根、茎、叶、花、果实和种子等几部分。

马铃薯的根系由繁殖方式的不同而异，块茎繁殖发生的根系为须根系。根据其发生的时期、部位、分布状况可分为两类。一类是在初生芽的基部三四节上发生的不定根，称为芽眼根或节根，一类是在地下茎的上部各节上陆续发生的不定根称为匍匐根。一般每节上发生的3～6条，分枝能力较弱，长度10～20 cm，分布在表土层。马铃薯由种子繁殖的实生苗根系，属于直根系。

马铃薯的茎包括地上茎、地下茎、匍匐茎和块茎，其形态和功能各不相同。块茎芽眼萌发的幼芽发育形成的地上枝条称地上茎，简称茎。茎具有分枝的特性，茎高为30～100 cm。茎呈绿色也有紫色或其他颜色的品种。马铃薯的地下茎，即主茎的地下结薯部位。一般10 cm左右。节数多为8节，每节的叶腋间，通常发生匍匐茎1～3个。匍匐茎是由地下茎节上的腋芽发育而成，顶端膨大形成块茎，一般为白色，因品种不同也有呈紫红色的。在正常情况下有50%～70%的匍匐茎形成块茎(图13-3)。

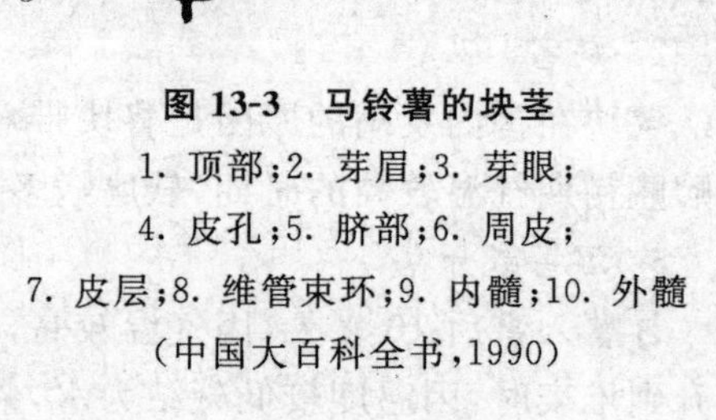

图13-3 马铃薯的块茎

1. 顶部；2. 芽眉；3. 芽眼；4. 皮孔；5. 脐部；6. 周皮；7. 皮层；8. 维管束环；9. 内髓；10. 外髓

(中国大百科全书，1990)

马铃薯块茎是一缩短而肥大的变态茎，既是经济产品器官，又是繁殖器官。匍匐茎顶端停止极性生长后，由于皮层、髓部及韧皮部的薄壁细胞的分生和扩大，并积累大量淀粉，从而使匍匐茎顶端膨大形成块茎。块茎的大小依品种和生长条件而异。一般每块重50～250 g，大块可达 1 500 g 以上。块茎的形状也因品种而异，一般呈圆形、长筒形、椭圆形，但栽培环境和气候条件使块茎形状产生一定变异。块茎皮色有白、黄、红、紫、淡红、深红、淡蓝等色。块茎肉色有白、黄、红、紫、蓝及色素分布不均匀等，食用品种以黄肉和白肉者为多。

马铃薯的叶片，无论用种子或块茎繁殖，最初发生的几片叶均为单叶，以后逐渐长出奇数羽状复叶。每个复叶由顶生小叶和 3～7 对侧生小叶、侧生小叶之间的小裂叶、侧生小叶叶柄上的小细叶和复叶叶柄基部的托叶构成。叶序为 2/5、3/8 或 5/13。

马铃薯为自花授粉作物。花序为聚伞花序。花柄细长，着生在叶腋或叶枝上。每个花序有 2～5 个分枝，每个分枝上有 4～8 朵花。花冠合瓣，基部合成管状，顶端五裂，并有星形色轮，花冠有白、浅红、紫红及蓝色等，雄蕊 5 枚抱合中央的雌蕊。花药有淡绿、血褐、灰黄及橙黄等色。马铃薯的果实为浆果，圆形或椭圆形。果皮为绿色、褐色或紫绿色。果实内含种子 100～250 粒。种子很小，千粒重 0.5～0.6 g，呈扁平卵圆形，淡黄或暗灰色。

2. 马铃薯生育时期及其生长特点

马铃薯的全生育过程划分为 6 个生育时期。种薯播种后芽眼开始萌芽，至幼苗出土，为芽条生长期。块茎萌发时，首先幼芽发生，随后在幼芽基部的几节上发生幼根。该时期是以根系形成和芽条生长为中心，是马铃薯发苗扎根、结薯和壮株的基础。

幼苗出土到现蕾为幼苗期。该期以茎叶生长和根系发育为主，同时伴随着匍匐茎的伸长以及花芽和侧枝茎叶的分化，是决定匍匐茎数量和根系发达程度的关键时期。多数品种在出苗后 7～10 d 匍匐茎伸长，再经 10～15 d 顶端开始膨大。植株顶端第一花序开始孕育花蕾，侧枝开始发生，标志着幼苗期的结束。一般经历 15～20 d。

现蕾至第一花序开始开花为块茎形成期。经历地上茎顶端封顶叶展开，第一花序开始开花，全株匍匐茎顶端均开始膨大，直到最大块茎直径达 3～4 cm，地上部茎叶干物重和块茎干物重达到平衡。该期的生长特点是由地上部茎叶生长为中心，转向地上部茎叶生长与地下部块茎形成并进阶段，是决定单株结薯数的关键时期。该期经历 30 d 左右。

盛花至茎叶衰老为块茎增长期。该期茎叶和块茎生长都非常迅速，是一生中增长最快、生长大小的关键时期，也是一生中需水、肥最多的时期，经历 15～25 d。

茎叶开始衰老到植株基部 2/3 左右茎叶枯黄为淀粉积累期，经历 20～30 d。该期茎叶停止生长，但同化产物不断向块茎中运转，块茎体积不再增大，但重量仍在增加，是淀粉积累的主要时期。

收获期决定于生产目的和轮作中的要求，一般当植株地上部茎叶枯黄，块茎内淀粉积累达到最高值，即为成熟收获期。

3. 马铃薯块茎的休眠

新收获的块茎，即使给予发芽的适宜条件，也不能很快发芽，必须经过一段时期才能发芽，这种现象叫做休眠。块茎的休眠关系到生产和消费。因为休眠期的长短，影响块茎耐贮性及播种后能否及时出苗、苗的整齐度以至产量的高低。这在微型薯做种或二季作地区尤为突出。

休眠期的长短因品种和贮藏条件而不同。高温、高湿条件下能缩短休眠期，低温干燥则延长休眠期。如有些品种在1～4℃贮藏条件下，休眠期可达5个月以上，而在20℃左右条件下两个月就可发芽。

生产上人为打破休眠最常用的方法是用0.5～1 mg/kg GA_3 溶液浸泡10～15 min或0.1%～0.2%高锰酸钾浸泡10 min等。脱毒种薯生产中，用0.33 mL/kg的兰地特气体熏蒸3 h脱毒小薯，可打破休眠，提高发芽率和发芽势。

4. 马铃薯生长发育与环境条件的关系

马铃薯性喜冷凉，生育期间以平均气温17～21℃为适宜。全生育期需有效积温1 000～2 500℃。块茎形成的最适温度是20℃。块茎增长的最适温度15～18℃，20℃时块茎增长速度减缓，25℃时块茎生长趋于停止，30℃左右时，块茎完全停止生长。马铃薯抵抗低温能力较差，当气温降到－4℃时植株死亡。

马铃薯光饱和点为3万～4万 lx。一般日照时数为11～13 h时，植株发育正常，块茎形成早，同化产物向块茎运转快，块茎产量高。

马铃薯的蒸腾系数为400～600。幼苗期保持田间持水量的65%左右为宜。块茎形成期保持田间持水量的70%～75%为宜。块茎增长期保持田间持水量的75%～80%为宜。淀粉积累期保持田间最大持水量的60%～65%即可。后期水分过多，易造成烂薯和降低耐贮性，影响产量和品质。

马铃薯对土壤要求不十分严格，但以土层深厚、结构疏松和富含有机质的土壤为最适宜。冷凉地方沙土和沙质壤土最好，温暖地方沙质壤土或壤土最好。pH值5.5～6.5为最适宜。土壤含盐量达到0.01%时，植株表现敏感。

(二) 马铃薯的栽培技术

1. 轮作换茬

马铃薯应实行3年以上轮作。应与谷类作物轮作，忌与茄科作物、块根、块茎类作物轮作。

2. 整地与施肥

马铃薯喜沙壤或壤土，实行秋深翻、晒垡、耙耱保墒或起垄等作业。南方雨水多，整地时做成高垄，畦面宽 2～3 m，两畦间沟距和沟深为 25～30 cm。华北平原常遇春旱，播前需浇水造墒，再浅耕耙平。

生产 500 kg 块茎需吸收纯氮 3.33 kg、纯磷 3.23 kg、纯钾 4.15 kg。对肥料三要素的需要，以钾最多，氮次之，磷最少。各时期对氮、磷、钾的吸收数量和吸收速度不同。一般幼苗期植株小，需肥较少。块茎形成至块茎增长期吸收养分速度快，数量多，是马铃薯一生需要养分的关键时期。淀粉积累期吸收养分速度减慢，吸收数量也减少。

播种时沟施化肥做种肥，每公顷用尿素 75～150 kg，过磷酸钙 450～600 kg，草木灰 375～750 kg，或硫酸钾 375～450 kg。施用基肥时应拌施防治地下害虫的农药，可每公顷施入 2%甲胺磷粉 22.5～37.5 kg。

3. 选用优良品种与种薯准备

选用优良品种首先要以当地无霜期长短、栽培方式、产品销售为依据，结合当地主要病害发生情况选用抗病性强、稳产性好的品种。上述品种均应选用优质脱毒种薯。

种薯准备经过 3 个过程：

(1)种薯出窖与挑选　种薯出窖的时间，应根据当时种薯贮藏情况，预定的种薯处理方法以及播种期等 3 方面结合考虑。种薯出窖后，必须精选种薯。选择具有品种特征、表皮光滑、柔嫩、皮色鲜艳、无病虫、无冻伤的块茎做种。

(2)催芽可促进种薯解除休眠，缩短出苗时间　催芽的常用方法是种薯与湿沙或湿锯屑等物互相层积于温床、火炕或木箱中。先铺沙 3～6 cm，上放一层种薯，再盖沙没过种薯，如此三四层后，表面盖 5 cm 左右的沙，并适当浇水至湿润状况。以后保持 10～15℃和一定的湿度，促使幼芽萌发。当芽长 1～3 cm，并出现根系，即可切块播种。

(3)种薯切块　切块种植能节约种薯并有打破休眠、促进发芽出苗的作用。切块大小以 20～30 g 为宜。切块时应采取自薯顶至脐部纵切法，使每一切块尽可能带有顶部芽眼。切好的薯块应用草木灰拌种。若种薯小，可采用整薯播种，避免传病，节省切块用工和便于机械化播种。一般以 20～50 g 健壮的整薯为宜。

4. 播种期和播种方法

春播时，在 10 cm 土层地温稳定在 6～7℃时即可播种。马铃薯适于垄作形式，行距 65 cm。垄作一般覆土 7～8 cm 厚。干旱地区多采用平作形式，一般行距 50 cm 左右。

5. 合理密植

马铃薯的产量由单位面积上的株数与单株结薯重量构成，具体可用下式表示：

每公顷产量＝每公顷株数×单株结薯重

（单株结薯重＝单株结薯数×平均薯块重；或＝每公顷株数×单株结薯数×平均薯块重）

合理密植在于既能发挥个体植株的生产潜能力，又能形成合理的田间群体结构，从而获得单位面积上的最高产量。合理密植的密度应依品种、气候、土壤及栽培方式等条件而定。晚熟或单株结薯数多的品种、整薯或切大块做种。土壤肥沃或施肥水平高、高温高湿地区等，种植密度宜稍稀；反之，就适当加大密度，靠群体来提高产量。在目前生产水平下，北方一作区以每公顷 5.7 万～7.0 万株为宜；两作区，每公顷 6.5 万～7.5 万株。

6. 田间管理措施

（1）苗前措施　北方一作区，马铃薯从播种到幼苗出土约 30 d。这期间可进行苗前耢地。在西北、内蒙古西部等地有“闷锄”习惯。耕地和闷锄均应掌握适时和深度，切勿碰断芽尖。出苗前，若土壤异常干旱，有条件的地区应进行苗前灌水。

（2）查苗补苗　田间缺苗对马铃薯产量影响甚大。因此，当幼苗基本出齐后，即应进行查苗补苗。检查缺苗时，应找出缺苗原因，采取相应对策补苗，保证补苗成活。如薯块已经腐烂，应把烂块连同周围的土壤全部挖除以免感染新补栽的苗子。补苗的方法是在缺苗附近的垄上找出一穴多茎的植株，将其中 1 个茎苗带土挖出移栽。干旱地区可浇水移栽。

（3）中耕除草和培土　中耕松土，使结薯层土壤疏松通气，利于根系生长、匍匐茎伸长和块茎膨大。齐苗后及早进行第一次中耕，深度 8～10 cm，并结合除草。10～15 d 后进行第二次中耕，宜稍浅。现蕾开花后覆土。进行第三次中耕，要比第二次更浅。后两次中耕结合培土进行。第一次培土宜浅，第二次稍厚，并培成“宽肩垄”，总厚度不超过 15 cm，以增厚结薯层，避免薯块外露而降低品质。

目前东北及内蒙古东部等垄作地区多采用 65 cm 行距的中耕培土器进行中耕培土。

（4）追肥　一般在旱区，只要施足底肥，生长期间可以不追肥。如需追肥，应于块茎形成期结合培土追施一次结薯肥。氮、磷配合施用，追肥量视植株长势长相而定。开花以后一般不再追肥。若后期表现脱肥早衰现象，可用磷、钾或结合微量元素进行叶面喷施，亦有增产效果。

（5）灌溉和排水　马铃薯苗期耗水不多但若干旱仍需灌水。块茎形成至块茎增长期，需水量最多，如土层干燥应及时灌溉。生育后期，需水量逐渐减少，但若过度干旱，也需适当轻灌。收获前 10～15 d 应停止灌水促使薯皮老化，有利于收获和贮藏。各生育阶段，如雨水过多，都要清沟排水，防止涝害。

(6)防治病虫害　马铃薯的病害较多，常见的有病毒病、晚疫病、青枯病、环腐病、疮痂病等。晚疫病多在雨水较多时节和植株开花期大量发生，喷洒瑞毒霉、甲霜灵锰锌、代森锰锌等，可收到较好的效果。青枯病除选用抗病品种外，可采用合理轮作、小整薯做种或从无病地区调种等措施，减轻危害。环腐病主要通过切刀消毒或小整薯做种等措施来减轻发病。疮痂病可用 0.1%升汞水浸种 1.5 h 或用 0.2%福尔马林浸种 1～2 h 进行防治。

马铃薯常见的虫害有蛴螬、蝼蛄、地老虎、金针虫、二十八星瓢虫、蚜虫等，一般采用药剂防治。

7. 收获与贮藏

(1)收获　当植株大部分茎叶枯黄时，块茎易于匍匐茎分离，周皮变厚，块茎干物质含量达到最大值，为食用和加工用块茎的最适收获期。种用块茎应提前 5～7 d 收获，以避免低温霜冻危害，提高种性。

收获应选晴朗干燥天气进行。收前 1～2 d 割掉茎叶和清除田间残留的枝叶，以免病菌侵染块茎。收获过程中，要尽量减少机械损伤，并要避免块茎在烈日下长时间暴晒而降低种用和食用品质。

(2)贮藏　收获的块茎，应根据用途不同，采用相应方法进行贮藏管理，保证马铃薯的食用、加工用和种用品质。

贮藏地点和贮藏窖要具有通风、防水湿、防冻和防病虫传播的条件。贮藏前将块茎分级摊晾 7～15 d，进行“预贮”，使伤口愈合。伤口愈合的适宜温度为 15～20℃，相对湿度为 90%左右。预贮后，剔除愈合不良的伤薯、病薯、畸形薯等，再行贮藏。

贮藏的适宜温度因用途而不同。种薯贮藏以 2～4℃为宜；食用薯以 1～4℃为宜；加工用品薯短期贮藏以 10℃左右为宜，长期贮藏时，先贮藏在 7～8℃下，加工前 2～3 周转入 20℃温度下进行回暖处理，并配合施行化学药剂抑芽。贮藏的相对湿度以 85%～95%为宜。不能见光，以免积累龙葵素，引起食物中毒。

贮藏方法有两种：

冬贮法：一年一作地区，进行冬季贮藏，一般采用窖藏，有井窖、棚窖、窑洞窖、土沟窖等。贮藏量不超过窖体的 2/3。当温度降到 0℃时，应在薯堆上加覆盖物或熏烟增温。

夏贮法：一年二作地区，春薯收后于夏季贮藏，一般在阴凉通风地点用架藏方法，即搭成多层棚架，每层架上摆三四层薯块。这种贮藏方法块茎失水较多，应在中后期适当进行覆盖。

8. 地膜覆盖栽培技术要点

马铃薯地膜覆盖栽培一般可增产 20%～50%，大中薯率提高 10%～20%，并可提早上市，调节淡季蔬菜供应市场，提高经济效益。其栽培技术要点：

(1)选地和整地　选择地势平坦、土层深厚、土质疏松、土壤肥力较高的地块，实行 3 年轮作。在施足基肥基础上进行耙耱平整，早春顶凌耙耱保墒。

(2)施足基肥　地膜覆盖后生育期间不易追肥，故应在整地时把有机肥和化肥一次性施入土中。每公顷施入 30～45 t 优质有机肥和 300 kg 磷酸二铵。

(3)覆膜方法　播前 10 d 左右在整地作业完成后应立即盖膜防止水分蒸发。覆膜方式有平作覆膜和垄作覆膜。平作覆膜多采用宽窄行种植，宽行距 65～70 cm，窄行距 30～35 cm，地膜覆在窄行上。垄作覆膜须先起好垄，垄高 10～15 cm，垄底宽 50～75 cm，垄背呈龟背状，垄上种两行，一膜盖双行。无论采取哪种覆盖方式都应将膜拉紧、铺平、紧贴地面，膜边入土 10 cm 左右，用土压实。膜上每隔 1.5～2.0 m 压一条土带，防止大风吹起地膜。覆膜 7～10 d，待地温升高后，便可播种。

(4)播种　播期以出苗时不受霜冻为宜。一般比当地露地栽培提前 10 d 左右。在每条膜上播两行。交错打孔点籽，孔深 10～12 cm。然后回填湿土并将膜裂口用土封严。如果土壤墒情不足，播种时应在播种孔内浇水 0.5 kg 左右。

(5)田间管理　播后要经常到田间检查，发现地膜破损要立即用土压严，防止大风揭膜。出苗前后检查出苗情况，若因苗弯曲生长而顶到地膜上，应及时将苗放出，以免烧苗。生育中期要及时破膜，在宽行间中耕除草培土，有灌水条件的可在宽行间开沟灌水。

思考题

1. 简述甘薯 3 种根的形成过程及其与环境条件的关系。
2. 甘薯育苗的方式有哪些？火炕育苗的特点是什么？
3. 简述马铃薯不同时期的生产特点及栽培技术要点。
4. 华北地区甘薯栽插的时间、密度及栽插方式如何？
5. 甘薯贮藏不同阶段的管理特点是什么？为什么？

第十四章　食用豆类及大豆栽培技术

一、食用豆类作物及其栽培利用

食用豆类作物主要是指以收获籽粒食用的豆科植物。食用豆类作物的种类较多，在我国栽培的主要有大豆、小豆、绿豆、普通菜豆、豌豆、蚕豆、鹰嘴豆、小扁豆。此外，还有豇豆、饭豆、四棱豆、刀豆、黑吉豆、乌头叶菜豆、多花菜豆、利马豆、扁豆、木豆、黎豆、瓜尔豆等。

豆科植物中的花生，因其种子含油量高，主要用于榨油，划入油料作物，而苜蓿、草木樨、田菁、沙打旺、苕子等则归在饲料绿肥作物之中。

豆类作物种子的蛋白质含量较高，是人类植物蛋白的主要来源，一般含蛋白质20%～30%，大豆和四棱豆种子的蛋白质含量高达35%～40%。豆类蛋白质是全价蛋白质，其氨基酸组成与人体蛋白质的组成比较接近，唯独蛋氨酸含量偏低，因此豆类作物一直以营养价值高，而受到人们的欢迎。

豆类作物有相应的根瘤菌与之共生，依靠根瘤菌的活动，可以从空气中固定游离的氮素。根瘤菌可为豆类作物提供一定数量的氮素，但其数量并不能满足豆类作物的需氮量。同时，豆类作物必须为根瘤菌提供其生存所必需的碳水化合物，这对豆类作物来说则是一种消耗。有的根瘤菌专一性很强，只能同一种豆类作物共生，如大豆根瘤菌；但有的能与几种豆类作物共生，如豌豆根瘤菌，能在豌豆、蚕豆、苕子等几种作物的根上形成根瘤。

豆类作物营养生长和生殖生长并进的时间一般较长，加之豆荚遍布全身，因而，源与库的关系比较复杂，产量形成较难调节，这是豆类作物产量较低的主要原因。

(一)小豆(赤豆、红豆、赤小豆、红小豆)

小豆(*Phaseolus angularis* Wight.)起源于我国，世界上大约有24个国家种植小豆，我国种植最多，日本、印度、朝鲜、孟加拉等国次之。我国小豆种植遍及全国，以华北最多，东北次之。小豆是集粮、药、肥于一身的作物。小豆籽粒含蛋白质21.4%～29.2%，脂肪0.14%～3.64%，碳水化合物56%～61%，还含有多种维生素和矿物质。小豆具有利水除湿、活血排脓、消肿解毒等药用功效。小豆还是良好的倒茬作物，因其品种熟期类型多，适于同多种作物搭配轮作倒茬。小豆耐湿、耐瘠，适于在低湿地、瘠薄地、新垦地种植。小豆秸秆是家畜的良好饲料。

小豆是喜温作物，适应范围很广，从温带到热带都有栽培，以温带温暖湿润的气候最为适宜。小豆是短日照作物，北种南移，生育期缩短；南种北移，生育期延长。

小豆的种植方式多种多样。有单作、间作、套作及水田畦埂点种等。北方常与玉米、向日葵、甘薯、谷子等间作；零星地块也可用来点种小豆。小豆不宜多年连作，以间隔 3～4 年为宜。小豆单作用种量为 30～45 kg/hm^2，一般留苗 9 万～18 万株/hm^2，根据品种特性和地力情况来确定适宜保苗数。

(二)绿豆(植豆、文豆、吉豆)

绿豆(*Phaseolus radiatus* L.)起源于亚洲东南部，我国也是起源中心之一。世界各地都有绿豆栽培，以亚洲最多，印度、中国、泰国和菲律宾等是主产国。绿豆在我国各地都有种植，其中春播绿豆集中在长城沿线及以东地区，夏播绿豆主要集中在黄淮海流域的平原地区。内蒙古、吉林、河南、山西、陕西、黑龙江、安徽、河北、湖北和湖南种植面积较大，是我国的绿豆主产区。

绿豆营养丰富，籽粒含蛋白质 22%～26%，纤维素含量较高，一般 3%～4%。另外，还含有丰富的维生素、矿物质等营养元素。绿豆具有清热解毒作用，是我国人民传统的保健食品，如用绿豆籽粒制作防暑饮料、糕点、优质粉丝、粉皮，甚至用于酿酒。绿豆植株蛋白质含量高，茎叶柔软，消化率高，是牲畜的优质饲料。

绿豆品种类型多，生育期短，播种适期长，适应性广，并具有抗逆性强、耐旱、耐瘠、耐荫蔽等特点，因此是补种、填闲和救荒的优良作物。它不仅能单作，也可与禾谷类、棉花、甘薯、烟草等作物间作套种。

绿豆为短日照作物，但多数品种对光周期反应不敏感。绿豆喜温，整个生育期所需 10℃以上有效积温因品种和熟期类型不同而异，一般为 1 000～1 500℃。绿豆耐旱、怕涝，土壤过湿易徒长倒伏，花荚期多雨会导致严重落花落荚。

绿豆单作每公顷播种量 30 kg，春播留苗 7.5 万～12 万株，夏播留苗 12 万～20 万株，用做绿肥时可留苗 75 万株。

(三)普通菜豆(芸豆、四季豆、唐豆)

普通菜豆(*Phaseolus vulgaris* L.)原产美洲，中国栽培菜豆是 15 世纪直接从美洲引进的。我国是普通菜豆主产国之一，黑龙江、内蒙古、新疆、吉林、河北、山西、甘肃、云南、贵州、四川、陕西是主产区。普通菜豆籽粒含蛋白质16%～30.8%，还含有各种矿物质和维生素。普通菜豆可以制作豆馅、豆沙、罐头，是重要的植物蛋白来源之一。普通菜豆的茎叶蛋白质含量高，营养丰富，是牲口的好饲料。

普通菜豆不宜连作或重茬，连作和重茬都会造成减产。一般以玉米、小麦、谷子、高粱等禾谷类作物为其前茬。普通菜豆为喜温作物，播种期在10 cm地温稳定在12～13℃时较适宜。普通菜豆生育前期一般不需太多水分，但开花结荚期需水较多，此时遇旱，有条件的地方应进行灌水，以防落花落荚。

矮生直立型品种单作行距一般为50～60 cm，株距10 cm；穴播穴距25～30 cm，每穴播四五粒种子，穴保苗三四株；蔓生型品种单作行距70～100 cm，株距25～30 cm，穴保苗两三株。普通菜豆在开花前要进行两三次中耕、除草。当蔓生型品种的茎长到40～50 cm时，应搭架，搭架时木棍需离植株10 cm左右，以免伤根。普通菜豆除单作外，还可以与其他作物如玉米、高粱、棉花、马铃薯、向日葵等进行混种、间种和套种。

（四）豌豆（毕豆、回鹘豆、麦豆）

豌豆（*Pisum arvense* L.）原产于地中海沿岸、非洲北部、亚洲西部等地。我国栽培豌豆已有2 000多年的历史，相传是汉代张骞通西域时带回我国的。豌豆适应性强，分布广。全世界种植豌豆的国家有60余个，主产国为俄罗斯、中国、法国、印度、美国、埃塞俄比亚。我国豌豆主产省份为四川、河南、湖北、江苏、云南、陕西、山西等。青食豌豆主要分布在大、中城市的郊区。

豌豆籽粒蛋白质含量在15.5%～39.7%，是膳食蛋白质的重要来源。籽粒磨成粉可制作多种食品。豌豆的鲜荚、鲜嫩梢和青豆含有较多的糖分、多种维生素和矿物质，是优质蔬菜。豌豆茎叶和荚皮富含蛋白质，是营养价值很高的饲料、也是良好的绿肥、豌豆籽粒更是家畜的良好精料。

豌豆为长日照作物，早熟品种对日照长短反应不敏感。南种北引，大多提前开花。豌豆要求凉爽而湿润的气候条件。种子发芽的最适温度为6～12℃，开花期和结荚成熟期的最适温度分别为15～18℃和18～20℃。如气温高于26℃，对开花、结荚、籽粒产量和品质均不利。土壤pH值在5.5～6.7，多含石灰质、保水力强且排水容易的土壤较适宜豌豆种植。

豌豆一般采用条播或穴播。直立型品种条播的行距为30 cm，穴播的穴距为20～30 cm。蔓生型品种需将行距或穴距适当加大。条播株距为3～4 cm，穴播每穴两三粒种子。每公顷播种量为8～10 kg。

豌豆豆荚成熟时间不一致。做蔬菜用的豌豆，可陆续采收嫩荚，随采随上市。

做粮食用的豌豆，当大部分荚果成为黄色时，便可收获，如待全部荚果成熟，下部荚果就会开裂，造成损失。

(五)蚕豆(佛豆、罗汉豆、胡豆)

蚕豆(*Vicia faba* L.)起源于中亚物种起源中心，我国已有2 000多年的栽培历史，相传是汉代张骞通西域时带回我国的。世界上蚕豆主要分布在西亚、北非、欧洲和远东地区。我国的春蚕豆分布在甘肃、青海、新疆、内蒙古、西藏等地区；冬蚕豆主要分布在长江以南，如四川、云南、湖南、湖北、江苏、浙江、安徽等省。

蚕豆营养丰富，含蛋白质20%～40%，还含有丰富的淀粉和维生素B、维生素C。籽粒加工而成的粉丝、粉皮、蚕豆酱、五香蚕豆等是人民喜食的副食品。新鲜的茎叶是良好的家畜青饲料。蚕豆青苗是优质绿肥。

蚕豆喜凉爽，不耐暑热。发芽最适温度为16℃，在营养生长期最适温度为14～16℃，生殖器官形成期最适温度为15～22℃。蚕豆是长日照作物，北种南引，发育、成熟延迟；南种北引，发育、成熟提前。蚕豆喜光，整个生育期间都需要充足的阳光，尤其是花荚期，如果植株密度过大，株间遮光严重，会造成大量落花落荚，影响产量和品质。蚕豆需水较多，整个生育期间都需要较湿润的土壤。土层深厚、保水保肥能力强、有机质丰富的黏壤土适宜种植蚕豆。蚕豆有一定的耐盐碱能力，适宜的pH值为7～8。

蚕豆忌连作，连作植株生长矮小，产量低。蚕豆与禾谷类作物轮作较好。西北高寒地区常与小麦、青稞、马铃薯轮作。蚕豆也适宜与多种作物间作套种，如玉米和蚕豆带状种植，马铃薯套种蚕豆。此外，农民也经常在地埂上种蚕豆。春蚕豆每公顷播种量为225～300 kg，基本苗18万～37.5万株。冬蚕豆单种时，大粒种每公顷播种量225 kg左右，基本苗15万～19.5万株；小粒种每公顷播105～135 kg，基本苗36万株。

(六)鹰嘴豆(鸡头豆、桃豆)

鹰嘴豆(*Cicer arietinum* L.)起源于亚洲西部和地中海沿岸，是世界上栽培面积较大的食用豆类作物。世界上有40多个国家种植鹰嘴豆，亚洲栽培面积最大，其次是非洲。印度、土耳其、巴基斯坦、缅甸、墨西哥、埃塞俄比亚、西班牙、伊朗、摩洛哥和孟加拉是主产国。新疆是我国鹰嘴豆的主要栽培地区，甘肃、青海、陕西、云南、宁夏和内蒙古等地有零星种植。

鹰嘴豆籽粒蛋白质含量为23.0%，碳水化合物63.5%，脂肪5.3%。还含有丰富的食用纤维、微量元素和维生素。鹰嘴豆可同小麦一起磨成混合粉做主食用。

鹰嘴豆粉加奶粉制成豆乳粉，容易消化吸收，是老年人和婴儿的食用佳品。鹰嘴豆的籽粒可以制作豆沙、煮豆、炒豆、油炸豆或罐头食品。鹰嘴豆的青嫩豆粒、嫩叶均可做蔬菜。

鹰嘴豆是长日照作物，但多数品种对光周期反应不敏感。鹰嘴豆适宜在较冷凉的干旱地区种植。在热带或亚热带，一般在秋冬季播种，在温带少雨地区一般春季播种。鹰嘴豆的耐旱能力强，年降雨量在 280 mm 以上的地区均可种植。但不耐涝，开花结荚期遭受水淹会严重减产。

鹰嘴豆对土壤要求不严格，但在排水好、质地疏松的重壤土和黏壤土上生长发育最好。适宜的 pH 值为 5.5～8.6。鹰嘴豆不宜连作，多与麦类、玉米等作物换茬。鹰嘴豆常与大麦、小麦、高粱、豌豆、亚麻、红花等作物间、混作。

(七)小扁豆(兵豆、鸡眼豆)

小扁豆(*Lens esculenta* Moench.)起源于亚洲西南部和地中海东部地区，多分布在温带或亚热带、热带的高海拔地区，以亚洲栽培最多，印度、土耳其、孟加拉、叙利亚、加拿大等国是主产国。我国的小扁豆由印度引入，主要分布在宁夏、陕西、甘肃、山西、内蒙古、青海、云南等地。

小扁豆营养价值较高，含蛋白质 23.7%，脂肪 1.3%，碳水化合物 57.4%，粗纤维 3.2%，此外，还含有丰富的矿物质和维生素。小扁豆是加工优质粉面、粉条的上等原料。其粉可与其他谷类面粉混合制作面包、糕点，也可制成速溶豆粉和婴儿的营养食品。小扁豆是优良的绿肥和其他作物的好前作。

小扁豆是长日照作物，一般 15～16 h 光照下可促使小扁豆提早开花。但也有一些品种对光周期反应不敏感。小扁豆适宜温带冷凉气候，生长的最适宜温度为 24℃左右。温度超过 27℃以上，对多数品种的生长发育有不良的影响。小扁豆耐旱不耐涝，多种在干旱地区或山区。小扁豆对土壤质地要求不严格，黏土、轻壤土、冲积土等均可种植。在微酸性(pH 值 5.5～6.5)的土壤上生长良好。小扁豆的种植方式有单作和间、混作。在陕北主要与大豆间、混作；在渭北高原和一些山区则采用单作。

二、大豆的栽培技术

(一)大豆的起源、分类和生产分区

1. 大豆的起源

大豆[*Glycine max* (L.) Merr.]起源于我国。我国商代甲骨文中已有“大豆”。

汉代司马迁(公元前145年至前93年)在其编撰的《史记》中即提及轩辕黄帝时"艺五种"(黍稷菽麦稻),菽就是大豆。成书于春秋时代的《诗经》中有"中原有菽,庶民采之","五月烹葵及菽"等描述。在考古发掘中也发现了古代的大豆。1959年山西省侯马县发掘出多颗大豆粒,经^{14}C测定,距今已有2 300年,系战国时代的遗物。

栽培大豆起源于野生大豆。我国野生大豆种类最多、分布最广。野生大豆与栽培大豆杂交结实率很高,证明两者亲缘是相当近的。

栽培大豆究竟起源于我国何地呢?对此,学者们有不同的看法。吕世霖(1963)指出,古代劳动人民的生产活动是形成栽培大豆的关键,并提出栽培大豆起源于我国的几个地区。王金陵等(1973)也认为,大豆在我国的起源中心不止一个,是多源的。徐豹等(1986)比较研究了野生大豆和栽培大豆对昼夜变温和光周期的反应,证实35°N的野生大豆与栽培大豆之间的差别最小;品质化学分析结果也表明,我国34°～35°N地带野生大豆与栽培大豆的蛋白质含量最为接近;种子蛋白质的电泳分析又证明,胰蛋白酶抑制剂T_i^a等位基因的频率,栽培大豆为100%,而野生大豆中只有来源于32°～37°N者才是100%与栽培大豆相同。基于以上三点,他们认定大豆应起源于黄河流域。

2. 大豆的类型

(1)大豆的结荚习性　大豆的结荚习性一般可分为无限、有限和亚有限3种类型。

A. 无限结荚习性:具有这种结荚习性的大豆茎秆尖削,始花期早,开花期长。主茎中、下部的腋芽首先分化开花,然后向上依次陆续分化开花。始花后,茎继续伸长,叶继续产生。如环境条件适宜,茎可生长很高。主茎与分枝顶部叶小,着荚分散,基部荚不多,顶端只有一两个小荚,多数荚在植株的中部、中下部,每节一般着生2～5个荚,这种类型的大豆,营养生长和生殖生长并进的时间较长。

B. 有限结荚习性:具有这种结荚习性的大豆一般始花期较晚,当主茎生长高度接近成株高度前不久,才在茎的中上部开始开花,然后向上、向下逐步开花,花期集中。当主茎顶端出现一簇花后,茎的生长终结。茎秆不那么尖削。顶部叶大,不利于透光。由于茎生长停止,顶端花簇能够得到较多的营养物质,常常形成数个荚聚集的荚簇,或成串簇。这种类型的大豆,营养生长和生殖生长并进的时间较短。

C. 亚有限结荚习性:这种结荚习性介乎以上两种习性之间而偏于无限习性。主茎较发达。开花顺序由下而上。主茎结荚较多,顶端有几个荚。

大豆的结荚习性是重要生态性状,在地理分布上有着明显的规律性和地域性。从全国范围看,南方雨水多,生长季节长,有限品种多。北方雨水少,生长季节短,无限性品种多。从一个地区看，雨量充沛、土壤肥沃，宜种有限性品种；干旱少雨、土质瘠薄，宜种无限性品种。雨量较多、肥力中等，可选用亚有限性品种。当然，这也并不是绝对的。

(2)大豆的栽培类型　栽培大豆除了按结荚习性进行分类外，还有如下几种分类法。大豆种皮颜色有黄、青(绿)、黑、褐色及双色等。子叶有黄色和绿色之分。粒形有圆、椭圆、长椭圆、扁椭圆、肾状等。成熟荚的颜色有草黄、灰褐、褐、深褐以及黑等色。茸毛有灰色、棕黄两种，少数荚皮是无色的。大豆籽粒按大小可分为3级，即百粒重20 g以上为大粒，14～20 g的为中粒，14 g以下的为小粒。若以播种期进行分类，我国大豆可分作春大豆型、黄淮海夏大豆型、南方夏大豆型和秋大豆型。

3. 我国大豆生产分区

按照大豆生产的气候自然条件、耕作栽培制度、品种生态类型、发展的历史、分布和范围的异同，可将我国大豆区域划分为5个大区。

(1)北方春大豆区　包括黑龙江、吉林、辽宁、内蒙古、宁夏、新疆等省(区)及河北、山西、陕西、甘肃等省北部，该区分3个亚区，其中东北春大豆亚区为重要内、外销生产基地。

A. 东北春大豆亚区：包括黑龙江、吉林、辽宁及内蒙古东部4个盟。播种面积和产量分别占全国的25%和35%以上。该区无霜期100～170 d，大于或等于10℃活动积温1 900～4 000℃，年降水量350～1 200 mm。4月下旬至5月中旬播种，9月中下旬收获。品种生育期为105～155 d。大部分以无限和亚有限结荚习性品种为主，南部和东南部以有限结荚品种为主。本区大部分大豆品质优良、含油量高、种皮黄色、浅色脐、光泽好。

B. 黄土高原春大豆亚区：包括河北北部、山西北部、陕西北部、内蒙古高原一带、河套灌区及宁夏。播种面积占全国的4.1%。无霜期180～220 d，大于或等于10℃活动积温3 000～4 000℃，年降水量200～500 mm。4月下旬至5月中旬播种，9月份收获。品种生育期105～145 d。以无限结荚习性品种为主。品种以耐瘠薄、耐旱的黑豆较多。

C. 西北春大豆亚区：基本为新疆农区。播种面积不足2.7万 hm^2，无霜期110～200 d。四五月份播种，八九月份收获。品种生育期100～150 d。有限和无限结荚习性品种都有。

(2)黄淮海流域夏大豆区　地域与黄淮海冬小麦生产区相同，该区分2个亚区：

A. 冀晋中部春夏大豆亚区：包括河北长城以南，石家庄、天津一线以北，陕西省中部和东南部。播种面积在 20 万 hm^2 左右。无霜期 175～220 d，大于或等于10℃活动积温 3 800～4 300℃，年降水量 400～800 mm。6 月中下旬播种，9 月中下旬收获。品种生育期 90～150 d。以无限和亚有限结荚习性品种为主。

B. 黄淮海流域夏大豆亚区：包括石家庄、天津一线以南，山东省、河南省大部、江苏省洪泽湖和安徽省淮河以北、山西省西南部、陕西省关中地区、甘肃省天水地区。播种面积占全国的 30%，产量占全国的 30%以上。无霜期 180～220 d，大于或等于10℃活动积温 4 000～4 800℃，年降水量 500～1 000 mm。6 月中下旬播种，9 月中下旬至 10 月初收获。品种生育期 90～110 d。以有限结荚习性品种为主。

(3)长江流域春夏大豆区　该区分两个亚区。

A. 长江流域春夏大豆亚区：包括江苏、安徽两省长江沿岸部分，湖北全省，河南、陕西南部，浙江、江苏、湖南的北部，四川盆地及东部丘陵。播种面积占全国的12%左右、产量占 15%左右。无霜期 210～310 d，大于或等于 10℃活动积温 4 500～5 500℃，年降水量 1 000～1 500 mm。春作时，4 月上旬播种，7 月中下旬收获。夏作时，5 月下旬至 6 月上旬播种，9 月下旬至 10 月上旬收获。春作品种生育期 95～110 d，夏作 120～150 d；以有限结荚习性品种为主，也有无限结荚习性品种。

B. 云贵高原春夏大豆亚区：包括云南、贵州两省绝大部分，湖南和广西的西部，四川西南部。播种面积占全国大豆播种面积 3%左右。无霜期 275～350 d，年降水量 750～1 500 mm。春作时，4 月上中旬播种，8 月下旬至 9 月上旬收获。夏作时 5 月上旬播种，8 月中旬至 9 月上旬收获。品种生育期 100～150 d。以有限结荚习性品种为主。

(4)东南春夏秋大豆区　包括浙江省南部、福建和江西两省、台湾省、湖南、广东、广西的大部。播种面积占全国的 6%～15%、产量占 4%～5%。无霜期 270～320 d，大于或等于 10℃活动积温 5 500～7 500℃，年降水量 1 000～2 000 mm。春作时，4 月上旬播种，7 月上中旬收获。夏作时，5 月下旬至 6 月上旬播种，9 月下旬至 10 月中旬收获。秋作时，7 月下旬至 8 月上旬播种，11 月上旬收获。以有限结荚习性品种为主。

(5)华南四季大豆区　包括广东、广西、云南的南部边缘和福建的南端。播种面积占全国的 2%以下。全年几近无霜，大于或等于 10℃活动积温 7 500～9 000℃，年降水量 1 500～2 000 mm。春作时，2 月下旬播种，6 月上中旬收获。夏作时，5 月下旬至 6 月上旬播种，8 月中下旬收获。秋作时，7 月上旬播种，9 月下旬收获。冬作时，12 月下旬至次年 1 月上旬播种，次年 4 月下旬收获。以有限结荚习性品种为主。

(二)大豆生长发育与器官建成

1. 大豆的生长发育

(1)大豆的一生　大豆的一生指的是从种子萌发开始，经历出苗、幼苗生长、花芽分化、开花结荚、鼓粒，直至新种子成熟的全过程。

A. 种子的萌发和出苗：大豆种子在土壤水分和空气条件适宜，播种层温度稳定在10℃时，即可发芽。大豆种子发芽需要吸收相当于本身重量120%～140%的水分。种子发芽时，胚根先伸入土中，子叶出土之前，幼茎顶端生长锥已形成三四个复叶、节和节间的原始体。随着下胚轴伸长，子叶带着幼芽拱出地面。子叶出土即为出苗。

B. 幼苗生长：子叶出土展开后，幼茎继续伸长，经过4～5 d，一对原始真叶展开，这时幼苗已具有两个节并形成了第一个节间。从原始真叶展开到第一复叶展平大约需10 d。此后，每隔3～4 d出现一片复叶，腋芽也跟着分化。主茎下部节位的腋芽多为枝芽，条件适合即形成分枝。中、上部腋芽一般都是花芽，长成簇。出苗到分枝出现，叫做幼苗期。幼苗期根系比地上部分生长快。

C. 花芽分化：大豆花芽分化的迟早，因品种而异。早熟品种较早，晚熟品种较迟；无限性品种较早，有限性品种较迟。大豆花芽分化可分作花芽原基形成期、花萼分化期、花瓣分化期、雄花分化期、雌蕊分化期以及胚珠花药、柱头形成期。最初，出现半球状花芽原始体，接着在原始体的前面发生萼片，继而在两旁和后面也出现萼片，形成萼筒。花萼原基出现是大豆植株由营养生长进入生殖生长的形态学标志。然后，相继分化出极小的龙骨瓣、翼瓣、旗瓣原始体。跟着雄蕊原始体成环状顺次分化，同时心皮也开始分化。在10枚雄蕊中央，雌蕊分化，胚珠原始体出现，花药原始体也同时分化。花器官逐渐长大，形成花蕾。随后，雄、雌蕊的生殖细胞连续分裂，花粉及胚囊形成。最后，花开放。

从花芽开始分化到花开放，称为花芽分化期，一般为25～30 d。因此，在开花前一个月内环境条件的好坏与花芽分化的多少及正常与否有密切的关系。从这时起，生殖生长和营养生长并进，根系发育旺盛，茎叶生长加快，花芽相继分化。花朵陆续开放。

D. 开花结荚：从大豆花蕾膨大到花朵开放需3～4 d。每天开花时刻，一般从6:00开始开花，8:00～10:00最盛，下午开花甚少。在同一地点，开花时刻又因气候情况而错前错后。

花朵开放前，雄蕊的花药已裂开。花粉粒在柱头上发芽。花粉管在向花柱组织内部伸长的过程中，雄核一分为二，变成两个精核，从授粉到双受精只需 8～10 h。授粉后约 1 d，受精卵开始分裂。最初二次分裂形成的上位细胞将来发育成胚，下位细胞发育成胚根原和胚柄。受精后第一周左右胚乳细胞开始分化，接着，子叶分化。第二周，子叶继续生长，胚轴、胚根开始发育，胚乳开始被吸收，2 片初生叶原基分化形成。第三周，种子内部为子叶所充满，胚乳只剩下一层糊粉层、两三层胚乳细胞层。子叶的细胞内出现线粒体、脂质颗粒、蛋白质颗粒。第四周，子叶长到最大，此后，复叶叶原基分化形成。

花冠在花粉粒发芽后开放，约 2 d 后凋萎。随后，子房逐渐膨大，幼荚形成（拉板）开始。头几天，荚发育缓慢，从第五天起迅速伸长，大约经过 10 d，长度达到最大值。荚达到最大宽度和厚度的时间较迟。嫩荚长度的日增长约 4 mm，最多达 8 mm。

从始花到终花为开花期，有限性品种单株自始花到终花 20 d 左右；无限性品种花期长达 30～40 d 或更长。从幼荚出现到拉板（形容豆荚伸长、加宽的过程）完成为结荚期。由于大豆开花和结荚是交错的，所以又将这两个时期称开花结荚期。在这个时期，营养器官和生殖器官之间对光合产物竞争比较强烈，无限性品种尤其如此。开花结荚期是大豆一生中需要养分、水分最多的时期。

E. 鼓粒成熟：大豆从开花结荚到鼓粒阶段，没有明显的界线。在田间调查记载时，把豆荚中籽粒显著突起的植株达一半以上的日期称为鼓粒期。在荚皮发育的同时，其中种皮已形成；荚皮近长成后，豆粒才鼓起。

大豆一生中各个生育时期经常是重叠的，很难确切地加以划分。种子的干物质积累，大约在开花后 1 周内增加缓慢，以后的一周增加很快，大部分干物质是在这以后的大约 3 周内积累的。每粒种子平均每天可增重 6～7 mg，多者达 8 mg 以上。荚的重量大约在第七周达到最大值。当种子变圆，完全变硬，最终呈现本品种的固有形状和色泽时，即为成熟。

（2）大豆生育期和生育时期　大豆品种的生育期是指从出苗到成熟所经历的天数。根据外部形态特征出现的若干次显著变化可划分为 6 个生育时期：①播种期：播种当天的日期；②出苗期：幼苗子叶出土达 50％的日期；③开花期：开花的株数达 50％的日期；④结荚期：幼荚长度达 2 cm 的株数达 50％的日期；⑤鼓粒期：豆荚放平，籽粒较明显凸起的植株达 50％的日期；⑥成熟期：全株有 95％的荚变为成熟色，摇动时开始有响声的植株达 50％的日期。

2. 大豆的形态特征

（1）根和根瘤

A. 根：大豆根由主根、支根、根毛组成。初生根由胚根发育而成，支根在发芽后 3～7 d 出现，根的生长一直延续到地上部分不再增长为止。在耕层深厚的土壤条件下，大豆根系发达，根量的 80%集中在 5～20 cm 土层内，主根在地表下 10 cm 以内比较粗壮，越往下越细，几乎与支根很难分辨，入土深度可达 60～80 cm。支根是从主根中柱鞘分生出来的。一次支根先向四周水平伸展，远达 30～40 cm，然后向下垂直生长。一次支根还再分生两三次支根。根毛是幼根表皮细胞外壁向外突出而形成的。根毛寿命短暂，大约几天更新一次。根毛密生使根具有巨大的吸收表面。

B. 根瘤：在大豆根生长过程中，土壤中原有的根瘤菌沿根毛或表皮细胞侵入，在被侵入的细胞内形成感染线，根瘤菌进入感染线中，感染线逐渐伸长，直达内皮层，根瘤菌也随之进入内皮层中，在这里根瘤菌的后产物诱发细胞进行分裂，形成根瘤的原基。大约在侵入后 1 周，根瘤向表皮方向隆起，侵入后 2 周左右，皮层的最外层形成了根瘤的表皮，皮层的第二层成为根瘤的形成层，接着根瘤的周皮、厚壁组织层及维管束也相继分化出来，根瘤菌在根瘤中变成类菌体。根瘤细胞内形成豆血红蛋白，根瘤内部呈红色，此时根瘤开始具有固氮能力。

C. 固氮：类菌体具有固氮酶。固氮过程的第一步是由钼铁蛋白及铁蛋白组成的固氮酶系统吸收分子氮。氮(N_2)被吸收后，两个氮原子之间的三价键被破坏，然后被氢化合成为 NH_3。NH_3 与 α-酮戊二酸结合成谷氨酸，并以这种形态参与代谢过程。大豆植株与根瘤菌之间是共生关系。大豆供给根瘤糖类，根瘤菌供给寄主以氨基酸，有人估计，大豆光合产物的 12%左右被根瘤菌所消耗。对于大豆根瘤固氮数量的估计差异很大。张宏等根据结瘤、不结瘤等位基因系的比较。(^{15}N 同位素等手段测得)，一季大豆根瘤菌共生固氮数量为 96.75 kg/hm^2。这一数量为一季大豆需氮量的 59.64%。一般地说，根瘤菌所固定的氮可供大豆一生需氮量的 1/2～3/4。这说明，共生固氮是大豆的重要氮源，然而单靠根瘤菌固氮是不能满足其需要的。据研究，当幼苗只有第一对真叶时，已可能结根瘤，2 周以后开始固氮，植物生长早期固氮较少，自开花后迅速增长，开花至青粒形成阶段固氮最多，约占总固氮量的 80%，在接近成熟时固氮又下降。

(2)茎　大豆的茎包括主茎和分枝。茎发源于种子中的胚轴。下胚轴末端与极小的根原始体相连；上胚轴很短，带有两片胚芽、第一片三出复叶原基和茎尖。在营养生长期间，茎尖形成叶原始体和腋芽，一些腋芽后来长成主茎上的第一级分枝。第二级分枝比较少见。大豆栽培品种有明显的主茎，主茎高度在 50～100 cm，矮者只有 30 cm，高者可达 150 cm。茎粗变化也较大，其直径为 6～15 mm。主茎一般具有 12～20 节，但有的晚熟品种有 25 节，有的早熟品种仅有八九节。

大豆幼茎有绿色与紫色两种，绿茎开白花，紫茎开紫花。茎上生茸毛，灰白或棕色，茸毛多少和长短因品种而异。

大豆茎的形态特点与产量高低有很大的关系。据吉林省农业科学院研究，株高与产量的相关系数 $r=0.830\ 4$，茎粗与产量的相关系数 $r=0.516\ 1$。对亚有限品种来说，株高与茎粗的比值为 80～120 时产量稳定。主茎节数与产量相关也颇显著。有资料表明，单株平均节间长度 5 cm 是倒伏的临界长度。

按主茎生长形态，大豆可分为蔓生型、半直立型、直立型。栽培品种均属于直立型。大豆主茎基部节的腋芽常分化为分枝，多者可达 10 个以上，少者一两个或不分枝。分枝与主茎所成角度的大小、分枝的多少及强弱决定着大豆栽培品种的株型。按分枝与主茎所成角度大小，可分为张开、半张开和收敛 3 种类型。按分枝的多少、强弱，又可将株型分为主茎型、中间型、分枝型 3 种。

(3)叶　大豆叶有子叶、单叶、复叶之分。子叶(豆瓣)出土后，展开，经阳光照射即出现叶绿素，可进行光合作用。在出苗后 10～15 d，子叶所贮藏的营养物质和自身的光合产物对幼苗的生长是很重要的。子叶展开后约 3 d，随着上胚轴伸长，第二节上先出现 2 片单叶，第三节上出生一片三出复叶。

大豆复叶由托叶、叶柄和小叶 3 部分组成。托叶一对，小而狭，位于叶柄和茎相连处两侧，有保护腋芽的作用。大豆植株不同节位上的叶柄长度不等，这对于复叶镶嵌和合理利用光能是有利的。大豆复叶的各个小叶以及幼嫩的叶柄能够随日照而转向。大豆小叶的形状、大小因品种而异。叶形可分为椭圆形、卵圆形、披针形和心脏形等。有的品种的叶片形状、大小不一，属变叶型。叶片寿命 30～70 d 不等，下部叶变黄脱落较早，寿命最短；上部叶寿命也比较短，因出现晚却又随植株成熟而枯死；中部叶寿命最长。

除前面提及的子叶、复叶外，在分枝基部两侧和花序基部两侧各有一对极小的尖叶，称为前叶，已失去功能。

(4)花和花序　大豆的花序着生在叶腋间或茎顶端，为总状花序。一个花序上的花朵通常是簇生的，俗称花簇。每朵花由苞片、花萼、花冠、雄蕊和雌蕊构成。苞片有两个，很小，呈管形。苞片上生有茸毛，有保护花芽的作用。花萼位于苞片的上方，下部联合呈杯状，上部开裂为 5 片，色绿、着生茸毛。花冠为蝴蝶形，位于花萼内部，由 5 个花瓣组成。5 个花瓣中上面一个大的叫旗瓣，旗瓣两侧有两个形状和大小相同的翼瓣；最下面的两瓣基部相连，弯曲，形似小舟，叫龙骨瓣。花冠的颜色分白色、紫色两种。雄蕊共 10 枚，其中 9 枚的花丝连在一起呈管状，1 枚分离，花药着生在花丝的顶端，开花时，花丝伸长向前弯曲，花药裂开，花粉散出。一朵花的花粉约有 5 000 粒。雌蕊包括柱头、花柱和子房 3 部分。柱头为球形，在花柱顶端，花柱下方为子房，内含胚珠 1～4 个，个别的有 5 个，以两三个居多。

大豆是自花授粉作物，花朵开放前即完成授粉，天然杂交率不到1%。花序的主轴称花轴。大豆花轴的长短、花轴上花朵的多少因品种而异，也受气候和栽培条件的影响。花轴短者不足3 cm，长者在10 cm以上。现有品种中花序有的长达30 cm。

(5)荚和种子　大豆荚由子房发育而成。荚的表皮被茸毛，个别品种无茸毛。荚色有草黄、灰褐、褐、深褐以及黑等色。豆荚形状分直形、弯镰形和弯曲程度不同的中间形。有的品种在成熟时沿荚果的背腹缝自行开裂(炸裂)。

大豆荚粒数各品种有一定的稳定性。栽培品种每荚多含两三粒种子。荚粒数与叶形有一定的相关性。有的披针形叶大豆，四粒荚的比例很大，也有少数五粒荚；卵圆形叶、长卵圆形叶品种以两三粒荚为多。

成熟的豆荚中常有发育不全的籽粒，或者只有一个小薄片，通称秕粒。秕粒率一般为15%～40%。秕粒发生的原因是，受精后未得到足够的营养。一般先受精的先发育，粒饱满；后受精的后发育，常成秕粒。开花结荚期间阴雨连绵或天气干旱均会造成秕粒。鼓粒期间改善水分、养分和光照条件有助于减少秕粒。

种子形状可分为圆形、卵圆形、长卵圆形、扁圆形等。种子大小通常以百粒重表示。百粒重14 g以下为小粒种，14～20 g为中粒种，20 g以上为大粒种。籽粒大小与品种和环境条件有关，东北大豆引到新疆种植，其百粒重可增加2 g左右，种皮颜色与种皮栅栏组织细胞所含色素有关，可概分为黄色、青色、褐色、黑色及双色5种，以黄色居多。种脐是种子脱离珠柄后在种皮上留下的疤痕。在种脐的靠近下胚轴的一端有珠孔，当发芽时，胚根由此出生；另一端是合点，是珠柄维管束与种脉连接处的痕迹。脐色的变化可由无色、淡褐、褐、深褐到黑色。圆粒、种皮金黄色、有光泽、脐无色或淡褐色的大豆最受市场欢迎；但脐色与含油量无关。

种皮共分3层：表皮、下表皮和内薄壁细胞层。由于角质化的栅栏细胞是不透空气的，种脐区(脐间裂缝和珠孔)成为胚和外界之间空气交换的主要通道。

胚由两片子叶、胚芽和胚轴组成。子叶肥厚，富含蛋白质和油分，是幼苗生长初期的养分来源。胚芽具有一对已发育成的初生单叶。胚芽的下部为胚轴。胚轴末端为胚根。有的大豆品种种皮不健全，有裂缝，甚至裂成网状，致使种子部分外露。气候干旱或成熟后期遇雨也常常造成种皮破裂。有的籽粒不易吸水膨胀，变成"硬粒"，种皮栅栏组织外面的透明带含有蜡质或栅栏组织细胞壁硬化。土壤中钙质多，种子成熟期间天气干燥往往使硬粒增多。

(三)大豆的产量形成及其与环境条件的关系

1. 大豆的产量形成

(1)大豆的光合作用

A. 光合速率：大豆作为典型的C_3作物，其光合速率是比较低的。不同品种之间，在光合速率上有较大的区别，杜维广等(1982)对 24 个品种的光合速率进行了测定，CO_2 最低为 11 mg/(dm^2 · h)，最高为 40 mg/(dm^2 · h)[平均为 24.4 mg/(dm^2 · h)]。赵述文等(1981)的测定表明，光合速率以结荚期为最高。譬如，小金黄 1 号开花末结荚初光合速率 CO_2 为 10 mg/(dm^2 · h)，结荚期为 13～16 mg/(dm^2 · h)，鼓粒期 CO_2 为 10～15 (mg/dm^2 · h)。杨文杰等(1983)、徐克章等(1983)发现，在大豆结荚鼓粒期光合速率最高。就一个单叶而言，从小叶展平后，随着叶面积扩大，光合速率增大，叶面积达到最大以后 1 周内，同化能力达到最大值，以后又逐渐下降。在一天之中，早晨和傍晚光合速率低，中午最高，并持续几个小时。国内外的许多研究者都指出，在作物叶片的光合速率和作物产量之间不存在稳定的和恒定的相关性。不过，有些研究者认为，大豆生育后期(结荚鼓粒期)的光合速率高，籽粒产量也高。

B. 光呼吸：大豆的光呼吸速率是比较高的。由光合作用固定下来的 CO_2 有 25%～50%又被光呼吸作用所消耗。据前人测定结果表明，大豆光呼吸速率 CO_2 在 4.57～7.03 mg/(dm^2 · h)，即占饱和光下净光合速率的 1/3 左右。

(2)大豆的吸收作用

A. 水分吸收：大豆靠根尖附近的根毛和根的幼嫩部分吸收水分。大豆根主要是从 30 cm 以内的土层中吸收水分的。在根系强大时，也能从 30～50 cm 土层中吸收水分。大豆的根压为 5～25 Pa，由于有根压，大豆根能够主动从土壤中吸收水分。为保障叶片的正常生理活动，其水势应维持在－100 Pa 以上。当水势大于－40 Pa 时，叶片生长速度快；小于－40 Pa 时，叶片生长速度很快下降，当水势在－120 Pa 左右时，叶片生长接近于零。据宋英淑(1983)测定的结果，一株大豆在一生中总耗水量为 24 635 mL，而王琳等(1991)的测定表明，一株大豆的总耗水量为35 090 mL。单株大豆耗水量的差异与供试品种的生长量大小有关。王琳等(1992)的测定还表明，春播大豆各生育时期的单株平均日耗水量(mL)分别为：分枝末期之前 66，初花期 317，花荚期 600，荚粒期 678，鼓粒期 450，成熟期 175。由此可见，结荚至鼓粒期间是春播大豆耗水的关键时期。

B. 养分吸收：大豆植株生育早期阶段，叶片、片柄、茎秆中的 N，P 和 K 的质量分数较高。随着植株的生长发育，特别是随着籽粒的形成，全株的养分浓度逐渐下降，譬如，出苗后 15 d 叶片的 N、P_2O_5 和 K_2O 的百分含量分别为 5.43%，1.10%和 1.81%，而成熟期(出苗后 127 d)，相应地下降为 2.99%，0.61%和 0.82%。籽粒中氮、磷和钾的百分含量基本上呈上升趋势。成熟期籽粒的含氮量在 6%以上(董钻等，1989)。

大豆植株对 N，P_2O_5 和 K_2O 吸收积累的动态符合 Logistic 曲线，即前期慢，中期快，后期又慢。对于一个生育期为127 d的春播大豆品种(辽豆3号)来说，吸收N和P_2O_5最快的时间在出苗后第71.5 d和71 d，而吸收K_2O最快时间则在第63.9天。春播晚熟大豆品种，每获得100 kg籽粒。大豆植株从土壤中带出N 8.29～9.45 kg，P_2O_5 1.64～1.95 kg，K_2O 2.96～3.72 kg(董钻等，1989)。

(3)大豆产量的积累动态

A. 叶面积指数：适当地增大叶面积指数是现阶段提高大豆产量的主要途径。大豆出苗到成熟，叶面积指数有一个发展过程，一般在开花末至结荚初达到高峰，大致呈一抛物线。叶面积指数过小，即光合面积小，不能截获足够的光能；叶面积指数过大，则中、下部叶片被遮荫，光合效率低或变黄脱落。适宜的叶面积指数动态是：苗期0.2～0.3、分枝期1.1～1.5、开花末至结荚初期5.5～6.0、鼓粒期3.0～3.4。叶面积指数在3.0～6.0范围内，叶面积指数与生物产量、经济产量的相关性是极显著的。较大的叶面积指数维持较长的时间对产量形成是有利的。

B. 光合势：用叶面积曲线对时间求积分，可以得到光合势，就是叶面积的延续时间的总和。光合势以"$m^2 \cdot d$"为单位计算。董钻(1978)计算了8个大豆品种总光合势与产量的相关系数，结果表明，总光合势与生物产量相关极显著，$r=0.96$；总光合势与经济产量相关也很显著，$r=0.838$。总光合势高，说明光合面积大光合时间长，干物质积累多，生物产量自然高，光合势与经济产量的相关系数稍小，这是由于光合势是通过转移率(经济系数)同经济产量发生关系的缘故。春播秋收大豆要获得3 000～3 750 kg/hm^2籽粒产量，总光合势通常应在18万～20万$m^2 \cdot d$。

C. 生物产量的形成：大豆生物产量形成的过程大体可分为3个时期，即指数增长期、直线增长期和稳定期。大豆植株生长初期，叶片不遮阴，光合产物与叶面积成正比，增长速度缓慢，此时，生物产量的积累曲线如指数曲线。从分枝期起，叶面积增长迅速，光合产物积累速度大为提高。从分枝期至结荚期，生物产量增加最快，基本上呈直线增长。结荚期之后，叶片光合速率降低，生物产量趋于稳定，大约在鼓粒中期前后达到最大值。生物产量是经济产量的基础。要获得高额的籽粒产量，首先必须千方百计地提高生物产量；同时注意光合产物多向籽粒转移。

D. 籽粒产量的形成：大豆生长发育的重要特点是生殖生长开始早，营养生长和生殖生长并进的时间长，一个生育期为125 d的有限结荚习性品种，出苗后60 d始花，此时生物产量占总生物产量的20%～25%。由此可见，大豆的大部分干物质是在营养生长和生殖生长并进的时期内积累起来的。大豆早熟品种在出苗后50 d左右、晚熟品种在出苗后75 d左右，荚中籽粒即已开始形成。整个籽粒形成期为45～50 d，最初10 d左右增重较慢，中期增重较快，后期又较慢。若以每日每平方米土地籽粒平均增重9.9 g计算，每公顷籽粒平均日增重达105 kg左右。

(4)大豆植株的器官平衡　大豆植株的器官平衡是指大豆地上部分各个器官在生物产量中所占的比率。有关研究结果表明，大豆晚熟品种的叶片、叶柄、茎秆、荚皮和籽粒在生物产量中的最优比例应为24%、9%、20%、12%和35%，即经济系数为35%。早熟品种的茎秆比例应更小些(春播15%，夏播10%)，籽粒比例则应更大些，在42%～45%或更高。大豆器官平衡反映了光合产物的转移分配和"源-库"关系。从大豆栽培角度看，应当选择在高肥水条件下生物产量高、器官平衡合理、经济系数高的品种，加之采用各种栽培措施，以较小的叶片、叶柄、茎秆和荚皮比率，取得较多的籽粒产量。大豆的经济系数是相对稳定的，但又不是一成不变的。同一品种，夏播的经济系数高于春播；同一品种，在中肥条件下的经济系数往往又比在高肥条件下为高。不同品种同期播种，只要能够正常成熟，一般早熟品种的经济系数比晚熟品种高。

2. 大豆与环境条件的关系

(1)光照

A. 光照强度：大豆是喜光作物，光饱和点一般在30 000～40 000 lx，有的测定结果达到60 000 lx(杨文杰，1983)。大豆的光饱和点是随着通风状况变化的。当通气量为每平方厘米叶子1～1.5 L/h，光饱和点为25 000～34 000 lx，而通气量为1.92～2.83 L/(cm^2 叶·h)时，则光饱和点升为31 000～44 700 lx，大豆的光补偿点为2 540～3 690 lx(张荣贵等，1980)。光补偿点也受通气量的影响。在低通气量下，光补偿点测定值偏高；而在高通气量下，光补偿点测定值偏低。需要指出的是，上述这些测定数据都是在单株叶上测得的。如果据此而得出"大豆植株是耐阴的"的结论，那就十分不恰当了。在田间条件下，大豆群体冠层所接受的光强是极不均匀的。据沈阳农业大学1981年8月11日的测定结果，晴天的中午，大豆群体冠层顶部的光强为126 000 lx，株高2/3处为2 200～9 000 lx，株高1/3处为800～1 600 lx。由此可见，大豆群体中、下层的光照是不足的。这里的叶片主要依靠散射光进行光合作用。

B. 日照长度：大豆属于对日照长度反应极度敏感的作物。据观察，即使极微弱的月光(约相当于日光的1/465 000)对大豆开花也有影响。不接受月光照射的植株比经照射的植株早开花2～3 d。大豆开花结实要求较长的黑夜和较短的白天。严格说来，每个大豆品种都有其对生长发育适宜的日照长度。只要日照长度比适宜的日照长度长，大豆植株即延迟开花；反之，则开花提早。

应当指出，大豆对短日照要求是有限度的，绝非越短越好。一般品种每天12 h的光照即可促进开花；9 h光照对部分品种仍有促进开花的作用。当每天光照缩短为6 h，则营养生长和生殖生长均受到抑制。大豆结实器官发生和形成，要求短日照条件，不过早熟品种的短日照性弱，晚熟品种的短日照性强。在大豆生长发育过程中，对短日照的要求有转折时期，一个是花萼原基出现期，另一个是雌雄性配子细胞分化期，前者决定能不能从营养生长转向生殖生长，后者决定结实器官能不能正常形成。

短日照只是从营养生长向生殖生长转化的条件，并非一生生长发育所必需。认识了大豆的光周期特性，对于种植大豆是有意义的。同纬度地区之间引种大豆品种容易成功，低纬度地区大豆品种向高纬度地区引种，生育期延迟，秋霜前一般不能成熟。反之，高纬度地区大豆品种向低纬度地区引种，生育期缩短，只适于作为夏播品种利用。黑龙江省的春大豆，在辽宁省可夏播。

(2)温度　大豆是喜温作物。不同品种在全生育期内所需要的大于或等于10℃的活动积温相差很大。晚熟品种要求 3 200℃以上，而夏播早熟品种则要求1 600℃ 左右。同一品种，随着播种期的延迟，所要求的活动积温也随之减少。春季，当播种层的地温稳定在 10℃以上时，大豆种子开始萌动发芽。夏季，气温平均在 24～26℃，对大豆植株的生长发育最为适宜。当温度低于 14℃时，生长停滞。秋季，白天温暖，晚间凉爽但不寒冷，有利于同化产物的积累和鼓粒。

大豆不耐高温，温度超过 40℃，坐荚率减少 57%～71%。北方春播大豆在苗期常受低温危害，温度不低于－4℃，大豆幼苗受害轻微，温度在－5℃以下，幼苗可能被冻死。大豆幼苗的补偿能力较强，霜冻过后，只要子叶未死，子叶节还会出现分枝，继续生长，大豆开花期抗寒力最弱，温度短时间降至－0.5℃，花朵开始受害，－1℃时死亡；温度在－2℃，植株即死亡，未成熟的荚在－2.5℃时受害。成熟期植株死亡的临界温度是－3℃。秋季，短时间的初霜虽能将叶片冻死，但随着气温的回升，籽粒重仍继续增加。

(3)水分　大豆产量高低与降水量多少有密切的关系。东北春大豆区，大豆生育期间(5—9 月份)的降水量在 600 mm 左右，大豆产量最高，500 mm 次之，降水量超过 700 mm 或低于 400 mm，均造成减产。

黄淮海流域夏大豆区，6—9 月份的降水量若在 435 mm 以上，可以满足夏大豆的要求。据多点多年的统计资料，播种期(6 月上中旬)降水量多半少于 30 mm 是限制适时播种的主要因素。夏大豆鼓粒最快的 9 月上中旬降水量多在 30 mm 以下，即水分保证率不高是影响产量的重要原因。在以上两个时期若能遇旱灌水，则可保证大豆需水，提高产量。

大豆需水较多。据许多学者的研究，形成 1 g 大豆干物质需水 580～744 g。大豆不同生育时期对土壤水分的要求是不同的。发芽时，要求水分充足，土壤含水量在 20%～24%较适宜。幼苗期比较耐旱，此时土壤水分略少一些，有利于根系深扎。开花期，植株生长旺盛，需水量大，要求土壤相当湿润。结荚鼓粒期，干物质积累加快，此时要求充足的土壤水分。如果墒情不好，会造成幼荚脱落，或导致荚粒干瘪。

土壤水分过多对大豆的生长发育也是不利的。据原华东农业科学研究所(1958)调查，大豆植株浸水2～3昼夜，水温没有变化，水退之后尚能继续生长。如渍水的同时又遇高温，则植株会大量死亡。

(4)土壤　大豆对土壤条件的要求不很严格。但土层深厚、有机质含量丰富的土壤，最适于大豆生长。大豆对土壤质地的适应性较强。沙质土、沙壤土、壤土、黏壤土乃至黏土，均可种植大豆，以壤土最为适宜。大豆要求中性土壤，pH值为6.5～7.5。pH值低于6.0的酸性土往往缺钼，也不利于根瘤菌的繁殖和发育。pH值高于7.5的土壤往往缺铁、锰。大豆不耐盐碱。总盐量小于0.18%，NaCl小于0.03%，植株生育正常，总盐量大于0.60%，NaCl大于0.06%，植株死亡。

大豆需要矿质营养的种类全，且数量多。大豆根系从土壤中吸收氮、磷、钾、钙、镁、硫、氯、铁、锰、锌、铜、硼、钼、钴等十余种营养元素。

A. 氮：大豆富含蛋白质，氮素是蛋白质的主要组成元素。长成的大豆植株的平均含氮量为2%左右。苗期，当子叶所含的氮素已经耗尽而根瘤菌的固氮作用尚未充分发挥的一段时间里，会暂时出现幼苗的“氮素饥饿”。因此，播种时施用一定数量的氮肥如硫酸铵或尿素，或氮磷复合肥如磷酸二铵，可起到补充氮素的作用。大豆鼓粒期间，根瘤菌的固氮能力已经衰弱，也会出现缺氮现象，进行花期追施或叶面积喷施氮肥，可满足植株对氮素的需求。

B. 磷：磷素被用来形成核蛋白和其他磷化合物；在能量传递和利用过程中，也有磷酸参与。长成植株地上部分的平均含磷量为0.25%～0.45%。大豆吸磷的动态与干物质积累动态基本相符，吸磷高峰期正值开花结荚期。磷肥一般在播种前或播种时施入土壤。只要大豆植株前期吸收了较充足的磷，即使盛花期之后不再供应，也不致严重影响产量，因为磷在大豆植株内能够移动或再度被利用。

C. 钾：钾在活跃生长的芽、幼叶、根尖中居多。钾和磷配合可加速物质转化，可促进糖、蛋白质、脂肪的合成和贮存。大豆植株的适宜含钾范围很大，在1.0%～4.0%。大豆生育前期吸收钾的速度比氮、磷快，比钙、镁也快。结荚期之后，钾的吸收速度减慢。

D. 钙：大豆有“石灰植物”之称。长成植株的含钙量为2.23%。从大豆生长发育的早期开始，对钙的吸收量不断增长，大约在生育中期达到最高值，后来又逐渐下降。

大豆植株对微量元素的需要量极少。各种微量元素在大豆植株中的含量为：

镁97%、硫69%、氯28%、铁5%、锰2%、锌0.6%、铜0.3%、硼0.3%、钼0.03%、钴0.14%（Ohlrogge,1966）。由于多数微量元素的需要量极少，加之多数土壤尚可满足大豆的需要，常被忽视。近些年来，有关试验已证明，为大豆补充微量元素收到了良好的增产效果。

（四）大豆生产主要环节及其栽培措施

1. 轮作和耕作

（1）连片种植和轮作倒茬

A. 连片种植：零星种植是当前大豆品种生产潜力不能发挥，高产栽培技术难以推广和许多行之有效的普通措施无法落实的主要原因。大面积连片种植可以实行统种分管，做到“五统一”，即统一供种、统一施肥、统一密度、统一管理、统一防虫，获得高额产量。从长远来看，也便于耕地的轮作倒茬。

B. 轮作倒茬：大豆对前作要求不严格，凡有耕翻基础的谷类作物，如小麦、玉米、高粱以及亚麻、甜菜等经济作物，都是大豆的适宜前作。

大豆茬是轮作中的好茬口。大豆的残根落叶含有较多的氮素，豆茬土壤较疏松，地面较干净。因此，适于种植各种作物特别是禾谷类作物。

大豆忌重茬和迎茬。据黑龙江省国营农场管理局（1986）调查，重茬大豆减产11.1%～34.6%，迎茬大豆减产5%～20%。减产的主要原因是：以大豆为寄主的病害如胞囊线虫病、细菌性斑点病、黑斑病、立枯病等容易蔓延；危害大豆的害虫如食心虫、蛴螬等越易繁殖；土壤养分（如磷素）的偏消耗也会影响产量的形成；大豆根系的分泌物会抑制大豆的生长发育，降低根瘤菌的固氮能力，从而影响大豆的产量。

目前，我国北方作物的主要轮作方式是：

①东北地区：大豆—春小麦—春小麦；玉米—大豆—春小麦；玉米—玉米—大豆。

②华北地区：春小麦—谷子—大豆；玉米—高粱—大豆；冬小麦—夏大豆—棉花。

③西北地区：冬小麦—夏大豆—玉米；冬小麦—夏大豆—高粱或玉米。

（2）土壤耕作　大豆要求的土壤状况是，活土层较深，既要通气良好，又要蓄水保肥，地面应平整细碎。

平播大豆的土壤耕作　无深耕基础的地块，要进行伏翻或秋翻，翻地深度18～22 cm，翻地应随即耙地。要求在每平方米耕层内，直径大于5 cm的土块不多于5个。有深翻基础的麦茬，要进行伏耙茬；玉米茬要进行秋耙茬，拾净玉米茬子。

耙深 12～15 cm,要耙平、耙细。春整地时,因春天风大易失墒,应尽量做到耙、耢、播种、镇压连续作业。

垄播大豆的土壤耕作　麦茬伏翻后起垄,或搅麦茬起垄,垄向要直。搅麦茬起垄前灭茬,破土深度 12～15 cm,然后扶垄,培土。玉米茬春整地时,实行顶浆扣垄并镇压。有深翻基础的原垄玉米茬,早春拾净茬子,耢平达到播种状态。

"三垄"栽培法　这是黑龙江省八一农垦大学针对低湿地区种豆所研制的方法。"三垄"指的是垄底深松、垄体分层施肥、垄上双行精量点播。"三垄"栽培法采用垄体、垄沟分期间隔深松,即垄底松土深度耕层下 8～12 cm,苗期垄沟深松 10～15 cm。垄底、垄沟深松宽度为 10～15 cm。在垄体深松的同时,进行分层深施肥。当耕层为 22 cm 以上时,底肥施在 15～20 cm;耕层为 20 cm 时,底肥施在 13～16 cm。种肥的深度在 7 cm 左右。播种时,开沟、施种肥、点种、覆土、镇压一次完成,种肥和种子之间需保持 7 cm 左右的间距。这种栽培方法比常规栽培法平均增产大豆30%～46%(杨方人,1989)。

2. 施肥

大豆是需肥较多的作物。长期以来,对于大豆是否需要施用氮肥一直存在某些误解,似乎大豆依靠根瘤菌固氮即可满足其对氮素的需要。这种理解是不对的。从大豆总需氮量来说,根瘤菌所提供的氮只占 1/3 左右。从大豆需氮动态上说,苗期固氮晚且数量少,结荚期特别是鼓粒期固氮数量也减少,不能满足大豆植株的需要。因此,种植大豆必须施用氮肥。全国化肥联合试验结果证明,每千克氮、磷、钾(纯品)分别增产大豆 2.25、0.65、0.90 kg。

(1)基肥　大豆对土壤有机质含量反应敏感。种植大豆前土壤施用有机肥料,可促进植株生长发育和产量提高。当每公顷施用有机质含量在 6%以上的农肥 30～37.5 t时,可基本上保证土壤有机质含量不致下降。大豆播种前,施用有机肥料结合施用一定数量的化肥尤其是氮肥,可起到促进土壤微生物繁殖的作用。适宜的施肥比例是 1 t 有机肥掺合 3.5 kg 氮肥。

(2)种肥　种植大豆,最好以磷酸二铵颗粒肥做种肥,每公顷用量 120～150 kg。在高寒地区、山区、春季气温低的地区,为了促使大豆苗期早发,可适当施用氮肥为"启动肥",即每公顷施用尿素 52.5～60 kg,随种下地,但要注意种、肥隔离。

经过测土证明缺微量元素的土壤,在大豆播种前可以挑选下列微量元素肥料拌种,用量如下:

钼酸铵,每千克豆种用 0.5 g,拌种用液量为种子量的 0.5%。

硼砂,每千克豆种用 0.4 g,首先将硼砂溶于 16 mL 热水中,然后与种子均匀混拌。

硫酸锌，每千克豆种用 4～6 g，拌种用液量为种子量的 0.5%。

(3)追肥　大豆开花初期施氮肥，是国内、外公认的增产措施。做法是：于大豆开花初期或在最后一遍趟地的同时，将化肥撒在大豆植株的一侧，随即中耕培土。氮肥的施用量，尿素 30～75 kg/hm^2 或硫铵 60～150 kg/hm^2，因土壤肥力、植株长势而异。为了防止大豆鼓粒期脱肥，可在鼓粒初期进行根外(即叶面)追肥。

3. 播种

(1)播前准备

A. 种子质量要求：品种的纯度应高于 96%，发芽率高于 95%，含水量低于 13%。挑选种子时，应剔除病斑粒、虫食粒、杂质，使种子净度达到 97%以上。

B. 根瘤菌拌种：每公顷用根瘤菌剂 3.75 kg，加水搅拌成糊状，均匀拌在种子上，拌种后不能再混用杀菌剂。拌种后的豆种要严防日晒，并需在 24 h 内播种，以防菌种失去活性。

C. 药剂拌种：为防治大豆根腐病，用 50%多菌灵拌种，用药量为种子量的 0.3%。大豆胞囊线虫危害的地块，播前需将丁硫百克威条施于播种床内，用药量为每公顷 30～97.5 kg。要注意先施药后播种。还可兼防地下害虫。

(2)播种期的确定　春播大豆，当春天气温稳定通过 8℃时，即可开始播种。除地温之外，土壤墒情也是限制播种早晚的重要因素。黑龙江省 4 月 25 日至 5 月 20 日，吉林省自 4 月 20 日至 5 月 5 日，辽宁省自 4 月 20 日至 5 月初，是大豆的适宜播种期。一个地区，一个地点的大豆具体播种时间，需视大豆品种生育期的长短、土壤墒情好差而定。早熟些的品种晚播，晚熟些的早播；土壤墒情好，可晚些播，墒情差，应抢墒播种。

(3)播种方法

A. 精量点播：采用机械垄上单、双行等距精量点播；双行间的间距为 10～12 cm。人工点播，一般耘耙开沟，人工摆籽。摆籽后立即覆土 3～5 cm，镇压提墒。如土壤含水量高，待表土略干后再镇压，以免表土板结，影响出苗。若采用等距穴播，穴距 15～25 cm 不等，因种植密度而异。每穴点籽 3～4 粒。

B. 垄上机械双条播：双条间距 10～12 cm，要求对准垄顶中心播种，偏差不超过±3 cm。

C. 窄行平播：黑龙江省北部地区多采用此种播种法。行距 45～50 cm，实行播种、镇压连续作业。无论采用何种播法，均要求覆土厚度 3～5 cm。过浅，种子容易落干；过深，子叶出土困难。

(4)种植密度　大豆单位面积产量是由单位面积株数、单株荚数、每荚粒数和单粒重量4个因素构成的。在生产上，保证单位面积株数即保证种植密度至关重要。它是产量构成因素中首要的、最活跃的因素。

种植密度主要根据土壤肥力、品种特性、气温以及播种方法等而定。肥地宜稀，瘦地宜密；晚熟品种宜稀，早熟品种宜密；早播宜稀，晚播宜密；气温高的地区宜稀，气温低的地区宜密。春大豆区每公顷留苗一般15.0万～40.0万株；夏大豆区一般22.5万～45.0万株；南方秋大豆区可达到40.0万～80.0万株。以大豆产区东北地区为例，黑龙江省中、南部每公顷保苗19.5万～30.0万株；北部则需保苗34.5万～39.0万株。吉林省肥地每公顷保苗16.5万～19.5万株；肥力中等保苗19.5万～24.0万株；薄地则需24.0万～30.0万株。辽宁省中部一般每公顷保苗15.0万～18.0万株；东部降雨多，土壤较肥沃，适宜保苗数在12.0万～15.0万株；而西部降雨少且土壤较瘠薄，每公顷保苗在18.0万或更多些。

在同一地点，大豆品种的株型不同，适宜种植密度也各异。即植株高大、分枝型品种宜稀；植株矮小、独秆型品种宜密。密植程度的最终控制线是，当大豆植株生长最繁茂的时候，群体的叶面积指数不超过6.5。

4. 田间管理

在大豆生育期间，只有加强田间管理，才能确保丰产。田间管理的主要任务是：消除杂草，破除地表板结，疏松土壤，追肥，灌水，防治病、虫害等。

(1)间苗　间苗是简单易行但不可忽视的措施，通过间苗，可以保证合理密度，调节植株田间配置，为建立高产大豆群体打下基础。间苗宜在大豆齐苗后，第一片复叶展开前进行。间苗时，要按规定株距留苗，拔除弱苗、病苗和小苗，同时剔除苗眼草，并结合进行松土培根。

(2)中耕　中耕主要指铲趟作业，目的在于消灭杂草，破除地面板结；中耕的另一目的是培土，起到防旱、保墒、提高地温的作用，中耕方式如下：

A. 耙地除草：即出苗前后耙地，此法只适用于机械平播的地块。出苗前耙地，在豆苗幼根长2～3 cm，子叶距地面3 cm时进行。此时耙地的深度不能超过3 cm。出苗后耙地，在大豆出苗后，第一对真叶至第一片复叶展开前进行。此时豆苗抗耙力强，伤苗率3%～5%，耙地深度为4 cm。用钉齿耙，采用对角线或横向耙地，选择晴天，上午9时以后进行。

B. 趟蒙头土：此法限于垄作地块采用。当大豆子叶刚拱土，大部分子叶尚未展开时，用机引铲趟机趟地，将松土蒙在垄上，厚2 cm。这样能消灭苗眼杂草，经过2～3 d后苗仍可长出地面。

C. 铲前趟一犁：平作、垄作均可采用。这项措施在豆苗显行时进行，可起到消灭杂草、提高地温、松土、保墒，促进根系生长的作用。

D. 中耕除草：在大豆生育期间进行 2～3 次。中耕之前先铲地，将行上草和苗眼草铲除。在豆苗出齐后铲头遍地，1～2 d 后趟头遍地，趟地深度 10～12 cm。隔 7～10 d，铲、趟第二遍，趟地深度 8～10 cm。封垄之前铲、趟第三遍，趟地深度 7～8 cm。中耕除草的同时，也兼有培土的作用。培土有助于植株的抗倒和防止秋涝。铲趟作业的伤苗率应低于 3%。

(3)化学除草　目前应用的除草剂类型多，更新也快。一些土壤处理剂易光解易挥发，喷药后要立即与土壤混合，可用钉齿耙耙地，耙深 10 cm，然后镇压。此项措施在早春干旱的地区不宜采用。

当前应用比较多的除草剂有氟乐灵(48%)乳剂、赛克津(70%)可湿性粉剂、稳杀得(35%)乳油、10%禾草克乳油、12.5% 盖草能乳油等。喷药时应注意风向，以免危及邻地作物的安全。选药时还要兼顾下茬作物的安全问题。

(4)灌溉　大豆需水较多。当大豆叶水势为 −1.2～1.6 MPa 时，气孔关闭。当土壤水势小于 15 kPa 时，就应进行灌溉。土壤水势下降到 −0.5 MPa 时，大豆的根就会萎缩。

大豆主产区除少数国营农场有灌溉条件外，一般生产田均不能进行灌溉。黑龙江省八五二农场 1987 年于大豆盛花期至鼓粒期进行喷灌，每公顷分别追尿素 37.5 kg、75 kg 和 150 kg；分别增产 10.1%、14.3% 和 17.5%。东北春大豆区，自 7 月中旬至 8 月下旬，为大豆开花结荚期，也是多雨季节，但仍有不同程度的旱象，如能及时灌溉，一般可增产 10%～20%。鼓粒前期缺水，影响籽粒正常发育，减少荚数和粒数。鼓粒中、后期缺水，粒重明显降低。

灌溉方法因各地气候条件、栽培方式、水利设施等情况而定。喷灌效果好于沟灌，能节约用水 40%～50%。沟灌又优于畦灌。

(5)生长调节剂的应用　生长调节剂有的能促进生长，有的能抑制生长，应根据大豆的长势选择适当的剂型。

2,3,5-三碘苯甲酸(TIBA)，有抑制大豆营养生长、增花增粒、矮化壮秆和促进早熟的作用，增产幅度在 5%～15%。对于生长繁茂的晚熟品种效果更佳。初花期每公顷喷药 45 g，盛花期喷药 75 g，此药溶于醚、醇而不溶于水，药液配成 2 000～4 000 μmol/L，在晴天下午 4 时以后喷施，喷后遇下雨会影响药效。

增产灵(4-碘苯氧乙酸)，能促进大豆生长发育，为内吸剂，喷后 6 h 即为大豆所吸收，盛花期和结荚期喷施，浓度为 200 μmol/L，该药溶于酒精中，药液如发生沉淀，可加少量纯碱，促进其溶解。

矮壮素(氯化铵-2-氯乙基三甲基)，能使大豆缩短节间，茎秆粗壮，叶片加厚，叶色深发，还可防止倒伏。于花期喷施，能抑制大豆徒长。喷药浓度为

0.125%～0.250%。

5. 收获

(1)收获时期 大豆茎秆呈棕黄色，杂有少数棕杏黄色，有7%～10%的叶片尚未落尽时，是人工收获的适宜时期。豆叶全部落尽，籽粒已归圆时，是机械收获的适宜时期。如大豆面积过大，虽然豆叶尚未落尽，但籽粒变黄、开始归圆，是分段收获的适宜时期。目前生产上往往收获时期偏晚，炸荚多，损失大，是值得注意的问题。

(2)收获质量 机械联合收割时，割茬高度以不留荚为度，一般为5 cm。要求综合损失不超过4%。人工收割时，要求割茬低，不留荚，放铺规整，及时拉打，损失率不超过2%。

(五)大豆高产优质主要栽培模式

大豆高产的途径在不同的地区，有不同的模式。就品种选用来说，要获得高额籽粒产量有的地区宜选用有限型品种，而有的地区则选用亚有限型或无限型品种较好。当前，主要的高产优质栽培模式有永常栽培模式、垄三栽培模式、高寒栽培模式、辽宁省春大豆生产技术规程模式、波浪冠层栽培模式、南方水旱轮作栽培模式、水改旱栽培模式等。

A. 永常栽培模式：在黑龙江省巴彦县松花江乡永常村产生，连片种植，连续3年每公顷产量达到3 000 kg。栽培要点是更换和精选良种，选肥茬，秋翻整地，机械精量点播，增施农肥和化肥，防病灭虫，精细管理。模式的特点是，将常规技术组装配套，严格执行优良品种和等距播种等技术标准。

B. 垄三高产栽培模式：由黑龙江省八一农垦大学专家研制，适于垦区农场等地区推广应用，一般增产15%～20%，高的达30%。栽培要点为，选择3年以上轮作地块，及时更换和选择良种，精耕细整地，增施农肥和化肥，保证播种质量，加强田间管理。本模式的特点是，农机与农艺相结合，采用新研制的专用性耕播机械，在播种时做到垄底深松、垄体分层施肥、垄上双条精量点播等一次性作业。

C. 高寒栽培模式：由黑龙江省大豆技术开发研究中心等单位研制。栽培要点为，连片种植，合理轮作，伏翻整地，秋季起垄，良种精选，因地定种，配方施肥，分层深施，增施农肥，综合防治病虫杂草，标准化作业，定量运行。模式的特点是，以增温促熟为核心，将防寒抗旱等各项耕作栽培技术组装配套。

D. 辽宁省春大豆生产技术规程模式：由沈阳农业大学主持研制，适于辽宁省及周边地区推广应用。该规程被辽宁省技术监督局批准为地方标准，并发布实施。本规程包括产前生产运筹(品种选用、连片种植、合理轮作)、种子精选和播前处理、整地、施肥、播种、种植密度、田间管理、防治病虫杂草以及收获等各个技术环节，共12条65款。模式特点为，针对大豆零星种植，不利于大豆新技术推广应用的生产现实，强调连片种植是大豆各项丰产栽培措施的前提，是实现统一整地、施肥、供种、播种和分户管理、收获的先决条件。本模式除新品种外，还涵盖了多项大豆生产管理新技术，并以地方标准方式，简明扼要地介绍给农民，规程的可操作性强。

E. 波浪冠层栽培模式：由山东省菏泽地区农科所研制。波浪冠层栽培是指同一个品种在同一地块，根据品种特性，选择若干个不同密度的种植小区（每区为3～5行），由于密度差异，从而造成植株株高、叶片大小等株型的差异，形成一个个错落有序的梯形群体，总的看来，像大海波浪一样，使大豆最大限度利用光能，获得高产。栽培要点是，根据当地纬度和品种特性，选择种植方向和密度，确定每一个小区的宽度，精耕细整地，增施农肥和化肥，保证种植密度，加强田间管理。本模式特点为，以种植密度为调节杠杆，以最大限度利用太阳能，获得高产为目的，人为调节群体植株的生长发育。

F. 南方水旱轮作栽培模式：适于南方稻田区进行大豆和水稻合理轮作。技术要点为，整地开沟，抢早播种，前茬多施肥，生育期间精细管理，适时收获。本模式特点是，以改善土壤理化性状为核心，通过合理轮作，实现水稻和大豆双高产。

G. 水改旱栽培模式：适于水田改旱田种植大豆。栽培要点为，选择优良品种，排水整地，增施农肥和化肥，保证播种质量，中耕化学除草，及时排、灌水。模式特点是，以改善地下水位、降低土壤含水量为核心，将土壤耕作与作物栽培有机结合在一起。

思考题

1. 食用豆类作物的概念及其分类如何？
2. 大豆施肥应注意哪些方面？
3. 大豆生长习性有几种类型？各有什么特点？
4. 大豆为什么要强调轮作倒茬？

第十五章　油料作物及油菜栽培技术

一、油料作物及其栽培利用

通常把主要用于制取植物油脂的作物称为油料作物，油脂来源包括植物的果肉、果皮、块茎等，但含有较多油分的器官多为植物的种子或种仁。几乎所有植物种子均含有油脂，但能用做油料的种子含油率应达 20% 以上，且具备工业提取价值。

(一)油料作物的用途

1. 食用和食品工业应用

大多数植物油经过精炼加工后，可直接用于烹调。精炼油再经过脱色、氢化、皂化等过程加工为色拉油，经分离加氢硬化制成起酥油、人造奶油、煎炸油等，或将不同的植物油按比例混合制成理想的调和油。这些高质量食用油不仅直接进入家庭，也大量应用于食品工业和餐饮业。此外，利用精炼副产品油脚所制取的浓缩磷脂、粉末磷脂等，如加入油炸、面点等多种食品中，可以起到抗氧化、防老化及焦糊炭化、提高稳定性；保存维生素 E，促进发酵，增强乳化作用和起酥性，改进分散性，改善风味和色泽等作用。

在加工油脂的同时，开发利用植物蛋白，是合理利用资源，提高产品附加值的发展趋势。目前对大豆、花生植物蛋白产品利用，棉籽、菜籽饼(粕)的脱毒及蛋白质饲用和食用开发已经有了良好的进展。

2. 快速发展的工业用途

现代社会中植物油已逐渐成为用途广泛、不可取代的工业原料。

(1)直接应用　植物油脂可直接用做润滑油、脱模剂、淬火油等。熔点低、抗氧化性能好、摩擦系数小的菜油、蓖麻油用于机械工业、飞机的润滑油，高芥酸菜油特别适于冷轧钢及润滑剂和脱模油，以及金属工业高级淬火油。干性良好的油用于喷漆、油布等，我国桐油在这方面著称于世，是 800 多种工业产品的原料。而蓖麻油或菜籽油，可做橡皮布垫和电业上的绝缘材料。凝固类油如乌桕用于制蜡烛。

(2)化学工业　油脂是世界化工工业的重要原材料，主要用于制作肥皂、油漆、甘油、脂肪酸、酒精、树脂、表面活性剂、油墨、涂料、香料、化妆品等。油漆包括清漆、喷漆和其他保护性涂料,需用亚麻油、大豆油、桐油、紫苏油等干性油。制造肥皂、洗发香波、去污剂和很多表面活性剂的主要原料是椰子油、棕榈油和可可油。植物油用做乳化剂、泡沫剂(助泡、发泡、稳泡)、增塑剂、极端压力添加剂等,近年来发展最快的是增塑剂。油酸经氧化裂解戊二酸和壬二酸,是合成纤维和尼龙的重要原料。硬脂酸可用做上光剂、保革油以及使橡胶软化与防老化,也用做唇膏、霜膏等化妆品。油脂在香料生产中的应用有两种形式:一是精炼油脂成为色拉油作为油溶性食用香精的溶剂;二是根据不同脂肪酸分子的特点、链的长短、不饱和键的位置、官能团的性质特点及结构异构衍生物等情况加以利用。特别是低碳链的巴豆酸、顺芷酸的衍生物,在合成香料中,常常作为接链的缩合剂。

3. 医药保健

植物油脂提供人类所必需的不饱和脂肪酸亚油酸和亚麻酸,防止因缺乏这些脂肪酸引起的缺乏病。其中红花籽油、葵花籽油、核桃仁油是高亚油酸类,苏籽油、亚麻仁油是高亚麻酸类,其非皂化物中的甾醇等物质可抑制人体对胆固醇的吸收。目前植物油在医药上可用于配制各种抗生素或维生素针剂、乳化剂、丸剂和软膏。提取亚油酸可制成降压灵、脑立清、益寿宁等药品。提取亚麻酸用于治疗妇女经前紧张、湿疹和类风湿性关节炎。最近研究发现 α-亚麻酸含量高的油脂可作为配制抢救肠缺损病人特需脂肪乳的配料。大豆油和胚芽(小麦、玉米、稻米)油等油脂中的维生素 E 可制成各种防老化、抗氧化、抗高血脂等药品。油脂副产物磷脂作为保健食品,近年来国内外均发展很快,目前用大豆磷脂生产的产品有片冲剂、冲剂、口服液、营养液、胶囊、营养注射液等。

橄榄油对胃及十二指肠溃疡的治疗有效;烧、烫创面涂上橄榄油,不仅伤口愈合快,而且不会留下疤痕。苏籽油是富含 ω-3 脂肪酸的植物油,具有抗衰老、提高学习记忆力、降血脂、抗过敏以及抗癌等功能。油茶粕中分离的茶皂素有抗渗、消炎、镇痛等作用。胡麻籽具有抗结肠癌、乳腺癌、前列腺癌等功能。核桃仁具有润肺滋养、益胃、养颜、乌须发等作用。

4. 其他

由于植物油的不饱和性质,作为农药的辅助剂、载体和稀释剂,用于除草剂、杀菌剂和杀虫剂,可以使农药在植物叶片上的附着力更强,不必进行多次喷洒,从而降低成本。一些植物油中含有有毒成分,有驱虫、杀虫、灭菌等效能,苦楝子油、马桑油都有杀虫作用。油茶的茶皂素对某些虫、菌有溶血作用,进入其体内后破坏原生质,导致死亡。蓖麻油可直接用于作农药乳化剂。

目前不少国家开展用植物油代替矿物油做燃料的研究与实践。实验证明,植物油与石油 1∶1 做拖拉机用油与单用石油效果相似。

(二)油料作物分类

1. 按植物学形态分类

分为草本油料和木本油料两大类。油料作物大多属草本植物,如油菜、芝麻、花生、大豆、向日葵等,是我国油料植物的主要成员,栽培面积大。木本油料如油茶、油桐、油棕、油橄榄、椰子、核桃、乌桕等。这类油料植物具有投资少,花工少,生长年限长,收益大,在山地、丘陵、河滩、路旁都可种植,具有不占耕地面积,不与其他作物争地的特点。

2. 按产量与栽培区域分类

分为大宗油料、特种油料、热带油料和野生油料。我国农业部门统计的大宗油料作物有油菜、花生、芝麻、向日葵、胡麻,但按照油脂产量的高低,大宗油料的排序应为油菜、大豆、棉籽、花生、芝麻、胡麻、向日葵等,产量约占植物油脂总产的80%。一般称大宗油料以外的油料作物红花、苏子、蓖麻以及木本油料作物等为特种油料,有时也将具有特殊用途的油料称为特种油料,因而将向日葵、胡麻、黑芝麻等划归这一类。在特种油料作物中,属于我国特有的油料作物有核桃、油茶、乌桕等,其产品在国际市场有极高的信誉。热带油料有棕榈、橄榄、椰子、可可等。野生油料植物种类繁多,遍及全国各地,据初步调查有 4 000 多种,如苍耳子、盐蒿子、黄连木种子的含油率分别为 42.5%、26.15%、42.46%等。随着人们生活水平的提高和工业技术的迅速发展,对野生油料植物的发掘和利用更为必要。

3. 按用途分类

分为食用、工业用和药用油料等。油菜、芝麻、花生、大豆、向日葵等,是我国人民生活所需食用油的主要来源。油菜、大豆、亚麻、棉籽等除了食用外,也有很好的工业用途。蓖麻、紫苏油则主要用于工业。如油茶、核桃、油橄榄等多为食用。野生油料多为工业上用,如油桐、乌桕等。蓖麻、巴豆、苦楝子、马桑油等可做药用。

4. 按油脂的干燥性能分类

分为干性油、半干性油和不干性油。干性油有亚麻油、苏子油、桐油等。半干性油大多为良好的食用油,如油菜、豆油、向日葵油、芝麻油等。不干性油有蓖麻油、橄榄油、茶油、花生油等。

(三)油料作物的生产概况

1. 世界油料生产概况

近半个世纪以来,世界油料及制品生产一直保持着较高的发展速度。随着人们生活水平的提高，饮食营养结构的改善，以及对心血管病频发的预防，使油脂消费正在悄悄发生着量和质的变化，对饱和脂肪酸含量较低的植物油的需求大大增加。仅20世纪90年代约10年时间内，全球植物油消费增长约44%，同时食品开发及饲料需求增长使植物蛋白粕的消费增长38%。1995年油料作物面积、单产和总产比1950年分别增加了1.9倍、1.2倍、5.4倍。主要油料作物的产量在1995年的顺序为：大豆、棕榈、油菜、向日葵、花生、椰仁、芝麻、胡麻。

2. 中国油料作物生产概况

按中国现行生产统计口径，油料作物主要包括油菜籽、花生、葵花籽、芝麻、胡麻，其中以花生和油菜所占比重最大，各占油料总产的40%，均居于世界首位。但实际上大豆和棉籽也是压榨食油的原料。按压榨量排序，大豆、油菜籽、花生、棉籽是国内榨油的主要原料。按消费量排序，菜油、豆油、花生油、棕榈油、棉油是食油消费的主要品种，其中菜油和豆油占消费总量的60%左右，花生油和棕榈油占30%左右，棉油占8%左右。

近年来油菜、花生的总产量不相上下，2001年全国花生种植面积为4 991 khm^2，总产为1 441.6万t(带壳)；油菜总产量达到1 133.1万t。预计在未来几年内，全国油菜籽产量将继续保持上升势头。近10年来，中国向日葵、芝麻、胡麻面积基本稳定在6万～7万 hm^2。全国红花的栽培面积每年30～40 khm^2，产量400～540 kt；苏子则是一种正在开发利用的新兴油料作物，原来多为野生。

3. 主要油料作物的生物学特点及分布

木本油料作物在生产和行业统计上一般属于林业范畴，以下主要介绍草本油料作物的概况。

(1)花生　直根系，4列侧根在主根上呈十字排列。主茎一般着生4～12个侧枝。真叶为羽状复叶，小叶4片，椭圆或卵圆形；叶枕明显膨大，具有"感夜运动"，总状花序，花序轴伸长或缩短；蝶形花冠橙黄色，开花受精后，子房基部迅速伸长形成果针，果针向下生长，钻入土中形成果实。果实为荚果，含种子2～4粒，果实呈曲棍形、串珠形或茧形等，果皮外具网纹。种子为椭圆、圆锥及三角形等，种皮颜色为白粉、褐红、粉红、暗红、紫红等，种皮含约14%的油脂。

除了西藏、青海、宁夏外，中国其余省区均种植花生。分布区域主要集中在3大产区：一是以山东、河南、河北、辽宁、安徽及江苏北部为主的北方大花生区，种植面积占全国的60%以上；二是以广东、广西、福建、海南及台湾为主的南方春、秋两熟花生区，种植面积占全国的20%；三是以四川、湖北、湖南为主的长江流域春、秋花生区，种植面积占全国的10%。山东、河南、河北、广东是中国花生4大生产省。

(2)向日葵　直根系，根群庞大。茎秆直立粗壮呈圆形，高150～300 cm；表皮粗糙，被有短刺毛，幼茎为紫、绿、红或深紫色。真叶30～40片，多为心脏形，叶片有强烈的向光性。头状花序为植株顶端发育的花盘，花盘边缘有一圈不能结实的舌状花瓣，金黄色或橙黄色，少有紫色；舌状花内占据整个花盘的是可结实的管状花或筒状花，多为黄色，少有紫色。果实为瘦果（即葵花籽）。分食用、油用和中间3种类型；果壳颜色有白、煤黑、紫黑、灰、褐、棕色等，或相间的条纹。

向日葵适应性广，耐盐碱、耐干旱、耐瘠薄，每667 m^2 播种量少，管理方便，施氮肥少，所以生产投入少，经济效益高。向日葵主要分布于北方地区，包括吉林、辽宁、内蒙古、甘肃、宁夏、新疆以及陕西、河北的部分地区。吉林省面积最大。主要分为6个产区：东北区、内蒙古区、华北区、新疆区、黄河河套区、云贵高原区。

(3)芝麻 直根系。茎直立，高50～150 cm，在子叶节处呈圆形，中上部呈方形，四棱上有短毛；按主茎分枝有无分为单秆型、少分枝型、多分枝型。真叶无托叶，对生或互生，植株下部叶片为尖椭圆形，具浅缺刻；中部叶片大而宽，掌状叶具深或浅缺刻；上部叶片全缘，狭长呈披针形。花单生或3个簇生于叶腋，具短花梗，花冠钟状，白色至淡红色，内具紫斑点。果实为长形蒴果，上有纵沟，果实有4棱、6棱或8棱。种子较小，千粒重2.5～3.5 g，呈扁平倒卵形，颜色有白、黄、褐、黑等，一般浅色含油量高。

芝麻在全国各地都有种植，主产区在黄淮平原和长江中游，尤以河北、河南、湖北、安徽和江西5省种植最多，常年种植面积和产量均占全国的80%左右。分为春芝麻、夏芝麻、秋芝麻。春芝麻主要分布在黄河以北的河北、山西、内蒙古、新疆、陕西北部及东北各地。夏芝麻主要分布在河南、山东、陕西省南部以及湖北、安徽、江苏等地。秋芝麻主要分布在江西、湖南、浙江、广东、广西、四川、云南、贵州等省和自治区。

(4)胡麻 又称亚麻。可大致分成3种，纤用型（株高130 cm以上），油用型（株高90 cm左右，西北、华北俗称胡麻），油纤兼用型（株高110 cm左右）。直根系，主根细长。茎绿色，细而圆，表面光滑并附有蜡质，粗1～5 mm。油用亚麻有较多分枝。叶绿色全缘60～120片，披针或匙形，无叶柄和托叶，在茎上呈螺旋着生。复伞形花序生于分枝顶端，花萼花冠各5片连成漏斗状、星状、圆蝶状等，花冠有淡蓝、蓝、蓝紫、白、粉红色等。果实为球形蒴果，顶部稍尖，成熟时黄褐色。每果实内含扁卵形10粒种子。

目前全国油用及油纤兼用亚麻主要分布在北纬35°～45°，按自然环境可分为两大区即西北、华北北部黄土高原和内蒙古高原阴山丘陵旱作亚麻栽培区，以及内蒙古河套平原、宁夏银川平原、甘肃河西走廊和新疆北疆灌溉亚麻栽培区。主要生长在甘肃、内蒙古、山西、宁夏以及河北的坝上地区，以内蒙古自治区面积最大。

(5)红花　直根系，主根可深达 2 m 多，根系强大。茎直立木质化，表面具细线槽纹，株高 45～160 cm 不等，具分枝。叶互生，长椭圆或卵状披针形，茎上部叶逐渐变小成苞片状，围绕花序。头状花序呈球状，又称花球，由总苞片所包围的管状花组成；总苞片多列，尖端尖锐，外面两三层呈叶状，内部苞片伸长呈复瓦状排列，尖端常为刺状。每花序有两性管状花 15～17 朵，花色有白、橙黄、黄、橙红或深红，红色干花多做药用。果实为瘦果，椭圆或倒卵形，白、灰、黑褐色或略带紫色条纹，千粒重 24.7～75.0 g。

红花在中国已有 2 000 多年的种植历史，全国 25 个省、市、自治区均有分布，河南省是历史上的主要红花产区。20 世纪 70 年代中后期才开始作为食用油源开发利用。红花耐瘠薄、耐盐碱，抗旱性和抗寒性强。根据生产及气候条件划分为 4 个主要分布区：新甘宁区、川滇区、冀鲁豫区、江浙闽区。其中新疆播种面积占全国总面积 50％以上，干花和花籽的产量占全国总产量的 80％。

(6)苏子　苏子分为白苏及紫苏两种。高 60～90 cm，上部有白色长柔毛。叶对生，叶片卵圆形或圆形，长 3～9.5 cm，宽 2～8 cm；紫苏叶两面呈紫红色，淡红色；白苏两面均绿色。总状花序顶生或腋生；苞片卵形；花萼钟状，外有柔毛及腺点；紫苏花冠紫红色或淡红色，白苏花小白色；花冠唇形。紫苏小坚果近球形，黄褐色有网纹；白苏呈卵形或略呈三角形圆锥体状，灰白色至黄白棕色。紫苏子呈褐色、粒小；白苏子较紫苏子为大，银灰色，其上布满网状皱纹；均富含油脂，压碎有香气。

苏子根系发达，枝繁叶茂，抗逆性强，抗寒、抗旱、抗虫、耐瘠耐阴，适应性广。我国华北、华中、华南、西南及台湾省都有野生和栽培种。主要作为药用植物加以利用，苏叶、苏梗、种子都是传统的中草药，有散寒、理气及解鱼蟹毒的作用。苏子是一种集食用、医药保健、化工、饲料、水土保持等于一体、具有较高经济价值的油料作物。

(7)蓖麻　蓖麻在长江以北为一年生草本，在长江以南有一年生的，也有多年生的灌木或高大乔木。果实为 3 室蒴果，每室有一粒种子(蓖麻籽)，长卵至椭圆形，稍扁，长 5～22 mm，光滑而硬脆，灰白或棕色，有红棕色或黑色斑纹。种子具胚乳，种皮紧密包在胚乳外，坚硬呈壳状，占种子重的 25％～30％。油脂主要在胚乳和子叶中，因此最好去皮后制油。蓖麻籽中含 3 种毒素：蓖麻碱(类似吡啶酮的生物碱)、变应原(使人过敏物质)和毒蛋白(毒性最强)。蓖麻油黏度大，比重大，燃烧点高(500℃以上)，凝固点低(－18℃以下)，不溶于汽油，即使与燃料油接触仍能保持其润滑性。

由于蓖麻适应性广、耐盐碱、耐干旱。国内蓖麻主要产区分布在内蒙古通辽地区、吉林省白城地区、山东、山西等地，占全国蓖麻种植的80%。

二、我国油菜的起源、类型和生产分区

(一)油菜生产的起源和历史

一般认为油菜有两个起源中心。白菜型和芥菜型的起源中心在中国和印度，甘蓝型油菜的起源中心在欧洲。中国和印度是栽培油菜最古老的国家。中国古代称白菜型油菜为芸薹或胡菜，自宋代开始采用“油菜”的名称。在中国新石器时代的西安半坡原始社会遗址所发现的炭化菜籽，经同位素^{14}C测定距今已有6 000～7 000年。我国最早的油菜栽培地区被认为是青海、甘肃、新疆、内蒙古等地。

(二)油菜的类型和品种

以农艺性状为基础，我国油菜分为白菜型、芥菜型和甘蓝型3大类。

1. 白菜型油菜

白菜型油菜，俗称小油菜。包括北方型小油菜、南方油白菜、北方油白菜。植株一般较矮小，叶色深绿色至淡绿，上部薹茎叶无柄，叶基部全抱茎。花色淡黄至深黄，花瓣圆形较大，开花时花瓣两侧相互重叠。自然异交率75%～95%，属典型异花授粉作物。角果较肥大，果喙显著，种子大小不一，千粒重3 g左右，种皮颜色有褐、黄或黄褐色。生育期较短，150～200 d。易感染病毒病和霜霉病，产量较低，适宜在季节短、低肥水平下栽培，并可做蔬菜和榨油兼用的作物。

2. 芥菜型油菜

芥菜型油菜，俗称大油菜、高油菜、苦油菜、辣油菜等。是芥菜的油用变种。主要有小叶芥油菜和大叶芥油菜两个种。植株高大，株型松散。叶色深绿或紫绿，叶面一般皱缩，被有蜡粉和刺毛，叶缘有锯齿，薹茎叶有柄不抱茎，基部叶有小裂片和花叶。花色淡黄或白黄，花瓣小，开花时4瓣分离。具有自交亲和性，自交结实率高达70%～80%或以上。角果细而短，种子小，千粒重1～2 g，辛辣味较重，种皮有黄、红、褐等色。生育期中等，为160～210 d，产量不高，但耐瘠，抗旱，抗寒，适于山区、寒冷地带及土壤瘠薄地区种植，可做调料和香料的作物。

3. 甘蓝型油菜

甘蓝型油菜，又称洋油菜、番油菜等。植株中等或高大，枝叶繁茂。叶色蓝绿似甘蓝，多密被蜡粉，薹茎叶无柄半抱茎，基部叶有琴状裂片或花叶。花瓣大、黄色，开花时花瓣两侧重叠，自交结实率一般60%以上。角果较长，种子较大，千粒

重 3～4 g，种皮黑褐色。生育期较长，为 170～230 d，增产潜力大，抗霜霉病、病毒病能力强，耐寒、耐肥、适应性广。中国是世界上甘蓝型油菜的 3 大生产区之一（另外为欧洲和加拿大）。

我国在生产利用上也将油菜分为 3 大类：

（1）常规（普通）油菜　按常规方法育成的高产油菜。如中油 821、湘油 10 号等。

（2）优质油菜　按常规方法育成的具有优质特性的油菜。目前主要指油中低芥酸，饼中低硫甙葡萄糖苷含量的油菜。包括单低油菜（低芥酸），如中油低芥 2 号、淮油 12 号、青油 13 号等。双低油菜，如华双 3 号、湘油 13 号、中双 4 号等。

（3）杂交油菜　利用两个遗传基础不同的油菜品种或品系，采取一定的生产杂种的技术措施，如三系、两系育种、化学杀雄、自交不亲和等得到第一代杂交种，如秦油 2 号；如杂种具有优良品质特性的则称优质杂交油菜，如华杂 3 号、4 号等。

（三）油菜生产概况

油菜广泛分布于世界各地，从南纬 40°到北纬 60°都有种植，但主要集中种植在亚、欧、美 3 大洲。菜籽油是全球第三大植物油，20 世纪 80 年代以来，世界油菜籽生产发展很快，1979—1998 年播种面积和总产量分别增长了 2 倍多和 3 倍，成为世界上仅次于大豆的第二大油料作物。1996—2000 年 5 年间，世界油菜籽年播种面积为 2 500 万 hm^2 左右，产量 3 600 万 t 左右，主要分布在中国、加拿大、印度、德国、法国、澳大利亚、英国、美国、波兰和捷克等国家，这些国家油菜籽产量占世界总产量的 95%以上。

我国油菜的栽培面积和总产居世界之首，均占世界 1/3。1979 年以前，中国油菜的种植面积一直在 200 万～270 万 hm^2 徘徊，1979 年以后则发展加快，自进入 20 世纪90 年代以后出现了十分快速的发展，种植面积稳定在 530 万 hm^2 以上，2000 年以来增加到 700 万 hm^2 以上。我国油菜生产发展的主要原因，首先是油菜在人民生活中占有的重要地位，同时油菜也是我国种植业结构调整、农民增产增收、进行农产品深加工的理想作物。油菜可在不同的气候带实行春播和秋播，可与稻、棉、玉米、高粱等多种作物轮作复种，容易安排茬口，是提高复种指数，促进全年增产增收的优良作物。油菜是唯一的冬季油料作物，不与其他油料作物争地。油菜还是一种用地、养地相结合的好前作，它的根系能分泌有机酸，溶解土壤中难以溶解的磷素，提高土壤中磷肥的有效性；大量的落叶、落花以及收获后的残根和秸秆还田，能显著提高土壤肥力，改善土壤结构。油菜的花期长，花器官的数目多，每朵花有多个蜜腺，与芝麻、荞麦一起被称为我国 3 大蜜源作物。

(四)中国油菜的分布与分区

我国油菜的分布遍及全国,全国31个省市自治区都有油菜生产。

中国油菜按农业区划和油菜生产特点,以六盘山和太岳山为界线,大致分为冬油菜区和春油菜区两大产区。六盘山以东和延河以南,太岳山以东为冬油菜区;六盘山以西和延河以北,太岳山以西为春油菜区。冬油菜区集中分布于长江流域各省及云贵高原,这些地方无霜期长,冬季温暖,一年两熟或三熟,适于油菜秋播夏收。种植面积约占全国油菜总面积的90%,总产占全国总产量的90%以上。冬油菜区又分6个亚区:华北关中亚区,云贵高原亚区,四川盆地亚区,长江中游亚区,长江下游亚区和华南沿海亚区。其中四川盆地、长江中游、长江下游3个亚区是冬油菜的主产区,均以水稻生产为中心,实行油稻或油稻稻的一年两熟或三熟制。20世纪80年代以来,黄淮中下游平原地区的河南省、安徽省北部及江苏省北部、山东省西南部等,均是发展冬油菜的新区,生产潜力很大。

春油菜区冬季严寒,生长季节短,降雨量少,日照长且强度及昼夜温差大,对油菜种子发育有利;1月份平均温度为-20~-10℃或更低,为一年一熟制,实行春种(或夏种)秋收,种植面积产量均只占全国油菜的10%以上。春油菜区又分3个亚区:青藏高原亚区,蒙新内陆亚区和东北平原亚区。春油菜区有西北原产的白菜型小油菜和分布广泛的芥菜型油菜,特别是蒙新内陆亚区与冬油菜区的云贵高原亚区一起,是我国芥菜型油菜类型分化最多和种植面积最大的地区,西北地区还是世界上单产最高的地区,而东北平原则为我国新发展的春油菜产区。

三、油菜的生长发育与产量形成

(一)油菜的生育过程

1. 发芽出苗期

油菜种子无明显休眠期,成熟种子只要外界条件适宜即可发芽。种子发芽的最适温度为25℃,低于3~4℃,高于36~37℃,都不利于发芽。发芽以土壤水分为田间最大持水量的60%~70%较为适宜,种子需吸水达自身干重60%左右。油菜发芽需氧量较高,当种子胚根、胚芽突破种皮后,氧消耗量为1 000 μL/(g鲜重·h)左右,发芽初期土壤偏酸性有利。油菜种子吸水膨大后,胚根先突破种皮,幼根深入表土2 cm左右时,根尖生长出许多白色根毛。胚根向上伸长,幼茎直立于地面,两片子叶张开,由淡黄转绿,称为出苗。

2. 苗期

油菜出苗至现蕾这段时间称为苗期。甘蓝型中熟品种苗期为 120 d 左右，约占全生育期的一半，生育期长的品种可达 130～140 d。一般从出苗至开始花芽分化为苗前期，开始花芽分化至现蕾为苗后期。苗前期主要生长根系、缩茎、叶片等营养器官，为营养生长期。苗后期营养生长仍占绝对优势，主根膨大，并开始进行花芽分化。苗期适宜温度为 10～20℃，高温下生长分化快。

3. 蕾薹期

油菜现蕾至初花的这段时间称为蕾薹期。冬油菜一般在 2 月中旬至 3 月中旬，是油菜一生中生长最快的时期。此期营养生长和生殖生长并进，但仍以营养生长为主，生殖生长则由弱转强。表现在主茎伸长，增粗，叶片面积迅速增大，在蕾薹后期一次分枝出现，根系继续扩大，活力增加。花蕾发育长大，花芽数迅速增加，至始花期达最大值。蕾薹期是搭好丰产架子的关键时期，要求达到春发、稳长、枝多、薹壮。冬油菜一般初春后气温 5℃以上时现蕾，10℃以上时迅速抽薹。温度高则主茎伸长太快，易出现茎薹纤细、中空和弯曲现象，温度低于 0℃则易裂薹和死蕾。

4. 开花期

油菜始花至终花的这段时间称为开花期，一般 25～30 d。开花期主茎叶片长齐，叶片数达最多，叶面积达最大。盛花期根、茎、叶生长则基本停止，生殖生长转入主导地位并逐渐占绝对优势。表现在花序不断伸长，边开花边结角果，因而此期为决定角果数和每果粒数的重要时期。开花期需要 12～20℃的温度，最适温度为 14～18℃，气温在 10℃以下，开花数量显著减少；5℃以下不开花，并易导致花器脱落，产生分段结果现象。温度高于 30℃时虽可开花，却结实不良。花期降雨会显著影响开花结实。

5. 角果发育成熟期

终花至成熟的这段时间为角果发育成熟期，一般 30 d 左右。此期叶片逐渐衰亡，光合器官逐渐被角果取代。角果及种子形成适宜的温度为 20℃，低温则成熟慢，日均温在 15℃以下则中晚熟品种不能正常成熟，高温则易造成逼熟现象，种子千粒重不高，含油量降低。昼夜温差大和日照充足有利于提高产量和含油量。田间渍水或过于干燥易造成早衰，产量和含油率降低。

春油菜生育期一般为 80～100 d，主要表现在从出苗至初花的营养生长期短，开花期与角果发育的时间长，但品种间差异较大。出苗至花原始体开始分化只有 10 d左右，而出苗至现蕾仅经历 20 d 左右，开花至成熟所需时间与冬油菜差不多。春油菜生殖生长期相对较长，昼夜温差大，有利于种子发育。如何使幼苗期营养生长强壮而又促进后期生长旺盛，是春油菜高产、稳产的关键问题。

(二)油菜的器官形成

1. 根

油菜是直根系,由主根、侧根、根毛组成。直播油菜的主根分布较深,一般在耕作层的30～50 cm,深耕或干旱时可达100～300 cm。支根发达,密集在表土20～30 cm。生育后期,根系水平分布范围40～50 cm。出苗至越冬期根系垂直生长快于水平方向称为扎根期,返青至盛花是扩根期,盛花至成熟期是根系衰老期。扩根期根系生长加快,尤其是抽薹期生长最快,开花期是根重的最高期,单株根重达5.10 g。

2. 茎和分枝

(1)主茎　直立茎秆,茎上有30个左右节间,茎秆强韧,老茎木质化强。主茎长100～200 cm。茎色有绿、微紫或深紫色,表面被有蜡粉。

栽培上常将子叶节以下的整个幼茎称为根颈,而植物学上则把根和幼茎连接处的一小段幼茎称为根颈。随着幼苗的生长,根颈不断增粗,向外产生不定根,使根系扩大。根颈也是油菜冬季贮藏养分的器官。油菜在现蕾时和现蕾后主茎节间伸长,称为抽薹,主茎高达10 cm时进入抽薹期。到主花序停止伸长后,植株高度才最后定型。

甘蓝型油菜可划分成3个茎段(图15-1)。①缩茎段,在主茎基部,节简短而密集,节上着生长柄叶;②伸长茎段,在主茎中部,节间由下而上逐渐增长,棱形渐显著,节上着生短柄叶;③薹茎段,在主茎的上部,节间自下而上逐渐缩短,棱形更为显著。节上着生无柄叶(图15-2)。

图15-1　油菜的茎段

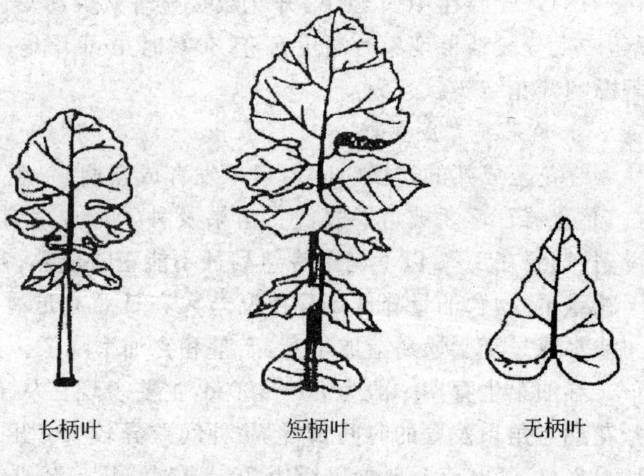

图15-2　油菜的3种叶型

(引自四川省农业科学院．中国油菜栽培)

(2)分枝　油菜叶腋的腋芽在条件适宜时可长成1、2、3次等多次分枝。油菜的分枝性很强，通常在春后形成的上部腋芽能长成有效分枝。

3. 油菜的叶

油菜出苗时有两片肾形的子叶，出苗后3～5 d出现第一片真叶。真叶为不完全叶，有椭圆、卵圆、琴形、花叶和披针形等。在正常秋播条件下，主茎的真叶数，甘蓝型晚熟品种一般为35～40片，中熟品种25～30片，早熟品种15～20片。主茎叶片数与单株分枝数和产量有密切关系。在花芽开始分化前争取多分化主茎叶片数，则分枝数也较多。

甘蓝型油菜主茎上的叶片，根据叶型可划分成3组(图15-2)：长柄叶，着生在缩茎段上，具有明显的叶柄，叶柄基部两侧无叶翅。短柄叶，着生在伸长茎段上，叶片较短或无叶柄，具有明显的叶翅。无柄叶，着生在薹茎段上，无叶柄，叶片基部两侧向下方延伸成耳状，半抱茎。

长柄叶的数量约占主茎总叶数的1/2，短柄叶和无柄叶约各占1/4。长柄叶在感温阶段出生，当出现短柄叶时，则已通过感温阶段。

4. 开花与受精

(1)花的结构　油菜为总状花序，每个花序轴上着生许多单花。花由苞叶、花萼、花冠、雌蕊、雄蕊组成。花冠淡黄或鲜黄，4片花瓣呈“十”字形。花萼4片。6枚雄蕊，4长两短，称4强雄蕊。雌蕊一枚，4个蜜腺位于4长雄蕊的外侧和两短雄蕊内侧。

(2)开花受精　油菜全株以主茎花序最早开花，然后是1次分枝，2次分枝等。一般由上部的1次分枝向下部的1次分枝依次开始开花，一个花序由下向上依次开花，一朵花则在头一天下午花萼顶端露出黄色花冠，第二天上午8～10时花瓣全部平展。开花后3 d左右，花瓣即凋萎脱落。中熟甘蓝型品种一般3月中下旬始花，4月上中旬终花。成熟花粉由昆虫或风力传播，黏附在柱头上进行授粉。花粉落在柱头上，沿花柱逐渐伸向子房，18～24 h完成受精过程。由于油菜有一定的异花授粉率，所以不同品种或与其他十字花科作物相邻种植时容易“串花”，导致生物学混杂。

5. 果实与种子

(1)角果的发育　油菜的果实是圆筒形的长角果。果身由两种果瓣组成，一种是两片狭长似船形的壳状果瓣，背面具有明显脉纹；另一种是两片窄而细、似线状的线状果瓣。在线状果瓣内侧为侧膜胎座，着生胚珠。两果瓣间有假隔膜相连。在角果成熟时相连部分产生离层，失水干燥后果瓣收缩，则沿壳状果瓣相连部分产生离层，使角果裂开。

(2)种子的发育与结构　一个角果最终发育形成10～30粒种子。种子一般呈球形或近球形，长度2 mm左右。千粒重2～4 g。种皮色泽有黑、暗褐、红褐、淡褐、淡黄、金黄、黄等。黄籽平均含油量比黑籽或紫红籽高1.54%～4.26%。

油菜籽主要由种皮、胚与胚乳遗迹组成。种子大部分为胚的子叶所充满。胚包括胚根、胚茎、胚芽和两片肥大的子叶；子叶纵向折叠，紧包幼胚的其他部分而成球状，子叶薄壁细胞的细胞质内含有丰富的颗粒状的油滴和糊粉粒。

春油菜一般植株矮小，株高80 cm左右。特别是春性白菜型小油菜植株矮小，株型紧凑。春油菜一次有效分枝三四个，单株有效角果数和主花序角果数分别为80个和30个左右，单株产量潜力较小。但在种植密度和管理适宜的条件下，仍能获得较高产量。

（三）油菜的温光反应特性

1. 油菜的感温性

油菜一生中必须通过一段时间较低的温度才能现蕾开花结实，否则就停留在营养生长阶段的特性称为感温性。根据不同的油菜品种的感温特性，可分为3种类型。

(1)冬性型　这类品种对低温要求严格，于0～5℃条件下，经30～40 d才能进入生殖生长。冬油菜晚熟、中晚熟品种属此类，如甘蓝型晚熟品种跃进油菜、胜利油菜及中晚熟双低品种中双2号。

(2)半冬性型　这类品种要求一定的低温条件，但对低温要求不严格，一般在5～15℃条件下，经20～30 d可开始生殖生长。一般冬油菜中熟、早中熟品种属此类，如多数甘蓝型品种秦油2号、中油821、湘油11号、华杂2号、3号等，以及长江中下游中熟白菜型品种均属此类。

(3)春性型　这类品种可在较高温度下通过感温阶段。一般10～20℃条件下，15～20 d甚至更短的时间就可开始生殖生长。冬油菜的极早熟、早熟品种和春油菜品种属此类，包括我国华南地区白菜型及甘蓝型极早熟品种，西南地区白菜型早中熟和早熟品种，及西北地区的春油菜品种等。如甘蓝型早熟品种黔油2号，甘蓝型春油菜品种陇油1号（高油分，低芥酸），白菜型早熟品种门油4号，以及白菜型早中熟品种青油13号等。

2. 油菜的感光性

油菜发育中还必须满足其一定长光照的要求才能现蕾开花的特性称为感光性。油菜是长日照作物，不同品种的感光性与其地理起源和原产地生长季节中白昼的长短有关，一般分为两种类型。

(1)强感光型　春油菜在开花前经历的光照长，故一般对光照长度敏感，开花前需经过14～16 h日照长度。

(2)弱感光型　冬油菜在开花前一般经历的光照较短，故对长光照不敏感，花前需经历的平均日照长度为11 h左右。

3. 油菜温光反应特性的应用

(1)引种　如将我国北方冬性强的冬油菜引到南方种植，因不能满足其低温要求而发育慢，成熟迟，甚至不能抽薹开花。反之若将西南地区春性强的冬油菜品种向北方引种，秋播过早则发育快，易早薹早花。一般长江中下游中熟品种可互相引种，而西南、华南春性较强的品种则不适应长江中下游，但可以引入华南等省，西南半冬性品种可引入长江中下游栽培。

(2)品种的选择与搭配　一般来说，甘蓝型油菜在我国大部分地区种植能够高产稳产，但在春油菜产区，尤其是西部高寒地区仍以种植芥菜型和白菜型油菜较多，特别是生育期短的白菜型早熟品种，可适应春种夏收或夏种秋收。在长江流域3熟制地区，则必须选用早中熟或中熟的半冬性品种，两熟地区则可以选用中晚熟，苗期生长慢的冬性品种，以利争取更高的产量。在华南沿海地区，由于冬季气温高，只有春性型生育期短的品种才能正常发育，而且该地区春季雨水较多，不利于油菜结果、成熟及收获，适宜栽培白菜型和极早熟的甘蓝型的品种(如泸州5号)。

(3)栽培管理　春性强的品种在秋季应适当迟播，过早播种会发生早薹早花，易遭冻害；而冬性强的品种应适时早播，充分利用冬前时间促进其营养生长，壮苗越冬，以利于高产。春性品种发育快，田间管理应提早进行，否则营养不足，产量不高。

(四)油菜的产量形成

1. 油菜产量的构成因素

油菜的产量由单位面积上的角果数、每果粒数和粒重3个因素所构成。在构成产量的3个因素中，以单位面积的角果数变异最大，不同栽培条件可相差1～5倍，特别是种植密度，因此它是大面积生产中调节潜力最大的产量因素，并且与产量形成一定的比例关系，基本上为1万个角果可以获得0.5 kg种子。每果粒数和粒重变异幅度则相对较小，不同栽培条件下，相差最多不超过1倍，若为同一品种，则变量更小，一般每果粒数变化范围在10%以内，千粒重在5%以内。不过当产量上升到一定程度，单位面积角果数已达到较高水平时，每果粒数与粒重对产量的影响则不可忽视。

2. 产量构成因素的形成

油菜各产量构成因素是在生育过程中按照一定的顺序形成的。当植株通过一定的感温阶段和必要的营养生长量，主茎顶端开始分化花芽，这是角果数形成的开始。当主花序第一个花芽分化进入胞原细胞形成期时，雌蕊内出现胚珠突起，这是粒数形成的开始。始花以后，当第一朵花的胚珠受精，经 4～5 d 胚胎静止期，开始长大增重，这是粒重形成的开始。油菜产量的形成过程可概括为 3 个时期：①花芽开始分化至开花前为角果数、粒数奠定期；②始花和终花后 15 d 左右为角果数、粒数定型期；③始花后约 25 d 至成熟为粒重的决定期。

尽管油菜产量构成的 3 个因素是在花芽分化以后开始形成的，但是苗前期的生长量却是重要的基础。只有苗前期有足够的生长量，才能分化较多的叶原基，为分枝结角做好准备，并提高幼苗的抗寒能力。因此，苗前期要有足够的积温，以利多出叶，但要避免过早地通过春化分化花芽。

四、环境条件对油菜产量和品质的影响

(一)菜籽的化学组成

油菜种子成分复杂，主要含有水分、脂肪、蛋白质、糖类、维生素、矿物质、植物固醇、酶、磷脂和色素等。脂肪是甘油和脂肪酸组成的甘油三酯。甘油三酯是菜油油脂中的主要成分，而脂肪酸又是甘油三酯中的主要成分(占 90%)。油菜中含量在 0.5%以上的脂肪酸有 15 种以上，主要有棕榈酸、硬脂酸、油酸、亚油酸、亚麻酸、花生烯酸、芥酸 7 种。普通油菜油中芥酸含量特别高(达 45%～50%)，人体不易吸收，利用率低，影响了菜油的营养价值。亚麻酸容易氧化，使油脂变质败味，不耐贮藏，是加工的特殊问题。低芥酸油菜品种则芥酸含量在 3%以下，油酸、亚油酸合计在 85%以上，亚麻酸在 6%左右，是理想的优质油。

油菜饼(粕)中的氮约 80%以蛋白质形式存在。菜籽蛋白质的氨基酸组成比较平衡，其中必需氨基酸的数量与大豆相似。

油菜饼(粕)含有硫甙葡萄糖苷、单宁、芥子碱和植酸等有毒物质和抗营养成分，其中主要有害成分是硫甙葡萄糖苷(硫苷)。硫苷是一类葡萄糖衍生物的总称，其分子由硫苷键连接非糖部分(甙元)和葡萄糖部分组成，以钾盐或钠盐的颗粒存在于胚的细胞质中。硫苷本身并无毒，但吸水后可在所含芥子酶的作用下水解产生异硫氰酸盐、硫氰酸盐、噁唑烷硫酮、腈等有害产物。加热可使饼(粕)中芥子酶失去活性，但禽畜肠道细菌的葡萄糖硫苷水解酶仍可将硫苷水解成有毒物质。低

硫甙品种菜饼的硫甙含量在 40 μmol/g 以下，使菜饼的利用价值大大提高。

(二)环境条件对油菜产量和品质的影响

1. 光照

光照条件与开花、结角及产量关系密切。光照充足，单位面积内适宜的角果数或角果皮指数较高；减弱光照，结角率、每角粒数、千粒重、含油量降低。种子形成期光照减弱至自然光强的 1/4，含油量比对照降低 16.63%。日照长度对种子中脂肪酸组成有一定的影响，在一定范围内，亚油酸和亚麻酸含量随日照增加而降低。光照充足时，高芥酸品种的种子中芥酸含量也较高。

2. 温度

冬油菜的有效花芽分化期正是越冬前后，低温会使花芽分化速度和发育速度减缓。大约在日平均 0℃，日最高 5℃以上花芽才能缓慢分化，在日平均 4～5℃，日最高温度 10℃以上才有利于花芽的进一步发育，巩固角果数。此时如遇 0℃左右的低温即造成冻害，使大蕾冻伤。在胚珠形成期较高的温度和充足的营养可以使胚珠数增加。所以冬油菜在前期形成的角果、胚珠数较少，而后期形成的角果则较多。粒重增长的最适在日均温为 13.0～16.5℃。日均温达 21～22℃使灌浆缓慢，成熟加快。油菜籽粒成熟期气温若高于 20～25℃(光合适宜温度)，养分来不及转运，易造成高温逼熟现象，含油量大大降低。冷凉气候有利于形成较多的不饱和脂肪酸。较低温度下芥酸含量增加(Canvin，1965)，较高温度有利于油菜种子合成硫甙葡萄糖苷。

3. 水分

适宜的水分含量有利于油菜的发芽、出苗和正常的生长发育，干旱和湿害均会导致减产。种子形成期的降水量对含油量影响显著，是关键的气象因子。Rood 报道(1984)，在角果发育期间，茎和角果的生长对水分的反应显著大于施氮处理。田间渍水或干旱都会使油菜早衰，影响种子产量和含油量。

4. 纬度和海拔的影响

油菜油分含量随着纬度的变化而变化，我国西北地区含油量平均 40.39%，华中地区平均 35.39%，长江中下游地区菜籽含水量高，含油量 33%～37%。在长江下游，纬度每增加一度，含油量增加 0.443 2%。一般是海拔高的地区含油量较高。

(三)农艺措施对油菜产量与品质的影响

推迟播期超出最佳时间，会降低种子的产量和含油量，增加自由脂肪酸含量。在一定范围内，种植密度大的菜籽含油量比稀植高。有研究指出，油菜栽培在中性和微碱性土壤上种子含油量较高；在酸性土壤上次之；在碱性土壤上含油量最低。捆扎或干燥未发育完全的油菜，未成熟的或成熟不均匀的油菜较大地提高了硫苷浓度。

许多研究表明，单施氮肥特别是在抽薹后施用氮肥会增加菜籽粗蛋白质含量1%～3%，降低脂肪含量0.5%～2.0%。双低油菜籽粒蛋白质以及硫甙含量随施氮量增加而增加，但当施氮量超过150 kg/hm^2，硫甙的含量不再增长。钾和磷对油分的形成则有有利的影响，配合施磷肥和钾肥，可显著减少单施氮肥降低脂肪含量的作用。磷、钾肥还有降低硫甙、蛋白质含量的作用。优质油菜对缺硼反应敏感。增施硼肥有增加油菜脂肪含量以及油酸、亚油酸的含量，降低蛋白质、芥酸、硫苷的趋势。研究双低油菜的硫素营养证明，后期供硫充足显著促进植株的开花结果，增加角果数、角果重及籽粒饱满度，利于油菜蛋白质向脂肪的转化或促进氨基酸向脂肪酸的合成，提高菜籽产量，使种子的含油量提高。但高量施硫则明显提高含硫氨基酸组成的蛋白质以及硫苷的含量。氮、硫配合使用对提高产量和含油量有显著作用。施锌分别可增加菜籽蛋白质和总氨基酸含量30.0%和36.5%。

五、油菜生产主要环节及栽培措施

(一)油菜的耕作制度与轮作

根据油菜常异花授粉的特点，必须实行两三年的轮作倒茬，才能保证优质油菜的优良品质。

华北及西北的陕西省属冬油菜区。其主要栽培制度有：①水稻、油菜两熟制。包括中稻—冬油菜两熟稻和晚熟—冬油菜两熟。后者油菜应采取育苗移栽。②油菜与其他旱作物一年两熟。冬油菜—夏玉米—冬小麦—夏玉米；冬油菜—夏棉花(大豆、芝麻、花生、烟叶、甘薯)—冬小麦等，这种栽培制度主要在黄淮平原区。③春棉(烟草、旱粮)、油菜两熟制。油菜一般采用育苗移栽。

西北、东北各省的春油菜，其栽培制度和轮作方式为：①一年一熟制。春油菜与青稞、春小麦轮作，两三年或四五年轮作一次。②一年两熟制。春油菜—玉米(如大豆、谷子、高粱、马铃薯等)。

(二)油菜的整地与播种

1. 土壤与整地

油菜根系发达，枝叶繁茂，需要土层深厚，肥沃疏松，水分适宜的土壤条件，才能生长发育良好，获得高产。油菜对土质要求不严，质地较差的土壤，通过深耕，增施肥料等良好的耕作栽培技术，也能获得高产，但一般以弱酸性或中性土壤最为有利。油菜也能忍受一定的盐碱，在含盐量为 0.2%～0.26%的土壤能正常生长。

油菜整地要求深耕细整，主要有 3 个环节：

(1)深耕　深耕的时间越早越好，即在前作收获之后立即抢时耕翻，增加蓄墒效果。耕深一般应达 20 cm 以上。耕前施入腐熟有机肥，并按比例施入部分氮、磷、钾化肥。

(2)耙耱　耕后应立即把耙耱碎土，填补孔隙，使土壤上虚下实，土碎地平，以利保墒播种。

(3)做畦　多雨区主要是开沟做畦，以利播前排水和后期排水防渍。畦宽和沟深依土质而定。对于黏重土壤，土壤孔隙小，渗透性弱，以浅沟窄畦为好。一般畦宽 1.65～2.00 m，沟深 0.33 m；疏松土壤宜采用宽畦浅沟，畦宽 3.33～4.00 m，沟深 0.20～0.23 m。

2. 适时播种

播种期影响到油菜的生长发育，苗龄长短和移栽迟早等，从而进一步影响产量。油菜适宜播种期确定，一般应考虑气候条件、种植制度、品种特性、病虫害情况等因素。冬油菜应充分利用冬前较高温度，进行足够的营养生长，形成壮苗越冬。其适宜的播种期，一般在旬平均气温 20℃左右为宜，秋季气温下降早，降温快的地区和高寒山区应适当早播，秋雨多或秋旱严重的地区，应抓住时机及时播种。播期的确定还应考虑茬口安排以及移栽苗龄和移栽期，避免形成老化苗、高脚苗。春性强的品种应适当晚播。病毒病、菌核病发病严重地区，应适当迟播。采用育苗移栽方式时，关中平原 8 月上旬至 9 月上旬播种；华北平原 9 月上中旬播种。若采用直播方式则关中平原 8 月下旬至 9 月上旬播种；华北平原 9 月中下旬播种。

春油菜区夏季温度不高，适宜油菜开花结实，但若播期过晚，错过温度适宜时期，会因温度低，热量不够或因早霜影响，使油菜不能正常成熟而降低产量。在无霜期短的高海拔、高纬度地区，在保证苗期不受冻害和后期能充分成熟的原则下，适当早播，争取较长的生长时间。无霜期长、春季干旱的地区，早播往往生长不良，并且易遭虫害，可在保证早霜前成熟的前提下，推迟播种。

3. 直播油菜

我国北方冬、春油菜区一般均采用直播栽培。世界各国，特别是机械化程度较高的国家多采用直播方式。同移栽油菜比，直播油菜主根入土深，能吸收土壤深层养分和水分，抗旱、抗寒、耐瘠、抗倒伏能力较强；同时由于播种较晚，在一定程度上能错过油菜病毒病和菌核病的主要感染期，但直播油菜用种量大，苗期管理不及时易形成高脚苗，因此需采用相应的措施。

(1)适当推迟播期　由于没有移栽苗的缓苗期，因而可比育苗移栽的播期晚10～15 d。

(2)增大种植密度　因为播期推迟，生长期缩短，苗期管理也不易精细，应加大密度来弥补个体发育不足，确保高产。同一品种在相同条件下，应比移栽油菜增加30%左右的总株数，每667 m^2 播量0.25～0.35 kg。

(3)种子大粒化　包衣种子直径可扩大2～3倍，减少播种用量，促进全苗壮苗。

(4)加强田间管理　直播油菜多采用直播或点播，因播种量大，出苗后应及时间苗，推迟定苗，至四五片真叶时进行，并及时浇水，追肥补苗，除草和防治病虫。可在油菜播种后尚未出苗时喷25%除草醚，每667 m^2 用0.75～1.00 kg，兑水30～40 kg。

种子在播种前要晒种1～2 d，每天晒3～4 h。然后进行风选和筛选，也可以用浓度为8%～10%的盐水选种，用50～54℃的温水浸种15～20 min可以起到杀灭病菌及催芽两种作用。

油菜直播(条播、穴播、散播)可采用不同的机械化技术。一是先耕整地，用播种机将种子直接播入土壤；二是在未耕地上采用多功能播种机(灭茬、碎土、播种、覆土、镇压)将种子直接播入土壤；三是在整好地的基础上，采取铺膜播种机播种、铺膜、打孔；四是用先进的精密播种技术。这种播种一般是分段进行的，首先对种子精选，精选过的种子用专用精密播种设备，将种子按株距播入专用纸绳内，再用机械将种子绳按农艺要求置入土壤内，这种技术设备一次性投入较大，适用于土地规模经营或规模服务地区。

4. 育苗移栽

育苗移栽的种植方法能充分利用生产季节。有利于苗齐、苗壮，植株生长稳健，实现油菜的高产。

(1)培育壮苗

A. 壮苗的标准：壮苗是指苗龄足够，器官发达，功能旺盛，生活力强，有利于形成高产群体的油菜苗。一般壮苗比弱苗增产10%以上。壮苗有如下标准：株型矮健紧凑，茎节密集不伸长；根茎粗短，无高脚苗、弯脚苗；叶片数多，叶大而厚，叶色正常，叶柄粗短；根系发达，主根粗壮；无病虫害。简述为：绿叶六七片，苗高20～23 cm，根茎粗6～7 mm。

B. 苗床准备：应选择土地平整，质地肥沃，背风向阳，靠近水源，排灌方便，未种过十字花科蔬菜的田地做苗床，并避免遭受病虫、畜禽的危害。旱地、早茬地、半沙半黏地做苗床比较好。苗床与大田比例一般为1∶(4～5)。苗床应做到厢面平整，土层细碎并适当紧实。以保证种子播种时落籽均匀，深浅一致，早生快出。结合精细整地应施足底肥，苗床底肥以有机肥为主，也应注意氮、磷、钾配合。可每667 m^2 施入土杂肥2 000～2 500 kg，加过磷酸钙20～30 kg，草木灰100～150 kg。整好的苗床应开沟做厢，一般厢宽1.3～1.7 m，沟宽0.27～0.33 m。

C. 播种：一般甘蓝型油菜每667 m^2 播种0.5～0.7 kg，杂交品种为0.4～0.6 kg，白菜型油菜可适当增加播量，芥菜型油菜则反之，播种应均匀，播后浅覆盖。

D. 苗床管理：种子播后及时加强管理，做到两早两勤。

早间苗定苗。齐苗后间第一次苗，做到苗不挤苗。一片真叶时第二次间苗，苗距为3～6.5 cm，做到叶不搭叶。3片真叶时定苗，苗距8～9 cm。

早追肥除草。多在定苗期施第一次追肥，移栽前6～7 d施一次"起身肥"。结合施肥注意除草。

勤浇水排水。遇干旱应及时浇水，雨多土湿则应及时清沟排水。

勤防治病虫。苗期以蚜虫危害最重，除直接危害油菜外，还传播病毒病，可用2.5%敌杀死3 000倍液防治。在秋雨多的年份猝倒病危害严重，可用波尔多液防治。

(2)移栽　抓紧季节适时早栽，一般以旬平均气温13～15℃移栽为好。移栽前一天将苗床用水浇湿，取苗时要多带土，少伤根。移栽时按幼苗大小分级栽植，做到行株距均匀，并用细沙泥土掩盖根茎，以利发根。最好边取苗，边移栽，边施定根肥。栽后浇足定根水。

5. 合理密植

一般水肥条件好、播种期早、个体生长旺盛、株型松散、分枝部位低、晚熟品种和气温较高，雨水较多的情况下应适当栽稀些，反之宜密。在菌核病严重的地区，应适当稀植，而病毒病严重的地区应适当增大密度，以提高田间相对湿度，控制蚜虫的繁殖和迁移，从而减轻病毒病的传播和蔓延。

不同地区不同条件下的适宜种植密度差异较大。一般在每667 m^2 较肥地力条件下，早播种植0.8万～1.2万株为宜；中等地力水平下种植1.0万～1.5万株为宜；瘦地迟播种植1.5万～2.5万株为宜。

春油菜的种植密度一般每667 m^2 为20万～30万株；高产田为15万株左右。高海拔地区的白菜型小油菜每667 m^2 可达到40万～50万株。

相同的种植密度可以采取不同的种植方式配置，目前采用较多的种植方式有：

(1)宽窄行　即宽行(46 cm)与窄行(33 cm)相间种植。可解决较高种植密度的通风透光问题，提高地温和土温，较好协调个体与群体的生长。并有利于间种套作及追肥、培土等田间管理。

(2)宽行窄株　放宽行距，缩小株距(如行距 33 cm，株距 13～16 cm)的种植方式。这种方式可以推迟封行，减少荫蔽，有利于通风透光，也比等行距便于田间管理。

(3)等行株距　行、株(穴)距相等的种植方法。在低密度下多采用。这种种植方式油菜的分枝分布较均匀，分枝及结果较多。

(三)油菜的营养特性和施肥

1. 营养特性

油菜是需肥较多的作物，对氮、磷、钾的需要量比水稻、小麦、大麦、大豆等作物都多，而且对磷、硼敏感，对硫的吸收量很高。油菜生产中大约有 80%的养分可以通过落叶、落花、残茬及菜饼形式还田，有利于保持土壤养分平衡。甘蓝型油菜在每 667 m^2 产量为 100～150 kg 时，每生产 100 kg 菜籽需吸收 N 8～11 kg，P_2O_5 3～5 kg，K_2O 8.5～12.8 kg；氮∶磷∶钾量比大约为 1∶0.4∶1。

缺氮时油菜植株矮小，分株少，角果及籽粒数，籽粒重减少，叶片瘦小，叶色变淡甚至发红，产量降低。但氮素供应过多时，籽粒中蛋白质增加，含油量下降，因此应注意合理施用氮素。油菜缺磷则植株根系小，叶片小，叶肉变厚，叶色变成深绿灰暗，缺乏光泽，严重时呈暗紫色，并逐渐枯萎，花芽分化迟缓。由于磷在土壤中移动性差，因此多做基肥施用。油菜缺钾症状最先表现在最下部的叶片上，叶片变黄和呈紫色，甚至枯焦卷缩；茎枯折断，现蕾不正常，生育阶段推迟，产量及含油量明显降低。油菜缺硼症状的明显出现是在开花后期到结果期，特别是出现大量"花而不实"现象，或花瓣枯干皱缩，不能开花，减产严重。土壤缺硼越早，对油菜生长发育的影响越严重，因而硼应早施。近年来的研究表明，油菜对硫的吸收量很高，仅次于氮钾而接近或略大于磷的需求。硫是油菜的硫甙和含硫氨基酸的组成元素，对菜油的产量和品质都有密切关系。在土壤氮、磷、钾含量充足，有效硫(S)范围在 10.2～21.1 μg，施用硫磺和过磷酸钙等含硫肥料可提高单株有效角果数和每果粒数，有较好的增产作用。

2. 施肥技术

我国大面积油菜生产仍存在施肥量不足的问题，应该实行氮、磷、钾配合，大量元素与微量元素配合，有机肥与化肥配合等技术，以提高产量水平和肥料利用率。

(1)基肥　结合翻耕整地应施足以农家肥、有机肥为主的底肥。基肥也可施在移栽穴内做"随根肥"，尤其是来不及翻耕的田地，底肥穴施更为有利。每 667 m^2

基肥用量参考配方为：碳酸氢铵 20～25 kg、过磷酸钙 15～25 kg、草木灰 150 kg 或硫酸钾 5～10 kg，以及硼砂 500 g 拌和厩肥、土杂肥施下。直播油菜大田生活周期要长一些，底肥施用量可占总施肥量的 40%～60%。

(2)追肥　冬油菜合理追肥的原则如下述：

A. 早施增施苗肥：油菜苗期长，吸肥量大，必须重视苗肥的施用，特别要讲究在施足基肥的基础上，年前追肥为主，年后追肥为辅，促进早发壮苗。一般在直播定苗后或移栽成活后及时施第一次苗肥，如底肥少，长势差则 15 d 后再酌情追施一次。第一次施肥每 667 m^2 用人粪尿 250 kg 加尿素约 5 kg，对水 1 000～1 500 kg 施下，在 12 月中旬至翌年 1 月中旬，油菜必须施一次蜡肥，以迟效性农家肥为主，配合一定数量的草木灰和过磷酸钙施用，生长过旺的幼苗，腊肥可少施或适当推迟施用，一般 667 m^2 施猪牛栏粪 1 000～1 500 kg。若基肥中磷、硼肥不足，苗肥应注意施磷和喷施硼肥(0.1～0.2 kg 硼砂溶于 100 kg 水)。

B. 稳施薹肥：薹肥的施用应看苗而定，若叶色淡黄或发红，甚至全株带紫色，茎细弱则应早施、重施；反之应少施。通常在 1 月下旬至 2 月中旬施用。稳施薹肥可实现春发稳长，争取薹壮枝多，角果多，产量高。

C. 巧施花肥，补施粒肥：应根据植株生长状况合理施用。对春发不足，植株个体与群体均较少，到花期叶片未能封行，开花前长势减退，叶色淡绿或发黄的油菜地，应用人畜尿水加尿素追施花肥。否则可只对少数生长较差的植株补施。花肥一般在开花前后或初花期施用，用量为每 667 m^2 尿素 3～5 kg 或硫酸铵 7～15 kg。

春油菜若基肥、种肥施用不足，可于幼苗两三叶期及时追肥；在施足基肥、种肥的基础上，于现蕾期追施一次速效氮肥，中等肥力田块可施用尿素 5～8 kg。

(四)油菜的需水特性与灌溉排水

1. 需水特性

油菜是需水较多的作物，每 667 m^2 高产油菜一生需水量为 246～310 m^3。油菜播种时若土壤湿度降至 10%～15%，则严重影响出苗和全苗。不同生育期适宜的土壤相对湿度为：苗期 70%～80%，薹花期 70%～85%，角果成熟期为 60%～80%。薹花期是油菜一生中对水分反映最敏感的临界期，此期缺水则分枝短，花序短，花器脱落严重，产量明显降低。初花及角果形成期进行灌溉或增加土壤湿度，增产十分显著。甘蓝型油菜一般耐旱性较白菜型差。

土壤水分太多或排水不良同样影响油菜的生长，直播油菜幼苗在高湿下易发生猝倒病，移栽苗易出现烂根死苗。生长中的油菜受渍害后，叶色变淡，黄叶出现早而多，表土须根多，支根白根少，植株生长较弱，后期早衰，抗寒性较差，病毒病较重。

2. 灌溉排水

播种后应注意抗旱保苗,但三叶期以前宜采用浇水灌溉,尤其以清粪水为佳。移栽和定苗后,要及时浇定根水,保持土壤湿润,以利早成活。油菜苗期干旱,可引水沟灌,或结合追肥进行灌溉,促进发根长叶,形成壮苗越冬。冬前灌越冬水,可以缩小土壤的昼夜温差,减轻冻害死苗现象,增产效果好。灌冬水是华北平原冬季严寒地区油菜栽培的关键措施。长势好的油菜可在土壤封冻前 10～15 d 灌水,以利中耕培土;长势差的则应适当提早进行,以促进冬前发育。我国北方薹期气候干燥,应根据土壤墒情进行适当灌溉,对春发不足的油菜要结合施肥早灌,对发而不稳的油菜要推迟灌水,以水控肥。花期如遇干旱,应酌情进行灌溉。

(五)其他田间管理技术

1. 间苗定苗与苗期化控

直播油菜若不能及时间苗定苗,则幼苗生长拥挤,易形成软弱纤细的高脚苗。间苗用手或锄头进行,用锄头可结合中耕除草。间苗一般分两次进行,一是在两片真叶时进行,梳理密集苗;二是在四五片真叶时进行,按种植密度间苗,同时结合定苗、补苗并追施苗肥。

试验研究表明,三叶期叶面喷施 100 mg/kg 的多效唑或稀效唑(即 15%多效唑,或稀效唑粉剂 50 g 兑水 50 kg,均匀喷施至叶片滴水),油菜幼苗高度显著矮化,根茎横向增粗,分枝数目明显增加,叶色变为深绿,移栽后成活快,有利增产。若幼苗生长不良,长势弱则不宜喷施。

2. 除草及培土

利用化学药剂进行田间除草,可以减轻劳动强度,提高劳动生产率。一般可在整个生育期喷施两三次除草剂。当田间杂草长到 3～6 叶或生长盛期,每公顷使用 12.5%盖草能 600～750 mL,9.8%高效田霸 180～270 mL,15%精稳杀得 750～900 mL,50%精禾草克 600～1 050 mL,20%拿捕净 1 500～1 800 mL,10%喹禾灵 750～1 500 mL,50%高特克悬浮剂 375～525 mL,金星可湿性粉剂 60～90 g,莱王星 225～300 g,根据除草类型任选一种对水 450～600 kg 喷雾。

直播油菜一般在定苗后进行一次浅中耕(3～5 cm),11 月份进行一次深中耕(7～10 cm),并结合培土壅蔸,减少冻害和防止春后倒伏。移栽油菜栽后成活 15 d 左右进行第一次浅中耕,11 月下旬和 12 月上旬进行一次深中耕,在 12 月下旬至翌年 1 月上旬可再进行一次浅中耕,并结合培土壅蔸。注意在大霜冻时不宜中耕,以免损伤根系,加重冻害程度。

3. 防止早花和冻害

(1)防止早花　油菜早花是指冬前和越冬时出现抽薹和开花现象。油菜提早抽薹开花，植株容易受冻害，影响生长发育和受精结实，降低产量。出现早花的原因，是春性品种和一部分半冬性早中熟品种播种过早造成的，特别是秋冬温度较高的地区和年份更为严重。此外，水肥条件差，留苗过密，苗龄太长等，都会促使早花的出现。防止油菜早花可采取以下措施：

A. 确定适宜播期：根据不同品种的感温性确定适宜的播种时间。

B. 中耕松土：疏松土壤，使之通气良好，有利于油菜生长发育，同时可损伤部分根系，暂时控制生长，有缓和抽薹开花作用。

C. 及时摘薹：已经抽薹的油菜，在薹高 30 cm 以下及时摘薹是行之有效的补救方法，可以延迟开花，避开早春低温冻害，对生长健壮的油菜，还有促进分枝、增加结果的作用。摘薹后应及时追施速效性肥料，瘦弱植株若不及时追肥反而会造成损失。

(2)防止冻害　油菜冻害有春冻和冬冻两种。冬冻是越冬期低温引起的幼苗叶、根受冻；春冻是春季寒潮引起的叶、茎和蕾薹、幼果受冻，一般冬冻发生比较严重，冻害的表现主要有如下 3 种情况。

A. 叶片受冻：是油菜受冻最普遍的现象。当气温下降至－5～－3℃时，叶片的细胞间隙和细胞内部结冰，细胞失水，叶片会出现冻伤斑块，呈现苍白和枯黄。当春季寒潮气温下降不太大时，叶背表皮生长受阻，叶片其他部分仍继续生长，则导致叶片出现凹凸不平的皱缩现象。

B. 根拔：当播种或移栽过迟，整地质量差，且土壤水分较多时，瘦小或扎根不深的油菜苗，若遇夜晚－7～－5℃的低温，土壤便会结冰膨胀，土层抬起并带起油菜根系；待白天气温上升，冻土融化下沉时根系便被扯断形成根拔外露，再遇冷风日晒，会造成大量死苗。

C. 蕾薹受冻：油菜抽薹后抗寒力下降，遇到 0℃以下低温易受冻。蕾受冻呈黄红色而后枯死。薹受冻初呈水烫状，嫩薹弯曲下垂，进而破裂，下垂的嫩薹，轻者可恢复生长，重者折断枯死。

预防冻害首先应选用抗寒性强的冬性晚熟品种，培养壮苗。在栽培管理上应做到适时灌水防冻；合理配合施用氮、磷、钾肥，在腊月于行间壅施有机肥，或降温前撒施草木灰、谷壳灰于叶面；施用多效唑、烯效唑或矮壮素可增加油菜抗寒力，一旦冻害发生应立即摘除受冻叶片及薹部，同时施少量速效肥，使植株恢复生长，若发生根拔现象应及时培土压蔸，减少冻害损失。

4. 防止倒伏

有些田块经常在终花后至角果大小基本定型时发生倒伏，造成倒伏的主要原因有4个方面：一是肥水管理不当，造成油菜疯长，蕾薹生长太快，上部茎秆柔嫩，抗倒能力减弱；二是种植密度过大，茎秆节间细长、不充实，机械强度低，分枝部位升高，造成"头重脚轻"；三是移栽过浅或移栽苗的主根留得太短，使根系主要集中分布于表层；四是由于各种原因导致茎薹龟裂，削弱植株抗倒能力。此外，后期菌核病使茎秆受害，也会枯萎折断，加重倒伏。

油菜倒伏造成茎秆折断，压在下层的角果接受阳光大大减少，光合作用减弱；植株通风透光差，易引发霉烂，加剧菌核病的发生和蔓延。防止和减轻倒伏，首先应选用抗倒性强的品种，栽培中应注意合理密植；移栽取苗时应注意保留一定长度的主根，栽植深度适宜；开好深沟，降低地下水位，搞好各生育期的中耕松土，及时培土培根等，以增强植株的抗倒伏能力。

5. 防治病虫害

油菜的病虫种类较多，已发现有30多种。病害以菌核病、病毒病、白锈病、霜霉病发生较普遍。虫害以蚜虫、菜青虫、跳甲发生较普遍，应进行综合防治。除了适时喷撒药剂以外，综合防治的主要措施如下：

(1)合理轮作，适时换茬　大多数油菜病虫草害都是以相应的形态在土壤中越冬、越夏，因而轮作换茬具有较好的防治效果，尤其南方冬油菜产区应提倡稻油水旱轮作。轮作换茬对菌核病防治效果最好，对病毒病、霜霉病也有一定的防治作用。油菜不宜与十字花科蔬菜连作，否则病害显著增加。

(2)选用高产抗病品种，合理布局　品种单一化，包括大面积连片种植和连年种植，会引起品种抗性的丧失和退化，也有利于病虫的积累和传播，应因地制宜，及时更换品种，做到多品种合理布局。

(3)精选种子，适时播种和移栽　播前精选并处理种子，可清除混在种子里或种子表面的病菌和虫瘿。油菜播种过早会加剧蚜虫、病毒病和软腐病的发生和危害。

(4)加强田间管理　深耕培土可将菌核和越冬跳甲等深埋土中，蕾薹期中耕培土可在菌核萌发前埋杀，合理密植与施肥，清沟排渍，降低田间湿度，可减轻大多数病虫害的发生，但蚜虫危害严重的地区和年份应适时灌溉。

(六)收获

1. 适宜的收获时期

油菜角果成熟早晚很不一致。如收获过早，未成熟角果多，种子不饱满，含油率低，品质和产量都不高。收获过迟，角果易炸裂，落粒严重，粒重和含油量也下降。适宜的收获期在油菜终花后 25～30 d。在全田有 2/3 的角果呈黄绿色，主轴中部角果呈枇杷色，全株仍有 1/3 角果显绿色时收获为宜。关中、黄淮流域冬油菜 5 月下旬收获甘蓝型油菜，而渭北、晋冀平原地区的白菜型冬油菜较多，一般 8 月下旬播种，翌年 6 月上旬成熟收获。

2. 收获方法及脱粒干燥

油菜应在早晨带露水收割，以防主轴和上部分分枝角果裂角落粒。主要采用割收、拔收和机械收获等几种方法。拔收由于费工多，干燥慢，脱粒时泥土易混入种子中，影响种子的品质和出油率，一般较少采用。

(1)割收　与拔收相比较省工，干燥快；脱粒时泥土不会混入种子，种子净度高，商品等级高。我国大部分油菜产区采用，直播油菜尤为普遍。但收割后较多菌核会随残茬落入田中，后熟作用也较差。收获过程应力争做到轻割、轻放、轻捆、轻运，力求在每个环节上把损失降到最低限度。还应注意边收、边捆、边拉、边堆，不宜在田间堆放晾晒，防止裂角落粒。

(2)机械收获　有分解割晒和联合收获两种方式。分解割晒即先用割晒机割倒油菜，在田间晾晒 5～10 d 后，于晴天用联合收割机拣拾，脱粒，这种方法利于角果充分成熟，种子产量高，收获期可提早，适用于生长繁茂，分枝多，角果成熟不整齐的田块。联合收获是用联合收割机将油菜一次收割脱粒结束，省工省时，但对收割时期要求较严，只宜在黄熟后期，角果呈现枯黄，种子含水 20%左右时收获，过早脱粒不净，过晚碎粒率较高。

人工收获的油菜应及时运出田外堆垛后熟。经过后熟籽粒重和含油量都会增加，并且容易脱粒。捆好的油菜应交错上垛，垛心不能过实，以利通气散热。堆放油菜时应把角果放在垛内，茎秆朝垛外，以利后熟。垛顶用稻草或薄膜覆盖，防止雨水浸入，堆垛后要注意检查垛内温度，防止高温、高湿导致菜籽霉变。一般堆放 4～6 d 后，即可抓住晴天晾晒脱粒。种子应晒干扬净，有条件的则烘干。

3. 贮藏

油菜籽的贮藏关键在于对水分的严格控制，油菜入库的含水量不能超过 10%，长期贮藏的含水量必须在 8%以下。菜籽量大时，须用粮仓或库房大型设备。贮量小的农户，可在室内将菜籽放入竹编圆囤或装入麻袋堆放。也可将种子装入缸瓮等容器，上用石板覆盖置于温差较小的室中。经安全贮藏一年的油菜籽，发芽率一般可达 98%，但随贮藏时间的延长，发芽率下降。

六、油菜高产优质主要栽培模式

(一)油菜密植增角高产栽培模式

油菜密植增角高产栽培模式是中国农业科学院油料作物所在黄淮地区完成的一项科技研究成果。根据该地区油菜营养供需规律与土壤少氮、缺磷、富钾的状况,确定了以密为主,密、肥相结合的技术途径,并采用多因素回归旋转设计研究出油菜密植增角高产配套模式,其关键技术为:

A. 用高产优质的甘蓝型油菜半冬性中熟或中晚熟品种,如中油 821、中双 2 号、秦油 2 号等。

B. 适时播种,施足底肥:适宜播种期一般在 9 月 20—25 日。每 667 m^2 地施土杂肥 1 500 kg,过磷酸钙 30 kg,尿素 8 kg。

C. 三四片真叶时定苗:每 667 m^2 留苗 2.5 万~3.0 万株。

D. 定苗后每 667 m^2 追尿素 8 kg,并喷施生长延缓剂多效唑 150 mg/g 药液 50 kg。

E. 春后早施薹肥,在油菜返青抽薹时施尿素 5 kg。

(二)油菜秋发高产栽培模式

该模式适合于长江上中游两熟制地区,近年来已发展到江西、安徽、浙江、江苏等省。这项技术在冬发基础上,进一步打破了长期存在的油菜栽培要安全越冬,开春促发的概念,使油菜产量有了大的突破,北方地区可加以借鉴。

油菜在秋末开盘发棵称"秋发"。即油菜在 11 月底有绿叶九十片,叶面积指数 1.5~2.0,每 667 m^2 植株干重 150 kg 以上;而到越冬前(12 月底),植株绿叶达十二三片(四川十三四片),叶面积指数 2.5~3.0,每 667 m^2 植株干重 250 kg 以上,这种油菜称为秋发生长型油菜。秋发油菜具有光能利用率和生物产量高,角果数多,肥料利用率高,抗寒性强等特点。关键技术如下:

A. 选用适宜品种:需选用增产潜力大的中迟熟甘蓝型良种,如秦油 2 号、华双 3 号等。

B. 早播早栽早追肥:一般于 9 月 5—10 日育苗,10 月 20 日前移栽完毕,充分利用秋季较高气温使油菜快发。在施足基肥的基础上,一般于 10 月下旬每 667 m^2 施用 10 kg 尿素。看苗施薹肥。

C. 化学调控:秋发栽培在暖冬年份可能在年前出现旺长或早薹早花现象,因此对达到秋发栽培标准田块可在 12 月下旬喷施多效唑或稀效唑，调控植株生长。对年前出现早薹早花的植株，应在晴天摘薹，促进分枝发育。

(三)双低油菜“两壮、双增”栽培模式

这是针对南方红黄壤地区双低油菜生育特性研究出来的丰产技术，以“年前壮根增叶，春后壮秆增角”的两壮、双增为特点的栽培模式，北方地区也可加以借鉴。其关键技术是：

A. 选用双低优质品种：如中双 4 号、华杂 4 号等。

B. 做到四早：一是早播种育苗，9 月 15 日左右精播稀留苗，每平方米留苗 120～140 株，三叶期喷施多效唑，培育矮壮苗；二是抢早移栽，力争在 10 月下旬至 11 月上旬移栽；三是早管理，移栽后早施苗肥、中耕松土、抗旱保苗；四是早施蕾薹肥，在翌年 1 月中下旬施蕾薹肥，做到腊施春用。

C. 注意三增：一是增肥，氮、磷、钾配方施肥；二是增硼，每 667 m^2 底施硼砂(有效含量 11%)1 kg，蕾薹期用 0.2%浓度喷施 1 次；三是增密，每 667 m^2 种植 0.8 万株以上。

D. 注意两防：一防渍害，二防菌核病，初花后 1 周喷洒菌核净，重点喷植株中下部。

七、花生的生育特点与栽培要点

(一)花生和生产分区

花生是我国第二大油料作物，含油率高，油的品质好。花生全身都是宝，用途十分广泛。花生仁营养丰富，是食品工业的重要原料；花生茎、叶、果壳、种皮、花生仁都可入药，具有较高的药用价值；花生饼(粕)、茎、叶、壳是牲畜良好的粗饲料。花生还是我国传统的出口农产品，也是一种重要的国际贸易商品。因此，发展花生生产对我国国民经济建设具有重要意义。

栽培花生的起源地在南美洲中部。多数人认为栽培花生最早起源于南美洲的巴西，有的学者认为花生最早种植于秘鲁，另有学者认为栽培花生可能起源于玻利维亚的安第斯山麓或山麓小丘。

我国孙大容等学者在 20 世纪 50 年代按开花型、荚果性状及其他性状，将花生品种划分为普通型、龙生型、珍珠豆型和多粒型四大类型。近年来，由于大量进行类型间杂交，又育成了一些中间型品种。

普通型品种荚果为普通形，果嘴不明显，网纹较浅，果型大，称之为大花生。荚果一般有2粒种子，种子呈椭圆形，种皮为粉红色或深红色。茎枝粗壮，分枝较多，常有第三分枝。主茎不开花，属交替开花、分枝型，单枝开花量较多。春播生育期140～180 d，种子休眠时间长，在90 d以上，要求总活动积温3 200～3 600℃。

龙生型品种荚果曲棍形或峰腰形，有明显的果嘴，腹缝线呈龙骨状突起，每荚3室或4室，也有2室。种子圆锥形或三角形，种皮红色或暗褐色。株型多为蔓生、匍匐。分枝性强，常有第四分枝。主茎不开花，侧枝上花序与分枝交替着生，开花期长，花量多。单株结果多，但秕果率较高，结果分散。生育期较长，一般春播生育期160 d，所需总活动积温3 300～3 500℃。

珍珠豆型品种荚果葫芦形，少数蜂腰形，果型中小，一荚二室，籽粒饱满。种子圆形或桃形，种皮有光泽，多为浅红色，少数为深红色。主茎开花，侧枝上二次分枝少，各节连续着生花序，开花期较短，花量少。株型紧凑，结果集中。生育期较短，早熟，春播一般约为130 d，要求总活动积温为2 800～3 000℃。

多粒型品种荚果为串珠形，果嘴不明显，果壳厚，网纹较强，每荚2～4室，三四室较多。种仁小，形状不规则，种皮光滑，有光泽，呈深红色或紫红色。株型直立，株丛高大，茎枝粗壮。主茎开花，侧枝上二次分枝少，各节连续着生花序，花期长，花量大，结实集中。生育期较短，春播一般约120 d，要求总活动积温2 700～2 900℃，成熟特早，产量很低。

中间型品种为20世纪70年代以来采取有性杂交、诱变育种等手段培育出的新品种类型。荚果普通形或葫芦形，果形大或偏大，多为双室荚果，果嘴不明显，网纹浅或中等，种皮粉红色，出仁率高。株型直立，植株高或中等，分枝少。连续开花、连续分枝，开花量大，受精率高，双仁果和饱果指数高。中熟或早熟偏晚，种子休眠性中等，生育期130～150 d。适应性广，丰产性好。

花生主要分布在南纬40°至北纬40°的广大地区。印度、中国、美国是世界三大花生主产国。我国花生分布广泛，根据各地的地理条件、气候因素、耕作制度、品种类型的分布特点和今后发展趋势，将我国花生分为7个自然区域：①北方大花生区；②南方春秋两熟花生区；③长江流域春夏花生区；④云贵高原花生区；⑤东北早熟花生区；⑥黄土高原花生区；⑦西北内陆花生区。其中北方大花生区包括山东、河北和北京市全部，河南、安徽、江苏的淮河以北地区，山西省南部，陕西省秦岭以北的关中渭河流域。本区花生种植面积占全国花生的50%～60%，是我国最大的花生产区。南方春秋两熟花生区包括广东、广西、海南、福建、台湾以及湘、赣南部，种植面积占全国的30%。

(二)花生的生长发育与产量形成

1. 花生各器官形态特征及生长发育

(1)种子　花生种子由种皮和胚两部分组成,胚又分为子叶、胚根、胚轴及胚芽4部分,胚乳在种子发育过程中败育。花生种皮薄,易吸水,皮色有黑、紫、紫黑、紫红、红、深红、粉红、淡红、浅褐、淡黄、红白相间等。种子的大小,因品种和栽培条件而异,百仁重在 80 g 以上的为大粒种,50 g 以下的为小粒种,50～80 g 的为中粒种。

胚的各部分都由受精卵发育而来。子叶两片,肥厚,其重量占种子总重量的90%以上。胚芽由一个主芽(或称主轴)及两个侧芽(侧轴)组成,主芽以后发育成主茎,侧芽即发育成第一对侧枝。在成熟的种子内,主芽已有两片幼小复叶,其中尚有三四片幼小复叶或叶原基;侧芽上可见两片苞叶或一片苞叶及一片幼小真叶,其内亦有两三片叶原基,在其苞叶叶腋内已有一两个二次芽原基。所以花生种子实际上是一株已分化相当完全的幼小植株。

花生种子具有休眠特性。新收获的种子必须经过一定的贮藏或“后熟”才能完全发芽。不同类型的种子休眠性差异很大,密枝亚种休眠期长,疏枝亚种休眠期很短。

完成了休眠的花生种子吸水膨胀后,在其内部首先发生一系列生理生化变化。之后胚根突破种皮,并迅速向下生长,同时胚轴向上伸长,变粗,将子叶和子叶间的胚芽顶向土表。花生种子萌发的最低温度为 12℃(疏枝亚种)或 15℃(密枝亚种),25～37℃萌动最快。种子吸水达种子重的 35%～40%时开始萌动,从萌动到出苗还需吸收种子重量 4 倍的水分。萌发过程耗氧较多,空气中含氧量降低到正常含量的3/4 时即影响苗高和鲜重。

(2)根和根瘤　花生的根属直根系,由主根和各级侧根组成。出苗时,主根已深入 20～40 cm 土层;开花时,主根深达 50～70 cm,侧根 100 余条;开花后根系生长很旺盛,如土壤条件良好,成熟植株根深达 280 cm。

花生和其他豆科作物一样,具有根瘤,能固定空气中氮素。花生的根瘤为圆形,多数着生在主根的上部和靠近主根的侧根上,在胚轴上亦能形成。花生种子萌发后,根瘤菌由幼根皮层侵入,主茎四五片真叶时,肉眼可见根瘤开始形成,开花期根瘤仍继续形成,并逐渐长大,固氮能力明显增加,结荚期是固氮的高峰期,进入饱果成熟期固氮能力迅速衰退,根瘤破裂,根瘤菌重新回到土壤中。

(3)茎和分枝　花生的主茎直立,幼时截面呈圆形,中部为髓。盛花期后,主茎中、上部呈棱角状,髓部中空,下部木质化、截面呈圆形。枝上生有白色茸毛,茸毛密度因品种而异。茎色一般为绿色，有些品种茎上含有花青素，茎呈现部分红色。主茎一般有15～25个节间，节间多少取决于生育期长短和温度；子叶节以上第一节长1～2 cm，第二至第五节间极短，以后的节间逐渐伸长，而上部几个节间又明显较短。花生一生中主茎生长动态符合典型的S形生长曲线，生长最快的时期一般在幼果形成的后期，与叶面积高峰期一致。

花生的分枝数量，依品种不同而有变化，一般密枝亚种分枝较多，但受栽培环境和种植密度影响较大。疏枝亚种则变化较小。花生第一、第二两条一次分枝从子叶叶腋间生出，对生，通称第一对侧枝。第三、第四条一次分枝由主茎上第一、第二真叶叶腋生出，互生，由于节间极短，近似对生，一般亦称为第二对侧枝。这两对侧枝及其生长出的二次分枝构成花生植株的主体，到产量形成时，其上的叶面积占全株的绝大部分，亦是开花结果的主要部位。

(4)叶　花生叶可分为不完全叶和完全叶(真叶)两类。每一分枝第一或第一、第二节上着生的先出叶为鳞叶，属不完全叶。真叶为4小叶的羽状复叶，小叶数偶有多于或少于4片者。小叶片全缘，分卵形和椭圆形，有的品种近似披针形。花生叶片的解剖结构与一般双子叶植物相似，其特点是在下表皮与海绵组织之间有一层大型薄壁细胞，无叶绿体，可占叶片厚度的1/3左右，常称为贮水细胞，一般认为，与花生的抗旱性有关。

花生每一真叶相对的4片小叶，夜间或光强减弱时，会成对地闭合，白天或光强增加时重新张开。这种昼开夜合的现象称为“感夜运动”或“睡眠运动”。花生叶片同时具有较明显的“向阳运动”，即在晴天条件下，叶片在一天内随太阳辐射角的变化而不断发生变化，其正面尽可能对着太阳。

(5)花序和花　花生的花序为总状花序或复总状花序。根据花序轴上着生花的数量分为长花序和短花序。花序轴上只着生一两朵或3朵花称短花序；凡花序轴较长，着生3～7朵花者称长花序。花序轴的每一节上着生苞叶一片，其叶腋中着生一朵无柄花。花生侧枝上着生花序的情况有两种：一种是侧枝每一节都着生花序的称连续开花型；另一种是侧枝上最初1～3个节上只长营养枝，其后几节长花序，然后几个节又长营养枝，这种营养枝和生殖枝交叠发生，称为交叠开花型。

花生花器由苞叶、花萼、花冠、雄蕊和雌蕊组成。花为蝶形花，花的基部最外层为外包叶，其内为一片二叉状内苞叶，花萼下部形成细长的花萼管，上部为5枚萼片，其中4枚联合，1枚分离，萼片呈浅绿、深绿或紫绿色，被有茸毛。花冠由1片旗瓣，2片翼瓣和2片连为一体的龙骨瓣组成，呈橙黄色。雄蕊10枚，通常2枚退化、8枚有花药。花药形成时，长花药4室，短花药2室，花药成熟时，由于中间药隔破裂，分别成为2室或1室。雌蕊1个，单心皮，子房上位，子房位于花萼管底部，花柱细长，穿过花萼管和雄蕊管，与花药会合。

花生花芽分化早，早熟品种在种子形成时或出苗前，晚熟品种在出苗时即形成花芽原基。每一花芽分化需时 20～30 d，气温高、水分充足加快花芽分化。开花时间多在清晨日出后。花生全株开花期很长(40～90 d)。盛花期的早晚、长短因品种和栽培条件而异。

(6)果针　当卵细胞受精后，子房基部的一部分细胞开始分裂、伸长。在开花后 4～6 d，即形成明显可见的子房柄。子房柄连同子房合称果针。果针尖端表皮细胞木质化，可保护子房入土。果针形成不久，即弯曲向下插入土中。原胚(胚细胞和胚乳核)暂时停止分裂，当入土达一定深度后，子房柄停止伸长。原胚恢复分裂，子房开始膨胀，并以腹缝向上横卧生长，发育成荚果。

果针形成比开花对温度反应更敏感，高于 30℃或低于 19℃基本不能形成果针。空气干燥也会影响受精，从而阻碍成针。果针能否入土，主要取决于果针穿透能力、土壤阻力及果针着生位置高低。

(7)荚果　花生果实属于荚果。果壳坚厚，成熟时不开裂，具有纵横网纹，前端突出略似鸟嘴称果嘴。每果通常 2 室以上，各室间有果腰，但无隔膜。荚果形状因品种而异，可分为普通形、斧头形、葫芦形、蜂腰形、茧形、曲棍形、串珠形。荚果的发育分为两个时期。前期称荚果膨大期，约 30 d，为体积增大期。一般果针入土 7～10 d 后，子房已明显膨大，入土后 10～20 d 进入膨大高峰期，30 d 后果形基本定形。后期称充实期或饱果期，约 30 d。体积不再增大，荚果干重迅速增长，其中主要是子仁干重增长。入土 60 d 左右，荚果干重和子仁油分基本停止增长，此时果壳也逐渐变厚变硬，网纹明显，种皮逐渐变薄，显现出品种本色。

花生是地上开花地下结果的作物，其荚果发育要求的条件与其他作物相比，有很大的特殊性。除养分等条件外，黑暗是荚果膨大的必要条件。

2. 花生的生育时期及其特点

(1)萌发出苗期　从播种到 50%的幼苗出土，第一真叶展开为萌发出苗期。一般种子从播种到出苗需大于 12℃的有效积温 115℃。春花生播种到出苗需 10～20 d，夏播需 4～10 d。这个时期主要完成种子的发芽、顶土、出苗等。

(2)幼苗期　从出苗到 50%植株第一朵花开放为幼苗期。需大于 10℃的有效积温 300～350℃。幼苗期生长最低温度为 14～16℃，最适温度为 26～30℃。春花生幼苗期需 25～35 d，夏播需 20～25 d。这一时期花生的根系大量发生，根瘤大量形成，结果枝已形成，大部分的花芽分化完成。

(3)开花下针期　从始花到出现幼果(子房膨大呈鸡头状)为开花下针期，简称花针期。一般需要 20～25 d，需大于 10℃有效积温 300℃左右。花针期的特点是大量开花,并形成果针,同时根系增粗、增重,有效根瘤大量形成,并产生大量次生分枝。

(4)结荚期 从幼果出现到开始出现成熟果(饱果)为结荚期。所需时间长短主要取决于温度,与品种亦有一定的关系。一般大粒品种需大于10℃的有效积温600℃(或大于15℃有效积温400～500℃)。北方中熟大粒品种需40～45 d,早熟品种30～40 d。结荚期根系的生长量、根瘤的增生和固氮能力、主茎和侧枝的生长量以及各分枝的分生和叶片的增长量都达到了高峰期,也是荚果和种子形成和发育的重要时期。

(5)饱果成熟期 从出现饱果到大多数荚果饱满成熟,称为饱果成熟期,简称饱果期。北方春播中熟大花生一般持续40～50 d,需大于10℃的有效积温600℃以上,晚熟品种约60 d,而早熟品种30～40 d。饱果期的主要特点是营养生长日渐衰退,叶面积减少,叶片逐渐变黄,衰老脱落,干物质增长量逐渐下降。

3. 花生产量的形成

花生产量一般指单位面积内荚果的重量。花生的产量是由株数、单株荚果数和果重3个基本因素构成,这3个因素互相联系、互相影响。

(1)株数的形成 一般情况下,株数是决定产量的主导因素,主要受播种量、出苗率和成株率的影响。播种量因品种、气候条件、土壤条件、水肥条件和栽培管理水平而不同。出苗率受种子质量、播种时的气候条件、土壤条件、播种质量、病虫害等影响,变化较大,是影响株数的主要因素。成株率受自然条件和管理措施等因素的影响,从出苗到成熟会有部分植株死亡,株数减少。

(2)单株荚果数的形成 单株荚果数变幅较大,主要受第一、第二对侧枝发育状况、花芽分化状况以及受精率和结实率的影响,与苗期、花针期和结荚期的环境条件和栽培措施有关。

(3)荚果重的形成 决定果重的因素主要是荚果内的种仁数和粒重。种仁数与胚珠的受精和发育有关。粒重受果针入土迟早和结荚期、饱果期的营养供应影响。

(三)花生生产主要环节及栽培措施

1. 轮作倒茬及整地

花生对土壤的要求是:土层深厚、疏松通气、渗水保水良好、有机质丰富的沙壤土。花生忌连作,一般与禾本科作物轮作,轮作的周期至少在3年以上。

春播花生在前茬作物收获后,应进行及时整地,一般以深耕25～30 cm为宜。结合深耕可施入有机肥30 000～37 500 kg/hm^2。在春季进行浅中耕,浅耕10～

13 cm,做到随耕随耙。夏播花生在前作收获后,要及时浅耕灭茬,深度一般10～17 cm。

2. 播前准备

(1)晒种　播种前晒种,可使种子含水量减少并趋于一致,提高种子生活力,一般可提早出苗1～2 d。晒种有杀菌消毒作用,可使带菌率减少20%左右。

(2)适时剥壳　花生种子剥壳不宜过早,因为剥壳后种子失去保护,增加了呼吸作用和酶的活性、消耗养分,易降低发芽率。一般最好剥后当天或翌日播种。

(3)浸种催芽　催芽是保证花生全苗的有效措施。催芽后胚根下扎快,出苗早而且整齐。催芽的方法之一是先用30℃温水浸种,吸足水分后,再捞出堆闷催芽;另一方法为把干种子与湿沙以1∶4的比例分层排放,使种子吸水萌发。

浸种催芽应注意:①种子刚浸到温水内,种皮呈现皱纹时,不要翻动,以免掉皮;②要使种子一次吸足水分,水分不足则种子不能萌动;③幼芽不能促得太长,太长则种子本身消耗养分过多,出土力弱,幼芽也易受损伤,最好在刚露白尖时播种;④催芽需注意保温(25～30℃)、保湿和适当通风;⑤催芽后如遇雨水不能播种,应将种子放在阴凉通风处,摊成薄层晾着,抑制芽的生长。

3. 播种

5 cm地温稳定在16～18℃为花生适宜播种期。北方花生区春播时间为4月中旬至5月上旬。花生播种有穴播和单粒条播两种基本方式,穴播一般每穴2粒种子。播种深度根据土壤墒情而定,在土壤墒情好的地块,播深宜在4～5 cm,最深不超过8 cm,最浅不浅于3 cm。

不同品种类型合理密植的范围不同,北方花生区,春播密枝亚种丛生品种适宜密度为18万～24万株/hm^2,蔓生品种12万～21万株/hm^2;疏枝中熟丛生大花生分枝少,适宜密度为21万～27万株/hm^2;珍珠豆型早熟品种分枝少,生育期短,密度宜增加到27万～30万株/hm^2。

4. 田间管理

(1)清棵　指花生出苗后,进行第一次中耕,将幼苗周围土刨开,使子叶节直接曝光的一种作业方法。清棵的主要作用是使第一对侧枝一出现就直接见光,基部节间短而粗壮,侧枝基部的二次枝早生快发。清棵时间是否适宜,是清棵蹲苗成败的关键。一般在齐苗后立即清棵效果较好。清棵深度以子叶露出土面为宜,浅了起不到清棵的作用,深了则把子叶节以下胚颈扒出来,不利于正常发育。

(2)中耕培土　中耕培土能保持土层疏松、散墒、保墒、减少杂草危害。花生根瘤固氮和果针入土结荚都要求土层疏松,通透性良好。具体要求为:①中耕除草要早、勤、净。花生幼苗生长慢,与杂草相比竞争力弱,所以必须除去杂草。②培土迎针要适时。在花生封行和大批果针入土之前,将垄行间土培到垄顶的外缘,从而缩短高节果枝入土距离,有利于结实范围内果针入土结实。培土时掌握培土不壅土的原则,做到"穿垄不伤针,培土不压蔓"。

5. 收获与贮藏

当花生植株地上部停止生长,下部叶脱落,顶部叶转黄,叶片的感夜运动消失,地下部大多数荚果网纹清晰,充实饱满,果壳硬而薄,种皮呈现品种固有的颜色时为收获适期。新收获的花生荚果含水45%～65%,容易腐烂变质,必须尽快晒干。带壳贮藏比花生米贮藏通风好,能保持花生米的色泽和生活力。荚果的安全贮藏含水量为10%以下。

(四)北方花生高产优质主要栽培模式

1. 地膜覆盖花生栽培模式

花生地膜覆盖栽培由于创造了良好的土壤环境条件,相对抵御了不良气候因素的侵袭,促进了花生的生育过程,因而早熟、高产、稳产,可解决北方地区春季低温、干旱、无霜期短的问题。虽在播种时费工,但盖膜以后全生育期不需要除草清棵和中耕培土,所以最终还是省工的。

(1)仁播覆膜花生栽培技术要点

A. 选地:平原地区应选择土层较深厚,耕层松软,土壤肥力较高,保肥、保水性能较强的沙壤土。丘陵地区宜选地势平坦、土壤耕层深厚、地下水位偏高、抗旱能力较强或有水源条件的地块。对土质及肥力稍低的土地,在增施粪肥,加强管理的前提下,也可进行覆膜栽培。

B. 深耕整地,施足底肥:在播种前必须深耕细整,达到土壤细碎,无坷垃和草根等。在覆膜前多施有机肥,配合施用化肥,一次施足基肥。

C. 选用良种:肥水、地力条件较好的平原地区,以选用生育期稍长,增产潜力大的中熟大粒花生;中等以下地力土地,种植早熟中粒花生;在丘陵地区,宜种植抗逆性适应性较强且产量稳定的早熟中粒花生。

D. 适时早播:覆膜花生的播种时期较露地栽培提早10～15 d,覆膜后5 cm地温稳定在12℃(早熟中粒品种)或15℃(中熟大粒品种)以上即可播种。

E. 选膜盖膜:春播大花生应选用宽度85～90 cm,厚度0.007 mm地膜;春播小花生和夏播花生宜选用宽度为75～80 cm,厚度为0.007 mm地膜。用膜量为60～67.5 kg/hm^2。地膜太薄(厚度小于0.005 mm),则增温保湿效果差;太厚(大于0.018 mm)不仅用量加大,成本高,也影响花生有效果针入土结实。

覆膜前垄面要均匀喷施除草剂,如杀草醚、扑草净、氟乐灵等。采用机械或人工覆膜，均要求覆膜时土粒细碎，土壤水分充足。薄膜在垄面上要摆平、伸直、拉紧、压严，使膜里无空隙，平展无纹，紧贴于地面上。多风地区做到垂直覆膜，并每隔 3～4 m 处横压一锹土固膜。起垄方向以与风向平行的南北垄为最适宜。

F. 合理密植：根据肥地种植中熟大粒型品种稍稀、中等地种植早熟中粒型品种稍密的原则，合理确定高产种植密度。不同类型品种的生长发育对行、株距的要求不同。对中熟大粒品种行距为 50 cm 左右，株距为 16～18 cm，每穴种 2 粒。对早熟中粒品种行距为 40 cm 左右，株距为 13～15 cm，每穴种 2 粒。

G. 前期管理：花生采用先播种后覆膜方式时，在花生顶土快要出苗时，要及时打孔放苗，并在膜孔上覆盖一层 3～4 cm 土，防止透气跑墒，又能避光引苗出土，还要及时清理盖土，扒出膜下侧枝。先覆膜后打孔播种的花生，在出苗后两片真叶时，应及时清理膜孔上过多的土块，并盖严膜孔。因为此时第一侧枝已长出，茎枝基部节位已开始花芽分化，如果膜孔被过多土块覆盖，会影响第一对侧枝生长发育。当花生出苗以后，主茎有 4 片真叶时，要将压在膜下的侧枝扒出来。花生第一对侧枝在膜下时间长了，会影响它的早生快发，降低结实能力。

H. 中后期管理：足墒覆膜且保墒效果好的，前期一般不需要浇水。在荚果膨大充实期，当表土层 5 cm 土壤含水量低于 18%时，应进行适量灌水，以保持花生正常发育，保证荚果发育对水分的需求。覆膜花生由于生态条件的改善，植株生长茂密，结荚初期易出现徒长，可使用生长调节剂加以控制和调节，同时加强病虫害的防治。

I. 适时收获，净地净膜：覆膜栽培花生成熟后应及时进行收获，过晚收获，容易造成落果、烂果，影响产量与品质。留存在地表的聚乙烯薄膜应清理干净，防止对土壤造成不良影响。

(2)果播覆膜花生的优点及种子处理　果播覆膜是指花生播种时不去壳，分室播种覆膜。

A. 果播覆膜的优点：第一，可以增温保墒，花生可提早抗旱播种。5 cm 地温稳定在 10℃以上，播种层含水量为 10%～12%时进行播种。第二，能自然蹲苗。果播覆膜花生前期壮而不旺，中期生长稳健，后期株型矮化紧凑，不徒长。第三，可增加种植密度。果播单位面积种植株数比仁播覆膜增加 1～1.5 倍。第四，达到全苗、培育壮苗。果播覆膜花生抗旱、保温，花生壳可保护种子免受病虫危害，出苗快而整齐。

B. 种子处理：在选择种果时，要挑选籽仁充实饱满的典型荚果做种，清除不饱满、病虫危害、烂芽和破碎的荚果。用温水(40℃左右)浸泡 40 h 后捞出，把双室果从果腰处掰开，单室果捏开口。

果播覆膜的其他栽培措施与仁播覆膜的相同。

2. 夏直播花生栽培模式

夏直播花生指在小麦、豌豆、马铃薯、油菜等夏季作物收获后直播的花生。夏直播花生的生育期较短，为100～115 d，比春花生短20～30 d；且生育前期气温高，中后期突降。因此，夏直播花生植株个体发育矮小，单株结果数少，秕果率高。夏直播花生栽培要点：

(1)深耕增肥　在前茬作物播种前土壤深耕25～30 cm，且在花生播种时最好也进行耕耙。在施肥技术上，根据夏花生喜前茬肥的特点，将夏花生所需底肥全部施在前茬上。前茬未施花生底肥的，可于春季在前茬行间补施花生底肥，或在夏花生播前整地时施花生底肥。

(2)选用良种　夏花生生长季节短，应选择中熟或中早熟大花生品种。

(3)抢时早播　前茬小麦等作物收获后，应及时整地灭茬，尽量早播，在播种上要争日争时。

(4)合理密植　夏花生植株矮小，单株生产力低，应增加密度。适宜密度为15万～20万穴/hm^2，每穴2株。

(5)促控结合，加强管理

A. 前期促早发：夏直播花生出苗期雨水多，易造成地面板结，覆膜夏直播花生往往因下雨后膜上土堆变成硬盖影响出苗。因此，雨后应及时中耕和破除膜孔上硬盖，以利出苗。出苗后及时清棵，覆膜栽培的结合清棵抠出膜下侧枝。遇干旱及时灌水，促进前期有效花芽的生长发育。

B. 中期保稳长：夏直播花生花针期和结荚期因高温多湿，杂草滋生迅速，应加强中耕除草。露地花生还要结合中耕进行培土迎针。同时高温、高湿环境也易造成叶斑病等病害的发生，如发现病害，及时喷药防治。

C. 后期防早衰：夏直播花生生长迅速，若底肥和追肥不足易造成后期脱肥，要在饱果期喷一次尿素和过磷酸钙稀释液，以及其他微量元素，提高后期的光合速率，增加荚果饱满度。土壤干旱要浇好饱果水，保根保叶，提高荚果产量。

3. 麦田套种花生栽培模式

采用麦田套种夏花生，可以充分利用生长季节，提高复种指数，达到粮油双丰收。麦田套种花生栽培技术要点：

(1)前作培肥　在小麦播种之前，应施足两茬作物所需肥料，或者春季在麦田多施有机肥料，以满足套种花生的需要。

(2)选用良种　应选用耐阴性好的中早熟直立型品种。精选饱满健康的种子播种，提高种子发芽率和出苗率，力争一播保全苗。

(3)合理密植　麦套花生在高肥水条件下，适宜密度为 27 万～30 万株/hm^2。种植方式主要根据小麦种植方式，以保证密度为原则。如小麦等行距 23～30 cm，可采用“行行套”的方法，每行都种花生，一穴 2 粒。

(4)适时套种　以麦收前 15～20 d 套种为宜，中低产麦田可适当提前到麦收前 25～30 d 套种。

(5)田间管理　麦收后及时灭茬、中耕、松土以促根、壮苗、清除杂草；若基础肥力不足，应在花生始花前，结合浇水，施速效氮、磷化肥。花针期至结荚初期生长过旺时，用多效唑控制旺长；结荚期搞好叶面喷肥，延长绿叶功能期，促进荚果充实。

思考题

1. 油菜如何分类？杂交、优质油菜各有何特点？
2. 硼和硫对油菜有什么作用？生产上如何施用？
3. 油菜秋发及其增产原因是什么？
4. 简述油菜的温光反应特性及其在生产上的应用。
5. 简述花生产量构成因素及其形成过程。

参考文献

1. 杨守仁,郑丕尧.作物栽培学概论.北京:农业出版社,1989
2. 王树安.作物栽培学各论(北方本).北京:中国农业出版社,1995
3. 山东农学院.作物栽培学(北方本).北京:农业出版社,1980
4. 董钻,沈秀英.作物栽培学总论.北京:中国农业出版社,2000
5.《中国农业年鉴》编辑委员会.中国农业年鉴—2000.北京:中国农业出版社,2000
6. 联合国粮食及农业组织.FAO 生产年鉴第 55 卷—2001,罗马,2002
7. 金善宝.中国小麦学.北京:中国农业出版社,1996
8. 中国农业科学院.中国稻作学.北京:农业出版社,1986
9. 中国农业科学院棉花研究所.中国棉花栽培学.上海:上海科学技术出版社,1983
10. 刘巽浩,牟正国.中国耕作制度.北京:农业出版社,1993
11. 刘巽浩.耕作学.北京:中国农业出版社,1998
12. 黄代隆,孙治平.遗传育种与良种繁育.武汉:武汉测绘科技大学出版社,1996
13. 单玉珊.小麦高产栽培技术原理.北京:科学出版社,2001
14. 黑龙江省农业科学院.中国马铃薯栽培学.北京:中国农业出版社,1994
15. 中国耕作制度研究会.面向 21 世纪的中国农作制.石家庄:河北科学技术出版社,1998
16. 董钻.大豆产量生理.北京:中国农业出版社,2000
17. 杜鸣銮.种子生产原理和方法.北京:农业出版社,1993
18. 杜相革.有机农业原理和种植技术.北京:中国农业大学出版社,2002
19. 官春云.油菜优质高产栽培技术.长沙:湖南科学技术出版社,1992
20. 梁振兴.小麦产量形成的栽培技术原理.北京:北京农业大学出版社,1994
21. 江苏省农业科学院,等.中国甘薯栽培学.上海:上海科学技术出版社,1984
22. 马元喜.小麦的根.北京:中国农业出版社,1999
23. 梅籍芳.麦类作物.北京:农业出版社,1991
24. 全国农业区划委员会,中国农业资源与区划要览编委会编.中国农作资源与区划要览.北京:测绘出版社,工商出版社,1987
25. 郑华.水稻旱育稀植及抛秧栽培技术.南昌:江西科学技术出版社,1999
26. 郑卓杰.中国食用豆类学.北京:中国农业出版社,1997
27. 中华人民共和国农业部发布.中华人民共和国农业行业标准——无公害食品:种植业部分.北京:中国标准出版社,2002
28. Gerhard Geisler. Ertragsphysiologie. Paul Parey,1983
29. Gerhard Geisler. Pflanzenbau. Paul Parey,1988
30. Günter Kabnt. Biologischer Pflanzenbau. Ulmer,1986